朱子治家格言讲记

蔡礼旭 讲述

世界知识出版社

目 录

朱子治家格言

黎明即起。洒扫庭除。要内外整洁。既昏便息。关锁门户。必亲自检点。一粥一饭。当思来处不易。半丝半缕。恒念物力维艰。宜未雨而绸缪。毋临渴而掘井。自奉必须俭约。宴客切勿流连。器具质而洁。瓦缶（fǒu）胜金玉。饮食约而精。园蔬愈珍馐。勿营华屋。勿谋良田。三姑六婆。实淫盗之媒。婢美妾娇。非闺房之福。童仆勿用俊美。妻妾切忌艳妆。祖宗虽远。祭祀不可不诚。子孙虽愚。经书不可不读。居身务期简朴。教子要有义方。莫贪意外之财。莫饮过量之酒。与肩挑贸易。毋占便宜。见穷苦亲邻。须加温恤。刻薄成家。理无久享。伦常乖舛（chuǎn）。立见消亡。兄弟叔侄。须分多润寡。长幼内外。宜法肃辞严。听妇言。乖骨肉。岂是丈夫。重赀才。薄父母。不成人子。嫁女择佳婿。毋索重聘。娶媳求淑女。勿计厚奁（lián）。见富贵而生谄容者。最可耻。遇贫穷而作骄态者。贱莫甚。居家戒争讼。讼则终凶。处世戒多言。言多必失。勿恃势力而凌逼孤寡。毋贪口腹而恣杀牲禽。乖僻自是。悔误必多。颓惰自甘。家道难成。狎昵恶少。久必受其累。屈志老成。急则可相依。轻听发言。安知非人之谮（zèn）诉。当忍耐三思。因事相争。焉知非我之不是。须平心暗想。施惠无念。受恩莫忘。凡事当留余地。得意不宜再往。人有喜庆。不可生嫉妒心。人有祸患。不可生喜幸心。善欲人见。不是真善。恶恐人知。便是大恶。见色而起淫心。报在妻女。匿怨而用暗箭。祸延子孙。家门和顺。虽饔飧（yōng sūn）不继。亦有余欢。国课早完。即囊橐（náng tuó）无余。自得至乐。读书志在圣贤。非徒科第。为官心存君国。岂计身家。守分安命。顺时听天。为人若此。庶乎近焉。

第一讲　释题

尊敬的诸位长辈、诸位朋友，大家好！《中庸》讲道："国家将兴，必有祯祥。"整个国家民族将要兴旺的时候，都能看到很好的征兆。我们一起学习中华传统文化，它有五千年的智慧，五千年的经验、方法、理念，还有效果，代代都出圣贤人。这么宝贵的智慧，我们真正肯领受，肯深入学习，那不只利益自己，更利益后代子子孙孙，甚至于让子孙的人生都是站在五千年的智慧之上来经营。

其实我们冷静看看，现在这个时代，假如没有经典的教诲，人真的会很迷茫，没有经典，人生方向都不知道在哪里，不知道在忙什么。甚至忙了几十年，反而烦恼愈来愈多、家庭的问题愈来愈多，也找不到解决方法。而事实上，人有一份责任感，为家族、为自己的家人，这一份诚心都会有感应的，都会接上老祖宗的智慧，因为老祖宗冥冥中都在保佑我们。

年初，大年初六，我们师长老人家就来到马来西亚，这是我们马来西亚的同胞感应这殊胜的因缘。而且很重要的是我们马来西亚的总理，纳吉布总理在一月初的时候亲自到香港，请教师长治国的智慧。一个国家的领导人这么亲近仁者，让人非常感动，能这样尊师重道很不简单。总理请教师长，怎么把马来西亚治理好。师长讲，**只要把教育办好了，国家就能治理好**。纳吉布总理还邀请师长到马来西亚讲学一个月，总理能理解师长的教诲以及传统文化的价值，可谓师长的知音，所以老人家欢喜答应。而且老人家与总理伉俪见面，谈治国的智慧、伦理道德的教育，总理夫人听了非常欢喜，就说你不能只对我们讲，应该对全国人民讲。这很可贵。我们总理夫人这个祈请，利益的可能是千千万万户家庭。所以《你怎么说》节目，还有前几天《八度空间》节目，两次专访师长老人家。这是马来西亚人民的福。为什么有这么大的福？因为总理珍惜中华传统文化。所以一个国家领导人珍惜老祖宗的智慧，全国人民都受益。

我们就想到清朝，为什么有一百五十年的盛世？其实并不复杂。当时康熙、雍正、乾隆这些皇上，带头学习儒释道的教诲，带着自己的家人，这些嫔妃，还有孩子们，还有文武百官，一起听儒释道专家的课程，自己坐在最前面，以身作则。所以清朝创了一百五十年的盛世，这是不简单的成就。所以，**领导者以身作则来带头，这个国家必然兴盛。**

所以，刚过年我们就看到马来西亚这一片福地的祯祥，同时我们也看到祖国大陆的祯祥。国家领导人带头节俭不浪费，提倡公务员官员接待客人不要喝酒。我听人家说，以前有时一个晚上喝酒喝几万块钱都有。酒需要拿来治病的时候是很重要的，不是拿来咕噜咕噜，这样太浪费了，因为千粒米都不见得能做成一滴酒。当这个世界、当有的国家还有这么多人濒临饥饿，甚至濒临饿死的命运的时候，我们还花那么多钱在这些比较昂贵的东西上，事实上是折我们的福报的。我们享这个福的时候，眼看着世界上有的人饿死，这不是老祖宗教我们的，应该是“人饥己饥，人溺己溺”。这些昂贵的东西，我们宁可不要消费，把省下来的钱拿去帮助处于危机贫困的人。

领导们带头做，连出差都是住三星级的饭店。那麻烦了，还有四星、五星，他们可能叫苦了，没人敢来住了。其实没关系，他们只要把一颗、两颗星星摘下来就好了。只要能热忱服务，我们老祖宗教导我们，物美价廉。我们做任何行业，是以服务为目的，行业的喜悦在哪里？不是赚非常多的钱，那是一种欲望，最后是无底洞。而是什么？**在这个行业服务人的时候，我们真正帮助了人，真正赢得别人的尊重，这才是快乐所在！所以人生以服务为目的**。为什么现在各行各业没有快乐，因为我们的目的已经错了。

比方说我们在学校教书，我们的快乐是什么？**孩子的成长就是我们的快乐，而且是一辈子的欣慰**。假如我们当老师的是为了薪水，为了补习赚更多的钱，我相信终究没有教书的真正快乐。**人生要真正找到真实快乐才行，不然会愈活愈空虚，愈活愈无奈**。包括当医生的人，他的目的是什么？救死扶伤。他会觉得救回一条命，他全家人免于哀伤，免于恐惧，能有一个中流砥柱来维系这个家庭的幸福，都觉得这一生能救一个人，就很有价值、很值得了，这是当医生的人的快乐。假如现在医院变成每一年的营业额要有十亿、二十亿，医生会真正快乐吗？我相信医生可能最后会迷惘：我当医生的价值到底在哪里？所以，我们感觉到，没有遇到经典，确实很多人生的道理会想不通。

刚刚我们提到国家领导人带头勤俭，师长老人家连过年都响应四菜一汤。而国家领导人这样带头，请问大家，一天帮我们祖国省了多少老百姓的血汗钱？所以我们很欣慰，整个祖国大陆文化的复兴有国家领导人来带头，这是整个民族要兴旺的征兆。包括国家领导人视察的时候，都不愿意打扰老百姓，非常低调。在这么细微的地方，都念念为老百姓着想。所以，我们中国很有希望，而且我也在所有的长辈、朋友们的身上看到希望。因为刚过完年，今天是我们第一天上《朱子治家格言》的课程，这么多人一起来参与，代表在座的所有长辈、朋友，你们一定都能以身作则来带动家庭、带动小区，带动你们所在的单位，来深入传统文化，复兴传统文化。师长有一句名言：和谐社会，从我心做起（从自身，从自己的心地做起）、从我家做起、从我小区做起、从我单位做起、从自己的乡镇做起。

种种好的开始，我们还要把它保持，好的开始是成功的一半。好的开始要加上恒心才能够保持，所以勤劳不只是一时很积极，还要能长久，甚至保持一辈子。古圣先贤也有一句话提醒我们："发心容易，恒心难。"所以人这一份志气、这一份好学，不只要保持，还要不断提升，每天提升，要有这种期许。

今天我们第一堂课一起学习《朱子治家格言》，我们学习这一部经典，当然**首先"学贵立志"。立定志向，这个志向变成我们学习的动力**。立什么志？首先这个"治家"，就是真正能把自己的家道承传下去，这是对得起自己的祖先。"承先启后，继往开来"是我们每个人的本分，没有做是有罪过，要尽自己的本分，所以期许整个家族的家道从我们身上振兴起来。

除了为自己的家族立这个志向，我们也为民族立志，整个中华民族文化的弘扬，从我自身做榜样开始、从我家庭做榜样开始。为什么做榜样这么重要？因为学习圣贤教育，必须"信解行证"。人相信了，深入去理解经典的教诲，理解以后依教奉行，最后这个"证"就是有感悟，提升境界、智慧，以至于契入圣贤的境界，这都是证。"信"排在第一位，不相信怎么会学呢？所以**这个时代信心是最重要的，假如觉得中华传统文化已经是过时的东西了，不相信，就不可能去深入。**

师长在昨天接受访谈，访谈的主题就是：古老的智慧能解决当前的社会问题吗？这个疑惑假如没解决，那就不可能去深入。所以师长昨天提到**很重要的一点，就是古人的心比我们清净，清净才能生智慧，看事才能看得深，看得远**。我们现在心假如不清净，欲望、烦恼又很多，那就想得很短浅。欲望一膨胀，“欲令智迷，利令智昏”，就看不远了。所以我们冷静看看，古人比较清净，还是我们比较清净？

诸葛孔明先生讲，淡泊以明志，宁静以致远。假如我们的下一代欲望很强，他怎么会有高远的志向？现在欲望很强，光玩电脑三天不睡觉都有，他怎么会有志气？他只想着满足自己的欲望而已，毫无志气。所以要清净、要寡欲，才有高远的志向。心都静不下来，怎么可能考虑得深远？

而我们冷静来分析现在种种社会情况，浮躁不能宁静，看事情就会比较表面，看不到根本，看不到深处。像《大学》讲的，“德者本也，财者末也。”德行是根本，钱财是枝末。我们冷静想想，现在很多国家把德行教育摆在第一位，还是把经济摆在第一位？那不是国家把枝末摆前面了吗？那他所思所想只是知识，不是智慧哦。

我们再举一个例子，现在人都觉得经济非常重要。一个曾得过诺贝尔奖的经济学家讲了一句话，“企业唯一目的是赚取利润”，这句话在大学的教科书里已经传了很多年，请问这是知识还是智慧？智慧是经过千年的印证，不变的真理才叫智慧。我们现在很多教科书都是近代人讲的，很可能讲错了。所以经济学家很多，可是全球的经济危机多大？**我们世世代代的祖先教导我们怎么用钱？量入为出，这是智慧。**可是大家想一想，现在这个时代教人怎么用钱？先刷再说，而且还不是刷一张。大家到大学校园去看，大学生皮包一拿出来，“啪啪啪啪”，可能平均三张信用卡还不止。他有没有用信用卡的知识？有。他还会算利率多少，还去比较。他的聪明都用在哪？用在不要刷爆了。可是迟早会刷爆，因为他没有从心地下功夫，他的节制力、定力没有提升，迟早出状况。

这样教孩子，下一代怎么会不乱花钱呢？所以下一代很多“贵族”产生了，“月光女神”，每个月花光光。“月光女神”读书都读一二十年，有没有知识？但不一定有智慧。欲望愈来愈增长，智慧整个被盖住，欲令智迷。所以看到现在的一些社会现象，再想起古人这些话，包括《朱子治家格言》，我们今天深入去看，不得不佩服老祖先，也不得不感恩老祖先的慈悲，把这么好的东西代代相传留给我们。

好，我们立了志向，为家族、为民族，乃至于身为中华儿女，要胸怀天下。没有胸怀天下的人，不像中华儿女哦。我们学圣贤教育重实质不重形式，请问大家，中华儿女的实质，是黄皮肤，还是他的心跟老祖先的心相应？不是只有皮肤的颜色，也不是只有流的血吧？而是思想观念跟老祖先相应。我们思想观念都跟老祖先相违背，那不是中华儿女了。

我们看**老祖先在《大学》、在经典里都讲到，人要为天下着想。《大学》里讲，“古之欲明明德于天下者”，就是考虑事情都要以天下的利益来考虑**。现在为什么整个地球破坏成这样？因为人的念头里都是先想自己，没有想别人，也没有想后代。所以我们冷静想一想，后代有没有好的环境可以生活，现在都打个大问号。几千年来，我们的祖先就想留好的智慧、好的生活环境给后代，怎么到我们这代变成把环境破坏成这样？我们假如继续这样下去，不只不是中华儿女，连当别人的父母、长辈的资格都不够了。**要为后代着想，才算当长辈的应有的**

心境，我们不能只享长辈之名，却没有尽长辈之实。

我们立了志，接着我们学习的态度很重要。中华文化是内学，内学就是向内，向自己的内心下功夫，不是向外去要求别人、去指责别人。我们一开始有这样的观念跟态度很重要，不然，光是读经心都定不下来。比方我们今天读这一篇经典，“黎明即起”，对啊，我那个媳妇就起得很晚；“洒扫庭除”，我儿子从来不扫地；“要内外整洁”，我女儿房间很乱。你看念这篇下来，脑子里很多镜头，都是向外在要求别人。这样继续学下去，走回家里全家人都把门关起来，说那个警察又来了。

所以先向内求。道家《太上感应篇》也教诲我们“正己化人”。自己真正做得好，自然感化身边的人，不是去要求的。其实我们只要有要求别人的念头，我们心地当中控制别人的欲望、那个贪求的念头就没有办法减低，没有办法放下，它是非常细微的。所以这个内学心地功夫，“惟从心源隐微处默默洗涤”，那是很细的东西，我们不真正去非常真实地观照自己的念头，很可能都发现不了，甚至会自我欺骗。人家说：“你好像有点动怒了。”“我哪有？我哪有？”那就没办法了，人家提醒了都不承认的时候，人家也不敢再提醒我们了。

所以首先这个内学的心态，在经典里也教导我们“行有不得，反求诸己”。假如这个态度没有建立起来，我们学圣贤教育愈学烦恼愈多，因为要求别人，别人不听我们的话，我们求不得的痛苦就来了。再来，不只自己痛苦，身边的人全部痛苦，压力都很大。圣贤教育应该是让人如沐春风，不应该是让人家压力很大。假如我们身边的人压力愈来愈大，那就是我们自己学错了。应该是学到自己的家人，“我这个先生学了传统文化以后，对我很好很体贴”，到处去帮圣贤教育宣传。这样就是给圣贤脸上贴金了，就为人表演得很好了，做得很好了。

再来，**我们学习圣贤教育“学贵力行”**。学一句就要做一句，要有这个态度。假如没有这个态度，那每句经句还是知识，我们只是读过它了，只是把它背起来，没有办法知行合一，自己受用不了。不只自己受用不了，还会增长傲慢心，《弟子规》说：“不力行，但学文，长浮华，成何人。”读了这些有时候还可以讲讲别人，甚至于人家在读的时候，我们会说“我也会，我背给你听”，还在那里表演给人家看，在炫耀，那是傲慢。生怕别人不知道我们背了不少书，这个“长浮华”就不知不觉了。

所以师长老人家常常提到，说李炳南老师说的，不能玩弄圣贤教育，不能消遣圣贤教育。什么是消遣？拿来读诵，让人家觉得我们挺有涵养，但是一句也没有实实在在去做，这就变成玩弄、消遣，真不得受用。所以我们今天形成一个态度，学一句我们马上做，好不好？好。来打钩钩，我们互相提醒。摄像机有拍到大家，“凡出言，信为先。”你们已经入了贼船，不是，你们已经上了圣贤的大舟了，迈向幸福圆满的人生大道！所以，比方说我们今天第一句话就是“黎明即起”，明天就要早起。有没有人说：“完了，我刚刚不应该说好，让我缓冲几天。”当然大家不要有压力，因为学习圣贤教育，别人不可能常常跟在我们旁边提醒我们，最重要还是自我提醒。

圣贤教育在学习当中特别强调“务本”，君子要务本。今天我们学的是家训，要治家，“本”是什么？“欲齐其家者，先修其身。”根本找到了，就好像栽培植物，一定是在根上施肥浇水；把水都倒在树叶上，还是把树叶泡在水里，没用。抓到这个“本”——修身。所以今天我们是家长，我们要教育孩子，**根本是什么？自我教育是根本**。假

如我们当领导、当父母、当老师，我们不能自我教育，就不可能去教育下属，教育孩子跟学生。所以，老祖先教我们要“务本”，教我们要先从自身做起，这个非常重要。

我们先看经题：

【朱子治家格言。】

朱子是明末清初的朱柏庐先生，他又名朱用纯，字致一。他的父亲学问很好，后来当官，在明朝末年抵御清兵入关的时候不幸去世了。朱柏庐先生不但学问非常好，而且很有气节，不愿意去侍奉异族，尤其他的父亲又因为清兵入关战死了，所以他终身隐居当处士。读书人有两个出路：一个是当官出仕，把圣贤的教诲用在治理老百姓上，当好的父母官；另外一个，因缘没有成熟当处士，当隐士。

我们一般会觉得，当隐士，是不是没有利益国家社会？其实处士都非常有能力跟德行智慧，可是他们不愿意出来，就给社会做了一个好的榜样——重气节。而且不跟人争名利，有能力争他不去争，其实整个世界只要效法他们不争，这个社会就安定和平了。而且他们都会不断提升自己的道德学问，然后从事教育工作，教出非常多优秀的学生，以后在家庭、社会、国家都做出非常大的贡献。而且我们看朱柏庐先生又留下了《四书讲义》，他对四书非常深入，我们研究四书的人都能借由他一生契入的这些智慧得到很好的启发。包括这篇《朱子治家格言》，不知道利益了多少家庭跟百姓。我们今天才一起来学习，可是这里好多经句我们几乎都知道：“一粥一饭，当思来处不易”“祖宗虽远，祭祀不可不诚”，这些经句我们都非常熟悉。可见得他这么厚积薄发，潜下心深入经典，对后世子孙的利益有多大！

所以我们不能因为出来当官，就觉得贡献一定比较大，不出来当官，贡献就比较小，不能这样去看。**其实读书人进退之间都有他的因缘，我们不能在外表上看，要看他的存心。因为每个人的因缘不同，当然表演出来的就不一样。**比方汉朝末年的郑玄，他学问非常好。当时汉朝已经内乱，他没有明主可以奉事，他深入五经，结果把古圣先贤的经典都批注得非常好，利益后世。当然在乱世中也有出来当官的，但是不能看着他出来当官，“哼，又是为了名闻利养，走狗。”比方说他去侍奉其他的民族，就说他是走狗，这都不能看外相的。

比方耶律楚材，是辽国人，但是他深入中华传统文化，去奉事元太祖成吉思汗。因为古人会看时节因缘，他知道宋朝的气数已尽，元朝立起来了，这不可改变。可是元朝立起来，元朝是蒙古人，他们是游牧民族，武艺高强，假如没有中华文化给他们提醒熏陶，可能要多杀多少生灵、多少百姓？所以耶律楚材就在这个时节因缘，他不为名、不为利，辅佐元太祖，不断地劝他要戒杀，上天有好生之德。到底利益了多少百姓我们不谈，就光谈元军攻占汴京（开封），攻了很久没攻下来，最后那个将领气到已经决定入城后一定把所有军民全杀掉，屠城，都已经决定要这么做了。耶律楚材赶紧劝元太祖，最后下一道命令不可乱杀，救活多少人？一百四十七万人。所以这些读书人的进退，都给我们人生启示。

我们现在没有战争，生活物质上也没有匮乏，但是精神生活的匮乏却是五千年来最严重的。人的思想观念偏颇了，人心没有依归了。**现在正是文化复兴的大时代，我们都遇上了这个大时代。**汤恩比教授又说：“解决 21 世纪的社会问题，唯有孔孟学说跟大乘佛法。”这句话大家听完，有没有觉得自己的人生不一样？听有用耳朵听，也有用心听，不一样。假如用心听这句话，会振聋发聩，会突然间觉得：啊，我终于明白我为什么来投胎了。这句话假如用心听能开悟。很多人这一生会觉得，我到底来这个世间要干吗的？难道就是吃饱睡睡饱吃，然后工作领薪水，然后就这样日复一日人生就过了？

我那天听一个长辈说，他的人生过了四十岁以后感觉好快。我听到这里脚都发凉，因为我今年刚好四十岁，我会想我是不是开始要坐云霄飞车了，一年两年三年一下子就过去了。所以**古人很慈悲，示范给我们看，寸金难买寸光阴，一定要珍惜自己的精神时光，不要蹉跎。师长老人家也讲，人生短短数十年，总要做有意义的事，不要空来人间一遭**。现在不只是空来人间一遭，更严重的是我们的灵性快速堕落。请问大家，我们的德行是小学的时候好还是现在？小学的时候不闯红灯，现在呢？小学的时候"爸爸说、妈妈说"，现在呢？"我怎么说。"小学的时候单纯，现在呢？我是比较不单纯。所以想一想，**人生，应该是不断提升智慧跟灵性，而不应该是灵性愈来愈堕落，这个路走错了**。

刚刚我们提到解决21世纪的社会问题，孔孟学说儒家，大乘佛法佛家，就是中华文化，就是说救这个世界要靠中华文化。请问中华文化在哪里？我好期待有一个人拍着胸脯说："在我这里！""士不可以不弘毅，任重而道远"，我们是中华儿女，我们懂老祖先的教诲，其他民族还不懂。现在唯一能救这个世界的法宝就是中华文化，我们又是中华儿女，我们不就已经明白这一生来这个世间干什么了吗？这叫"见义勇为"，这是对自己的同胞民族以至于对世间人应该尽的道义，总不能看着世界走向灭亡吧？所以要见义勇为，这也是孔夫子的教诲。当然该承担要承担，不承担就没有尽本分。所谓见死不救，"见义不为"就"无勇也"。是不是？对呀，"见义不为，无勇也"，见死不救有罪过。

所以没有回头路可以走了，只能往前走。

事实上，人生真正的快乐在哪？孟子讲得太透彻了，“仰不愧于天，俯不怍于人”，就是对得起自己的良心，这样的人才有办法尝到人生真正的快乐。假如很多我们该做的事都不做，继续追求名利，良心会不安的。其实很多的人，他可能权力很高，每天应酬很多，可是他没有把孩子教好，没有把父母孝顺好，我相信夜阑人静，他的心会非常空虚。所以人真正的快乐一定来自于良心，对得起自己的良心，无愧于自己，这是打从内心的喜悦。

我们走在这个大时代弘扬中华文化，我们可以选择出来做教学的工作、做护持的工作，我们可以选择在自己的单位、行业做出榜样来。每个人的因缘都不一样。我们自己现在已经出来做弘扬中华文化的工作，那也是一个因缘，也不代表我们比较高尚，也不代表我们学得比人家好，甚至像我可能就比一般的人危险。为什么？盛名所累。出了名以后，“人怕出名猪怕壮”，很多人会给我们赞叹，坦白讲，那个赞叹高过我们的程度太多了。像我九年多前刚好有个机缘去了海口，自己对经典的深入都远远不足，就刚好因缘成熟开始跟大家分享了。假如自己不警觉，会迷失在赞叹、掌声当中。所以虽然有机会跟大家一起分享，但很可能自己本身也处于很危险的境地，更应该时时提醒自己不可染着。

好，朱柏庐先生，他的道德学问能够传几百年，这是我们的榜样，我们可以效法。再来，“治家格言”“治家”，怎么把家治理好？从修身下手，从格物下手，从自己的德行开始。再来，具体下手处，格除欲望，格除习气。这个“格”在“格物”中是格除、格斗的意思，在这里又是另外一个意思，“格言”这个“格”是指标准，是法式，就是大家效法的标准，其实就是亘古不变做人做事的道理，叫“格言”。那我们体会到治家的格言，是从放下习气、格物下手。我们有这样的认知，我们学每一句都是先在心地中下功夫，就不会变成去要求他人了。

我们看第一句：

【黎明即起。洒扫庭除。要内外整洁。】

其实这些经句，随着读诵的次数，我们都会感觉到古人每一句、每一个字意义都很深远，不可小看这一字一句。比方《弟子规》有一句话讲到，“父母责，须顺承”。“责”，责骂我们，责罚我们，须顺，“顺”是要顺从不能忤逆，哪怕父母误会我们了，但刚好父母在气头上，就不要解释、不要反驳，不然很有可能让父母更生气。讲我们对了我们要顺，父母纵使误会我们，都要顺。古人是父母责罚对了，自己去拿棍子来给父母打。而且顺了以后还要什么？“承”。不能让父母白教训我们，教训以后要后不再造，把这个教诲要承传下来，不能再忘了。不然骂我们一次又重复再犯，那不是在折父母的精神气力吗？所以这**每一个字都是心法**。

我们看“黎明即起”。“黎明”，早上，代表什么？**从事相上看要早起，从心地上看，是生活有规律。学圣贤教育是内学，一定要守规矩，因戒才能得定**。大家想一想，晚睡晚起的人有没有定？他每次闹钟三次五次叫不醒，一起床就丁零当啷东西都掉了，因为他很匆忙。所以这些生活规矩都属于戒，因戒才能得定，因定才能开慧。

所以**学圣贤教育首先要学规矩。规矩在哪？可以说每天一言一行都是规矩**。早起就是规矩，而且早起也是尽孝道。早起跟孝道有没有关系？有啊，“身有伤，贻亲忧”“身体发肤，受之父母”，只要不早起的一定是晚睡的，晚睡一熬夜几天都缓不过来，怎么拿父母给的身体，几十年这样拉拔我们长大的身体，拿来糟蹋挥霍？而且父母看在眼里担不担心？铁定担心，所以孝道都有亏了，这德行的根就不具足了。**而早起就是学道，要道法自然。天地有它的次序，“日出而作，日落而息”，不能跟自然、跟老天作对，不然没有办法修道。**人能够早起，那他一天就能多很多的时间出来，他的时间会宽裕，他的整个生活，一整天的规划就不会很凌乱。

曾国藩先生也讲到，看一个家能不能兴盛，可以看三个事情：第一，看子孙睡到几点？第二，看子孙做不做家务？第三，看子孙读不读圣贤书？从这三点可以判断出来。曾国藩先生对家道能不能兴盛的判断，刚好这句话就有提到，“洒扫庭除”，这就是做家务勤奋了。

好，“黎明即起”，早起我们也是自爱，对自己健康有帮助。而早起的人每天都是有规律在规划，所以他安排事情也会比较稳妥，他的做事能力也会随着提升起来。所以**从心地当中看圣贤的教诲，其实每个教诲都能启发非常多的善根**。我们从这里去体会，对圣贤教育的信心，会非常强，就不会怀疑，赶紧去做。“洒扫庭除”是勤劳，一个人勤劳对他的心性有哪些影响呢？比方他很勤劳，他会负责任；他很勤劳，他会体会别人的辛苦，他会感恩别人；他常常做事，他能设身处地体会别人的不容易。这都是因为勤奋对他整个心灵的改变。

每句对心性所启发的善根，我们再跟大家好好来交流。今天时间到了，就跟大家先交流到这里。谢谢大家！

第二讲　增长福气、改变命运的秘方：勤俭

尊敬的诸位长辈、诸位朋友，大家好！我们这一年一开始，跟大家交流的经典是《朱子治家格言》。从自身来讲，家道的承传是自己的责任；从社会、国家来讲，每个家庭是社会国家的细胞，每个家都安定，都知道怎么样治家、教育下一代，我们的社会、国家、民族才有未来。

我的师公李炳南老师，他是一位儒道释精通的大学问家、大儒。他在一方教化三十八年，学生超过五十万人，老人家教学教到九十七岁，他的精神令我们非常佩服。而李炳南师公的老师是民国初年的印光大师。几千年中国历史中，佛教的高僧，他们出家，道德学问的程度要跟进士差不多，还要国家考试通过了，才能拿到出家的资格，就是度牒。清朝皇帝都是佛门的学生。前年我在台北，故宫博物院有一个特展。展览中有清朝的古物，让我非常惊讶的是：清朝皇帝戴的帽子，正中间是一尊佛。从这个古物我们可以了解到，清朝的皇帝是佛的好弟子、好学生，而且把佛像放在帽子正中间，代表提醒自己：时时都不能忘了佛菩萨的教诲。所以佛家、道家都是非常好的教育。印光大师在民国时期，对整个社会的影响非常大，非常多的官员都是他的学生。他在当时，面对整个伦理道德比较颓丧的时候，老人家就说：**要救这个世间，人人知因果，家家有教育，才能扭转这个社会的败相。**

请问诸位长辈、朋友，您相信这个社会会愈来愈好吗？这个问题

应该这么问：您还没有遇到传统文化以前，您相信这个社会会愈来愈好的请举手？假如您举手的话，那您的性格是乐天派的，先天乐观。我自己在学校教书，实际的感受，不是一代不如一代，学生的素质一年不如一年。假如以这样的速度下堕，以后的社会要交给这些孩子，你会安心吗？心不安。所以心不安，忧郁症的人就愈来愈多，担心社会、担心自己的孩子会出问题。

印光大师有句话：人人知因果，家家有教育。而我们一起学习《朱子治家格言》，就是家家有教育，而且《朱子治家格言》实实在在讲，句句都跟因果有关系。事实上，这个世间所有的事情，不离因果的道理。请问大家，您现在坐在这里听课是结果，原因是什么？有没有人说：我刚刚喝醉了，不小心走到这里来。不是吧？都是因为我们知道传统文化好，都是我们有一种使命：要教育好孩子，要承传家道。有这个因，才会有这个结果。那大家坐在这里是结果，也是一个因，所以因果是相续不断，今天大家听懂一句话是因，您的家族命运改变是结果。所以什么时候有因果？Anytime，anywhere（随时随地）！现在是果，这个果又是另外一个因的开始。所以**人真的明白因果，一定可以改变未来。**今天好学，明天就会有智慧，孔子说“好学近乎知”，离智慧就愈来愈近。

而《朱子治家格言》每一句也是因果，而且有一些句子的因果，让我们很有警惕性。比方刚刚大家在念经文的时候，有没有念到“刻薄成家，理无久享”？一个长者刻薄，他的家道很快就衰，他那个刻薄来的钱财留不住。因为他很刻薄，他教出来的儿孙更刻薄，“上有好者，下必甚焉”，我们所喜好的、我们的习惯，可能下一代学得更厉害。假如我们刻薄，他更刻薄；假如我们好赌，他更好赌。那就完了，这是因果规律。

还有“伦常乖舛，立见消亡”，兄弟吵架了，夫妻吵架了，父子吵架了，这个家铁定是衰相。我听说槟城有一户人家非常有钱，好像当地的华人都知道这户人家。结果儿子跟母亲打官司，这个是衰相。后来学了《弟子规》，赶紧给他妈妈忏悔，听说现在事业做得还不错。所以人改过自新，命运会愈来愈好。

而且我们槟城传统文化《弟子规》推展得很好，有一个学校叫钟灵独中，独中的校长吴维城校长，也是一心一意护持传统文化的复兴，他把教室都借出来，而且那些教学的老师都是无私奉献的。每个礼拜去他们学校学习的人，不是他的学生，是社会大众，超过一千人。这个学校有没有福报？他除了教育好自己的孩子，还为广大的社会教育人，这个学校会愈办愈兴旺，积的阴德就很厚了。反正放假的时候、晚上又不用教室，何不贡献给大众？而且他有这种无私的心，反而感来很多奉献的人来做义工。所以**人与人的因缘都是感应的，他的无私，感来很多人帮助他的学校、帮助他做这个教化大众的工作**。槟城这个企业家能回头，跟他们在当地教化有很大的关系。其实能让一个家庭不破碎，都有很大的功德，更何况长期教化，无形中救了很多家庭。

所以这里又是因果，“居家戒争讼”。一个家决定不要告上法庭，父子兄弟上法庭，很难看，下一代不可能教得好。只要上法庭，一定是凶相。大家注意听社会新闻，很多企业家一断气，他的孩子开始争财产，有的一年两年了都还没有下葬，因为子孙的财产摆不平。家和万事兴，家人争吵，铁定就衰败。所以这些因果，对我们的人生非常有启示。

“处世戒多言，言多必失。”话太多，不看场合讲话的人，铁定会犯错得罪人。包括后面还讲，“见色而起淫心，报在妻女。”人的意念也会造作罪业，常常起淫心，可能祸延子孙，报在自己的妻女。“匿怨而用暗箭，祸延子孙”，一个人处世当中，常常内心都会怨恨别人，甚至抓到机会还陷害别人，会祸延子孙。我们从历史中看，弄权残害忠良的人，最后的结果很多是满门抄斩，就绝后了。所以这种事决定不能干。**《朱子治家格言》让我们人人知因果，也同时让每一家人都知道怎么来教育下一代。懂得教育了，每个家庭都会出圣贤人。**

而教育孩子，教女儿比教儿子更重要！为什么？因为所有的人才都是妈妈教出来的。从小父母就把女儿教好，以后她就是贤妻又是贤母。所以把女儿教好才能让天下太平。诸位家长，生女儿的请举手？这都是来救天下苍生的，把女儿教好，很多圣贤人就出来了。所以教女儿要有职业道德，一定要把她教好。我曾经听人在那里抱怨：“哎呀，我这个女儿，老大不小了，脾气这么大，赶快把她嫁出去，不然每天把我气死了。”这个态度是没有职业道德，是吧？怎么女儿脾气大，赶快把她嫁出去？不是设身处地，都是嫁祸于人，这不对了，搞得人家鸡犬不宁，这是损阴德的。女儿嫁出去，把人家的家族兴旺起来，父母积的阴德最大，养女儿是积大阴德。所以现在不是急着把女儿嫁出去，应该是先把女儿教好，教好了才能把她嫁出去，这样才厚道。这是应该有的一种存心，要设身处地、要有恕道。

虽然现在说是这么说了，真正遇到的时候，不一定。比方有两个老人在那里聊天，其中一个老人就说了：“哎呀，我的命很不好，新进门那个媳妇，什么好东西都往她家里拿，我真是歹命！”她在那里流眼泪。另外一个老太太说：“哎呀，别伤心了，别伤心了。”拍拍她的背，安慰她。结果这个老太太就问对方：“老朋友，你最近好不好？”“我最近很好，我女儿嫁出去以后，什么好东西都往家里拿。”自己遇到了，就会觉得歹命，但是假如东西是往自己家里拿，那还是觉得好，没有替亲家考虑。所以老祖先留给我们一句话，“己所不欲，勿施于人”，这个非常重要。

不只把女儿教好，子女教好了，走到哪里，给人欢喜，给人智慧；孩子没教好，走到哪都给人添乱，给社会、国家添乱。所以**教育好自己的孩子，是每个身为父母的人应尽的本分，这样才能问心无愧**。

我们上节课跟大家交流到第一句：

【黎明即起。洒扫庭除。要内外整洁。】

我们上一堂课也跟大家交流到，学习传统文化要立志，我们已经发了志向：为民族、为家族。再来，学习贵在力行，所以我们学了第一句，请问大家，这个礼拜有没有早起？早起以后，有没有把家里收拾干净？所以**学问受不受益，要看力行的程度**。而且老祖宗有一句话说，“读书贵在变化气质”，读书会变化气质，因为读了，明理了，会去做；去做了以后，心境会改变。心境一变，相由心生，气质就变了。所以学问的根本，还是在心地的功夫。

而我们看，“黎明即起”是早起，是一个行为，对自己内心的影响是什么？人一早起就懂得振作，懂得自立自强，懂得珍惜光阴、不蹉跎光阴，心性上就开始变化了，也懂得突破懒惰的惯性。我们老祖宗留了一部《易经》给我们，《易经》有六十四卦，第一卦叫乾卦，表天德。乾卦表的精神，在《易经》里讲，“天行健，君子以自强不息。”“健”就是刚健，非常积极、主动、振奋。而且这个“健”还有恒心的意思，养成这个好习惯，终身不改变；立了这个志向，终身不改变。这是自强不息。

我们看每一个经句，从正面，再从反面去看。假如孩子不早起，睡得很晚，隔天又晚起，身体就搞坏了，身心都受损。而且一个人睡得很晚，精神非常颓靡、懒散，这差别就很大了。所以曾国藩先生说到，“晏起为败家之凶德”，晏起就是晚起，这是不好的行为。晚起，这个行为决定让这个家败掉。曾国藩先生又讲——他的家道经营得很好，几百年过后，他的家族还出很多在这个时代很优秀的人，不简单，他的话给我们很好的启示——“治家以不晏起为本”。

所以人学了经典，会给自己算命，也会给自己的家庭算命。现在大家屈指一算，我们这个家要兴还是要衰？很多家长听了以后，“对，这太重要了，明天，帮孩子按闹钟，把孩子叫起床。”孩子起床了，自己再回去睡。这不行哦，教育很重要的是以身作则，不然孩子心里不服气。我们也曾经跟孩子分享早起的重要性，结果孩子说：妈妈都睡到中午。我们接下来都不知道怎么讲，只能说：妈妈太辛苦了。不能让孩子对父母失去信心嘛。不然父母跟老师唱反调，不白教了吗？所**以现在讲的每一句，不是先要求孩子，是要求父母、长辈自己先做**。

接着“洒扫庭除”，这是非常勤劳的习惯，从行为、从事上看是勤劳，从心地上看是恭敬。首先，恭敬生活的环境；再来，恭敬自己的态度，恭敬生活的态度。不勤劳，懒散了，自己身心状态都愈来愈差。所以**勤劳这个习惯的养成，对家庭非常重要，对孩子的心性影响深远**。老祖宗也说，“勤俭为持家之本”。所以经营家庭，都要把种种根本抓到。而我们明白每一个教诲的重要性，没有人不愿意做的。懂了，知道这么做是爱护自己、爱护孩子，当下就愿意去做了。

我们很冷静来看，每一个教诲对人心的影响。我们首先看，“洒扫庭除”是勤劳。“庭”是庭院，“除”是阶梯，就是整个生活的环境，把它整理干净。而勤劳，我们首先来看，能让一个人身体健康。大家看现在的人，身体是愈来愈差，还是愈来愈好？愈来愈差。怎么吃得这么丰富，身体愈来愈差？首先，运动太少，不做家务，经络都不通畅。常常劳动，身体气血通畅。我父亲体格比我还壮，因为我父亲是长子，十几岁的时候，都到田里干活，常常挑粪，帮父母种田。所以肯为父母劳作，这个人是有福报的人。这份孝心就给自己积了厚福，不只有福，还健康。

身体上健康，再来，对一个人的心理的影响：他有责任心，交代他的事情，他都把它做到稳妥。很多在家里特别会帮父母忙的，到学校去很自然就帮老师，他有责任感。他看到老师辛苦了，就去帮忙，当然会得到老师的疼爱，是吧？他有责任心。

再来，他有感恩心，因为他“习劳知感恩”。他付出辛劳之后，他知道很多事情都是很辛苦、不容易的。他看到别人煮饭，看到别人在干活，他都马上生起感谢对方的心。现在的孩子都不劳动，所以看到别人在流汗的时候，他也感觉不到，甚至根本就不知道吃的东西是从哪里来。《朱子治家格言》说，“一粥一饭，当思来处不易”，我们曾经问孩子，饭从哪里来的？他说厨房。厨房的饭从哪里来的？爸爸从超市买来的。所以告诉大家，现在的孩子有些答案会让你从椅子上面掉下来。有的写作文：“我到外公家玩，外公从树上把西瓜摘下来给我吃。”想象力丰富，都没看过。

我们曾带孩子去种水稻。孩子没看过水稻，站在那里讨论：下去会不会死？另一个孩子说：不会，底下有铺水泥地。结果这些孩子种了半天的稻田，回来腰酸背痛。然后饭吃得特别香，饭量特别大，因为流了汗，肚子很饿。结果老师就跟他们讲：你们今天干了半天，种的稻米，中午就被你们给吃光了。他们就会想：我那么辛苦，这一顿饭就被我给吃光了。这样的孩子以后会不会糟蹋稻米？不会的。

告诉大家一个秘密，我是二十五岁的时候才拿过锄头，我去种蔬菜。当时种白菜、空心菜，三个礼拜流汗，上桌以后差不多一分钟就吃完了。很多住在一起的朋友，一分钟就夹完了，然后说，很嫩。就结束了。所以我自己种过菜之后，只要有菜吃不完，我一定要把它吃完，因为舍不得。很多道理，孩子要亲身体验，他终身都不会忘。只是让他当知识一样背，有时候他感受不深。很多时候要带孩子亲身去体验。

所以责任心，感恩别人的付出，包括设身处地的态度。孩子只要有这样的态度，他的心灵健康，心理素质非常好。而且因为他的这些态度，他的人际关系非常好，在学校得到老师的爱护、同学的友爱。再来，他的能力也会随着付出不断提升。其实我们从这里再去慢慢体会老祖先讲的，"吃亏是福"。我们往往看到很多人很老实，到单位去都被人家欺负，都把工作给他做，请问大家，多做事能力会不会提升？会！再来，福报会不会提升？他会更有福气。而且他多付出，这些态度都会提升起来。所以古人是过来人，他们深刻体会吃亏是福的道理。

那我们反过来，从小就教孩子不要吃亏，不要吃亏就是教他什么？斤斤计较。会教错。有个孩子，刚好那天他的同学没有带便当，结果他一看，就把自己的饭舍了一半给他的同学吃。孩子心里很清净，他做了好事自己也欢喜，所谓为善最乐。他回家兴高采烈就跟他妈妈讲："妈，今天我同学没饭吃，我分一半给他吃。"结果他妈妈马上用手推了他的脑袋："你这傻瓜，妈妈赚钱辛苦给你买饭吃，你还让给别人吃！”你看这个头一推，把这个孩子的命运都推倒了。所以**为人父母懂不懂教育，真的是决定了孩子一生的命运。**

所以不能计较，计较没福。有一个真实的故事，福享光了，灾就来了。有一个学校的男老师，还做到学校的主管。请问他懂教育吗？所以现在看事情都不能看表面。他在学校当主管，那是他的福报，不代表他会教育。今天一个人做大老板，他真的懂得赚钱之道吗？也不见得。可能祖先留了一亿的福报给他，他根本不会管，只剩下一千万。可是我们却觉得他有一千万，好厉害，看错人了。所以看事要入木三分。

这位男老师在学校当主管，他的儿子就在学校读书，一年级。结果孩子有热心的特质，每次下课都留到最后，把窗户关好，把灯都关好。因为他的父亲是学校主管，走得比较晚，他就都最后走，然后再到办公室去找他爸爸。有一天他欢欢喜喜把教室都检查完了，到办公室找他爸。结果他爸爸瞪着他："你怎么这么傻，都是你做，别人为什么不做？"这个孩子就愣住了。一年级的孩子都听父母的话，这么小的孩子哪会觉得父母讲的是不对的。他就听了爸爸的话，从那一天开始就不主动付出了，就开始计较了，心性开始变化。

结果三年级的时候，就愈变愈计较、刻薄，嘲笑一个没有父亲的同学。那同学哭得非常伤心，他笑人家没有父亲。结果后来他们家遭小偷，他爸爸发现小偷就穷追不舍，把小偷追到了巷子底，没有路走。那个小偷可能一下子就狠下心，反正逃不掉了，就拿出刀刺了这个孩子的父亲。一刀而已，但是刺中要害，就死了。所以这个孩子笑人家没有父亲，最后他自己没有父亲。而这个故事，就是这孩子长大以后，回来讲给自己的老师听的。当然这个孩子把这个故事告诉我们，是积功德，给我们所有为人父母者一个非常好的启示，决定不能教孩子计较。计较完会刻薄，言语一刻薄，损了自己的阴德，最后自己也没有父亲了。

所以我们看到，一个勤劳有这么多好处。那反过来不勤劳呢？孔子说举一要怎么样？要反三。请问大家，不勤劳会怎么样？身体不好、没责任感、没感恩心、不会设身处地、人际关系很差、能力很差、福报很小。大家有没有看到现在的孩子不勤劳，这些现象有没有？不只这六条。**古人留了一句话让我们去体会，"百种弊病，皆从懒生。"一个人种种的坏习性都从哪里来？都从懒惰来的。所以反过来看，种种恶习都会出来。**

有一本古籍叫《国语》，它记载了非常多国家的好的教诲。其中的《鲁语》，就是鲁国的好教诲，里面有一段话很启发人。"劳则思"，一个人劳动对他人格的影响，他会去思考，会去设身处地，"思则善心生"。假如好逸恶劳，"逸则淫，淫则忘善，忘善则恶心生。"从这些经句，我们可以深刻体会到**老祖宗是开智慧的，他通达人性，他对整个人性的发展非常敏锐**。不听老人言，铁定就得吃亏了，这些是真理。所以"劳则思，思则善心生"，感恩父母、感恩他人的付出；但放逸了，"逸则淫""淫"就是沉溺，比方贪睡，比方好逸恶劳，喜欢玩，不劳动，沉溺在欲望当中就忘了善。而且"饱暖思淫欲"，都是邪念愈来愈多。忘善，忘善怎么样？"恶心生"，就好像百种弊病皆从懒生出来了。

《礼记·学记》给我们一句非常重要的教诲，有关教育的。"教也者"，教育的核心是什么？大家是父母，教育孩子是我们的本分，一定要懂。《三字经》有一句话很重要，"养不教，父之过；教不严，师之惰。"所以我自己也感谢我师长，在我还没从事教育工作，就把这个道理告诉我了，我就很警惕，不能不尽这个本分。**“教也者，长善而救其失者也”，教育的两个最重要的主轴：长善救失。**长孩子的勤劳，救他的懒惰，这才叫教育。长他的早起，救他的晏起。所以**教育的根，还是回到孩子那一颗心上，把所有好的德行要扎在他的心田里，从此变成他处世待人的态度。**所以勤劳的重要性，从这些经句可以感受得到。唐朝诗人李商隐有一句名言，“历览前贤国与家，成由勤俭败由奢。”历览几千年的国家跟家族，都是因为勤俭兴盛，由奢侈衰败的。所以兴衰的关键在勤劳。

接着经句讲，“要内外整洁”，洒扫庭除，不是只有扫外面给人家看的，自己屋子里都要打扫干净。而且我们要了解，“整洁为强身之本”。一个人不爱干净、整洁，他的环境会非常肮脏，慢慢会滋生很多不好的细菌、尘垢，最后一定影响他的健康。大家有没有注意到，现在很多孩子呼吸系统不好。除了生活习惯不好，也可能跟他的整个生活环境脏乱有关系。

所以干净，一来对健康有帮助，再来会影响自己的心境。环境整洁不乱，自己的心也比较定；环境非常杂乱，这个心也随着散乱，甚至常常都会把事给做砸了。比方说东西都乱放，突然有个重要的文件找不到了，或者拿错了，把事都可能给搞砸了。所以《弟子规》才教诲我们，“房室清，墙壁净，几案洁，笔砚正。”“置冠服，有定位，勿乱顿，致污秽。”整个外在的整洁，对于内心的帮助，就是心愈来愈清净、心愈来愈有条不紊。圣贤教育的学习都是因戒得定、因定开慧，这些生活的习惯就是戒律，就是规矩。都爱整洁，都排得整整齐齐，要拿东西的时候，心里都是很定，定就开智慧。假如这些生活习惯都没有，人一天心思都是非常散乱的。接着经句讲：

【既昏便息。关锁门户。必亲自检点。】

“既昏便息”就是到了太阳下山，应该准备休息了。**这很重要，这是顺天而行，道法自然。太阳下山就准备休息了，太阳出来就赶快起来读书、干活了。顺天而行，身体好，比吃什么补药都强。**现在人都跟天作对，然后补药跟营养品花得非常多，那叫本末倒置。现在的人恶性循环太严重，本末倒置，不好好作息，结果还得要辛苦地去赚钱，再来买药。这种颠倒的事，明白道理的人不要再干了。

《黄帝内经》关于养生提到几个重点，“**饮食有节**”，不要暴饮暴食。饮食要有节度，最好不要吃太多，晚上能不吃最好，因为晚上不吃，整个肠胃得到充分的休息。现在人都吃消夜，那是自我折磨。当然，每个人体质不一样，改变一个习惯可以循序渐进，家里人也比较能接受，自己的身体也比较能很好地适应。

“饮食有节”，接着，“**起居有常**”，生活起居有常规，早睡早起。还有“**不妄作劳**”。不妄作劳，就是不能够让身体处于过分消耗的状态。所以人假如觉得很累了，不要再工作了，再工作很可能伤身的程度会很严重。有人说：可是事情做不完。有没有道理？事情哪有做完的？只有一天做完，就是我们断气的时候，不然每天都有因缘，都有事可以干。所以人要考虑长远，不能一百岁的身体把它折腾到五十岁就坏了。这是不孝，也是没有智慧，不理智。而且，**假如一个团体的做事态度都是熬夜、过劳，这个团体没有福报。为什么？虐待员工，怎么会有福报？**当领导的人，《弟子规》讲的，“待婢仆，身贵端，虽贵端，慈而宽。”仁慈表现在哪？表现在把员工当自己的家人一样爱护。还把他搞得命都没了，怎么行？

台湾报纸曾经在一个礼拜之内，报道了几则新闻：四十几岁的企业界的精英，或者哪个行业的精英，猝死。没有任何征兆，四十几岁。那都是什么？累过头了。四十几岁，学校、家庭、整个社会栽培，最后就这样结束了。这给整个社会很大的省思。

所以工业革命，大家要冷静，工业革命之后物质生产非常发达，可是好像人的思维都工厂化。人最后变成什么？变成生产工具。“赶快，我要赚更多钱，那个人生病了，拿掉。”不把人当人看，把人当东西用。这是错误的。所以我们今天常常讲，“己所不欲，勿施于人。”请问当我们的孩子到企业去服务，你希望老板怎么对他？同样，我们今天是老板，这些员工也是父母的孩子，应该怎么对他？

南宋杨万里先生的太太，冬天天气很冷，家里也请了一些用人，这个老太太七十岁了，每天起大早煮热粥。结果她的孩子不忍心，说：“妈，你不用那么早起来煮热粥了。”老人家说：“不行，这些底下的人都是人家的孩子，凌晨三点起来工作，肚子都没有一点热气就劳动，对身体伤害非常大。我先让他们喝了热粥补补能量再去干活。”这是有仁慈之心。然后家里虽然有用人，可是每个孩子都是自己哺乳。她说：“我假如让底下的人哺乳，不就把她孩子的奶抢过来了吗？不能干这种事情。”结果这个老太太生了四个儿子，三个都考上进士。她那种宅心仁厚，“积善之家，必有余庆。”所以**一个企业家、一个领导者把员工当自己的家人，这个企业团体一定有后福、有大福。**

所以“不妄作劳”，包括欲望都要懂得节制，以前的夫妻都懂得这个道理。《黄帝内经》几千年前就这么提醒我们，所以谁最有福气？**肯听父母话，肯听老人言的，肯听经典的话，就有福气。**

“既昏便息，关锁门户，必亲自检点。”“既昏便息”是懂得不要晚睡。从心地上讲，就是做任何事都知道节度，不要过分。这个节度，除了不要消耗身体以外，花钱都要量入为出。**一个人懂得节度，他会用在生活的点点滴滴，包括面对自己的事业，他也不会急于求成，他也不会轻易给人家承诺，最后没有做好。他会量力而为，这个都很重要。**“事非宜，勿轻诺；苟轻诺，进退错。”答应人家太快了，都没有衡量自己的时间、精力，最后给人家做坏了，或者没做好，就失信于人。所以适当的拒绝，反而让人家更信任你做事谨慎。轻易承诺别人，最后就失信了。而且一个人懂得适当的拒绝，他才是懂得爱护自己，他才是懂得不让父母、家人操心的人。很多人不会拒绝，参加的应酬一大堆，喝得烂醉回来还吐一地。谁最担心？父母、妻儿看在眼里多痛心。有分寸的人不会干这些事情。

有人说“人在江湖，身不由己”。有没有道理？大家有没有觉得好像很多事情，每个人都有他的道理，讲起来都好像有点道理，但是又觉得怪怪的。假如这个江湖一定要让人每天拿命去赚钱，那我们就退出江湖。我认识一位老板，他退出江湖以后，身心安康，事业做得更好——胡小林董事长。他不去应酬了，然后自己做生意统统都凭着诚信，尽心尽力去做好服务，反而人家更信任他。而且他又明白一个最重要的道理，该是你的福报跑都跑不掉，不是你的福报强求不来。他明白福报的道理，理得心就安。不明理，身心垮了，家庭受累了，然后常常还动不好的脑筋要去设计对手，那念头都伤身心，还造罪业。一明理了，念念为他人着想，甚至于还为对手着想，身体好了，本来有焦虑症，现在身体非常好。所以“人在江湖”这句话是没有道理的，而且因为他还没学传统文化，他还不明理。所以大家车上要准备《弟子规》《了凡四训》《朱子治家格言》这些经典，只要有一个人说“人在江湖”，你就把书送给他：“我送给你这本书，你就懂得怎么退出江湖。”

接着经文讲，**“关锁门户”，这是注意居家的安全。从事相中是这么来解释，谨防盗贼。在心地当中给我们的启示：“防心离过”。**除了要防盗贼，那是外面的贼，心里有没有贼？叫烦恼贼，把我们的清净、把我们的智慧给偷走了，每天活在烦恼跟痛苦当中。而且贼进来了都不知道，自己的德行会不断地下堕。

其实我们冷静想一想，现在这个社会是个大染缸，人假如没有高度的警觉来防心离过，只有随波逐流的分。我们曾经了解到，很多大学生生活非常糜烂，晚上都去纵欲，有的打电脑打整夜。父母花那么多钱让他读大学，逃学很严重。

孩子放纵是结果，原因是什么？他从小的根基没有扎稳。所以父母从小把孩子的根基扎稳，他才可以在这个社会不堕落，根深蒂固，才能稳得住脚跟。从小让他养成反省的态度，曾子说“吾日三省吾身”，从三件事来反省自己。“为人谋而不忠乎”，帮人家做事、服务有没有尽心尽力，尽忠职守？“与朋友交而不信乎”，与朋友相处有没有坚守诚信？不能失信于人，不能应付，不能对人虚伪。“传不习乎”，父母、老师、经典教诲我们的，有没有好好去温习，有没有好好去落实？从这三件事情每天反省。

具体来讲，我们今天回去要拿一本笔记本，“反省日记”，每天观照自己一天的念头跟行为。看大家的表情好像不大愿意做。所以告诉大家，教孩子不难，难在教自己。我们一听，“这么麻烦。”其实大家要了解，今天不做，“学如逆水行舟，不进则退。”古人这些好的风范，我们当下去做。

反省，其实能反省反而心更安。人每天都不知道错在哪，反而心

愈来愈没底，心愈来愈不踏实了。不只每一天反省，这个防心离过要练到每个念头不对，自己都能够察觉。可是容不容易？不容易。很多已经习惯的事情，自己都察觉不到错了。举个例子，请问大家，您打哈欠的时候有没有用手遮一下？有的请举手。请放下。不知道有没有遮的请举手。你看这个动作不礼貌，我们都不清楚自己到底有没有遮起来。遮起来是很自然，为什么？嘴巴张那么大，人家一看不吓坏了？所以这个动作是对人家的尊重，很自然就做出来。比方人家说："你脾气挺大的。""哪有？我很久没发脾气了。"你看讲这个话的时候都带有一点情绪了，还不发脾气？有时候养成习惯以后，自己都看不到。"习气使然，浑然不知"，察觉不了。察觉不了，不能改，就不能进步。

我记得四川人很会吃辣，餐馆里的厨师只要煮菜，辣椒就进去了。有一个朋友去四川，他不习惯吃辣，他给厨房厨师千叮咛万嘱咐，不要给他加辣椒。那个厨师说着"不要加辣椒"，辣椒还是丢进去了。他已经习惯了，他那个动作还是止不住，还是出去了。人察觉不了怎么办？《弟子规》说"闻誉恐，闻过欣"。"当局者迷，旁观者清"，**身边最亲的人最容易看到我们的问题，旁观者清。所以自己还察觉不到，只要谦虚受教，身边的人可以提醒我们。这个态度一定要养成。**

我有一个同事也在教书，人家都喊他老师。每天被人家喊老师，会不会堕落？会！为什么？老师、老师、老师，慢慢地他都觉得我就是教人的。都觉得要教人，就忘了教自己了。所以这个防心离过，要时时看到自己的心偏掉了、有执着了，一发现要调过来，不然就愈偏愈大。所以我就跟这个同仁讲，我们都被人家叫老师，可不要产生贪着。我们自己都那么大年龄才学传统文化，还有一大堆习气没改，当圣贤的学生都没资格还当老师？那是因缘，刚好有这个机会跟大家交流一下，战战兢兢。接着我跟他讲了，我们要善财童子五十三参，全部的人都是老师，只有自己是学生，这样才不会好为人师、傲慢。**尤其身边人的话要听，他看我们最清楚。**

结果我讲到这里，他太太刚好也在旁边，他太太说："对啊，他都不听我的劝。"结果这个老师马上说："我哪有？我哪有？"我刚刚才跟他交流完，他太太才发点牢骚，他马上又封他太太的嘴。我就跟他讲：《弟子规》说"闻誉恐，闻过欣"，你太太才跟你提个意见，你不能接受，马上就要解释半天。《弟子规》是根基，当老师的人连《弟子规》都做不到，那名不副实。享老师的名，每天都不依教奉行，会折福。

我们都学过《了凡四训》，"阳善享世名"，名也是福气，有名无实，福报都漏掉了。"世之享盛名而实不副者，多有奇祸"，享很高的名，德行没有、不够，福报花完了，禄尽人亡，会有灾祸。所以像我们每天都被人家叫老师，名很高，德行不足，福报都折光了。我都长不胖就是这个道理，所以我要更警惕。走在路上，特别谨慎，"必有奇祸"，不知道车子会不会撞过来。**谨慎要谨慎到防心离过，念头都不能错。一念都是祸福的根本。**

所以怎么反省？能接受别人的提醒、劝告。再来，听经、读经的时候，每句教诲都是对自己，不能去看别人。能有这样的态度，听十分钟有十分钟的受益，听一句话都有一句话的受益。所以受益的程度是态度决定的。自己就是当机者，这些教诲都是讲给我听的，都是要求我，不是要求别人，就很容易观照自己的问题了。《弟子规》讲，"过能改，归于无"，假如不承认，"倘掩饰，增一辜"。

所以这里“关锁门户，必亲自检点”，从这一句我们看得出来，“洒扫庭除”“关锁门户”，代表从小就觉得家里的这些事，自己都有责任去做好，都应该分担父母、家庭的重任。“亲自检点”也形成一个人做事非常谨慎的态度。谨慎重要，不谨慎，很可能门户没有关好，家里就遭小偷，损失惨重。所以谨慎能让我们避祸。接着经文讲：

【一粥一饭。当思来处不易。半丝半缕。恒念物力维艰。】

一粥一饭都来之不易，我们很熟悉的一首诗：“锄禾日当午，汗滴禾下土。谁知盘中餐，粒粒皆辛苦。”我们也让孩子从小念感恩词：感谢国家培养护佑，感谢父母养育之恩，感谢老师辛勤教诲，感谢同学关心帮助，感谢农夫辛勤劳作，感谢大众信任支持。

而且不只是农夫辛勤劳作，人一天能生活得很好，要几个行业的服务？算得出来吗？算不出来吧。眼睛一睁开，开电灯要不要人家服务？电力公司，还有卖电灯泡的。接着进浴室、上厕所冲水，自来水公司，还有卖马桶的。接着刷牙、照镜子，卖镜子的。挤牙膏……大家算不算得出来，今天被几个行业服务了？所以古人讲“一日之所需，百工斯为备”，有各行各业在帮我们服务、在帮我们准备，我们生活才都不用担心。**所以整个社会确实是互助之体，取之社会，用之社会，每一个人都应该要回报社会。**不管是精神、经验，包括自己的钱财，都应该有这个回报的态度。“当思来处不易”，应当思考、应当思维，这些食物得来不易。

“半丝半缕，恒念物力维艰”，半条丝、半条线都是人家血汗做出来的。“恒念物力维艰”，都能够念着这些物品都是人家辛勤的劳作，就不会糟蹋了。而且懂得感恩、懂得惜福，惜福的人就不会浪费，他很节俭。

那我们冷静想想，一个人节俭对他的心性有什么帮助？帮助很大。一个德目能给人启发多少的善念？古人洞察人性非常有智慧。一个人节俭，节俭以后他有更多的财物可以去施舍给别人，所以“俭而能施，仁也”，他的仁慈心在提升。节俭的人就不会欲望一直膨胀，欲望膨胀，他花不够、吃不够，就要怎么样？就要用不法的手段去贪污。所以“俭而寡求”，一个人节俭，他就不会贪求很多，“义也”，他就不会拿不义的东西。“俭以为家法”，一个人把节俭当作自己的家法、家规，“礼也”，他懂得以礼来治家。以节俭来教育子孙，“智也”，他有智慧。所以**一个人懂得节俭，仁、义、礼、智的德行都在增长**。

但是这个节俭可不能偏掉，节俭到最后变得很吝啬，叫不仁；节俭到最后很贪心，叫不义；节俭到最后，连给父母的供养都变得很吝啬，叫“非礼也”，对父母不恭敬了。这就是已经偏掉了，这不是真正的节俭的德行。节俭，存了一大堆钱财要留给孩子，叫不智，没有智慧。所以这个节俭是不是增长仁义礼智，还是偏斜了，变不仁不义不礼不智，得把道理给想通。

可能有人说，我节俭留给孩子多一点东西怎么是不智？留那些东西不是让他们吵架，在那里争夺了吗？报纸一翻开，每天都有这样的事，要记取教训，不能再干这种傻事了。所以《三字经》说，“人遗子，金满籯”，一般的人都留一大堆财物给孩子，“我教子，唯一经”，传经典、传智慧给孩子，这是理智的父母。

今天就跟大家交流到这一句经句，谢谢大家！

第三讲　深谋远虑，一生幸福；不逐外物，内心快乐

尊敬的诸位长辈、诸位朋友，大家好！我们今天是《朱子治家格言》第三堂课。前面我们一起学习了两句经文，“黎明即起，洒扫庭除，要内外整洁”，已经两个礼拜了，大家早起应该已经养成习惯了。只要早起养成习惯，相信是孩子的榜样，也是家道要兴盛的好的征兆。“既昏便息，关锁门户，必亲自检点”，这都可以带着孩子，来引导他们为家庭多付出，这也是形成他们谨慎的态度，还有负责任的态度。“一粥一饭，当思来处不易；半丝半缕，恒念物力维艰。”这句经文学完，家里应该没有剩饭了，“来处不易”。总不能我们学了，或者让孩子学了以后，家里还在糟蹋食物，那孩子会发生认知上的错乱。真的，他说：“妈，不是说一粥一饭当思来处不易吗？怎么把那些东西都倒掉了？”他会不会认知错乱？会。

我们曾经也遇到父母都教孩子不能说谎，然后妈妈接了一通电话，爸爸刚好在旁边看报纸，妈妈就对对方讲，“我先生不在。”然后那个孩子就看着妈妈、看着爸爸，“怎么妈妈说爸爸不在？”所以**时时都要给孩子一个好榜样，这才是真正的慈爱。因为父母的好榜样会潜移默化烙在孩子的心中**。请问大家，您什么时候学会孝顺的？您什么时候学会节俭的？不知道。可是怎么会学会？“我天生丽质”，不是吧？不知不觉就学会了。所以我们学贵力行，学了马上把这句经句变成我们

的家道，每一天都看得到这些经句，具体做出来。接着下一句：

【宜未雨而绸缪。毋临渴而掘井。】

这句话，“宜”就是应该，应该还没下雨就把屋顶、把门窗修理好。“绸缪”是（把门窗）绑好，假如遇到风大、雨大，房屋才不会受损。“毋临渴而掘井”，就是不要到已经口渴了才开始来挖井，那就来不及了。所以这段话最重要的，“凡事预则立，不预则废”，做什么事情都要能充分做准备，这样事情才能成功。假如都是非常匆忙做决定，非常匆忙去应对事情，很容易会出差错。就像我们今天建房子，得要设计好图，还要把地基打好，这样才能建成百年不坏的房屋。假如都没有做好这些计划，又没有打地基，很匆忙地把房子就建上去，反正能住就好了，那可能台风一来，房子整个就垮掉了。

其实这句话提醒我们，**看事情要深谋远虑，不能只看眼前，这是非常重要的态度**。比方说，我们今天教育孩子，是看他眼前这次月考的分数，还是能看到他往后人生能不能幸福的关键？觉得现在是给他能幸福的做人做事的态度重要，还是逼他把眼前这个考试考好重要？我好像讲得太复杂了，就是现在是两分重要，还是孩子一生健康的人格重要？我们都很会回答标准答案，但首先我们每天有致力于孩子健康人格的培养吗？而且，我们清楚孩子应该拥有哪些做人的态度，他一生才会幸福，他一生事业、家业才会兴盛？假如没有思考过这个问题，那我们就没有未雨绸缪。

诸位家长，你的孩子以后上高中、大学，你有把握他不会沉溺在电游吗？你有把握你的孩子上大学不会乱交男女朋友吗？你有把握你的孩子大学毕业出去工作，不会跟人家赌博吗？你有把握你的孩子生了下一代，不会丢给你吗？未雨绸缪啊。你有把握你的孩子大学毕业，不会关在家玩电脑，不去工作吗？我刚刚念的，假如以后出现在你们家，你就一个头两个大了，日子就很难过了。所以人要看得远。请问哪个成功的人，是因为小学四年级语文、数学考一百分的？你看，我们现在在乎的都不是孩子人生成败的关键，但是时间就一直这样流失掉。

看到这句，再看看现在的社会现象，应该给我们很大的启示。人都有侥幸的心理，看报纸，“那都是人家的孩子，不是我家的孩子。”“那都是别人的学生，都不是我的学生。”《三字经》讲，“养不教，父之过；教不严，师之惰。”有一个十九岁的男孩，家里很有钱，常常都在外面挥霍。突然有一天跟他父母讲，“今天我要跟你们共进晚餐。”夫妇两个喜出望外，“今天儿子终于肯陪我们聊一聊了。”晚餐准备得很丰盛，在家里等儿子回来。结果儿子回来了，带了一个女孩一起回来，然后拿了一张纸，“爸，她怀孕了，我要结婚，你帮我准备这些。”爸爸一接过来，房子、车子……一张清单。

诸位朋友，你假如是爸爸，接到这一张会怎么样？听故事要入戏一点。“苍天啊！”这时候不要叫苍天，这个时候要念这句“宜未雨而绸缪”。早知今日，何必当初？怎么没有趁孩子小的时候好好教他，尤其我们老祖宗本来就留给我们教育的智慧。从什么时候开始？胎教。我们已经听到不少例子，在胎中妈妈就读经，眼睛不乱看不好的东西，耳朵不听不好的声音，“目不视恶色，耳不听淫声，口不出傲言”，妈妈讲话很柔和，都不讲刻薄、骂人的话。这个孩子在胎中就领受母亲的正气，他先天就非常好，所以生出来都不怎么哭，不闹。很多人都说：“孩子怎么生下来都这么闹？”那是他家的孩子，其他人家的孩子不一定。**真正懂的人都会做事前的准备，愈早教育孩子愈好。第一个，**

胎教。

有一本书谈胎教、谈母教，谈得非常好，就是我们李炳南师公的老师印光大师的教诲，编成了一本书叫《天下太平之根本》。已经当妈妈的要看，因为你们看完，做对的可以跟人家分享，做错的可以让人家引以为鉴。你们现身说法很重要。所以希望你们都有机会跟人家分享这本书。像我分享难度比较高，人家会说：“你讲得这么容易，你怀孕过吗？”那我就没办法接。现身说法功德无量。你把一个母亲讲明白了，她从怀孕就开始做胎教，她的孩子以后是国家栋梁，你的阴德就积得非常厚。那还没有当妈妈的就要好好看，看完相信你有充分的把握可以怀一个圣贤孩子。印祖讲得非常清楚，你开始好好积你的阴德，“积善之家，必有余庆”，你就会感来圣贤的子孙。

胎教做得好，“三岁看八十，七岁看终生。”大家听懂这句话没有？三岁看八十。所以怀孕跟三岁以前，这四年左右的投资报酬率是最高的，这段时间妈妈真的用心陪伴孩子，你一辈子都不用操心这个孩子。可是现在的社会，好像父母该陪孩子的黄金时段都没陪，最后都什么时候陪？孩子十几岁，不听话、出了点状况了。到哪里陪？到电子游戏厅陪，还有的到警察局陪，有没有？没办法，被抓进去了，那就很麻烦了。

我们现在学《朱子治家格言》也是未雨绸缪，自己身教做到了，孩子自然学习到这些勤俭、责任感，全部都是他以后事业、家业成败的关键。那我们就真正帮了孩子一生的大忙。所以要想得深远，不能看眼前。包括现在人找对象都看美貌，都看家里有没有钱，那都看得太短浅。《朱子治家格言》后面都有提到，“嫁女择佳婿，毋索重聘；娶媳求淑女，勿计厚奁。”

再来就是，人时时能够做好准备，代表他不会拖拖拉拉。现在很多当爸当妈的人，有时候会被孩子气得，“拖拖拉拉的，搞什么东西？”孩子假如养成拖拉的习惯，可能对他以后做事会是很大的障碍，他会出问题的。假如一个重要的事情交给他，最后拖延到出了状况，可能他就被辞退了，或者人家根本就不会重用他。所以不能拖拉。当然孩子做事还有性格也不能太着急。所以过跟不及都不好，要适中。《弟子规》也讲，“事勿忙，忙多错”，慌张的人，首先定力不足，容易出差错。再来，慌张的人很容易出意外。他慌张的话，一开车，做什么事情，很容易出事。

那怎么培养不会太过，又不会不及？有句格言很好，这个都要自己先做给孩子看。我在讲这个的时候，我自己脑海里马上会浮现我爸爸的影像，我爸爸做什么事都先做好，所以他都很从容。“缓事宜急干，敏则有功”，事情不赶，但是提早就把它做好。而且先把它做好，假如临时又有什么小的变化，还有足够的空间可以应对。“急事宜缓办，忙则多错”，这个事时间比较紧迫了，但这时要提醒自己，或提醒当事人，放缓，放缓，心不要急，急事宜缓办。心调正了才能把事情办好，不然急到最后可能出的状况更严重，要花更多的精神、精力去处理，所以“急事宜缓办，忙则多错”。我们生活中，往往一个小细节匆忙中忘了，可能那个细节十秒钟就做好了，但是因为忘了，最后可能要十个小时才处理好。所以**人要有定力，处理事情才不会出差错。那什么时候练？就是在事情当中自我提醒，不断地提醒孩子，让他养成习惯。**

我们常说人生有两件事不能等，一个是行孝，一个是行善。懂得照顾好自己的父母，尽这份孝道，这很重要。而行善不能等，这也是“未雨而绸缪”。我们看世间，人生不如意事是会出现的，有没有哪个人一生从来没有遇到不如意事？我看现在这个世间没这种人吧？多多少少都有。有些家庭遇到的灾祸很大，甚至于会造成家人的伤亡。而当这个灾祸降临的时候，假如没有积德行善、没有积阴德，化不了。**人这一生有两个银行储蓄本，一个是存钱的，一个是无形的金钱，是存阴德。真正灾祸来的时候，哪怕有一千亿也化不了灾；可是真的积阴德，就能把它化开。**

我们曾经看到家财万贯的人，他的妻子、亲人得了癌症，他花再多的钱都挽回不了。可是我们看一些比较贫穷的人家，也是一样遇到家里人得了癌症，可是他就遇到很好的缘，引导他怎么调情绪、怎么用食物来调整，最后病就好了。这里就看到能够逢凶化吉，靠的是积的阴德。不只是身体方面，比方娶一个媳妇、娶一个太太可以旺三代，这是福。娶一个不好的太太会怎么样？一败涂地，就爬不起来。请问诸位家长，你以后有把握你的儿子一定娶个好太太吗？“宜未雨而绸缪”。我看到的真实例子不只一件，儿子憨憨的，也不是很会判断、很有智慧，交了一个不好的女朋友，险象环生，就在千钧一发之际，幸好分手了。其实无形中，祖宗在保佑，人看不到，人实在太狂妄了，假如没有传统文化的熏习，人都太狂妄，不知道真相。

现在在社会赚了很多钱的人，你问他，你为什么这么有福报？你为什么这么富贵？你去问十个，你看有几个告诉你“祖宗有德”？他假如这么说，应该是学过传统文化的人。我们以前还没有学传统文化，哪个人说“你很有福报”，他说“祖宗有德”？好像没听过，可是这却是真理。所以你看我们的人生，都这么大了才听闻真理，所以这样的人生很遗憾。**我们的孩子要从小就知道祖宗庇荫、祖宗有德，他才懂得惜福，不会骄傲、狂妄，都觉得是自己的本事。**

我今天遇到一个江苏的企业家，是做污水处理的。污水处理容不容易？告诉大家，他初中都没有毕业，现在是国内污水处理顶尖的人物，而且还到马来西亚巡回演讲。我看着他说：“六百年前郑和下西洋，把很多谋生的能力带过来，六百年后你效法郑和的精神，来传递这么重要的污水处理的技术。”大家要知道，水是生命之源，水都污染了，人岂有健康可言？他提到，水污染现在已经达到百分之七十以上，是非常严重的问题。而他才初中毕业，他说他读书很差，可是对这个污水处理，他突然间明白怎么干，他觉得很简单。我后来听他讲，他的爷爷持《金刚经》二十八年，他的母亲行善一辈子。这是他亲口跟我讲的，他祖上积了很厚的德，所以他初中没毕业，现在我听他的朋友讲，企业都快上市了。当然不一定要上市，最重要的是对整个社会的贡献。他从 1993 年就开始做这件事情，事业现在做得非常好。

而且他讲的一句话我非常感动。他说，他最欢喜的就是看到脏的水变清澈，他觉得这对人的健康很好，他会一辈子都干这件事情。其实人的快乐在哪？人的快乐应该不是在拿到薪水的时候吧？人的快乐应该是在做这个事业的时候，他感觉到服务人的价值。

我们现在其实活得不快乐。请问在工作的时候 very happy 的请举手？奇怪了，人生以服务为目的，三百六十行不全部都是服务人？奇怪了，我们现在怎么服务人不快乐？我们边干边在那里想：还有两个礼拜才领薪水，怎么这么慢？都是想着钱，怎么会快乐呢？然后又开始比：“他领的比我多，多两百。”人比人，又气死人。我们被钱给害惨，人格、为人服务，统统被钱给衡量了，人的尊严到哪儿去了？人那种服务、奉献的精神去哪里了？

这位企业家的事业，坦白讲也是有挑战的。他说他 2007 年的时候，干了这么多年也真的是很困难，他刚好到安徽九华山去拜地藏菩萨，因为他祖上都是学佛的。他跟好几个朋友一起去的，当天晚上他比较早睡，其他朋友还在谈话。他说他一睡着就梦到青山绿树，鱼儿在清澈的水里游，跳起来非常快乐，然后他就笑醒了。笑醒以后他就讲给身边的人听，“那个好美！”然后所有的人看着他：“说梦话。”你看，他在地藏菩萨的九华山，菩萨给他明示：好好干，这就是你的任务。结果回去没多久，中国就发生几起非常严重的水污染，藻类让广大地区好几天都没水喝，他紧急去帮忙处理。

所以祖上有德。他要去上传统文化课的那天早上五点多，梦到他们家祖坟。他的家离他们家祖坟没有很远，他说他在梦中就看着祖坟放光。其实坦白讲，他做水污染的净化，请问帮了多少人？那不是给世间光明吗？而且不只在中国放光明，还跑到马来西亚来放光明。而且现在中国跟马来西亚的关系非常密切，好像在马来西亚的关丹，有一整个园区都是给中国人做事业、建厂的。在中国广西也有一整个工作园区是给马来西亚的华人建厂的。所以两国的关系非常密切。他看着自己祖坟放光，然后飞来两只凤凰，那两只凤凰飞啊飞，最后停在水坝上。那天醒过来，他就去学传统文化了。学了以后，他从自身做起，最后拿出自己的地、钱，在自己的故乡办了一个传统文化中心。现在差不多两个月办一次讲座，一次来学习的有一百人，所需都是他提供的。他自己受益了，希望提供给更多的人。所以祖上有德，他的儿子就娶了一个学传统文化学得很好的太太。所以做好事，“积善之家，必有余庆”。

我见到的不只一个例子。一个朋友的儿子不会找女朋友，但是后来父母全力弘扬圣贤教育，跟那个女孩子的姻缘就没了，然后就来了一个非常好的媳妇，我看他那个媳妇真的是找不到了。学历不高，所以不傲慢。当然，学历高的也有不傲慢的，不好找而已。我假如不补这句话，待会儿下课可能就围了不少人在外面等我。“宜未雨而绸缪”，我得为待会儿走出去着想一下。

其实在这个时代，人假如没有高度的自我反省能力，不知不觉就染着了，被傲慢染着了。长得漂亮会傲慢，头发比较长、比较黑也会傲慢，双眼皮会傲慢，长得高也会傲慢。这些外在的都很容易傲慢。学历高一点会傲慢，赚的钱比较多一点会傲慢，地位高一点会傲慢。人清清白白来这个世间，干吗受那么多污染？

而且孔子有一句非常重要的提醒，夫子的譬喻也是到极点。他说到，一个人有周公的才能、有周公的办事能力（周公是孔子最佩服的圣人，所以这个譬喻已经到了极点），“如有周公之才之美，使骄且吝”，骄傲、吝啬，不想把自己的财物或者经验去跟人家分享，“其余不足观也矣”，那这个人人生不可能有大作为。大家用心去看，一个人假如傲慢，又非常吝啬，不跟人分享，这样的人走到团体里去，会不会受人家欢迎？不会。甚至于跟人家都会相处得很不愉快，会给人家压力。傲慢的人一讲话，就让人家很没面子，无地自容。所以他这个傲慢的态度，每一天都在折他自己的福报，他自己不知道。曾国藩先生说，讨人厌就败在一个骄字，一个骄傲。

刚刚讲到那个朋友“积善之家，必有余庆”，我看到他们找到的儿媳长得非常有人缘，笑口常开，脾气特别好。现在这个时代要找到脾气不错的女孩，除非祖上有德。真的，现在不容易了。然后任劳任怨的。所以“桃之夭夭，其叶蓁蓁。之子于归，宜其家人”，好女孩一进门，这个家就要兴旺起来了。所以“宜未雨而绸缪”，赶快多积阴德，不然纵使你们家很有钱，儿子娶一个不好的女子就麻烦了。

“毋临渴而掘井”。人做事要稳重，要考虑周详、考虑长远，不要净干临时抱佛脚的事情，这只会让人家愈加不能信任我们。今天你是老板，你要用什么样的人做重要的主管？这个就是标准。他懂得“一粥一饭，当思来处不易”，才不会浪费公款；他能未雨绸缪，那他就是深谋远虑的将才，事情交代给他，你就安心了，他假如是临时抱佛脚，就麻烦了。接着经文讲：

【自奉必须俭约。宴客切勿流连。】

自己生活享用应该节俭、节约。其实冷静想一想，一天吃三餐，甚至是吃两餐，是比较健康的。因为晚上少吃或者不吃，整个肠胃得到充分的休息，它的吸收状况就比较好。反而吃多，甚至于还吃消夜，肠胃的负担非常大，它会给你抗议，最后会罢工，那肠胃就出问题了。有一句俗话讲得好，人应酬太多了，“上顿陪，下顿陪，终于陪出胃下垂”。我感觉现在的人假如不遵守这些教诲，活着都非常辛苦、非常累。

现在当官的人很累，做生意的人也很累。我曾经接触一些官员，光是一个晚上要跑五六个地方，甚至还有更多的。肠胃会没有问题？跑那么多地方，回到家几点？半夜一点、两点都有。这些官员这么生活，其实对国家来讲是非常大的损失。这样的生活，最少减少寿命十年以上。培养一个官员容不容易？不容易。所以习近平主席不简单，他带头不要奢侈、不要浪费，他做廉洁的表率，公务员不要乱花钱在吃喝上面，这不只给整个国家省了无数的钱，这么一做，这些公务员、这些商人才不会把自己的寿命都给折损掉。所以一个领导者做出正确的事情，对整个国家社会的影响是太大。

享用节俭，对自身来讲健康。那些应酬、喝酒都减少了，当然身心轻松，负担就少，而且给下一代一个节俭的好榜样，好处非常多。我们上次也跟大家讲，“俭”对自己的道德会有很大的提升。“仁、义、礼、智”。节俭，把省下来的钱去帮助快要饿死的人，我们仁慈心在增长，就广德。节俭了，就不会去贪求，不会去贪人家的、占人家的便宜，更不会去贪污国家的东西，这就是义，不取不义之财。这是仁、义。节俭就不糟蹋食物，这是礼敬；节俭，当作家规，这也是礼。以节俭来教育孩子，有智慧。俭的好处太多了。

大家看，光是第一页，差不多一半都是谈勤俭，可见得这个家兴跟衰的关键，就在勤俭。所以“勤俭为持家之本”。而且人节俭，也是未雨绸缪。今日用尽，明日就求人了；今日节俭，又有储蓄的习惯，自己家庭出现一些情况，可以从容应对，因为有储蓄。亲朋好友有突发情况，可以救亲戚于危急。这都是未雨绸缪。

接着，“宴客切勿流连”。“宴客”是指招待客人，或者去参加宴会，不要吃到流连忘返，不要吃到三更半夜，喝得烂醉，伤了身，回到家还吐一地，这都很不好，很不懂得节制。所以人要懂得分寸、懂得节制。我们冷静想想，朋友相聚是非常欢喜的事情，怎么搞到最后彼此的身体都受到很大的损害？这难道是待客之道吗？有人说老朋友相聚，好像没有干一杯就不能助兴，是吧？但是以前酒杯是小小的，而且像古代更早以前的酒杯，杯子上面有两个金属细柱。什么意思？一喝，两个柱子就快顶到眼睛了。意思有：小口一点，不然要插到眼睛了。这是眼前的。长远的未雨绸缪是什么？再喝、再喝，眼睛都瞎了。喝酒伤肝，肝开窍于目，喝到最后眼睛都坏掉了。古人连做个酒杯都这么慈悲，提醒每个人要注意分寸。结果现在酒杯也没这样设计了，甚至可能连杯子都不拿就咕噜咕噜在那里比豪情。那哪叫豪情？那叫放纵，那叫不孝。拿父母给我们的身体这么糟蹋，不妥。所以朋友之间有酒助兴，但是也要珍惜彼此的身体，不能这样糟蹋。两杯三杯就好，适可而止。而且我们不只要关心他的身体，他的妻儿、父母在家里，他喝了酒才回去，请问他们要提心吊胆多少次？

所以现在的人很可悲，好像很讲义气，其实都不懂得怎么爱护自己的朋友。**“君子之交淡如水”，要用理智，要彼此成就，而不是互相放纵欲望**。我们要爱屋及乌，要体恤他，也要体恤他的家人。很多人一赌博，赌到三更半夜，妻子在家里都睡不着觉，这都损阴德。

以后跟朋友干了一杯助助兴，可以放好的光盘，假如吃饭的地方有电视，放给他们看一下，就挑跟他现在人生特别相应的片段，他一看很受启发，改变他的命运。给大家郑重推荐胡小林老师的光盘，他没有遇到传统文化以前，常常晚上都要喝得烂醉，自己还得焦虑症，都想自杀。后来遇到师长给他教诲《了凡四训》这部书，他整个命运改过来了。他终于懂了，“命里有时终须有”，该是他的福报、该是他的财富跑都跑不掉。经典里一定没有一句话，“喝酒多时终须有”，没有这一句，所以他理得心安。他的事业、他的财富不是因为喝酒喝多了才有。

坦白讲，喝酒愈多愈没有。第一个伤身，赚了钱，最后三十岁、四十岁就走了，钱全部留给下一个男人。“宜未雨而绸缪”，是不是？怎么会喝酒喝出事业来呢？人缺乏冷静三思。第一个，身体坏掉了，哪会事业愈做愈好？再来，喝酒的过程中，所有的人身体都受损，家庭都不安，这哪有福报？做事业还损阴德，怎么会有福报？所以“小人冤枉做小人，君子乐得做君子”。

胡小林老师一转过来，他乐得做君子，他身体这么好，每天都深入经典，法喜充满，常常出来讲课，企业家、广大的社会大众都非常受益。**人生转个观念，完全不同的人生**。本来是都要自杀了，现在是“学而时习之，不亦说乎”，而且还帮助这么多人。

所以**人生的智慧在哪？在取舍正确的思想观念，人生就整个转过来了**。因为思想决定行为，行为决定习惯，习惯决定性格，性格就决定了命运。真正要改命，就要先改思想观念。**而要转变成正确的思想观念，就要多读经典**。**《朱子治家格言》《了凡四训》要多读**。《了凡四训》我们去年一起学习，可不能从此把它放下了。最起码一个礼拜要读一遍，那部书非常精辟。要多学习、多落实，对家庭非常有帮助。所以胡总都不去这种放纵的应酬，反而他转变过来，人家都陪着他，吃饭的时候都是吃清淡的、环保健康的食物，都听他谈怎么改造命运更好。

有一个成语也提醒我们，常常应酬、流连忘返，其实对人生是很大的伤害，叫“宴安鸩毒”。“安”就是过得很安逸，沉溺在每天吃吃喝喝里，都吃到三更半夜，隔天又睡到中午以后。这样的日子，人就颓废、懈怠。好比什么？鸩毒，就好比吃慢性毒药一样，颓废丧志，这样的人很多。大家现在留心看看，晚上十二点，在酒吧吃吃喝喝的，很多都是年轻人。他假如有认真工作，怎么可能这么干？他就沉溺在“宴安”当中。“鸩”是一种有毒的鸟，它的羽毛泡在水里，人喝了会死，所以是指毒的意思。而这个毒是让人不知不觉，所以**放逸的人生、懒散的人生，对人的杀伤力非常大**。

上节课跟大家提到一句话，“百种弊病”，一个人很多的恶习，“皆从懒生”，都从懒惰来的。我们上节课跟大家讲，勤劳，让一个人衍生出非常多的善念、优点；反过来，勤劳的反面就是懒惰，会让人衍生出非常多的恶习。懒惰，他都不运动、不劳动，血气运行一定很不好。懒惰的人，人家给他的服务他都视为理所当然，也不主动帮忙，人际关系一定很不好。懒惰的人享痴福，愚痴，痴福享完了人生就麻烦了。接着下面的句子全跟节俭有关：

【器具质而洁。瓦缶胜金玉。饮食约而精。园蔬愈珍馐。勿营华屋。勿谋良田。】

我们平常用的器具，“质”是朴实、朴质，就是质料不错，但不是什么名牌的，也是很好用的，而我们又常常给它保持清洁。“器具质而洁，瓦缶胜金玉”，就是用泥、用瓦制作的器皿，只要用心去做的东西，也很实在，很耐用，也不一定比金玉差。

其实坦白讲，人在这个时代，自己找罪受的比较多。比方说家的器皿用金子做，请问，晚上睡觉好不好睡？首先锁要多加好几道，那又何苦来哉，不是自己找罪受？器皿拿来干什么的？拿来用的，又不是拿来炫耀的。拿来炫耀，快乐了吗？人家一到家里来，马上拿出来，“这是我在巴黎买的。”抬得高高的给人家看。其实炫耀，人比人会怎么样？气死人。到时候被人家比下来，晚上就睡不着觉，就有罪受了。而且这种攀比只会让自己、让家庭负担、压力愈来愈大。

其实，这个时代物质这么丰富，要把日子过得不愁吃不愁穿并不困难。可是奇怪了，现在的人都觉得钱不够用，夫妻一起赚也不够用，落入了一个误区，攀比的误区。这些道理要明白，我们在社会才能走得清醒，不然会随波逐流。这里讲的，用的、吃的、住的，应该以什么来做标准。

接着经文讲，“饮食约而精”，我们每天三餐饮食都能节约，简单一点，“精”就是细心调理。我记得我母亲煮饭，油放得特别少，煮出来的菜都是原味，很好吃，又好消化，又不花什么钱。所以这个细心调理，是怎么把食物煮得营养，这个就很重要。现在调味料一大堆，工序又很复杂，食物可能都变质了。其实真的要吃得健康，反而应是更轻松、更简单。人现在其实都是自己给自己找很多的负担跟麻烦。

而且吃得简单好消化，现在人吃得太复杂。在餐厅里光是肉都不知道吃了几盘，不同的肉，一种肉就不是很好消化了，更何况好几盘，还有海鲜，种种。所以现在人生病，很多叫“文明病”。这个名字是谁取的？还取这么好听，文明病。哪文明？不懂得吃怎么会文明？**老祖宗告诉我们，“祸从口出，病从口入”，都是吃坏的。现在很多的病就是吃得营养过剩，造成身体严重的负担，最后就病变。**很多人得文明病，心脏病、高血压、癌症，医生都跟他说少吃肉，最好不要吃。吃那些东西其实很伤身体，现在的肉里荷尔蒙、抗生素也特别多。

现在的女孩子从小吃很多这种肉，生理期来得特别早。生理期来得愈早寿命愈短，以后得重症的几率愈高。所以我们现在看女孩子都好早熟，不是好事。都是我们人类的欲望太大了，为了要产生更多的肉，就违反自然的饲养方法。现在那些动物大都是被催大的，被荷尔蒙、抗生素催大的。所以人哪有聪明？“出乎尔者，反乎尔者”，怎么对待动物的，最后这些荷尔蒙回到谁身上？人的身上。所以欲望膨胀之后，很多灾难。现在人吃东西，坦白讲，说要吃的全部是健康的东西，很难。

下一句就教我们，怎么吃健康的东西？“园蔬愈珍馐”，自己种菜，自己园子里种的菜、粮食比较安全。可以种地瓜，地瓜好种、好吃，又吃得饱。现在愈来愈多的人自己种菜了。天下无难事，只怕有心人。

自己种菜也可以省不少菜钱。

其实一个女子守住教育下一代、守住整个家庭的这些事情，可以帮这个家省下很多钱，这笔账我们来算一下。大家冷静想一想，**古人说“男主外，女主内”，那是有深远的考虑**。请问大家，一个女子，孩子没有德行，当董事长高不高兴？现在十个女董事长，几个人能把孩子教好？那她赚那些钱要干什么？夜阑人静，不就在那里流眼泪，“我的骨肉怎么变成这样？”女子，天性是非常爱孩子的，只要孩子没有教好，就是她一生的遗憾。可是女子不在家庭，孩子怎么教得好？现在的孩子出问题了，父母都不知道问题在哪，因为没有陪伴他。

在座很多妈妈做家庭主妇的，我请问你们，你的孩子第一次说谎你知不知道？不知道，那就完了。母子连心。而且小孩子第一次撒谎，他会写在脸上，只要你在他身边，你马上可以纠正他。我认识很多朋友，就是第一次撒谎、第一次偷钱，被爸爸妈妈抓到，痛打一顿，从此以后不敢有那个念头，他一辈子就受益了。可是孩子做错事，父母没有在身边，他慢慢养成习惯，最后撒谎的时候眉头连皱都不皱，你已经判断不出来了。那这样的孩子什么时候你还能把他导正？所以**孩子一生有没有健康的人格，跟母亲有没有留在家里非常有关。因为三岁看八十，孩子三岁以前都黏着妈妈，所以妈妈的德行、人格特质，对他的影响非常大。**

我们两边衡量一下。这边是赚钱，这边是妈妈在的情况。第一个，孩子人格健康。来，你们拿多少钱买？我告诉大家，妈妈留在家里都是钱买不到的。第二个，妈妈陪伴孩子读书，养成好学的习惯，你们拿多少钱买？买不到吧？妈妈在家里照顾孩子，三餐都是非常健康的食物，孩子抵抗力、体质非常好。孩子一辈子的健康，你拿多少钱买？

大家注意，今天没有陪伴孩子养成好的读书习惯，请问要花多少补习费？而且花的补习费，不知道要花到公元哪一年。因为他是依赖补习，不是真正养成一个好习惯，自学、主动学习。逼逼逼，都用钱逼，逼到最后总有一天他不读了。很多学生去念大学以后都在玩，父母管不到他了。所以用钱能解决的，其实都是非常表面的东西。

那请问，一个妈妈留在家里，煮饭给丈夫、孩子吃，省掉多少医药费？多少餐费？全部在外面吃，都要花钱，又吃得不健康。再来，先生都在外面吃，会不会遇到跟他很有缘的人，让他不可自拔？这个又是花钱买不回来的。很麻烦，是吧？太太让他吃得欢欢喜喜，家庭的这种伦理、氛围这么温暖，谁愿意在外面？赶快回家了。

我从小的概念里就是下了课就回家。念大学也是这样，家里很温暖，回到家就有妈妈煮的红豆汤（一想肚子就饿了，很怀念）。长大以后，一看到妈妈常煮的菜，马上都想到小时候的情景。这样的孩子非常有自信心，因为从小就得到父母满满的爱，他不会有匮乏，他不会不自信，他不会想去控制、占有。**人对于情感非常有控制欲望的，就是小时候没有得到足够的爱，所以他非常没有安全感。**所以我们假如遇到同事、朋友很黏我们的，不要对他生气，他也是从小缺乏爱，我们更要像太阳一样照亮他。我看先算到这里就好了，点到为止。我们好好从每一天当中去体会，就会了解老祖宗通达人性、通达整个事物发展的道理，看得很远。

这里提到“园蔬愈珍馐”，园子里的蔬菜，很好地、细心地来烹调，也能媲美山珍海味，“珍馐”就是很珍奇的食物。物以稀为贵，尤其是肉类，都是吃那些濒临绝种的野生动物，其实那些动物的灵性非常高，它会恨。所以我们观察到，很多人去吃濒临绝种的生命，身体都会出状况。人其实都不够冷静，伤害动物，杀害它，它那个怨恨怎么消得了？假如我们做的事都是造成人、造成生命的怨气，我们怎么可能会有福报？我们的身体怎么会不受损害？所以**圣贤人告诉我们人世间的真理：财布施得财富，法布施得聪明智慧，无畏布施得健康长寿。无畏布施就是我们去爱护生命，不去伤害，不去造成生命的恐慌，这叫无畏布施。**

我以前没受到这些教育，小时候也不懂事，喜欢玩昆虫，就伤了很多生命，没有学习到爱护生命，对寿命、福报很有影响。老天爷都在提醒我，我太钝了。我有一次爬树抓金龟子，金龟子停在流出树脂的树上，常常十几只都在那里吃，我就爬上去抓。结果就掉下来，地上刚好有玻璃片，而且很尖，刚好切到我的动脉上。这个痕迹还在，可以让你们看一下。差不多超过一厘米。那次痛得不得了，还没觉悟。常常就是磕磕碰碰，就流血，这都不是没有原因的。人的身体常出现一些毛病，或者撞东西流血了，都跟没有做无畏布施有关。

我又有一次到海边去玩，人家都没事，我的脚又割在底下这个动脉差不多两厘米，就不方便脱给大家看了，有点不恭敬。那次印象深刻，伤口很长，两三厘米。结果屋漏偏逢连夜雨，遇到的那个医生又没有爱心，他还跟我开玩笑，逗我，我这个人又有点性格，他说“不给你打麻醉”，我说：“不打就不打。”他就这样缝一针就看我一眼，缝一针就看我一眼。这也不是坏事，我忍耐的功夫在那次有很大的进步。

后来读高中，把左手摔断了。我成长过程也是很多凶灾，学圣贤教育以后，这种事就很少发生。**真的不一样，没有学，心境没有转，感来的命运很不好，一转就不一样了。**高中把手撞断了，因为掉到水沟里，水沟里还一大堆蚂蚁。又是这只手。我这只手以前不知道干过什么事，怎么都是它？所以“不听老人言，吃亏在眼前”。幸好现在听话了，要多做无畏布施，得健康长寿。所以假如有人放生，我听到一定随喜，一定参加。我之前参加放乌龟，放鳖，这么大一只，寿命是我的爷爷辈了，可能还不只爷爷辈，那么长寿，要对它肃然起敬，要恭敬，怎么还杀了来吃？

接着，“勿营华屋，勿谋良田。”其实人节俭，身心轻安，孩子又有很好的家道；不节俭，真的给自己找罪受，然后孩子一浪费，后患无穷。“勿营华屋”，人不要想着去营造、去买很华丽的房屋。请问房子用来做什么的？用来住的，用来遮蔽风雨的，这才是屋子最大的功能。屋子不是拿来炫耀的。现在很多人买很贵的房子，自己还要长期付贷款，那不是自己找罪受？我曾经接触一些企业家，他为什么买别墅？看人家有，气不过，他就去买。买了以后一年住不到两次，然后拼命赚钱还贷款。可是有两个人每天都住在那里，就是他雇的用人。请问谁有福气？这些价值观影响了全世界，所以人能够不迷惑，得要有慧眼。

美国人就是搞这个，把自己搞死了。今天他薪水三千块，他住这个房子；薪水四千块了，他又要去住那个四千块的地方；然后五千块，他又要搬家。这样一生贷款。他假如赚了五千又住那个三千的地方，一辈子不就很轻松舒服？那不是自己找罪受？结果美国人这种价值观，美国是全世界负债最严重的国家。但是很多人跟着美国，包括我，好莱坞电影看太多，被误导。现在学乖了，不给自己找麻烦，也别给后代子孙找麻烦。美国人已经不知道找了后代子孙几代人的麻烦。

好，我们今天就跟大家交流到这里。谢谢大家！

第四讲　什么是值得追求的

尊敬的诸位长辈、诸位朋友，大家好！我们一起学习《朱子治家格言》，前面的句子都讲到要勤劳，要节俭。**我们每次上课以前都将经文读诵几遍，读诵的时候很重要的是，对照自己落实了几分？因为这是家训。教育当中最重要的是身教。**老祖先讲到，“身教则从”，我们父母、长辈做到，孩子很自然地效法学习；“言教则讼”，只是叫孩子做，自己不做，效果就大打折扣。

我们看，“黎明即起”，早起，“洒扫庭除”，很注重整洁，把家里整理得干干净净。真正自己去做了，就知道环境整洁清爽对身体有帮助。假如环境很肮脏，病菌、空气不好，无形当中都会损害健康。“整洁为强身之本”，环境干净对人的健康有直接的影响。

在家不教，孩子以后去念大学，我听说很多老师到大学生的宿舍，好像到了垃圾场一样，惨不忍睹。便当没吃完，三天五天没去处理，都发臭了。他们这些大学生的忍功，Number one（第一），这样的环境他们都待得下去。懒到这种程度，在家里到底是怎么教的，值得我们省思。

我们还曾经看过什么情况？大学刚报到，到宿舍去，有些同学没有洗过衣服，我们在旁边看他洗衣服，看傻眼了。怎么洗？洗衣粉这么大一包，倒了差不多三分之一，倒下去以后把衣服这样抖几下，然后就吊起来。真的，坦白讲，自己都照顾不了自己，说他到哪里能够帮人家扛责任，我想也很困难，不给人添麻烦就已经是万幸了。

这些生活能力直接影响孩子的做事能力。他在生活当中这些都是自己来，他勤奋，包括他的脑子非常灵活，做什么事情他会思考，整个轻重缓急、先后次序，他的能力就在这里培养。包括我们的中国字，九宫格，他在写字的时候都在练习，这个字间架结构怎么写才方正，怎么去布局，其实就像接到一件事情怎么样去想好步骤，怎么样做才适中、合理，这都是潜移默化在训练做事。我们上次是讲到：

【勿营华屋。勿谋良田。】

我们冷静想一想，现在人做事有时候都是凭着自己喜欢不喜欢，好恶的心，所谓意气用事。**真正有理智的人做事不是喜欢不喜欢，他是应不应该这么做，做了以后会衍生什么问题**，他能看得很远，而不是我不管，我就要这样做。

“勿营华屋”，我有一个长辈有三个小孩，夫妻辛辛苦苦积攒了不少钱，我这个长辈后来身体不适，还得了严重的病，那都是操劳过度。结果有一天，他带着三个孩子坐在车上，他买了三栋房子，他唯一一个儿子就开始讲，哪一栋给大姐，哪一栋给二姐，哪一栋给自己。他妈妈听了以后就问他：“那我跟你爸爸住哪里呢？”他说：“以后再说。”

大家听了以后有没有冷静想一想，打这个算盘是吉还是凶？是福还是祸？我这个长辈讲了一句非常经典的话，他说：“我们是孝顺父母的最后一代，却可能是被孩子遗弃的第一代。”他的年龄差不多五十多岁。大家不要对号入座，马来西亚的状况比较好一点，但也要赶紧改善，“宜未雨而绸缪，勿临渴而掘井。”假如人生到了六七十岁才知道，“算错了，孩子不照顾我。”你就失算了。

所以不教孩子孝道，不教孩子做人，你给予他物质，他会有一种

态度，叫“应该的”，理所当然。现在年轻人变成什么现象？会跟父母吵，“人家父母都留房子，你为什么不买个房子给我？我那个同学父母都给他买车子，你为什么不买？”都觉得这些是应该的。甚至于娶了太太以后，自己生了孩子，抱回去给妈妈养。妈妈说：“我最近腰闪到了，很酸。”孩子说：“我那个朋友生了两三个都是他妈妈照顾的，你才一个而已，还不愿意。”“宜未雨而绸缪”，早知今日，何必当初。所以要用智慧，不能随着自己的情感、意气做事情。

真正懂事的孩子，他学到的是道义人生，他不是学利害的人生。他心里想的是什么？父母把我养这么大真不容易。他是想着我应该怎么样让父母幸福快乐，他不贪父母的一分一毫。我有一个同事，她有三个兄弟姐妹，她是大姐。她的父母有一笔钱，要分给他们。她就讲了：“给弟弟妹妹就好了。”给她弟弟，他说：“给两个姐姐就好了。”给她妹妹，“给弟弟、给大姐就好了。”当爸妈的非常欣慰。她的父母就给他们讲：“你们这么互相友爱，都不争财，这是让我们最安心的事情，比你们有钱、有房子更重要。”所以**人有情义，这一生都很踏实，这一生都无后顾之忧，有道义的人随时随地都能够同甘共苦。**

看到这个“勿营华屋”，现在整个社会就给我们很大的省思。新加坡有一对姐妹，两个人都是医生，大家一听到医生，跟什么画上等号？有钱。当时有一个退休的女校长，她就讲到这件事情，她说这两个姐妹的妈妈去世了，还没有下葬，这对姐妹已经为了妈妈唯一留下来的那栋房子在争。

我们举这个例子，其实不是在责怪这对姐妹，我们会感觉，她们人生的追求到底是什么？我相信她们也是很可怜，都迷惘了，她们本身都这么有钱，到底那栋房子对她们来讲意义在哪，我也有点想不通。贪婪一直增长，欲是深渊，填不满。其实她所拥有的那些，坦白讲，都会带到棺材里去，不是，她也带不进去。你看，我们以前看电视，一个人要死的时候最后都是什么情景？两手一摊。什么东西拿得走？身体都带不走，身外之物、钱财，怎么可能带得走？大家冷静一下，“好死好超生”，死这么困难，都放不下，那就不好超生，灵性就下堕了。

人生最可贵的在哪？带得走的智慧跟灵性。带不走的在那里耗一辈子，最后贪婪，最后这么多牵挂，甚至你争我夺，还造了很多业，那不是跟自己过不去吗？最后身外之物都带不走，带走一大堆的罪业，跟人冤冤相报，没完没了。所以人没有生死，这个身体是工具，借人的灵魂用的。坦白讲，睡着的时候，人家把我们身体抬走都不知道。而人睡着的时候，灵性还在那里做梦，不知道梦到天上还是梦到哪里。所以身体是一个工具。

人的智慧、认知在哪？身体不是我，身体是我的工具，我灵魂的工具。就好像衣服，衣服不是我，衣服是我使用的一种物质、一个工具。人假如认知不到这一点，他说这个身体是我，他就为了这个身体，又吃穿山甲又吃熊掌又吃鱼翅，吃这么多野生动物，都快把人家吃得绝种了，花了一大堆的钱，奢侈浪费。这些动物灵性都很高，诸位长辈、朋友，人家用刀割我们一刀痛不痛？我们会不会说，“你给我记住”？假如我们都会，那其他动物不都是贪生怕死，怎么不会痛？所以人为了这三寸之舌，坦白讲，东西吞下去知道它是鲍鱼还是鱼翅？就为了这么短暂的享受，花了这么多钱，还有这么多人饿死，还伤了这么多生灵、生命，何苦？就为了这个身体，伤了一大堆的生命，这是颠倒啊！**人健康是结果，原因是什么？是爱护生命得长寿，“仁者寿”**

嘛，哪有说杀生者寿？没有这个道理，这天地间的道理我们要清楚。

财布施得财富。民国初年，曾国藩先生的外孙聂云台先生，他在上海长大，几十年将看到的富可敌国的人整个垮下来的过程，记录在书上。把一大堆钱财守住，都不给人，有人就在他眼前饿死，他说："我的致富之道，就是只要进我的口袋就不会再出去。"他还得意扬扬。民国初年他拥有三千万大洋。一个大洋就很多了。人有时候很可怜，可怜到什么程度？到死都还不知道他错在哪。他有十个儿子跟孙子，结果在短短几十年当中，十个儿子跟孙子家产全部败光，有人沦为乞丐。**古人讲"积财丧道"**，眼睁睁看人饿死，自己还那么多钱，损了自己的良心、仁德。所以财布施才得财富。

法布施得聪明智慧。人有好的智慧、好的经验、好的学问，要多给别人贡献，愈给别人贡献愈有智慧。我的师长一生讲经典五十五年，法布施得聪明智慧，在我师长老人家身上大家都可以看得到，八十七岁，眼睛炯炯有神，辩才无碍。刚好最近来到我们马来西亚一个月的时间，上了国家电视台两次，大家有没有看到，主持人问师长任何问题，都不用思考，马上就用经教给人家回答。这不是最好的例子吗？

而且老人家都是布施医药给人，又吃长素，爱护生命，所以健康长寿，八十七岁体力很好。我们每次刚好晚上跟师长坐在一起，老人家抓住很多机会教诲我们，有时候时间比较晚了，我们其实每个人都快要体力不行了，看老人家体力还非常充沛，然后我说："师父，该休息了吧？"其实不是师父该休息，是我们该休息了。老人家大我四十多岁，是我爷爷辈的，我体力不如他。

财布施、法布施、无畏布施，他老人家做彻底了。财布施自在到什么程度？平常没钱。带着钱还要算钱，挺麻烦，是吧？有时候带太多还很紧张，“我去领钱，有没有人看到”，挺紧张的。平常一分钱都没有，走到哪里人家感谢他老人家教诲，自然有人照顾。像我们庐江盖文化教育中心，不少钱，马币应该几千万。结果当时要建，老人家口袋里没一分钱。我们马来西亚一位同胞觉得这个教育理念挺好，整个就包了，他就负责建好，一位赖居士。起个念头需要钱，马上就有人解决，平常一分钱都没有。现在的人还要想钱买哪只股票，或者放在哪个银行，每天光记这些东西，有时候还会把密码记错，挺累的，现在人生活挺辛苦。

告诉大家把钱存在哪里最好？存在积功累德，那个利息非常好，愈布施、愈存，愈多，你需要钱的时候真的马上来。记得有一次我师长刚好说应该印哪一本经书，要用三十万台币，话刚讲完，有一个老人家进来，“师父，我的孩子挺孝顺的，说要帮我祝寿，我说免了免了，你们统统把钱拿出来，我们印经书，让世间人读，有智慧。”孩子们都很欢喜，顺爸爸的意思，包了一个红包，开了一张支票三十万。刚好那个老人拿进来，“师长，供养您去印经典。”刚起念头，三十万就来了，挺自在的。这些真理我们要懂，人不能活得不明不白，自己的灵性一直往下堕，**要努力带得走的智慧、带得走的积功累德，带不走的身外之物，不要去强求，不要去贪着，够用就好。**

有个人特别贪财，躺在床上不肯断气，就“嗯嗯嗯……那个蜡烛……”意思就是那个蜡烛点太多支了，很浪费钱。人有时候执着，在什么时候看得到？老年的时候愈来愈清楚。**所以人享清福，就是年老的时候很多能放得下，才享得了福。**老的时候还要跟人家比钱，老的时候还要比人家的孩子赚多少，家里再有钱也不清心，那个福享不了。比来比去自己还在那里生气，何苦呢？所以知足常乐，为善才是最乐。我们看很多老人晚年去做义工，去帮助别人，无畏布施，健康长寿，身体很好，愈做愈硬朗。

这一点是我一个朋友点出来，让我非常仔细地去观察。他从小是受英文教育，他的朋友也都是讲English的。结果，他后来学传统文化，第一次听我师长讲课的时候，人家跟他说："这个老人家一生就为了众生，就为了国家、民族，为了正法弘传。"他不相信。他说："我活那么大，看那么多人，无私无我，不可能的。"他第一次坐在很后面，听老人家讲课，结果被老人家那个慈悲的气质吸引，慢慢慢慢，听着听着，走到前面去了。后来他真的知道这个老人家完全不为自己，都为他人，为民族文化的承传，甚至于为全世界的和平在努力，结果原本他不大会讲华文，现在华文讲得很好，因为每天都听师长讲经，慢慢华文也愈讲愈好。

而且很奇怪，他以前做生意，认识很多官员，他本来一见到他们就是讲生意，现在不一样，现在一遇到他们就讲教育，遇到官员就说："你一定要把伦理道德、要把圣贤教育弘扬，让老百姓受益。"他说现在让他跟他们用华文讲生意，他不会讲，一定要跟他们讲圣贤教育，他才会讲。可能是他讲教育、讲圣贤教育，祖宗、圣贤人就会保佑他，他愈讲愈起劲。

他就讲到，据他观察，大部分受英文教育的人，退休以后，生活就是打高尔夫球，喝下午茶，然后就想着怎么把我的钱花掉。可是受华文教育的人退休以后，就想着要去哪里做义工。他说，怎么价值观不一样？

文化对人的影响不一样。西方这一两百年主要是什么？功利思想。所以人退休以后，也没想到要回馈社会。其实人赚那么多钱，是他的本事而已吗？没有他的员工，没有整个国家社会的安定，他能赚那么多钱吗？可是当我们真正赚到钱，对人生的态度有可能都偏颇掉了，不自知。我们一偏，谁跟着偏？下一代跟着偏。所以有句话叫“人算不如天算”。我们懂得回报社会，我们的孩子就知恩报恩；我们自己全部都是自私自利，都觉得这钱就是我的，我就是要把它花完，是我自己赚的，孩子也会这样想。所以取之社会，要用之社会。

现在这个态度是社会的大隐忧，贫富差距太大，有钱人都觉得这是我的钱，不把钱当钱看，到法国凯旋门买那些奢侈的东西，他买一样东西，可能农夫要赚二三十年。他这样挥霍钱，又不帮助穷人，穷人看久了受得了吗？所以很多地方发生暴动，去抢有钱人的东西。“冰冻三尺，非一日之寒”，这都值得我们省思，做人不可以太过分，总要有仁慈，有礼让、谦让的态度。

我们到底给孩子什么样的价值观？现在家庭美满、人生幸福的价值观是什么？**现在种种乱象是怎么造成的？都是人心，都是思想的问题。教对了，他的人生、家庭就美满**。所以后面有讲到，“教子要有义方”，要有正确的方法教孩子，不能教错。

所以我们讲到人要有前后眼，这是有智慧。什么是前？我今天有这样的福报，怎么来的？赚钱是个缘，我的福从哪里来的？“积善之家，必有余庆。”后眼，我现在怎么做才能造福下一代，而不是给他们招祸？所以“勿以财货杀子孙”，留一大堆钱财是孩子的祸。

给大家讲一个实例，台湾有个人一生很努力，在一个非常大的企业工作，是老臣。一个大企业的老臣，他有没有智慧？不一定。大家要了解，赚钱靠机会，他命中有这个钱，他没智慧也赚一堆，有钱不一定有智慧，可是没有智慧而有钱，铁定灾祸会到。大家冷静想想，在大陆这二三十年，多少人致富，海外的华人到大陆赚钱的都不少。可是你看，赚不到钱，最后还有外遇种种，本来有钱，结果最后搞得家破人亡，这样的比例还不少。他去了，也有个机会赚了不少钱，最后都带不回来，因为他没智慧。“子孙虽愚，经书不可不读”啊！没读经书怎么会有智慧？所以要看得远，要看得到孩子整个一生，甚至于我们当人家的父母跟长辈，我们能看到他生生世世，这是智慧。我待会儿举一个能看到一千年后的子孙的读书人，真实的例子。

这位企业界的人，他留下了台币二十亿，可谓赚了不少钱。但是他建了一栋房子，花了一亿。“勿营华屋”，很可惜，他没有先读《朱子治家格言》。这个怪我，我当时没有跟他交流一下，有交流他可能这个劫难就过了。把这个利害关系要分析给他听，人真的听懂了，他干吗这样做？房子是拿来住的，花一亿是拿来干什么的？台湾曾经有一个人用什么做马桶？金子。最后这个人很快事业就败下来，真正明眼人光看到他的马桶就知道他要败了。

这个历史上都有记载。商朝，箕子看纣王吃饭就知道他要亡国，很厉害，他们都能见微知著。为什么？看到纣王拿了一双象牙做的筷子，完了。用一双筷子就要完了，有这么严重吗？一个人拿象牙筷子，他会不会拿塑料杯来喝饮料？拿什么杯？犀牛角杯。他拿犀牛角杯，他拿什么碗盘？可能是金子做的。他拿金子做的盘子，会不会盛两块豆腐？会盛什么？山珍海味。他要吃山珍海味，会不会穿着T恤吃？他要穿绫罗绸缎。穿绫罗绸缎会不会住小木屋？住什么？高广大厦。对，请问大家有没有会计系的，要多少钱？从哪里来？他是皇帝，向老百姓搜刮，老百姓活不下去了，最后，“我跟你拼了”，所以纣王就亡国了。

一双筷子能知道亡国，一个马桶能知道他的事业要败。大家今天回去，看着自己熟悉的家，是要兴还是要衰，你要看得出来，这样就没有白学《朱子治家格言》。

我曾经遇到一个朋友，有一个人看到他用的手机，非常激动，“都什么年代了，你还用这种手机，你这个朋友值得交！”可能十年前的手机，他还在那里用，人家就很感动，这个人真节省。大学教授，这么省，从小都是背《孝经》、背《地藏经》，所以有家教还是差很多。

这个朋友对我的影响非常大，他大我五岁，是博士，我当时在大学看到博士也是眼睛发亮，他又很有涵养，动不动就背几句经句给我听。但是让我收获最大、非常感动在哪？有一次我去找他，他要从私立专科转到国立大学，这么好的事情他不敢擅作主张，他回到家亲自把这个情况跟他父亲做汇报。刚好在汇报的时候，我去找他，我一进门，他说：“礼旭，对不起，我刚好在跟我父亲禀报事情，你先请坐。”我就坐在那，就看到他跟他爸爸禀报，恭恭敬敬，跪在那里跟他爸爸说话。

大学教授，那种孝的态度，那种恭敬，让我一生印象深刻。所以他长得白白胖胖的，耳垂又很大，很好命。好命在哪？很好睡。我们两个关系很好，他来找我，我们两个睡一张床。然后他说：“礼旭，我想睡了。”讲完五秒钟，就睡着了，真好命。很多人很有钱，睡觉都要靠安眠药，不好命。**什么人好命？好吃好睡的人最好命，其实是放得下的人。**还有一次我跟他打电话，打到什么程度？他睡着了，在电话那头睡着了。隔天我跟他打电话，“昨天我跟你讲话你睡着了。”“有吗？有吗？”

回想起来，自己人生会比较想亲近年长的人，跟这些因缘有关，觉得这些年长的人，他们的人生阅历、智慧，给我们启示非常大，多亏他们。我念大学的时候，我的绰号叫“老旭”，你看有个老字，就是以前结交了一些比较年长的人，有时候给他们出主意，他们还挺认同的。所以我当时的大学同学，他们遇到什么事都找我商量。

比方说，怎么办，快要不及格了。他们说 :“哎呀，怎么办？读都读不过去，到时候又被退学。”我就想，团结就是力量，成立一个读书会，每个人专攻一部、一科，然后再由他来教所有的人，然后响应的同学不少，结果真的，我们那个 team（团队）后来都过关了。

结果有一科特别妙，妙在哪？那个负责的同学不及格，他教的人全部及格，他在那里都快气得受不了了 : 这老师是怎么打分数的，我教他们我不及格。他那时候搞不清楚，我那时候也搞不明白，因为我那时还没学《了凡四训》，我假如学了我就知道，命中考不及格，哪怕你可以教人，你都考不及格。所以以前考功名，很有学问的人怎么考考不上的都有，学问比较差一点的一考就考上了，因为他命中有那个福。

人这一生不把这些道理搞清楚，不知道多少人会气死，会怨天尤人，郁郁寡欢，无言问苍天。老祖宗说理得心安，理不明，心能安，不可能。所以我们的孩子假如不先明理，铁定他的价值观就被这个大染缸误导得非常严重。我确实在这个人生路上，非常感激父母给我建立的人生价值观，我感觉人生最重要的是父母，是亲情，是兄弟之情，是人生的道义，我觉得这个有意义，那追名逐利好像就不是很吸引我，这就是少成若天性，从小扎下来的一个态度。

刚刚说到这个企业界的人，他用一亿建了房子，他“营华屋”。请问大家，一亿的房子建出来，谁会非常关注这家人？小偷。他建这个房子就是说："我非常有钱，你们有空可以来坐坐。"是不是？不只是小偷会来，他孩子、他孙子的朋友都在打他的主意。这不是给自己找祸吗？

古代有一个人叫冯球，他的太太要求买一个首饰，多少钱？七十万钱，就一个插头发的钗。当时一个宰相的女儿也想买。这是听我们钟茂森博士讲的，他当时讲《朱子治家格言》我们都有学习，讲得非常精彩，大家在网上都可以好好学习。结果这个宰相是明理的人，他告诉他的女儿，这个东西叫妖物，你买铁定要招祸，后来没给她买。就这个生意人冯球买了，结果后来没多久就被人家害死，就是他太有钱了，很多人打他的主意，就设计把他给害死。

所以一个好的太太，所谓"妻贤夫祸少"，妻子贤德，她的丈夫哪怕有灾祸，都会因为妻子贤德而避开。可是妻子这么好虚荣，先生的灾祸就来了。甚至于妻子好虚荣，最后先生走上贪污的非常多。有的是妈妈贪财，有的是太太贪财，最后公务员晚节不保的都有。

结果他建了那个房子以后中风了，他的孩子跟孙子染上赌博，一年之内把二十亿全部花掉。这个故事结束了没有？二十亿花光了，他的儿子、他的孙子会不会痛改前非、痛哭流涕？除非他从小也跟他们扎德行的根，不然不容易。但是也有可能，说不定就遇到你们这些好心的人，把一些好的光盘送给他，然后他孩子看了痛改前非，也有可能。为什么？他们家这么有钱，过去生应该都是有修善行的人，还是有善根，但这辈子被欲望给控制住了，看看这个缘能不能把他的善根给唤醒。**真的有缘一定要给人家介绍圣贤教育，人没有经典的教诲开不了慧眼。**

而刚刚跟大家讲，能想到一千年之后的子孙就是范仲淹先生，他在自己家门口种了两棵松树，写下“清荫大庇，期与千年”，期许这两棵树可以庇荫千年以后的子孙。确实现在范仲淹的后代很兴旺，家教非常好。

当时他的孩子很孝顺，买了苏州的一个南园，很漂亮，希望给父亲养老。当他听人说这块地风水特别好，假如住这里，往后的子孙会非常发达，他听了以后怎么做？把这块地拿来建学校。这个人是无私的。这所学校现在还在，在这几百年当中，出了几百个进士，好像状元就几十个。大家要了解，这所有的功德都记在哪里？记在范公、记在范家的阴德。假如这块地拿来自己住，那就很不一样了。**所以福报从哪里来？心量，量大福就大**。他不只没有“营华屋”，还把这个好的地方拿出来为国家培养人才。

范公没有留闲财，他一有钱就帮助人。结果当他去世的时候，“殁之日，身无以为敛”，家里没有钱，“子无以为丧”，他的孩子也没有闲钱帮他办后事，后来应该是国家，还有一些同事帮他们办了后事。虽然他没有留下钱给孩子，但是他留下了义，钱公辅先生帮他写了一篇文章叫《义田记》，范公就是道义，帮助所有的家族，帮助贫穷的人，帮国家培养人才，尤其是读书人生活没有办法的，他帮助他，让他安心读书，以后去为国效力。“惟以施贫活族之义”，施钱财给贫穷的人，养活整个大家族，“施贫活族”的道义留给他的后代。当范公去世的时候，义田有一千亩，到清朝的时候，他的子孙发扬光大到四千亩。他的后世会这么有福报，都是他的家道，承传了这个“义”字。

“勿谋良田”，不要去希求肥沃的田地，不要都想着给孩子留这些好的物质。在汉朝初年，帮刘邦打天下的功臣不少，一百多个人都封爵位，那都相当富贵。结果过了一段时间，史官追溯这一百多人现在家道如何，大部分都已经没落了，才几十年都没落了。然后发现有一户人家特别，就是萧何的后代。萧何的功劳排在前面，叫汉初三杰。萧何的功劳那么多，可是他希望皇上赏赐给他的田地是非常平庸的，他不要良田。因为他想，这个田太好，他的后代租给别人，然后就收租，就不劳动了，慢慢就愈来愈安逸了，最后就家道中落。这个地不是很好，一定要勤奋，但不会饿死，他就要这些地。他为子孙考虑得很长远。《三字经》中讲的，“人遗子，金满籝”，留了很多钱财给后代，“我教子，唯一经”，要让孩子明理，有智慧、有道义，他决定是有福之人。接着讲到：

【三姑六婆。实淫盗之媒。】

“三姑六婆”其实就是泛指不正派的人，常常会动歪脑筋、有邪思的人，都属于这样的人。而**人成年以后，受朋友的影响最大。孔子说要交对自己德行有益的朋友，不能交损害自己德行的朋友。**一看到不正派的人，应该懂得“敬而远之”，我们对每个人都尊重，“远”就是不要受他不好的影响。在《文昌帝君阴骘文》也有一句，“恶人则远避之，杜灾殃于眉睫”，可能就化解了近在眼前的灾祸。我们冷静看看，很多人拥有财富，最后很快地整个家产都败掉，被朋友带去赌、带去喝酒、带去吸毒、染女色，一下子就完了。所以教育孩子选择良师益友，这非常重要，假如孩子从小喜欢亲近的都是圣贤人的教诲，“方以类聚，物以群分”，他就不会喜欢跟所谓的酒肉朋友在一起了。

当然，**我们古圣先贤的教诲是内学，内学就是懂得向自己的内心去找问题的根本，而不是向外去指责，或者推卸责任，这是内学。有一句经文可以表达内学的精神，叫“行有不得，反求诸己”。**今天这些好说是非的人在我们的生命当中出现，怎么会感召这些人？可能自己也还有这些偏好，才会跟他们臭味相投。假如内心根本就没有这些欲望，这些人哪怕都在周围，也不受影响。所以**还是要防非止恶，防止自己内心的这些欲望、错误的人生态度。把这些对治了，一调，外面的世界就变了**，自己马上变成每天都亲近古圣先贤的教诲，慢慢那些赌博玩乐的人自然就远离了。是不是？他现在来找你："打个麻将吧？"你说："子曰：学而时习之，不亦说乎？"他都昏倒，他就不来电了，他就不相应了。所以改造命运还要从自己的心地下功夫，不能怪人。

现在也有很多人被人家骗钱。确实有很多是利用人的善心骗钱，但也有一些情况是什么？利用人的贪心。这个时候可不能怪社会、怪政府，还得冷静，"行有不得，反求诸己。"其实我看到这些新闻，确实很惭愧，这些诈骗集团，很多是硕士毕业，还有博士毕业，学历都很高，为什么受教育一二十年，却干出违反国法的事情？因为德行没有教他。那他的家要负责，小学老师要负责，中学老师、大学老师，曾经教过他的老师都有责任。所以《三字经》说："养不教，父之过；教不严，师之惰。"

包括我们做事业，结果用了这个主管，最后公司被他搞垮了，我们非常生气。可是重点在：谁用他的？老板自己用的，那怎么能怪呢？源头还在我们用他。再思考一下，为什么我当初用他？他很有才干，他一做，我的业绩就来了，没考虑他有没有德。短视近利，只要现在赚到钱就好，不知道孔子讲，一个人不善良，又很有才干、能力，"不悫（què）而多能"，像什么？"譬之豺狼不可迩"，像豺狼虎豹一样，早晚要把你的东西给吃掉，不要接近这样的人。孔子在二千五百多年前，在《孔子家语》里就讲了。

用人要什么？"德才兼备"。大家有没有听过"才德兼备"？这个成语很重要。“品学兼优”，品在前，学才能用。学在前，没有品，就出现这些现象，高学历，却做出违反国法的事情。不只是违反国法，学历高了以后没有道义，离婚率这么高，确实是自己的人生毁了，甚至于谁跟他成为亲人，谁走近他都要遭殃。我们不能培养出这样的人，还是要回到品学兼优为好。

好说是非，讲了很多话，让人起歹念、起邪念，他就好像变成媒介一样。所以人积福靠嘴巴，造业也可能是这个嘴巴。古人说“病从口入”，要注意饮食习惯；“祸从口出”，讲不正派的言语，让人想去贪财、贪色，起这些不良的想法，本身我们都要负因果责任，变成帮凶了。人与人不要谈这些东西，要谈什么？《朱子治家格言》。是不是？每一个家庭都明理了，都教出好儿孙，这个社会才安定，国家才有未来。接着：

【婢美妾娇。非闺房之福。】

用人、婢女非常美丽，娶的妾也非常妖艳，这实在不是家庭的福气，很可能还是祸根。“闺房”是指夫妻的房间。我记得有一部连续剧，名字我忘了，因为我是听人家讲，我没有看，因为连续剧常常出现的情景就是骂来骂去，然后就是“啪，啪”，打来打去，都是那些情景。就是一个人娶了几个太太，这几个女人争风吃醋，后代也在那里争，最后还不只这几个女人，还有没有登记的女人，最后孩子刚好又认识了他的孩子，然后又不能结婚，都是搞这些东西。

看这些戏，搞得头昏脑涨，紧张兮兮的，家庭里怎么这么多钩心斗角的东西？怎么不演《范文正公传》呢？怎么不拍这些这么好的家道的榜样呢？这还是要怪我们从事教育的人，传媒大学没有教《弟子规》，没有教伦理道德，不然他们就知道整个传媒有一个非常重要的精神，叫“隐恶扬善”。大家有没有感觉这种连续剧看多了，疑神疑鬼，今天你先生晚五分钟回来，你眼睛瞪得很大，“你今天为什么晚五分钟？”然后他脱下外套去上厕所，你赶快把外套拿过来，有没有长头发。很多人看了这些戏都在讲，这个人太过分了，那个女人太无耻了，太不像话了。告诉大家，看戏的人都没看到祸根，谁是祸根？那个好色的男人是祸根，他假如不娶这么多女人，哪有这些冲突呢？是不是？大家看，整个情况复杂以后，全部被这些枝枝节节给困住了，不知道源头出在哪。所以“婢美妾娇，非闺房之福”。

有一个人家用了一个女佣，长得比较美丽，又年轻，最后就跟先生发生问题了，太太气不过，就拿刀伤了那个女佣，就要进监狱。所以确实非福，是什么？祸来了。其实人都要对这些事情很敏锐，不要自己有了福，最后用这个福给自己家里招祸，那就没智慧了。

而实实在在讲，真的要让家道传承下去，能不用用人尽量不要用，大家好自为之，这个我不勉强。曾国藩先生，他是汉人在清朝做官做到最大，四省总督，他的后代所有的家务活都要自己干，没有给别人干的。“勤俭为持家之本”，你的孩子假如从小就被人家伺候，你这个家道就不可能兴盛。在大陆我听到几个例子，都是大老板，听完传统文化课程以后，真的自己做勤劳的表率，不简单，下了很大决心，整个家道就转过来了。

【童仆勿用俊美。妻妾切忌艳妆。】

家里的童仆、仆人，尤其是男众，不要用英俊潇洒的。感情出问题，太太有外遇的，不少例子是家里的司机。所以童仆要用老实、忠诚的人。可是人现在很重外表，最后问题出现了，到时候懊恼没有用。你要让一个人进你们家，首先当然要考虑的是他有没有德，不然有一句俗语叫“引狼入室”。

“妻妾切忌艳妆”。妻子切记不要浓妆艳抹，浓妆艳抹会引来很多邪的缘，因为女色容易让男人起邪念，这个大家要冷静。以前的女子，她了解她对社会风气影响非常大，所以她的穿着非常端庄，她不愿意让人家起邪念。这样的存心很可贵，她为什么着想？为整个社会风气着想。诸位女同胞，你有没有遇过一个女性，她告诉你，我们女人穿着要为整个社会风气负责任，有没有听过？没有？从你们开始。这样天下太平之根本，就从马来西亚做起了。（掌声）我们很看好，像我们马来的女子穿着非常好，这样就不会让人家起邪念，这些精神其实很可贵。

大家冷静去看，哪个地方女子穿得愈暴露，那个地方犯罪率一定愈高，女子受到伤害的比例一定愈高，这个时候就不能只怪男人了，是不是？大家要了解，英雄难过——不对，他是英雄他就过得了，男人难过美人关。他都难过了，你还穿得让他起邪念，那他怎么受得了？所以大家要有职业道德，假如去上班，穿得太暴露，整个办公室的男同事都没有办法办公，一直喝水，一直吃东西。

古人可贵的地方，他一举一动、一言一行都要给社会起好的影响跟作用，尤其读书人。我们看晏子，他的衣服穿了三十多年，他是宰相，他这么勤俭，他就影响整个国家的人。现在我们的习近平主席，他特别提倡廉洁，不奢侈浪费，整个国家一天省下来的钱不得了，真是为老百姓造福。假如公务员不节俭，花的都是老百姓的血汗钱。真正一个君子，在《诗经》里讲，“君子如祉”“祉”是福祉，君子就好像人民的大福一样，只要他出现了，他有智慧，他有德行，就能把社会的错误导正，把人民的灾祸化解掉，“乱庶遄（chuán）已”，灾祸很快就能够化解掉。以前的人一看到一个好官到了他们的县，把他看作父母一样爱戴，他要离开的时候排几十里，痛哭流涕，不忍让他走。

诸葛亮有智慧，他娶太太跟人家不一样，他的太太头发比较黄，皮肤也比一般人黑，但是很有德行跟学问，对他一生的事业、道德学问有非常大的帮助。他们俩感情很好，这是会娶太太的人。接着经文讲：

【祖宗虽远。祭祀不可不诚。子孙虽愚。经书不可不读。】

这段话对我们现阶段的家庭、社会是非常大的启示。这段时间刚好是清明前后，我很感动，我们马来西亚华人都会回家扫墓，这个风气可能台湾都不一定比得上。为什么马来西亚的华人很有福报，不是没有原因。常常念着祖宗，我们的祖宗从我们的祖国来到这里，那种筚路蓝缕、披荆斩棘，那种辛苦，我们不敢忘怀，时时念他们的恩。这么远的祖宗都在念，更何况是眼前对自己恩德最大的父母，哪有不念恩的道理？

古人通达人情、通达人性，祭祖的人厚道，决定“慎终追远”，决定“饮水思源”。祭祀祖宗，就把孝道教下去了；祭祀孔子，就把尊重老师、尊重道德教下去了。古人这个教育的智慧不得了，我们现在不祭祖宗了，不念祖宗的恩，那这个知恩报恩就教不了，孝道就教不了。马来西亚保留了很多我们中华民族非常好的习俗、非常好的精神，我们希望这些精神继续保持，甚至从马来西亚再弘扬。

我记得很多年前有一个参赞，我们中国驻马来西亚的官员，他说他希望中国很多男人能够到马来西亚娶太太。这句话大家听出来什么没有？就是女子的贤德，我们中华民族女人的贤德，他觉得在马来西亚看到。（掌声）鼓掌之外要责任承担，你们做得好，要出来弘扬。有一本书叫《天下太平之根本》，就是女德，就是女教。你们做得好，再融通这些道理，把这部书弘扬，造福全世界的华人家庭，甚至于全世界的家庭都有可能。因为我们马来西亚又是一个多种族、多宗教的国度，大家的英文又很好，都可以把女德借由英文弘扬出去。

“士不可以不弘毅，任重而道远。”你说“我又不是读书人”，你们现在就在读书，怎么不是读书人？闻圣贤教育的人就有责任。“子孙虽愚，经书不可不读”，因为**经书才能让人明理，才能让人开智慧，哪怕他没有很高的学历，他明理，他可以把家庭经营得和和乐乐的**。但是假如他不明理，很可能给自己招灾祸。有一位华裔写道："我们是全世界文化最悠久的民族，五千年的教育智慧跟方法，为什么短短几十年变成最短视的民族？就因为我们不读圣贤书，然后又被整个功利主义给污染，所以整个民族下堕得非常厉害。”再看到这句“经书不可不读”，确实是非常恳切的对每一个家庭的提醒。

今天先跟大家交流到这里。谢谢大家！

第五讲　饮水思源，祭祖念恩；承传孝道，继往开来

尊敬的诸位长辈、诸位朋友，大家好！我们《朱子治家格言》课程上次刚好讲到：

【祖宗虽远。祭祀不可不诚。子孙虽愚。经书不可不读。】

大家有没有感觉怎么会这么巧，刚好清明节前后，我们就讲到这句。所以冥冥当中，祖先都在加佑我们，让我们能从这些他们留下来的经典得到人生的启发、人生的智慧。真正自己去祭祀祖宗，再看到这句，应该内心都有所感悟。

2006年年三十那天早上，在安徽庐江汤池，我们差不多一百多人，一起祭祀祖先。当时男人占了应该有一半。祭祀中华民族万姓祖宗，大家很诚心，就感觉确实诚则通，至诚可以感通；诚则灵，都感觉到祖先来了。这么多男人差不多超过一半都哭出来了，痛哭，都非常有感受。当时我也在场，我自己也都流眼泪。我们亲身感觉到了，再看经典，就像《中庸》讲的，诚心祭祖先，他真的“如在其上，如在其左右”，感觉到、体会到他们的慈爱，他们对我们的那份关怀备至。

亲身体验确实会很不一样。我们去年冬至就在明伦堂祭祖，当时我们穿着汉服，其中有个同仁姓黄，他也很虔诚，他就感觉到他的祖上黄香就在上面接受他的祭拜。当他这么讲的时候，我就想起，几年前我在马六甲培风中学分享一堂传统文化的课，是黄氏宗亲主办。所

有的义工全部穿黄色的衣服，一条风景线蛮壮观的，然后黄色的衣服上面写了四个大字，“孝亲尊师”。他们对于一两千年的祖宗都念念不忘，更何况是眼前的父母恩，怎么会忘呢？所以《**论语**》**中说到“慎终追远，民德归厚”。人心厚，厚在哪？念念不忘父母的恩德、他人的恩德，念念不忘几千年前祖宗的恩德**。

那祖宗几千年对我们有什么恩？大家以前读书的时候，一定读过有个词叫“四大文明古国”，大家记不记得？四大文明古国，有古埃及，有古印度，还有我们中国，还有两河流域这些文明。大家冷静想想，全世界的古文明现在只剩哪个民族？中华民族。只剩中国是文明古国，代表其他的民族整个文明血脉出现断层，很多都已经不存在了。可是我们这个民族的文明绵延了五千年都没断，而且现在还是大一统的国家，这在全世界是除此一家，别无分号。

请问大家，这是不是在神明面前抽签，抽到那个上上签的，文明可以传下来，其他的都得断，是不是这样？不可能。**人世间任何一件事都不是偶然，有因必有果，有果又会变成因**。我们今天可以学传统文化是结果，原因是什么？是我们祖先有这么好的文明传下来，其他的民族学不到。我们现在学是结果，又将变成一个因，我们学得很好，可以再传五千年；我们不学，那就断了，那我们就对不起祖先，也对不起后代子孙。老祖先还说我们人是什么？天、地、人三才。跟天地并列的万物之灵，居然不念祖先、不念子孙，那我们不是糟蹋了人的尊严、人格了吗？所以**慎终追远、承先启后、继往开来，应该是人类的本分才对**。

对于文明、文化的价值，其实这两三代人的体会应该是比较深。比方六七十岁的人，他们那一辈的孝子还很多，到我们这一辈三四十岁要找就很难了，我们的下一辈呢？几乎快找不到了，而且杀父害母的例子愈来愈多。文明不承传，我们中华民族会从一个全世界唯一悠久的文明，变成最短视的民族。我们以前可能在读文章的时候读到，“中华文化博大精深”，这个词我们可能没有感觉。可是放在这个时代，就因为文化没有承传，一个全世界最悠久的文明，代代都出圣贤人的文明，现在居然杀父害母的子孙这么多，所以文化不能不传啊！

讲到这里，一个老人的慈祥的面容就浮现在我面前，就是我们马来西亚的沈慕羽老先生。我挺有福气的，见过他老人家几次。我记得到老人家家里去，当时老人家九十五岁，带领着我们一起唱抗日爱国歌曲，他亲自弹琴。你看这个老人这么爱国，你一辈子都忘不了他那弹琴的面容，那高亢的歌声。

我记得那次，他知道我是教书的，曾经也在小学服务，他就跟我讲：“我们当老师的人，是最没有‘钱’途的。”他这个字是双关语，不会赚很多钱。但是坦白讲，钱干吗赚很多？赚很多钱的人烦恼相对比较多，是吧？赚很多钱的人吃安眠药的比较多，反而农夫没有很多钱，他就尽本分，春耕夏长、秋收冬藏，结果他每天睡得很好。到八九点的时候，他还可以出来赏月，吃着花生米。那才叫生活。

我们都觉得是赚钱去用钱，其实人现在被钱用了，苦苦追求，最后变钱的奴隶。结果赚钱的人花不了钱，拼死拼活赚了一堆钱，谁花？他儿子花，他太太花，还有他太太新嫁的那个人花，因为他累死，他太太又嫁人，他不就给那个人花了吗？所以在这个时代很多人想不开，拼命做欲望的奴隶，做钱的奴隶，就太不值得了。

人是万物之灵，人生最大的价值是什么？是提升自己的智慧、灵性，这是带得走的，身外之物一样都带不走，耗了我们一生，结果

我们变得这个也放不下，那个也舍不下，愈来愈贪婪，灵性一直下降，那是作践自己。科学家讲，一个孩子一两岁的时候，平均一天笑一百八十次，成年以后平均一天笑七次。这个科学数据，代表现在的人活着为什么？从这个现象，就是人活到愈来愈笑不出来。有没有人活着是为了愈来愈笑不出来，有没有？没有半个人是想活到愈来愈笑不出来，可是事实上人真的是愈来愈笑不出来了。那就很矛盾，人活着是为了追求幸福快乐，结果愈努力到最后愈笑不出来，那不是跟目标背道而驰吗？

大家有没有遇过一天笑一百八十次，笑容跟婴儿一样可爱的人？我遇过好几个，其中一个，许哲女士，一百多岁的年轻人，曾经就在我们这个讲桌上跟大家分享。她那个笑容跟婴孩一样，返璞归真。这样的一百多岁的长者，跟一般的老人面容一不一样？一般的老人是什么面容？心有千千结，还有很多放不下：我那个女婿赚钱太少，我儿子官做得太小，我那个孙子考试又考不好，一堆的烦恼。所以人活到最后笑不出来，太不值得，那是人生走错方向。

为什么会笑不出来？为什么人生愈活苦愈多？因为把人生的目标变成去追求欲望、追求名利。欲望是深渊，它填不满的，愈求愈多不满足，最后求不得的痛苦就愈来愈多。小孩没有那么多贪求，是不是？你看几个月的孩子你把他放在那里，他还自己偷笑。你都不用买很多东西给他，他就自己在那里笑。知足常乐嘛，他没有很多欲望。我们能不能返璞归真，像孩子一样？保证皱纹就少好几条了。

我们还看到我们的师长，今年八十七岁了，老人家笑起来也像婴孩一样，皮肤还泛红，是吧？对，这样的人生多好，又有高度的智慧，走到哪里当地的国家元首就来请教；又没有一大堆的贪求，什么都放下，一心一意就为了这个天下，为了民族文化的承传。这样人生才快乐，才有意义。

像沈老九十几岁，你看那么豁达，他的人生无怨无悔，对得起天，对得起地，对得起整个国家民族，尤其对得起教育界，他是教育界的脊梁，真正把师道从身上发扬出来，这样的人生“留取丹心照汗青”，照亮教育界师道的承传，也照亮整个中华文化在马来西亚的承传。所以沈老强调，老师虽然不能赚很多钱，但这个行业很重要，它维系着文化的承传。在现代社会，就愈加感觉到沈老对文化、对中华文明的认识有多么深，难怪他有生命的危险都在所不辞，要去保卫我们文化的承传。甚至现在汉学院盖在我们大马的马六甲，跟这些智者，跟这些长者的坚持有没有关系？有，这个都是，我们要慎终追远。

同样是东南亚国家，大家看看，整个中华文明在这些国家的承传都岌岌可危。泰国，现在下一辈的都不会讲华文；印度尼西亚，断了三十几年。当时我们办课程，来的印度尼西亚的同胞都是六十几岁的，七十岁的都有，因为年轻人都看不懂华文。他们非常担忧，而且他们的精神让我们动容，六七十岁扛起文化承传的大旗。包括像新加坡，虽然他们也在学华文，但是在他们下一辈的孩子身上，哪个语言排在第一位？

我记得我第一次到马来西亚，印象很深，在陈氏宗祠跟大家分享《弟子规》，我很喜悦，因为陈氏是大舜的后代，我们学传统文化的人没有不崇敬舜王的，他是二十四孝之首。当时下课休息，刚好有些朋友相见互换名片，结果有个同胞拿了一张全部都是英文的名片，对方一看，很严肃地对他讲：“你没有中文名字吗？”当时那句话让我很震撼，我很感动，我们马来西亚的华人这么珍惜自己的文明，怎么连自己的名片都不写中文了？但是我又反省，自己在念初中、高中的时候，当时也觉得好像可以讲几句英文就高人一等，我也是背叛祖先的，被这些功利影响，也是走偏了好长一段路。后来遇到师长老人家，才知道老祖先把全世界最高度智慧的文明留给了我们后代子孙，而我没有珍惜，还排斥。所以弘扬中华文化，坦白讲，是弥补自己以前的过错。

所以整个东南亚，我们马来西亚传承得非常好，你看师长老人家一提到马来西亚非常欣慰。包括前不久，日本前总理鸠山由纪夫先生到香港亲近师长，向师长请教很多问题。结果师长在谈话的过程就讲，马来西亚汉学院正在筹建当中，就讲到马来西亚有一千两百多所华小，六十几间独中，他们能很好地承传中华文化，讲得都非常欣喜、欣慰，也提到这里要培养汉学人才。师长老人家对鸠山由纪夫先生说："你应该也在日本办一个汉学院。"大家有没有看到，师长抓住一切的因缘，让人发愿来承传文化。大家要了解，这样的人物，在日本影响性非常大，他肯站出来做，汉学能够重新在日本弘扬开来，那利益的将是千千万万的人，甚至日本后世代代子孙。所以仁慈的人，他们看得很广、很远，心量广大，都包容着天下的苍生。

师长也跟鸠山由纪夫先生提到，中日本来就是一家人，同宗的。秦朝的时候，秦始皇派五百童男童女去找长生不老药，其实哪有长生不老药。结果船只就漂到日本去了，之后就在整个日本繁衍后代，其实都是同宗。包括韩国人跟我们也是同宗，他们是商朝的后裔，所以他们也有祖宗保佑。在汉朝、在唐朝，尤其唐朝的时候他们大批大批留学生到中国来取经。所以当时韩国、日本写文章都用汉字写，同文同种，都是一家人，要共同弘扬祖先的文化。

我们要了解，整个中华文化的弘扬，其实是维系着整个世界的安

定。20 世纪 70 年代汤恩比教授就讲到，解决 21 世纪的社会问题，唯有孔孟学说跟大乘佛法。就是我们中华文化最重要的三个组成元素，儒、释、道的教育。汤恩比教授这句话讲得很重，“唯有”，唯一，只能靠中华文化来救世了。诸位朋友，这句话你们听过吗？都听过，有没有人听了以后当天晚上睡不着觉，然后说：“我终于知道我为什么来投胎，原来我投到这个世间就为了这一桩事来的，就是为了来救世的。”很可能你就慢慢知道你这一生的使命。

而这句话也告诉我们，中华民族的儿女在这个大时代，应该肩负起救世界的责任。因为我们是中华儿女，我们本身就有受中华文化的教育，有受这个教育代表手上有救世的法宝，手上有救世的法宝，然后见死不救，这样是有罪过的吧？所以诸位朋友，你们没有后路可以走了，你们假如不好好学，弘扬文化，就是见死不救，这个罪挺重的。**没有后路走了是好事还是坏事？人没有后路走才不会堕落，人一有后路走，就不愿意承担，就尽不了做人的道义、本分**。人没有学圣贤教育以前，常常逃避责任，孩子教不好，“算了算了，不管了”；家里出什么事，都不愿意承担；看着社会都乱了，视若无睹。那我们活着不是愈来愈麻木了吗？天地人三才应该是有血性、有道义的才对。

所以看到这句，“祖宗虽远，祭祀不可不诚”，我们是唯一传下来的古文明，代表什么？代表我们的祖先是积厚德的人！“积善之家，必有余庆”，因为德太厚，可以护佑五千年以后的子孙。其他民族没那么厚，文化断层了。大家冷静去看现在世间各个民族，我们这个民族很特别，是伦理道德起家的。大家回去查族谱，你们的祖上没有一个人不是圣人。我们蔡氏是周文王的后代。刚刚跟大家讲，姓陈、姓胡、姓田、姓姚，都是舜王的后代，姓林是比干的后代。

我们的祖先是圣人，所以我们才有这么大的福报，不然文化就断了。祖先的恩庇荫我们，我们该不该感恩？该感恩，所以“祖宗虽远，祭祀不可不诚”。我们师长老人家当发现他们徐氏的族谱留下来，没有被破坏，没有丢失掉，老人家一谈到自己的族谱，眉开眼笑，“嫘祖是黄帝的正妃，嫘祖生的第二个儿子叫昌意，我们这一脉是黄帝第二个儿子一直传下来。”传到老人家是一百三十六代。我想，当我们打开自己的族谱，接到了炎黄子孙，头皮都发麻，为什么？我们找到自己的根了，就是这样一代一代祖先，血脉传下来，文化、智慧传下来，五千年都没有断，没有祖先，哪来的我们。

当我们念念不忘祖先的恩德，真正承传文化，真正造福这个世界，真正光宗耀祖，往后你的后代子孙也以你为榜样，那这一生就没有白来。好，所以大家今天回去有一件很重要的事，回去查族谱。我有时候遇到一些朋友，比方说，他说他姓曾，我说你是曾子的后代，他还一脸无辜的样子，真想要摸摸他的头，“赶快回去查族谱”。他的祖先是孔子的好学生，他要赶快承传他祖先的厚德才对。

而我们非常欣喜地看到，像在中国大陆，各地的政府不管是县、市，以至于到省、到中央，都非常重视祭祖。上行下就效。不只重视祭祖，整个国策把弘扬文化摆在最重要的位置，所以这不只是怀念祖先，更重要的，将祖先的文明、祖先的智慧发扬光大。

尤其这个时代，要救世界，要靠中华文化。**人生短短数十寒暑，总要做有意义的事，总要做恩泽后世的事情，不能白来世间一遭。**死了以后就化为黄土，这不是很糟蹋这一生？所以应该干最有意义的事，就是承传文化。

我们看孔老夫子一生尽心尽力承传文化，很有价值，两千五百多年之后，不只我们华人感恩他，现在全世界包括美国都以孔子的诞辰做教师节。而他的厚德庇荫两千五百多年的后代不衰。我接触到孔子的后代不少，听说全世界超过一百万，超过一百万，没出一个败家子，好厉害，是不是？这样的家道要不要学？要。就是《易经》讲的，“慎终追远，民德归厚。”

请问大家，现在承传文化的难度跟两千五百多年前比起来，什么时候难？现在。那请问大家，愈难是不是功德愈大？是。那恭喜大家，你们建功立业的机会来了，这个时代你能像孔子一样的精神把文化传下来，那你的后代可以绵延五千年不衰。对啊，“一切福田，不离方寸”，不离我们这颗心，“从心而觅，感无不通”。难行能行，难忍能忍，是圆满的功德。

所以读到这句，让我们感念祖德。而老祖先的教育不得不让我们佩服，确确实实全世界最懂教育的民族，决定是中华民族，有五千年教育的智慧，五千年的理念，五千年的方法，五千年的效果。什么效果？代代都出非常多的圣贤，大家看清朝也出了很多圣贤人。而中华民族教育用的方法，高度的艺术、高度的智慧。我们看家里，房屋的建筑都表教育，墙壁上刻着梅兰竹菊，艺术品都是教育，代表什么？踏出这个门就要交君子，交有德的朋友。梅兰竹菊是表四君子。门口刻一个扇子，出门记得要行善。进门，大厅的一边放瓶子，一边放镜子，代表什么？进门要平静，不能带着情绪、带着脾气进门来，会把孩子给吓坏了；一平静，家和万事就兴了。您看那个装饰品都表智慧，表教育。

我到马六甲去参观娘惹纪念馆，进去就看到瓶、镜，还看到，接受西方文化的后代的家，摆了两只动物的模型，一边是老鹰，一边是一只跟我差不多高的熊。一进门就看到这两个东西会怎么样？杀气腾腾。文化一不一样？不一样。所以有没有看到，两三百年前，很多西方国家强盛起来干什么？走到哪里就强占人家的地方跟财物，有没有像这两只东西？因为他每天看，当然就像。这两个东西代表什么？英雄。大家留心，**中国人最崇敬的人，“仁者无敌”，最推崇的像范仲淹，那些很仁慈的人**。他们推崇的是什么？那些侵略很多国家，占了一大堆地，然后要几万个人伺候他一个皇帝的人，他们把他当英雄。那叫“一将功成万骨枯”，他们的成功不知道建立在多少流离失所之上，可是他们把他当英雄。

所以西方近代文明强调竞争，之后就发展成战争，所以很多国家强盛起来，对世界发动战争。可是**中华民族一强盛起来，把福、把文化智慧传遍全世界**。郑和下西洋，经过多少国家，那些国家有好多地方都盖郑和庙。大家有没有感觉，祖宗在保佑，怎么刚好汉学院就盖在马六甲，六百年过后。那个地方也告诉全世界的人，中华文明强盛的时候决定是带给全世界福报，马六甲这个地方就是一个证明。而且华人在的地方，种族、宗教都可以团结，不会冲突，好像马六甲的华人占多数，真巧——也不是巧合，冥冥中自有祖先的安排。

而我们看到，**老祖先教育的智慧，重视祭祖，把什么教下来？伦理、孝道**。大家一起祭祖，很多祖庭都写着这两行字。我曾经听同仁讲，他们的祖庭就刻着这两行字，“祖宗虽远，祭祀不可不诚；子孙虽愚，经书不可不读。”所以祖宗要怀念，要承传，子孙要教育好，叫“承先启后，继往开来”。用一个祭祀的礼，就把孝道教下去，对祖先都感恩，怎么会不孝父母。

包括在祭祀过程中那些习惯、做法，也是教育。我们有个同仁就分享，祭祖，家里煮水饺，北方人喜欢吃水饺，整个家里第一盘水饺，热腾腾地出来，几十年前，生活没那么富裕，看到水饺口水都流下来了，就看着老奶奶。“不可以偷吃，赶快先端到祖先灵位前。”那个小孩子就战战兢兢，赶紧把第一盘水饺恭恭敬敬递到祖先牌位前面。大家想，这个孩子会不尊重祖先吗？第二盘，赶紧端给家族里的老人。这个伦理就教下来了。

请问大家，现在第一盘都是谁吃？那麻烦了，颠倒的现象在这些细节、做法当中就看出来。难怪孝子也不一样，以前孝顺父母叫孝子；现在的孝子叫孝顺孩子，倒了。颠倒不行啊，《朱子治家格言》讲“伦常乖舛，立见消亡”，伦常颠倒、违逆了，这个家道就完了。所以大家看，以前讲富不过三代，现在呢？一代都过不了。所以文化博大精深，不得不传。用一个礼仪，就把孝道传下去，这不是普通的智慧呢！现在全世界有多少的文明，教育里连“孝”字都没有，可是我们的祖先承传这么久，又用这么好的方法来传。

第二个教道德，怎么教？祭祀孔子，孔庙教道德。到了“九·二八（孔子诞辰）”，都祭祀孔子，把道德传下去。甚至以前都是在祠堂里读书，小孩子八九岁，在祠堂、在祖先的牌位面前，要光宗耀祖，不可以懈怠，不可以打瞌睡。要去求学的时候，父母还有家族的长辈，带着小朋友先给孔子行三跪九叩。孔子是至圣先师，他表师道。然后这些老人、父母再带着孩子给老师行三跪九叩。在小朋友的心目当中，这些老人、父母是他最尊敬的人，连他最尊敬的人都这么尊重老师，他怎么敢不听老师的话？所以就一个拜师的仪式，就让孩子深深地扎下了对老师的恭敬，一辈子受益。其实**孩子恭敬老师，谁得利益？大家想想谁得利益？孩子恭敬老师当然是孩子得利益，**孩子恭敬老师，老师的肚子又不会饱，是不是？所以那个仪式最重要的是成就下一代的学习。

大家再换一个角度想，今天假如让你坐在那个老师的位置让人家拜，你敢吗？你要吗？我代表家长给您行个礼，您试试看。您换个角度看，这些教书的人，他是读圣贤书的人，他连占别人便宜都不肯，他怎么可能希望人家对他行此大礼，是吧？你对他稍有礼他就觉得很不好意思，战战兢兢了，他怎么敢受你这么大的礼。但为什么还受？因为要承传整个中华文明，因为要成就这个孩子一生尊师重道的态度，所以他不得不受。坐在那里的滋味，叫如坐针毡。不只那个时候如坐针毡，孩子的祖上，孩子的爷爷辈，甚至还有曾祖，还有孩子的父母行此大礼，假如不好好教人家，怎么对得起人家的祖先，怎么对得起人家的父母？所以古代的老师教学生比教自己的孩子还认真。他的孩子考上功名他不高兴，学生考上他才高兴，为什么？他儿子考上，学生没考上，他不敢出去见人。

所以古代的老师尽心尽力教学生，学生感老师的恩德，对老师的家人、后代就像自己的家人一样照顾。我们以前读《左忠毅公逸事》，史可法对自己的老师左忠毅公非常尊重，每次回到家乡，一定都要去看望自己老师的家人，把他们照顾得很稳妥。

所以**孔庙教道德，城隍庙教因果**。这个我的印象就很深。我住在高雄，我们高雄市左营有龙虎塔，在春秋阁，在莲池潭。大家假如刚好到高雄市可以去，那个莲池潭上面还有孔庙，那一片都是旅游的地方，我家就在旁边。刚好我在台湾的话，欢迎大家来喝杯茶，不过我现在大部分时间在马来西亚。

因为自己小时候曾经去过这些文化旅游区，就体会到师长讲的这些话，我们老祖先太会教育了，**一个城隍庙可能胜过千个万个警察都不止，让人从小就知道“恶有恶报，善有善报”，就不敢做坏事。愈小教愈好，“少成若天性，习惯成自然。”**我们小时候看着龙虎塔墙壁当中，那个恶有恶报、善有善报的情景故事，印象都很深。有个人做酒，苍蝇都跑进去，他就把苍蝇捞起来，救活无数的生命。结果有一次他被人家陷害要判死刑，那个官员拿着笔就要判下去了，一堆苍蝇就来，每次要判下去，苍蝇就来。以前的官员统统明白这些道理，知道事有蹊跷，怎么会这样？马上去调查，就洗刷了他的冤屈，所以苍蝇救了他一命。

所以《格言联璧》里讲，**“万类相感，以诚以忠”，人可以跟所有生命交感，可以跟植物、动物都交感。**真诚、忠信，其实这个“忠”也是尽力，他跟这些生命有缘，他也尽力救它们，“以诚以忠”。但“造物所忌”，上天最忌讳的，最不能容许的是什么？“曰刻曰巧”。刻薄跟上天的厚德、好生之德相违背，“巧”就是奸巧，把聪明用在陷害别人，那是最遭天谴的。我们《朱子治家格言》里有讲，“刻薄成家，理无久享”；“与肩挑贸易，毋占便宜”，种菜种得很辛苦的人，如果还跟他一角两角在那里计较，还讲一些话让他都接不了，只好便宜卖给你，赚不了什么钱，那不好。

自己成长的过程刚好有这个机缘，家里的长辈也懂，带我们去接受几千年来这些艺术、智慧的教学，孔庙、祠堂，还有像城隍庙，这些非常庄严的、等于是教学的地方。所以**学伦理道德，人就耻于作恶，学因果教育就不敢作恶。**而现在的因果教育，除了古代这些故事以外，还要讲现代的，因为现在的人确实挺固执，他说：“那都是古代的，现在不一定是这样。”

我曾经就听过钟茂森博士讲到一个例子。有个女孩十八岁，读初三。十八岁应该读高三，她不认真读书，乱搞男女关系，所以才初三。有一天又要出门，她妈妈很不放心，苦苦求她不要出去，她居然打了她母亲一个耳光就冲出去了。结果就跟一个男人骑着摩托车去玩，刚好经过一个大卡车，整个摩托车就卷到卡车底下，那个女孩打她母亲的那支手马上夹断，跟身体分开了，当场就死了，那个男的重伤。结果那个男的醒过来，人家问他，你为什么会跑到货车底下去，他说他也不知道。那个女的是当场就死了，但是她断掉的那支手，在她母亲来的时候还在抽搐。她有一个姐姐一个妹妹，看到她刚打完妈妈的那支手断在那里，两姐妹跟她妈妈发誓，以后再也不敢对妈妈不孝，再也不敢乱谈恋爱。这个是现世发生的事情。

所以在古代常讲，“不孝父母，天打雷劈。”古代有对徐姓兄弟，在龙游一带。兄弟两个人，住的地方相距才十余里路，母亲每五天轮一次，五天在哥哥这儿，五天在弟弟那儿。但是哥哥比较贫穷，弟弟稍微宽裕一点。结果这次哥哥奉养母亲还剩两天，实在没有粮食了，只好跟妈妈讲，没有东西煮给您吃了，您先到弟弟那里去，过两天我再补回来。妈妈看自己的儿子这样，当然也很不忍心，就走到小儿子那里。结果到了小儿子家，小儿子连门都不开，“还剩两天，不能让你进来。”结果母亲就告诉他哥哥的意思，以后会再补，但是他坚持不接受。那个时候刚好母亲闻到饭煮好的香味，就求这个小儿子：“不然这样好了，我先吃饱我就走。”还不肯，而且还让他的太太把饭放在床上，用棉被盖起来，连闻都不让他妈妈闻。

结果妈妈只好流着泪走了。才走没多久，突然雷电交加，就劈进他们家里去了，结果妻子死在门附近，丈夫死在厅堂。邻居看雷都劈进去了，就到他们家，一看夫妻俩都死了，还看到那个饭热腾腾的，盖在那里。这个太太假如能够劝先生，他们家可能命就转了。所以夫妻之间互相成道，不能互相堕落，“领妻成道，助夫成德。”诸位女士，你先生很孝顺，你会高兴还是吃醋？我们要知好歹，知好坏，知是非善恶，不能醋桶子起作用。女人有智慧，旺三代。这是发生在中国的例子。

1937年6月6号，上海的报纸报道，波兰索里卡村发生了一件逆伦惨案，当地有个年轻人三十二岁，因为继承财产的问题，跟他妈妈发生口角，竟然拿斧把他母亲给杀了，从家里逃走，没多久，就被雷给劈死了。当地的人都说，因为他是大不孝之人，所以被雷劈。连外国人都觉得，大不孝之人还是会有恶报。

我们有个老师在讲不孝的人被雷劈死的时候，当下有个十五岁左右的孩子，脸色发青。老师就过去，看他脸色实在太难看了，过去关心他，为什么吓成这样？他说他有个同学很不孝，真的离他十几米，活活被雷劈死，被他看到。所以当老师讲这个的时候，他最相信，他说真的会被雷劈死，所以从那次以后他就不敢对他妈妈这么凶了。

所以**因果教育很重要，人才有畏惧心。我们整个民族，包括全世界忽略了因果教育，现在人什么都敢干，什么都不怕。因果教育在整个家庭教育，以至于整个学校教育、社会教育，太重要了。**我们现在看看很多人造恶，有钱之后那种纵欲，让人毛骨悚然，怎么去摧残人的生命、糟蹋人的名节？开车撞死人好像拿些钱就什么都没有的那种狂妄，真的让人听都听不下去，那都是缺乏因果教育。

所以“祖宗虽远，祭祀不可不诚。”**祭祀祖宗愈真诚，你的孩子愈孝顺，因为孩子的感觉非常敏锐。**欧阳修先生为他的父亲写祭文，里面就提到，父亲每次想到自己的母亲都流眼泪，每次家里有比较好吃的食物，就流眼泪感叹，“啊，我妈不在了。”“祭之丰”，祭祀的时候很丰富，“不如养之薄也”，不如母亲还在，哪怕吃得差一点，她老人家吃得到。所以这段话也提醒我们，行孝要及时。欧阳修的母亲以为丈夫因为丧母刚刚几年，所以这么悲伤，可是后来她发现自己的丈夫终其一生都是如此，每次有好吃的都是流眼泪。所以他那种诚，感动了自己的太太。

而且他的这份孝，是太太佩服先生，讲给自己的儿子听的。诸位男士，您假如孝悌忠信礼义廉耻，做到你的太太很感佩，把你的故事讲给孩子听，你的家教一定成功。当一个儿子听着他的妈妈讲自己先生那一份孝、那一份忠、那一份德，讲得那么感动，哪有儿子不崇敬他父亲的？所以男人要做到让自己的另一半感动，才是男子汉。所以那一份对父母的孝、对祖宗的孝，这个“诚”决定感动孩子。

因为从小都是爷爷奶奶照顾我们长大，爷爷每次祭祖很诚敬，然后还一边在那里念，我印象都很深，虽然那时候可能才没几岁。对祖先，甚至经过神庙对神佛的恭敬，这对我们小孩子都有长远的影响。所以我们长大了，面对儒道释这些经典都不敢不恭敬，那也要感谢爷爷做出了榜样。

“子孙虽愚，经书不可不读”，子孙虽然比较愚昧一点，资质没有那么好，但经书不可以不读。因为**人读经典，才懂得伦常，才知道如何做人做事**。其实这个时代就非常明显，一个人读到博士，他不见得会做人、不见得会做事。我们曾经都遇过研究所毕业，连电话都不会接，很傲慢，最后把上面的人气得下来调查，就把他给辞退了。连电话都不会接，这是研究生。一个留美博士回来，就直接跟他父亲讲，

“爸，我也不知道你什么时候会死，你底下又那么多财产，早一点给我吧。”博士，本来一个博士生回来他父亲很高兴，结果一回来就跟他谈财产问题，很难受。结果他还感觉不到父亲的难受，看父亲没有什么表示，登报要跟他的父亲断绝父子关系。所以假如一个人不读经典，哪怕博士毕业，很可能会把他父亲活活气死。

所以看这一句，再观现在的社会，不得不佩服老祖先留下来这些智慧。那让我们感叹的，现在不孝父母的，现在伤害他人、欺骗他人的，多少都是学历很高的。这些诈骗集团，没有很高的学历，那些专业知识、电脑能力还掌握不了。所以古代栽培人什么？“品学兼优”，品德要排前面；“德才兼备”，德要排前面。这些成语都是表很深的意思，前后，先后，不可颠倒。所以有才而无德，是危险品；有才有德是上品，给社会培养出好的子孙、好的人才。无德有才，very dangerous，对家庭、对社会很危险。

司马光先生花了十九年写了一部巨著，《资治通鉴》。这部书写得太好了，总结这么多历史，让人记取教训。其中有一篇文章就叫《才德论》。多少大家族乃至国家灭亡，就是灭在这些有才而无德的子孙跟臣子的手上。所以看到这句，再想想现在的社会，很多俚语、格言，像我们闽南话说：“好子好游玩，歹子不如无。”你有好子孙，你就逍遥自在，你就不担心。你的孩子不懂事，不会做人，你常常就在那里感叹：“早知道就不要生了。”后悔莫及。

但重要的是教。生下来个个孩子不都是天真无邪？大家有没有到育婴室去看过刚生出来的孩子？个个都很可爱，是吧？当然都是先看自己的孩子，自己的后代、晚辈，然后很自然就被其他的小孩吸引了。黑人小孩也很可爱，白人小孩，印度、马来人都很可爱。有没有哪个人到婴儿房里看，“这个以后是杀人犯，这个以后是贪官”，哪有？不可能，“人之初，性本善”“苟不教，性乃迁”，那是后天没把他教好，没读经书。现在学校教育偏向知识、技能，没读经书。

我们也很感动，很多在传统文化单位教学的，不是学校老师，是当妈妈的，是义务出来教经典，令人尊重。她不只是当老师出来弘扬文化，家里还要当妈，还有很多事情，她还扛起这个文化承传的社会责任。那像我们在学校教书又是老师身份，看了就生惭愧，她们还比我们有责任，要承传道统、承传文化。很多的孩子不要看他八九岁，我们曾经看到，八九岁的孩子学了《弟子规》分享他的心得，他说：“原来做人要孝顺。”没教他，他不知道，“人不学，不知道。”他说他以前都想着怎么害他妈妈。他怨他妈妈。所以你看，没教都偏成什么样我们不知道。

看到社会现象，再读这些经典，要赶快珍惜老祖宗的教诲，站在五千年的智慧之上，看得更远。我们的孩子、我们的后代，以后都站在五千年的智慧之上来经营他们的人生。现在呢？现在学功利主义，学得堕落的速度吓死人。我之前学一些理论，把我给吓坏了，那些理论都是拿狗、拿猫、拿老鼠做实验出来的结果，然后拿来教人。诸位朋友，把动物实验的结果拿来教人，会把人教成什么？拿动物的结果来教人，目标就是动物，一不小心就比动物还不如，是不是？把目标定在第一名，不小心就考二三名，是不是？那把标准定在动物，当然很大批的孩子比动物还不如。真的不是假的，乌鸦还知道反哺，羔羊还知道跪乳，现在的小孩都不知道孝顺父母。

我们遭那么大的难，就是没读经，就是“不听老人言，吃亏在眼前”。怎么没有人拿德育故事去教孩子？拿《德育课本》去教孩子，请问孩子的标准是什么？是大舜，是周文王，是周武王，是大禹，是汤王，全部是圣人。标准是圣人，从小就跟圣人学，请问他们会变成什么？最差也是贤人吧？“取法乎上”，他一不小心还有个中；“取法乎中”，他最起码还有个君子。现在取法乎畜生，看不下去了。所以丧失民族自信心，都学外国这些理论，就学得现在教育都偏颇得太厉害了。

“子孙虽愚，经书不可不读”，**坦白讲，即便子孙的素质真的比较差一点，只要他肯读经，慢慢他的障碍就去掉，他会变得有智慧**。我们在《德育课本》里看到，一个字不识，一直拜经，拜五经、十三经，拜到最后开智慧，都看得懂了。诚则灵。而且经典里教他，人家一次会的，没关系，我一百次；人家十次会的，没关系，我一千次。形成这个态度，慢慢愚昧就转成智慧了。所以有经典，就有方法恢复他无量的智慧跟德能。

好，今天就跟大家交流到这里，谢谢大家！

第六讲　给孩子最重要的教育

尊敬的诸位长辈、诸位朋友，大家好！我们《朱子治家格言》上次交流到的是“祖宗虽远，祭祀不可不诚；子孙虽愚，经书不可不读”，讲到后句：

【子孙虽愚。经书不可不读。】

我们子孙程度哪怕比较愚钝一点，但是经书不可以不读。在《了凡四训》中，提到行善要“护持正法”，经典就是正法。《了凡四训》里说到，**“法者，万世生灵之眼目也。”就是经典里这些真理就像人的眼睛一样，能够开人的慧眼，才能够分辨是非、善恶、邪正。**所以这一句在我们这个时代，我们冷静来体会一下。请问大家，现在读到博士，懂不懂得是非善恶？不一定，他是学历高，不代表他有智慧，不代表他明理。比方有一个现象，高学历高离婚率。离婚是不理智的，学历那么高，怎么连这么做对自己、对后代、对家庭有什么影响，都分析不了？所以古代的教育跟现代有一定的差异。

而事实上我们整个几千年的教育，其实是四五千年都没有变过。因为在尧帝的时候，这些圣王就体恤到人心的状况，“饱食暖衣”，一个人吃得饱穿得暖，“逸居而无教”，每天过得很安逸而没有教他做人的道理，“则近于禽兽”，故“圣人有忧之”。我们这一两代人福报都挺大的，有没有听过哪一家人饿死？没有吧，饱食。有没有听过哪一家人冻死？没有。只是听说人家都买名牌衣服而已，没有听说人家冻死的，“饱食暖衣”。而且下一代没有人生目标，好像什么事都不关他的事，家里这些家务他也不去分担，好像每一天就浪费生命、浪费时光。“逸居而无教”，没有教他做人的道理，“则近于禽兽”，因为他的目标就是欲望的满足。现在年轻人，可能你给他多少钱，他很快就把它花掉了。甚至于他假如受到一些媒体色情的诱惑，可能会十几岁就做出很多不好的行为。

这句话是四千五百年前讲的，“逸居而无教，则近于禽兽”，所以不能不教育。重点是，现在这个时代，初中毕业的人可能有百分之九十五以上甚至更高，是吧？可是不懂做人的人非常多。但是**古代不识字的人都懂得做人，这是值得我们去体会的地方**。以前的人一字不识，可是他懂得做人的道理，他懂五伦八德。现在呢？学历很高，这些东西可能都没有观念、没有概念。所以**古代的教育，内容就是教五伦八德，就是教伦常。这是从教育的内容来看。**

从目标来看，不一样。**古代的目标，在《朱子治家格言》就已经讲得很清楚了，“读书志在圣贤”**。我们先不说我们下一代，请问诸位长辈、朋友，这一生读书，从小受教育心里就清楚，我读书就是要做圣贤的，请举手？好，我也不能举手，因为我也不知道。我们这一代没有一个人知道，下一代呢？这是一个很严肃的问题。怎么会几千年来都知道的道理，到我们这一代却少有人知道？这一句经句影响了几百年的人，“读书志在圣贤”，可是到我们这一代，读书志在赚钱，整个社会风气偏了，不知不觉就偏掉。其实应该讲，读书志在考高分，读书志在拿学历证书，最后再延伸到读书志在赚钱，哪一个科系赚的钱多，我就读哪个科系。

其实大家想一想，这个思想观念有没有偏掉了？那都是利啦！假如一个人去当老师，他想要赚大钱，他会怎么赚？那就很麻烦，师道会被他毁掉。可是现在的人看他房子大，又开好车，还羡慕他。那个人是在毁掉师道，我们还羡慕他。“师者，所以传道授业解惑也”，老师是人类灵魂的工程师，假如当老师是为了赚钱，这个后果不堪设想。坦白讲，不是老师，现在各行各业——不是现在，在我那个时代，我常常就听到长者在谈：“某某人那个孩子赚几十万是干哪一行的，赶紧去读那个科系。”已经好几代人统统是把钱摆在前面，而不是那个行业的价值啊！当医生，那是救死扶伤的价值，而不能先看收入是多少。当律师赚的钱多，他假如看人家要离婚，赶紧帮人家办离婚，那他业绩很好，可很多人是可以劝回来不用离婚的，他的心态所衍生出来的结果就绝然不同。

孔子讲，这就是“经书不可不读”，孔子说“君子喻于义，小人喻于利”，君子很明白人生应该尽的道义，小人只想着怎么自私自利，得到他的好处。我们假如让孩子都追求利，请问我们家庭跟学校培养出来的是什么人？不是坏人，是小人。坏人是犯法，小人是会把他爸爸妈妈气死，他也没有犯法。他完全不念恩德，可是法律治不了他，道德才能约束得了他。

假如学校老师都是以赚钱为目的，这样的老师怎么办？要不要气得牙痒痒？不要了，人不学不知道、不知义。实实在在讲，我们受师范学院的教育，在伦理道德方面，在师德方面，涉猎也很少。都是学什么？教学的技巧，语言教材教法、社会科教材教法，教材教法偏多。因为现在的教育主流都是科学技术、科学知识。而我们冷静想想，**几千年来老师教什么？“传道授业解惑”**。这是我们的一些现状，我们要了解。**怎么样真正把它调回到教育最重要的五伦八德**，这是我们这一

代人必须明白的。

我们很冷静地来看看，整个教育现况，美国影响了多少国家的教育方向，可是美国的教育部长说他们的教育彻底失败。居然那么多人跟在后面，不是很危险吗？而孙中山先生早就说过了，西方比我们强的是机器这方面，他们的整个政治、教育种种都要跟我们中国学。奇怪了，这句话这么重要，怎么很少人提起来？反而是什么？全盘西化。外国的月亮比较圆。我们连教育都学西方功利的教育，结果我们的下一代，坦白讲，流的是中华民族的血，思想呢？思想是什么？“功利”。

美国的幼儿园就开始教竞争，这是他们大学里的教授讲的，幼儿园就教竞争。竞争再提升变什么？斗争。斗争再提升呢？变战争。战争再提升？那麻烦了，现在都是核武器，还得了？这是一条死路啊！其实现在全世界很多的冲突一触即发，那个核弹真按下去，全球都受影响。

所以四十年前，汤恩比教授就说了，解决21世纪的社会问题，要靠什么？孔孟学说跟大乘佛法。就是中华文化的儒、释、道教育。现在这么严肃地跟大家分析，是**一定要回到我们老祖宗这些智慧，教回来。我们吃这么大亏，丧失民族自信心，如果懂的人愈来愈多，慢慢路就能调整正确。**

比方以我来讲，我自己也是读书考大学，在初中的时候功课也是很紧，有时候一天考六七科都有。后来好像还胃发炎，很紧张，考那么多科。小学、初中、高中、大学，十六年，请问大家，我们十六年学到什么对我们一辈子非常重要的思想观念？还记得多少？我们用了十六年人生最黄金的岁月，记了一堆考完试就忘了一大半的东西，有没有？

可是很奇怪，**我们学传统文化，从一开始学就没有忘，因为它是**

心性之学，它的目标是开智慧。所以这些道理都跟我们的心性相应，不只不会忘，还温故而知新。二十岁对这句话的体会，跟三十岁不一样，四十岁再体会，愈体会愈深广，所以才叫“学而时习之，不亦说乎”。我中学、大学读这句话我不相信，我说奇怪，我读书很苦，学而时习之，不亦苦乎，怎么会“悦”呢？原来读圣贤书真的是快乐。

我自己去教小学的时候，我不希望再逼学生的成绩，逼到他身心压力很大，发育不良，这种事我不能再干了。像我也是发育不良，我从小到大身材都是苗条的，没有壮过。其实我有壮的本钱，我的肩膀很宽的，真的胖起来也挺有体格的呢。**我们现在已经是四十岁的人了，我们往后看也是一两代人了，我们人生走过的弯路跟错路，有责任不让后面的人继续走。**所以我当老师不会随便发脾气、打学生，也不会说少一分打一下这种事情。我就曾经是这种待遇，考试卷发下来，“蔡礼旭一百”，很高兴，一百分。发完考卷没多久，老师说，下次月考，少一分打一下。晴天霹雳，我铁定被打。第二次考九十一分，打了九下。你看我印象都很深刻。

其实坦白讲，我在初中的时候，我就感觉人怎么活得这么无奈。为什么说无奈？孩子被打到……我那些同学有的智商一百五十几、一百六十几，我才一百零八而已，很聪明，统统超过我很多，打、打、打，打到不想读书了，最后连高中都没毕业。智商这么高，就打到对老师不能接受，就厌学。我不是怪老师，我感觉很无奈的是什么？我们的老师连礼拜六、礼拜天都没有放假，他的孩子还带到办公室写作业，他陪家人的时间这么少，他也很辛苦，怎么所有的人都辛苦，结果教出来也没有健康的人？那不是很无奈吗？孔子那个时代教学生，带着几十个、几百个学生，他都不用课本，游山玩水，看到一棵树就开始讲故事，多欢喜、多快乐！以前的私塾老师是不用课本的，走到哪教到哪。我也很想有这个功夫，但我们都是二十几岁才开始学的。

所以看到老师们不懂这些伦理道德不能怪他们，现在是什么？不要怪任何人，谁先接受谁先懂了，就有责任把老祖宗这些好的教诲介绍给他们。我们就把这些好的光盘送给这些老师，送给这些医生，他们慢慢就懂。为什么？“人之初，性本善。”他们没有遇到一个真正好的缘分，其实一般的人在这种功利的社会价值观当中，不随波逐流，是圣贤人，一般都不可能不随波逐流的。

所以受到整个西方功利影响，我们学习的目标变赚钱。**而几千年来我们的教育是读书志在圣贤。教育内容呢？五伦、八德。尤其我们的教科书：五经、十三经。基础是天伦、是人伦，教我们怎么做人。**

我们看五经，其中有一经是《乐经》，音乐，它已经亡失了，现在只剩下《礼记》里的《乐记》，但是这一篇也非常精彩。大家听过古琴吗？我第一次听一位诸城派的传人弹古琴，我感觉我的五脏六腑都在调整。我以前曾经看过整个宫、商、角、徵、羽五音，跟金、木、水、火、土，跟肝、心、脾、肺、肾，它们都是相应的，这个理我懂，但是我不会弹，我不知道古琴有这么强的力量。所以他这么一弹，我觉得非常舒服，身心非常轻安。

几千年来我们整个国家是怎么治理的？“礼、乐、刑、政”。“礼”，比方婚礼，还有祭祀、祭天，这都是礼；“乐”；还有“刑”，刑法；“政”，政治。这是治国最重要的四个元素。音乐也是博大精深，要下功夫去了解才行。但要有内功，这要很有修养，因为它是真正中正之乐。那种音乐，假如你很哀怨，弹完之后你的心就平了，对自己的道德修养非常有帮助。

乐教是什么？《礼记·经解》：“广博易良，乐教也。”古代受音乐的教化，心胸非常宽广，很善良。大家留心，到中国大陆去，很多少数民族特别喜欢音乐，老百姓非常好客，脸都非常纯朴，眼睛都很亮，他们都有受当地民俗音乐的教化。他们的脸相跟住在大都市的不一样，有没有？你看大都市的人看起来像有音乐的教化吗？有啦，rock（摇滚）那种。没有听音乐的时候就有点呆滞，听到那个就开始跳了，有点麻醉的味道，跳一跳身心又很累、很空虚。音乐还有好坏，是亡国之音还是治世之音都不一样。

礼，通过《礼经》教化的，“庄俭恭敬”，非常庄重，很节俭，很内敛，很有恭敬心，对人礼貌，“庄俭恭敬”，是《礼经》的教化。《诗经》，“温柔敦厚”，这是“诗教也”。大家看，温和、柔顺。您看现在的下一代有没有这些特质？敦厚，“敦”，很质朴、很厚道，“温柔敦厚，诗教也。”《易经》，可以推算人的命运，还可以推算整个国家的命运，它“絜静精微”，这是“《易》教也”。您看心很定、很静，“精微”是可以防微杜渐，都可以深谋远虑。我们现在的孩子只想着怎么满足他的欲望，他哪会考虑那么久。这些经典都是我们祖先留给我们的。

包括《春秋》，孔子作的，它能“属辞比事”。“属辞比事”就是《春秋》中，可以从很多历史故事当中了解到它的利弊得失，让人时时都能以整个几千年的历史为借鉴，就很有判断能力。这个君王错在哪？这个父亲错在哪？儿子错在哪？现在人很多事情是非善恶都判断不出来。

包括《书经》（又名《尚书》），“疏通知远”。《书经》里记载的都是一些古圣先王的教诲，所以能让人知道怎么处理很多事情，所谓政通人和这些智慧他懂得。所以全世界最精辟的政治哲学应该是这部

《尚书》。比方《尚书》上讲，“作善降之百祥，作不善降之百殃”，知道原因了，可以洞察个人以及国家社会的命运。其实刚刚这句话，坦白讲，就可以解决现在的社会问题了，大家有没有感觉？“作善降之百祥，作不善降之百殃”，那不已经讲完了这个世界的灾难从哪里来的？人心不善嘛，这是找到根本原因了嘛。人心一善，这些问题都解决了。

实在讲，现在念这些我们也没什么概念，这些东西这么好，我们了解得太有限了！我们的下一代不能像我们这样了解得这么有限，因为他们现在就开始扎基础。**这么高度的智慧，我们这么晚才开始学是遗憾，不能让后代再遗憾。**

所以“经书不可不读”，读了经懂得做人，懂得是非判断。而经书当中不变的真理，我们举最简单的：五伦、五常、四维、八德。五常，这个“常”字很重要，叫常道，它不会改变的。《左传》中说“人弃常则妖兴”，人弃了这个做人的常道，种种怪现象就出来了。

比方说全世界有金融风暴，这是很大的问题吧？五常叫“仁、义、礼、智、信”，就是偏离了这个五常才会有金融风暴，是吧？第一，那些造成金融风暴的人有没有替人家想？没有，不“仁”。他们都想着不劳而获，所以什么？不“义”。他们过那种生活都很挥霍，因为他们赚钱太容易了，无“礼”。是吧？他这样赚钱违背真理，他在造罪业，他没有“智”，这样的人以后的人生一定会很惨。他也不守“信”。离了五常才会造成这么大的问题，这是世界性的问题。

再来，最近的，我们人跟人，夫妻为什么离婚率这么高？没有五常。有没有替对方想？“仁”。有没有设身处地互相体谅？“义”。现在还没结婚就财产公证，怎么会有义？“礼”，人重视自己的名节、贞节，这是礼。现在这个观念没有了，男女不互相尊重，无礼了。动不动就离婚，非常感情用事，无“智”。“信”，当时的海誓山盟，统统忘记了。所以跟五常有没有关系？

团体当中君臣之间，为什么现在流动率那么高？领导者有没有这个五常？仁、义、礼、智、信。真正爱护底下的人，就像经文待会儿要讲到的，“与肩挑贸易，毋占便宜”，哪怕是一个做小生意的人，都应该替他设想，更何况是自己的员工？**员工信任我们，他们的家人、父母也都信任我们，我们也有道义要照顾他们**。现在变成什么？功利时代，把人当什么？当生产在线的一个工具，没有把人当人看。大家要冷静，这都是非常偏颇的价值观。他受的是功利主义，他学的是什么？我要赚取更多的利润，所以他在算成本。他有没有算我这样继续赚那么多钱，我的员工压力太大会跳楼，甚至会跳十几个，他管不管这个？坦白讲，假如我当老板，跳一个我就不想干了。是不是？我这个环境会造成任何一个人跳楼，那我收掉我不干了，每天赚一亿我也不想赚了，因为生命不是钱可以买回来的。

但是大家冷静看，很多企业，我记得有一段时间，报纸上，突然四十几岁的科技界精英猝死，几个礼拜连续好几个。后来深入了解，就是因为那些行业太累了，常常熬夜，过劳了都没有发觉，最后就累死了。甚至有些公司还说：“你要我的钱，我要你的命。”他们在那样的公司做，都是什么概念？我再拼吧，我再拼吧，拼到四十岁我就别干了，然后我就可以存多少钱养我的老。规划四十岁就养老，人算不如天算，这么赚法有点违背自然，最后那一笔钱都拿到医院去花了。为什么？身体搞垮了嘛。

给大家举几个“宽下”的例子。“宽下”，对待下面的人非常宽厚、仁慈。《弟子规》上讲的，“虽贵端，慈而宽。”以前的人家里用婢女，他怎么想？好好管教，以后给嫁个好人家，都为她这样想的。

南宋杨万里先生的夫人罗氏，七十多岁了，冬天，起个大早到厨房去煮热粥，让所有奴婢统统都喝了才去工作。她的孩子们看了都不忍心，“妈，你都七十几岁了，天气这么寒冷，何苦来哉。”结果母亲讲，“这些下人全部都是父母的孩子”，设身处地，都是父母把他们拉拔大的，都是他们的心肝宝贝，“清晨这么凉，一定要肚子里有点热能才好做事，不然非常伤身体。”她很为底下的人着想。生了四个儿子、三个女儿，全部都是自己哺乳。为什么？她说假如让别人哺乳，就是抢了别人家孩子的母乳，这种事她不做，她都自己来。她四个儿子有三个都考上进士，一个村庄考一个进士就很难了，她是四个儿子有三个是进士，你看她的福报大不大？量大福大嘛，她都为人着想嘛。

所以整个团体、企业是君臣的关系，一个领导者要仁、义、礼、智、信。广东有一个企业家，我听他分享一段话非常感动。他也是接受了传统文化，对人生懂得更深地去思考一些问题。他说本来他都觉得，给国家纳那么多税，他是非常有贡献的，可是当他学了传统文化以后，他考虑事情更深、更广。他发觉他有愧于社会，因为虽然他给国家纳税，可是他并没有重视员工的教育。他的员工有很多是从乡下来的，几千里、几百里来到广东省，经济发达的地区，而这些孩子离乡背井来了以后，染上很多的恶习，因为他没有教他们。身体搞坏了，很奢侈，根本就没有寄什么钱回去。三年、五年过后，还给他们家的却是一个德行非常败坏的孩子，他怎么对得起这些家庭呢？而这些人都是国家的主人翁，怎么对得起国家？你看本来只考虑给国家纳税多少钱，这是很短浅的。他的话感动很多企业家，现在很多企业家把企业变成学校了，都给员工上传统文化的课程。

南京有一个菲尼克斯公司，总裁李慕松先生是非常有德行的一个长者。当时我们在庐江，他礼拜天亲自开车载员工，几百公里，从南京载他们到庐江上课。为什么他亲自开？他说司机也有家庭，礼拜天要让他们好好陪家人，不能剥夺他们跟家人相处还有休息的时间。他也是很替底下的人着想，所以他的企业做得很成功。他的员工说坐在车上都想：总裁是不是要带我们去哪里洗脑。假如你是老板，你这么煞费苦心，让他们去学习，他们还怀疑你有目的，你的心情如何？这么为底下的人想，他还怀疑你，难不难过？难过。难过是怎么造成的？是自己希望他能理解我的用心，才会难过嘛。假如你并没有这样的希求，就不会难过了嘛。所以不是他让你难过的，是你有求的心让你难过的。Understand（明白吗）？

有一个故事，突然风吹幡动，一个人说，幡动了。第二个人说，是风动了。最后有一个智者说，不是风动，也不是幡动，是仁者的心动了。这很有道理，**任何遇到的事情能不能让你发脾气，不是那件事情决定的，是自己的修养决定的。**

举一个故事。新加坡有一对夫妻感情很好，经典里说，“妻子好合”，感情很好，“如鼓瑟琴”，就好像琴瑟同鸣，非常好听。就是听非常和乐的夫妻谈出来的话，听了很舒服、很温暖。我确实有这个感觉，因为她的先生就说他最大的福气就是娶了这个太太，太太也说她最幸运的事就是嫁了这个先生。这种和乐的气氛，听起来让人家非常心向往之。

结果她的先生讲了一段话挺有意思，他说他有时候觉得很替他太太抱屈。为什么？因为他说，当他的妈妈误会他太太，就是婆婆误会媳妇了，在骂他太太的时候，他太太会跪下去给他妈妈道歉。他妈妈已经误会他太太了，他太太还跪下去给她道歉。他说我看了，觉得太太挺委屈的。诸位女同胞，委屈吗？你被误会了，还跪下去道歉。我看你们的表情不觉得委屈，因为你们已经学了老祖宗的传统文化不少年了，都是很有功底、功夫的。一般的女孩子听到了，马上会说："哼，岂有此理！"

可是当她先生讲完，太太马上接了一句话，她说，一点都不委屈，因为当我看到我婆婆生气的时候，我想老人家是家里的宝，"家有一老，如有一宝"，她气出病来怎么办？我只想着怎么让她赶快把脾气降下来，所以我一跪下来道歉，她的气马上降下来，我心就安了。

大家对于很多故事，要用心去感受感受。请问大家，故事结束了没有？没有，它会继续演。请问大家，误会会不会厘清？她婆婆过两三天会不会发现，啊，我误会媳妇了？有时候明明自己放东西忘记了，还骂她媳妇，过两三天，"对呀，我放在这里，还骂我媳妇。"她一发现，原来是自己误会乱发脾气，媳妇还跪下去给她道歉，这种媳妇，打着灯笼都找不到啊！她会愈加疼爱这个媳妇。所以吃亏是福。继续发展下去，婆媳之间就变成母女了。

这个媳妇的核心在哪里？她为什么没有委屈？她为什么没有难过？她为什么不发脾气？因为她没有想自己。一想自己，"我太委屈了，我太吃亏了，我受不了了"，那就会有情绪。她只想着：赶快让老人家气缓下来。**她没有想自己，就没有这些情绪。人的脾气从哪里来？把自己看得太重了。**"你怎么敢这样跟我说话？你怎么可以这样对我？我以前对你多好！"这气就来了。

今天讲这个故事的重点是告诉大家，**假如你听懂了，从今天开始，**

你可以成为一个不生气的人。好不好？这种日子大家要不要过？只要在与人的相处当中，你快要动气的时候马上转个念先想他，不要想自己，气就下来了。你只要想自己，那个火就“砰”，就火山爆发了。

比方，李总这么为属下着想，还怀疑他另有目的。你假如是为这个员工想，你会感受到什么？他们好辛苦。活那么大了，对人都是怀疑，辛不辛苦？你看到一个常常怀疑人的人，你就想一想，他的人生累不累？很累呀！怎么让他的那个疑心能够放下，他就不那么痛苦了。怎么把他的疑心放下？做出榜样，把他的疑心放下。你看这个老板一转念，深呼吸，他要扭转乾坤。是吧？**真的，一个人有疑心病，他的人生已经跟幸福不能画上等号了**。所以学传统文化的人，很多人怀疑你，你要愈挫愈勇，你要让他知道日久见人心，真的有一心为他好的人，就是你这么好的亲戚朋友，那整个对人的信心，就从我们身上扎根了。那你不只不会难过，你会愈被人家怀疑，愈有动力。所以你看，**都是一念之间，苦乐在觉迷之间**。

诸位朋友，您现在有苦吗？有没有好几天很难过？有一件事一直放不下，剪不断理还乱，连做梦都要梦到。**不要想得太复杂，你转一个念，苦就没有了，只要肯依照经典去做**。苦怎么来的？“自讨苦吃”。对呀，转个念就变觉悟了，怎么还一定要抱着那个错误的思想观念？不相信，好，我用一句《弟子规》就马上转苦为乐，你们相信吗？相信才有用。“恩欲报，怨欲忘”，你马上把这句话放在心上，马上做，马上人生就不一样。对呀，有怨的马上放下，马上先想他的好，他就没有那么讨厌了，反而有点可爱。所以不是他的问题，不是风动，也不是幡动，是仁者自己的心动了。老祖宗很有智慧的，都找到问题的根本，不在枝末打转，枝末打转解决不了问题。

比方说，我们有位学员小时候被老师吓得，我看她自我介绍的时候，那个表情还心有余悸。从这里我们要想一想，有没有我们做的哪件事、说的哪句话，好多年以后那个亲戚朋友一想到还发抖？我们要赶紧去跟他道歉，不然我们损阴德损得很厉害。大家有没有听某人跟你讲，“某某人一讲起哪件事，说到你就气得发抖？”有没有？你们都没有，你们真的是老祖宗的好子孙。学了以后赶紧忏悔，该道歉的赶快道歉。

我就跟这个学长分享，你一想到就紧张，这是烦恼，要转烦恼为智慧、为菩提，转烦恼为你人生的动力，这个因缘给你一个非常重要的启示，就是你以后要传承文化当好老师，把师道给振兴起来，这就是这个缘给你的启示。她这么一转，完全变成动力。甚至于你这么一转，自己好好地无私奉献，效法孔老夫子的精神，然后你还主动带着礼物每年去拜见这个老师，他一想，当初把你逼得转学，你现在还对他这么恭敬，人都有良心的，后来还知道你无私无我地在弘扬中华文化，你也跟他结了一个非常好的缘。所以不管是什么缘，最后都要把它转成善缘、好缘，就对了。

君臣关系会有冲突，也是仁、义、礼、智、信的问题。包括下属，有没有设身处地为领导着想？当老板不容易，当领导也不轻松。事非经过不知难，我们以前在单位里服务，很会说：这个领导这里没做好，那里做得不够。换我们自己当领导才知道，事情不好做。所以有时候言语不能太苛刻，就是这样。

比方说，一个人往往是自己当了父母，才知道当父母不容易，养儿方知父母恩。可是我们成长过程当中有没有抱怨过爸爸妈妈？人有这个设身处地，才不会后知后觉。都真的体验过了才知道感恩，有点太晚了。假如从小就设身处地体会父母的辛劳，那真的是父母的贴身棉袄了，最让父母温暖的，时时都能体恤他们，这样的人到了单位就能时时体恤领导。

“义”，下属有没有一份对领导的道义，对团体的道义？“礼”，要对领导恭敬，不能动不动讲话就很冲。“智”，处理事情都要用智慧，把事情办得更好，不能办到最后，“成事不足，败事有余”。现在真的，没有这些态度，比方做秘书，做到最后变什么？董事长变他的秘书，真是这样。秘书要替董事长设想很多事情，他可能忘记了你要帮他记，结果现在变成董事长要来问秘书，“你事办得怎么样了？”那不就是董事长变他的秘书了吗？都倒过来了。也要“诚信”，曾经承诺领导的事情，再辛苦都要把它办完。

您看五常，可以解决所有大到世界问题、小到人与人的问题。而这五常的道理全部在经书里，怎么可以不读呢？包括“孝悌忠信、礼义廉耻、仁爱和平”，八德有两个说法，合在一起是十二个德目。我们细细去想想，所有家庭、社会的问题，是不是这十二个德目做到了，就不存在？

“孝、悌”，家里还有冲突吗？“忠”，还会有跳槽，还会有卷款潜逃吗？还会有把整个团体都搞倒的事情吗？“信”，还会有诈骗、黑心食品吗？“礼”，还会有家里人之间的、社会上人与人之间的冲突吗？现在不只无礼，你稍微惹到他了，他把你打得半死都有。“义”，讲道义的话，怎么会有这么高的离婚率？怎么会有这么多见利忘义的事情？“廉”，就不贪污了。“耻”，就不会做无耻的事情了。“仁、爱、和、平”，这个世界就很和谐了。所以“经书不可不读”，人才懂做人，开智慧之眼。接着经文讲：

【居身务期简朴。教子要有义方。】

为人处事要常常有一个态度，就是“简朴”，节俭、朴实，就是很实在，不虚华，不打肿脸充胖子，不跟人家攀比。我们《朱子治家格言》的经句讲到这里，其实节俭的句子讲了多少了？“一粥一饭，当思来处不易；半丝半缕，恒念物力维艰”“勿营华屋，勿谋良田”“器具质而洁，瓦缶胜金玉；饮食约而精，园蔬愈珍馐”，都是节俭。所以这几句经句已经告诉我们，“勤俭为持家之本”，不节俭，这个家一定要败的。

而这个节俭除了财物上的节俭，还用在很多处事待人当中。所以**《五种遗规》里有一本叫《训俗遗规》，就提到人生的福分，是自己培来的，是有它的定数的。所以惜福的人，他的福会常有余，**你看我们除夕夜都要“年年有余”的这个精神，不要奢侈，不要把福报用尽。暴殄天物的人，很可能福很快用尽了。而老祖宗告诉我们“禄尽人亡”，一个人把自己的福禄花得太凶，本来他可以活八十岁，可能五十岁他的福报完了，他就没命了，折寿三十年。假如他只能活六十岁，可是他特别节俭，到了六十岁他这一生的福报还没花完，他可能延寿二十年。这些都是老祖宗的教诲。

而老子就教导我们，他有三宝：一“慈”，仁慈；二“俭”，节俭；三“不敢为天下先”，就是谦卑、谦虚。这是老子给我们人生的三宝，就提到“俭”。而不只是财用的时候要用俭的精神，一切的事情在应对的时候，都要有这个俭的精神。

比方说吃东西，也要想着“俭于饮食”。因为吃得太多，脾胃的负担特别大。现在这个时代脾胃出问题的人很多，跟吃有关系。**饮食要有节度，晚餐要吃得少。当然改变一个习惯要循序渐进，不要操之过**

急。像我的师长晚餐基本上没有吃，但是他的脸色非常好。“俭于饮食”。尤其七点以后不要吃东西，太晚吃没有办法消化，食物在胃里，隔天都发臭了。吃消夜的人大部分都有口臭，因为那些东西在胃里都没有消化，一睡觉胃也跟着休息了嘛，而且它休息得很不自在。你感受到你的胃在抗议了没有？它只是没有绑白布条而已，是不是？你让它休息得很不自在。

“俭于嗜欲，可以聚精神。”一个人不要有太多的欲望跟嗜好，嗜欲会让精神很分散。大家有没有感觉到，当你不去做那件事，很难过的时候，基本上你的精神没有办法集中，你会一直想。比方说赌博的人，他就六神无主，只想着要去赌博。比方说很喜欢买衣服的人，只要看到 model(模特)那个服饰，她那几天就在那里想，“我要赶快去百货公司”，她就六神无主了。因为那个欲望会控制他，他就没有办法很专注地去做事情。你看孩子很喜欢打游戏的时候，他上课都不专心，他就一直想“我要去打游戏”。很喜欢看电视的人也是这样，是不是？他很喜欢看的，你叫他去看书，他还在那里想，虽然坐在书桌前面，还在那里自己演。所以“俭于嗜欲，可以聚精神”。人的欲望愈少愈好，当你的欲望都放下了，你就是自在快活的人，任何欲望不能够控制你。

“俭于言语，可以养气息非。”“话说多，不如少”，这是俭于言语。少讲话，讲话最耗气，所以话不要太多就养气。而且言多必失，自己讲话不小心就惹来很多的是是非非。而且话很多，往往心很浮躁，稳不下来话才会很多，不然一般就是真的很需要讲话才讲。

再来，**“俭于交游”**“交游”就是朋友不要交一大堆，**朋友最重要的是知心，值得交的朋友，可以互相成就道德的朋友。**不要交一堆朋友，连家庭都不顾了，只是要一个“某某人我也认识，某某人我跟他吃过饭”，那种虚荣有什么意义？把自己家庭的本分都给耽搁了，没有意思。**虚荣、重面子的人其实生活得很空虚**。所以人不要好像一定要去结交很多的朋友，最重要的，择友要慎重，“择交如求师”，交一个好朋友就像找一个好老师一样的慎重。因为我们成年以后，特别容易受身边朋友的影响。《朱子治家格言》说：“狎昵恶少，久必受其累；屈志老成，急则可相依。”要多交几个老成的朋友，往往我们很冲动的时候，他的意见都跟我们不一样，能把我们的冲动伏下来，这种朋友重要。我们可以很慎重地选择朋友，而且因为交友非常谨慎，也不会交到不好的朋友，造成一些人生的不幸跟过失，这叫“择友寡过”。

“俭于酬酢，可以养身息劳。”就是能推掉的应酬推掉，身体会好，也不会这么累。我曾经接触一些官员，他们过的日子真不是人过的，我们跟他吃完饭已经十点多了，他还有三个地方要去。他本来可以活八十岁，可能当个官不知道折多少寿命，太辛苦了。其实做生意只要以信义为基础，合作的人会愈来愈信任我们。而不是一定要喝得烂醉的那种信任，甚至于还要到一些不好的场所，那根本就是乱来了，那种钱宁可不要赚，是不是？真的，那种钱不能赚，你让那些人都染上色，怎么对得起他的家人？他的祖宗都会找你算账。该是你的福报，又不是要带到那种地方才赚得到。所以人不明理，净干一些造罪业的事情，该是你的福报跑不掉的。我们都用正当的手段去赚，反而你在赚的过程又重新积了德。因为你一言一行都在道义当中，你又积了新的德，这样才对。采取不道义的方式，边赚钱边折自己的福，这叫小人冤枉做小人。

“俭于饮酒”，少喝酒，最好是别喝。刚好后面经文还有“莫饮过量之酒”，都会讲到。这样“可以清心养德”，酒喝多了脑子不清楚，还会乱性，这就不好。

“俭于思虑，可以蠲（juān）烦去扰”，就是人不要胡思乱想。平常就多读读经典，静静心。人现在都想什么？过去妄想，未来妄想，还有现在妄想。过去已经过去了，记取教训就好，不要还在那里想得气得发抖，自己找罪受。未来还没发生，不要担心一大堆，是不是？而未来跟现在有没有关系？有，“欲知将来结果，只问现在功夫。”要怎么收获就要怎么栽培，在那里做白日梦，不是浪费生命？常常想未来的人，也是浪费自己的时间跟精神。还有现在妄想。什么叫现在妄想？举棋不定。这样好吗？那样好吗？想得眉头深锁，这个也不要耗那么多精神。《弟子规》怎么说的就怎么做，《论语》怎么教的就怎么做，不就好办了吗？你就有标准了，你的决断力就强了。哪有那么多举棋不定的事情？有举棋不定的事，找同样学传统文化的人商量，“当局者迷，旁观者清”，不要自己在那里一直想、一直想，钻牛角尖，没有意思。这个时候有善友为依，身边的好朋友就可以帮助你了。

这是“居身务期简朴，教子要有义方”，教育孩子要有正确的方法，“义”是正确的。就像刚刚跟大家讲到，教育孩子，若连目标都搞错了，那怎么可能教出圣贤孩子？从小就是用功利在引导他，他就不可能成为圣贤君子。**要教好孩子，首先我们当父母的人要教育自己，叫“教儿教女，先教自己”**。

请问我们现在的人生价值观正确了没有？诸位家长，让你的孩子过你同样的人生，你说好不好？你们考虑这么久？这问题这么难吗？你们的人生快不快乐？不快乐。**不快乐的原因是什么？思想。思想决定行为，行为决定习惯，习惯形成性格，性格注定命运，所以思想才**

是一个人命运的根本。假如我们觉得我们这一生其实不是很快乐，那你还用你的思想引导你的孩子，他怎么会快乐？所以先要教育自己，错误的思想要先放下，正确的思想要赶快装进自己的心里。**现在着急的不是孩子要赶快学什么，是自己要赶快先学好什么。**你有非常正确的观念思想，正确的思想会有正确的行为，你的身教才做得出来，不然给孩子错误的示范，怎么身教？

比方有一部电影叫《手机》，那部片子说，大人一天平均说谎二十几次。我们就有听学生讲，他爸爸在家，他妈妈接电话，那个人要找她先生，她说，不在。然后孩子在那边想：爸在呢，妈说不在？那个身教都不敏感，人要不妄语。孩子从小这么看，不就觉得讲谎话很正常，就错了，那就教不出司马光了。司马光就是因为小时候他的爸爸很懂教育，“教子要有义方”。刚好司马光跟姐姐在剥核桃皮，很难剥，他姐姐出去一下，底下的仆人过来，让他用热水烫一下就很好剥。结果姐姐回来问他，你怎么这么厉害？他说我自己想到的。人生第一次说谎，他父亲在旁边发现，就呵斥他，他从此不敢讲谎话，成为一个德行的完人。“平生所为之事，无有不可语人者”，是他爸爸成就他的，“教子要有义方”。

所以这句话要落实，**首先自我教育。当父母的人，我每一天的念头对不对？念头会影响小孩。再来，一言一行对不对？自己这么警觉，慢慢地一言一行都可以成为孩子的身教。**因为我们道理非常清楚，我们在每一个机会点可以引导孩子，我们的言教就到位了。所以当父母的人要勇猛精进，要赶快提升自己的智慧，我们早一天有智慧，我们的孩子就早一天得大利益。

唐太宗先生很有智慧，看到孩子在吃饭，“你知道饭吗？”他孩子说不知道。吃饭就教他，“一粥一饭，当思来处不易”“锄禾日当午……”又出来骑马，“你知道马吗？”坐船，“你知道船吗？”看到树，“你知道树吗？”大家看，他带他孩子出去一趟，教了多少做人的道理？我们带孩子出去，一句话也没讲，回来，“啊，好累。”

唐太宗怎么抓住每一个机会教孩子，“教子要有义方”，下次再跟大家分享，时间已经到了。谢谢大家！

第七讲　身教、言教、境教，陪伴孩子健康成长

尊敬的诸位长辈、诸位朋友，大家好！我们《朱子治家格言》上次讲到的经句是：

【教子要有义方。】

教育孩子要有正确的方法、正确的观念。教子对一个家族、家庭是最重要的，对一个国家也是最重要的。每个家有好的子弟，家道兴盛。而每个家庭都能有好子孙，家庭又是社会的细胞，每个家都好了，社会、国家当然安定。所以为父母者把孩子教好，也是对社会最大的贡献。

以前的人走向婚姻，新郎要去迎娶以前，都要先祭拜天地的，代表这件事情对整个天下社会很重要。有好的后代，这个社会才有未来。所以**结婚不是两个人高兴不高兴的问题，结婚是要为国家社会负责，要为自己的家族后代负责。所以结婚是非常慎重的事，是有一份责任去承先启后，所以对婚姻要有正确的认知、正确的态度。**现在这个责任心不够，高兴了就结，不高兴了就离，这很要不得。现在还有很多很夸张的现象，早上结婚，下午就离婚了，把婚姻当儿戏，很不妥当。

所以我们中华民族几千年的文化、几千年的教育当中，很重视礼，而礼当中最重要的是婚礼，非常隆重，整个过程让人感觉到是一种使命，就不会当儿戏了。新郎一开始先祭拜天地，再来，父亲代表祖先敬儿子酒。这在孩子一生当中，只有这一天是这样，一般都是尊重自

己的父亲，都是给父亲倒酒、敬酒，但那一天是父亲给儿子敬酒，代表祖先期许他这个家道要交给他了。我想我们成长过程都恭恭敬敬对父亲，给父亲盛酒，突然那一天是父亲给我们盛酒、敬酒，我想一辈子都不会忘记。所以整个过程让人都是提起一种使命跟责任。

包括到新娘家里，是岳父岳母把新娘的手放在新郎的手上，那他也要对岳父岳母负责任，人家养育这么大的女儿，他得要好好照顾她。新娘迎娶过来了，上了花轿，新娘要把一把扇子从窗外扔出去。你们都扔过没有？没有。这么重要的事要记住，因为扔那个扇子是表示要把大小姐脾气扔出去，把大小姐享乐的生活一起放下，接着要跟夫君同甘共苦，休戚与共，假如还有这么大的脾气，还这么重视享乐，那麻烦了，给人家搞得鸡犬不宁，就不好了。所以每一个环节都是表法，都是让当事人对婚姻提起非常正确的态度，这个教育太好了。

包括到了家门，公公婆婆是站在客人的位置，新人是从主人那个台阶走上去，代表今天开始这个家就交给他们了。进门之后，夫妻喝交杯酒，盛酒的杯子是葫芦瓜做的，苦的，盛的是甜酒。代表这杯酒喝下去，夫妻从今天开始，同甘共苦。因为那杯子是同一个葫芦瓜切成两半，合起来就是一个完整的葫芦瓜，代表一体，不可以分彼此。

这么好的礼的教育，我们好几代人忽略了，都没有好好地理解，进而拿来教化我们的下一代。现在很多婚礼没有照古礼的精神，都挺乱的，是吧？好像现在结婚现场都变成胡闹的地方，这么神圣的日子拿来捉弄别人，此风不可长也。愈不重视它，愈把它当儿戏，离婚率愈高；愈慎重，每个人在走入婚姻以前都有非常正确的观念、态度，就愈不会在婚姻当中乱来。所以这是慎于始，走入婚姻的那个开始要好好教育儿女。

其实人生有很多机会教育点，比方我们看到“教子要有义方”，从什么时候开始教孩子？胎教就是开始；孩子要去读大学，还没进大学之门，那也是一个机会教育点；孩子要踏入社会，应该有什么样正确的工作态度，那又是一个慎于始。

比方说我要到学校去教书，那我的长辈要抓住这个机会，提醒我，“这个工作要好好做，师者，所以传道授业……”我们要多背几句，不然到时候孩子要去教书，我们都没东西跟他讲。对啊，教子，我们的“存款”要多一点，到时候才拿得出来。我们要告诉他，“老师是人类灵魂的工程师，这个工作怎么可以马虎、应付？而且领的又是国家的俸禄，你教得不好就欠全国的纳税人，下辈子做牛做马都还不起。”有没有道理？有。要深明义理，深信因果。

最重要还要跟他讲一个故事，就是有一个人当了医生，没有医德，草菅人命，把人给医死了，结果堕到十八层地狱，他很生气，在那里跺脚，“我又不是故意的，干吗判那么重？”结果他在那里跺脚，突然底下有人说话了，“老兄，你别在那里跺了，灰尘都落在我的身上。”这个医生吓了一大跳，十八层地狱是最低的了，底下还有？他说：“老兄，我是干医生的，草菅人命堕十八层，你是干哪一行的？还在我下面，第十九层。”结果底下的人说：“我是当老师的。”你这个故事在他还没有教书以前跟他讲，不一样。

我就是还没教书以前就听师长讲这个故事，战战兢兢，很有道理。为什么？医生医死人是一条命，他假如积德行善，十八年后还是一条好汉；可是把人家的观念误导了，他以后还当人家的爸爸，可能还去做小学老师，或者当官，我们把他观念引导错了，那他当官不就误导一片的人？所以把思想观念教错了，误的是人家的子子孙孙，还有他影响的人，那这个断人慧命的罪业就很重了。

我不要讲完这个故事，没人敢当老师了。尽心尽力去做，就功德圆满。当老师好啊，孔老夫子是好榜样，是不是？至圣先师孔子，他尽心尽力，“学而不厌，诲人不倦”，他的福报庇荫两千五百多年的后代，功德很大，他的子孙超过一百万人。大家想一想，超过一百万人，您说那个德有多厚，那个家教有多么严谨。

那大家想，现在当老师难，还是孔子那个时候当老师难？现在。我看好多人皱着眉头，大家是在学校教书。告诉大家，烦恼即菩提，危机就是转机，今天老师愈难当，难行能行，难忍能忍，功德愈大。所以诸位长辈、朋友，你假如遇上人生很大的挑战，你要倒一杯茶，敬自己，“恭喜你，上天看得起你，来！”敬自己一杯。**考验愈大，福德、功德愈大，不是坏事情。人世间没有坏事，“日日是好日，时时是好时，人人是好人，事事是好事”，自己的福分，任何人都不可能夺走，有什么好担忧害怕的？**他愈恶劣你愈能包容，“福田心耕”，你的福德就因为这个人不断往上提升，那他哪是障碍？所以障碍在哪？心魔，内心的度量太小，太刻薄，容不得人，脾气太大，这才是障碍。一个人假如遇到任何人、任何事都不会发脾气，那谁还障碍得了他？

诸位长辈、朋友，想不想从今天开始不要生气了？你们好像不大想？想。对啊，每次生完气都是后悔，有时候老朋友生一场气，以后就不再联络了，这么多年交情，一语寒心，讲得太刻薄了，从此就绝交了。人生，人与人缘分难得，“忍得一时之气，免得百日之忧”，不应该发脾气。尤其你已经成立一个家庭，脾气大，这个家庭的气氛跟地狱差不多，是吧？家里的长辈、父母一发脾气，全家人都很紧张、很痛苦。怒是猛虎，就像一条老虎一样到处吓人，不应该发脾气。

我们为什么会发脾气呢？因为把自己看得太重，所以自己想要的，别人不能顺我们，不顺自己的意思，脾气就来了；或者自己的面子太重，还是“我”，就恼羞成怒，脾气就来了；或者自己身体不舒服，就很容易动怒。都是把“我”放在第一位，就很容易动怒。假如把“我”放后面，把“我”放下，就不会发脾气了。

之前讲过那对新加坡夫妇，婆婆有时候错怪媳妇，误会她了，她不只没有解释，还跪下去给婆婆道歉。先生觉得太太挺委屈，而太太就说了，“一点都不委屈，因为婆婆是家里的宝。”所谓“家有一老，如有一宝”。这句话我的体会很深，我爷爷奶奶陪着我们一起长大，所以我们很清楚，家里有老人真的是宝。老人很爱护孙子，而且父母给爷爷奶奶尽孝，我们自自然然就体会、就学到了，孝道自自然然就传了。现在很多家庭没跟爷爷奶奶住在一起，孝道很难承传。**孝道一承传，孩子心里有孝，就有福报。所以老人是家里的大福田，孝敬老人、尊重老人都是积福**。所以那位太太很清楚老人是宝，“当我婆婆误会我，她生气了，到时候气坏身体怎么办？赶紧要让她的气消下来。所以我一跪下来给婆婆道歉，她的气慢慢就消下来，我的心就安了。”

可能刚刚我们女同胞听到，“被误会了还要跪下来，岂有此理！杀了我，我都不肯这么做。”其实谁委屈？“我”委屈，有“我”才会委屈。奇怪了，这个太太委不委屈？她不委屈，她心安，她知道这么做，婆婆息怒了，才不会伤了身，她反而安心了。所以可能同样的情境，我们会大发雷霆，可是这位太太却是跪下来道歉，因为她把“我”放下了，是念念为婆婆想，只要婆婆能得利，她就欢喜。

老天爷告诉我们“吃亏是福”，没有错还要跪下来道歉，看起来是吃亏，但是后福无穷。我们看，这个媳妇给婆婆道歉下跪了，这个剧情接下来会怎么演？过几天婆婆发现误会媳妇了，但她没有辩解还跪下来道歉，这么有德行的媳妇，打着灯笼都找不到。所以这个婆婆会愈加疼爱这个媳妇，那媳妇变成什么？变自己的心肝宝贝、心肝女儿了，那这个家不是愈来愈和乐，哪有吃亏？所以这个故事就告诉我们，人只要念念为对方想，脾气就不会上来了。

讲完了，大家会不会从今天开始就成为不发脾气的人？方法老祖宗教了，**对治脾气有六忍。“力忍”，把它压下来，忍住不要爆发**。比方说快要发脾气，“我先上个厕所”，这叫力忍，压下来。真的忍不住的时候，这个方法挺好的，还是赶快离开，冷静冷静，力忍。

接着“忘忍”，宰相肚里能撑船，不要计较了，忘了。忘了很好，心上都不装别人的不是，躺下去五分钟就睡着了。其实人都是跟自己过不去，想一些事气得半死，最后还要吃安眠药，那不是跟自己过不去？宽恕别人，包容别人，自己好吃好睡，还福报很大，量大福大。所以古人告诉我们，人都是自讨苦吃、自找麻烦、自作自受、自掘坟墓、自欺欺人。好，不念了，开悟了没有？换另外一边看，自强不息、自求多福。人生的幸福跟痛苦，谁决定的？自己决定的，这些成语里都有人生的智慧。

“反忍”，人要能反省，刚好《朱子治家格言》也有，“因事相争，焉知非我之不是，须平心暗想。”很有道理，今天跟人家有冲突了，一个巴掌拍不响，一定是两个人都动怒了才吵得起来。我师长，人家骂他，他从来不还口，骂几句话人家就骂不下去了。还有严重的，人家打他，他就躺在地下给他打，那个人打几下打不下去了，很有道理的。

又有一句成语把人生智慧告诉我们。所以中国文字、中国的成语、中国的文章是世界的瑰宝，我们要把它传下来，为民族、为世界。成语里又说，“一般见识”，有没有？什么叫一般见识？就是人跟人能吵得起来，水平差不多，半斤八两才吵得起来。假如我们有这个观照，一想，对，我的定力也不够，人家才讲两句我就受不了，自己的功力太差。

那有没有可能，一个人统统没错，都是另外一个人错，那个人还恶劣地对他，那个完全没错的人好吃亏？大家有没有见过，两个人吵架、冲突，其中一个完全没有错，有没有这种情况？告诉大家，**两个人冲突，这么讲不对，一个人一定要找另外一个人的麻烦，另外那个人完全没有错，那个人会变圣人！**对啊，我跟大家讲真的。比方说西方有一位哲学家，他说他之所以成为哲学家，因为他太太很凶。那他太太那个凶不就成就了他的德行吗？

所以天底没有吃亏的事，人吃亏到底了，就变圣人了。给大家举一个大家都知道的例子，舜王，他的父母恶劣到要杀他，他的弟弟也要谋害他。父子关系、兄弟关系到大舜已经恶劣到极点了，可是舜王没有责怪对方，还说是自己错，最后他成为天子，成为圣人，还感动了他一家，然后庇荫了几千年后的后代。圣德，哪有吃亏！所以舜王给我们人生很大的启示，有没有？尤其舜王的后代，这个德行要承传。还有大家也听了这个故事，也应该承传，不能白听。所以人生真的没有吃亏的事情。

佛陀的前世，忍辱仙人，歌利王要割他的肉，一刀一刀割下来，他没有生气，成就了他的道业，而且还告诉这个暴君，我成就之后第一个度你。所以对方成就了他的忍辱的功夫，真正成佛之后第一个度的学生就是憍陈如，就是当时的那个暴君，说话算话。

好，所以以后人家恶意对我们，我们就想到，这个人要来成就我

了，要来考验我了。是吧？假如说，他骂我骂得很难听，还羞辱我，假如还有这个念头，就是《了凡四训》没有好好学。《了凡四训》说，“人之无过咎而横被恶名者，子孙往往骤发”，这个人没有过失而被人家羞辱的话，人欠他，天还他，他的后代子孙会有后福。这个我们看过，我们那一方，有的父母很老实，几乎不怎么讲话，又是很辛苦的农民，有些人就欺负他们，骂他们“傻人、笨人”，他们还笑一笑回答，都不跟人家吵，结果生了好几个孩子都很有出息，父母不识字，孩子很有出息。看到《了凡四训》这句话就懂了，“人之无过咎而横被恶名者，子孙往往骤发。”所以人家骂我们，怎么会生气？人家骂，给他鞠个躬，“谢谢你送福报给我。”他骂几句就骂不下去了。

所以反忍，一个巴掌拍不响，会有摩擦冲突，还是自己的德行不到位，还是这件事情自己有做得不足的地方。人一觉得自己有不足，那个气焰就下来。为什么气焰那么高？硬咬着全部都是对方的错，气焰才会那么高。所以人一知道有过失就不好意思了，这是反忍。

再来“观忍”。这个人的言语行为很恶劣，我们火都快上来了，这叫什么？叫着相，我们执着在一个人的动作跟行为上，甚至于那个人讲的那句话，我们记了三十年，折磨自己，那叫自讨苦吃，是不是？大家现在有没有一想起十年前那个人骂我，还气得发抖，有没有？那就自找罪受了。请问大家，十年前那个东西在哪？拿来我看看。一个刹那消失的幻相，你把它拿来折磨自己，而且那是很执着的表现。

观忍，观是观什么？来龙去脉。来龙，一个人行为恶劣，是结果，原因是他是可怜的人，他没有家教，他没有好的成长过程，没有长辈给他爱，也没有老师给他教导。所以可恶之人必有可怜之处，《太上感应篇》说的，“悯人之凶”。

我曾经教书的时候，有一个学生被三所学校退学，到我们学校是第四所。一般一听到这个，就觉得这个孩子很恶劣，行为太偏颇。可是我们去思考，那个结果的因在哪？一去调查，妈妈是泰国人，不知道去哪了，父亲游手好闲，还常常跟人打架，那这个孩子这样成长，怎么可能会好。一从他的来龙去看，对人恶劣的行为产生的不是生气，是什么？怜悯。再来，还有去脉，这样的人不改过，以后会万劫不复，那你还会对他生气？拉他一把都来不及了，还跟他生气。

所以**人要有什么？前后眼。对自己来讲，看得到自己过去的问题在哪，看得到自己的未来会是什么。"种瓜得瓜，种豆得豆。""欲知将来结果，只问现在功夫。""命由我作，福自己求。"**那你有前后眼。再来，你看每一个人也要有前后眼。这个人行恶，以后会很惨，你就怜悯他；这个人以前种种的不幸才会造成这个结果，就不会执着在他的一个动作跟一句言语当中而生气了。所以人不能着相，着相就愚笨了。

"喜忍"，很欢喜，这个人又给我送福报来了，又给我考试来了，我看看我自己现在功夫到哪里，每个人都是来成就我的，欢喜。

再来是"慈忍"。以一颗慈悲的心对待每一个人，你就不会跟他计较，你念念为他想，就像刚刚那个媳妇，念念为婆婆想，她就生不起气来了。而事实上，我们中华民族遭了大难，为什么遭那么大难？"不听老人言，吃亏在眼前"，真的是遭难。现在实实在在讲，家家有本难念的经，整个思想观念偏得比较厉害。有这么好的祖先跟文化不能承传，都是不幸的人，我们先遇到了、先学了，有责任把这么好的祖先文化介绍给他们，更不可能去跟他们计较了。

好，我们谈到这个"教子要有义方"，而教儿教女，先教自己，我们对于教育要下很大的功夫。做任何事情以前，应该要做好准备才对，

“工欲善其事，必先利其器。”比方说今天要参加考试，要不要先温习功课？要。那请问大家，您要当爸爸妈妈以前，有没有去补习三个礼拜？“凡事预则立”，要准备好。

老祖宗在教育孩子上，教得非常仔细。首先，从什么时候开始？从还没有怀孕就开始做准备了。印光祖师，他有关教育孩子方面的教诲，尤其是女教，他的学生编成一本书，叫《天下太平之根本》。这本书太好了，要走入婚姻的人一定要好好学；已经走入婚姻的人也要学，“亡羊补牢，犹未晚矣。”再来，你说“我都四十几岁了”，那要传给你的孩子，传给你的媳妇，这个很重要。

“求子三要：第一，保身节欲，以培先天；第二，敦伦积德，以立福基；第三，胎幼善教，以免随流。”我们看第一点就讲到，夫妻要“保身节欲”，身体的状况要调整好，受孕之后，孩子的整个基础就会比较好。我们看很多商人赚了很多钱，结果他放纵欲望，最后孩子素质都很不好，那就是他不懂要保身节欲，以培先天。

第二，“敦伦积德，以立福基”。因为“积善之家，必有余庆”，而且人与人、亲人之间都是缘分，这个家的德行愈好，愈能感得好子孙，叫“方以类聚，物以群分”。假如非常吝啬，感来的就是奢侈的后代，因为吝啬，积财丧道，因为丧了道，感来的是败家子。孔子是至圣，他的后代两千五百多年都没有出败家子，这都是感应。所以真正要求好子孙，要靠德去求，要靠诚心去求。教大家一个方法，您发愿“这个孩子以后让他弘扬中华文化”，都会有好子孙来，因为中华文化现在是生死存亡的时候，您发这样的愿必有好的感应，不过发了愿就要算数，不要到时候他要走这个路，你还阻碍他，让他多赚点钱给你花，这样不行。而且大家要了解，现在的人发愿承传中华文化，他是中华民族列祖列宗的独生子、独生女，有没有福报？你发愿求这样的孩子，他一辈子你不用操心，自有老祖先保佑他、照顾他。

其实第二点也告诉我们，人莫向外求，要向自己内心去求，有德自然感有德的子孙。你今天做老板，你真有德，你也会感有德行的下属。“有德此有人，有人此有土，有土此有财，有财此有用。”今天很多年轻人要走向婚姻，都想去找好的对象，其实坦白讲，真能找到好的对象吗？“龙交龙，凤交凤，老鼠的儿子会打洞”，他的眼光就到这里，他能选出好的？他只能选出跟他一般见识的人。所以**最重要的是什么？提升自己的德行，眼光、福报跟着增长，那是从根本去求了。**

现在人都对这个本不是很敏锐。这一点，之前跟大家讲过，我一个很熟的朋友，他的儿子找了一个不怎么好的对象。可是他们夫妻尽心尽力为中华文化的弘传付出非常多，积了很厚的德，结果他儿子那个女朋友就吹了。这无形的力量很强，不然他们家就麻烦了，不好的女人进门，家道就完了。所以不要操心，是可以转的，“积善之家，必有余庆”，德积得够厚，逢凶化吉。这是我亲眼看到的例子，我当时也替他们捏了一把冷汗，因为很熟，但后来证实，确确实实这无形的功德、福德之力量是很大的。后来他儿子找的一个太太非常好，笑容可掬，很有人缘相，看了都让人家生欢喜，没脾气。

第三，“胎幼善教”，从胎里就开始教，幼是什么？三岁、五岁以前。“少成若天性，习惯成自然。”“胎幼善教，以免随流。”这一点我自身有感触，我们家三个孩子，不会跟人家吵架，吵不起来。像对方假如讲话比较大声了，我姐姐就流眼泪了，对方看她流眼泪，也骂不下去了。我们就想到，母亲没有跟人家吵过架，只要对方讲话比较大声了，头就低下来，就骂不起来。所以母亲的行仪对自己孩子的影响很大。

所以我们看到这里，“胎幼善教”，最重要的是母亲的影响，在胎中，秉承母亲的正气。周朝圣人最多，因为胎教做得好，三代女圣人，太姜、太任、太姒。太姜生了泰伯、仲雍、王季，都是圣人；太任生文王；最后太姒，是文王的太太，生武王、周公。他们几代人，代代都出圣贤，胎教重要。“三岁看八十,七岁看终身。”

一个家庭里最重要的两件事，第一，教育后代，“至要莫如教子”。“不孝有三，无后为大”，无后不是没有子孙这么浅而已，是没有好的子孙。假如子孙不好，比没生还可怜、还苦，是吧？“好子好游玩，歹子不如无”，不好的孩子不如不生，那把家道整个都搞垮了。“无后为大”，是有好的后代子孙。

家庭里两个最重要的责任：经济的责任，家里要生活，必须有经济的支持；另外一个是教育好下一代。所以“男女有别，而后夫妇有义”。古人真的是通达人性，这个“别”别在哪？别在一个家庭的责任不同，互相分工、互相感恩。是啊，太太想，没有丈夫这个天，我们这个家怎么活下去？先生想，就是太太让我没有后顾之忧，在家里奉养我的父母，又教育好下一代，然后又祭祀祖先，把这些事都办得这么好，让我完全放心。感恩彼此的恩德，所以“男女有别，而后夫妇有义”。

结果现在夫妻统统出去赚钱了，也不分工了，下一代交给谁教？用人。像有些地区谁教？印度尼西亚的女佣教，菲律宾的女佣教，愈教愈怎么样？教到最后钱都拿到印度尼西亚、菲律宾去了，是吧？对啊，怎么把最重要的事情给忽略掉了？这怎么有智慧呢？然后两个人都出去赚钱了，谁怕谁？洗碗，你自己去洗，你以为你赚钱而已，我也赚钱；煮饭，你自己去煮。两个人就为了煮饭吵好几次了，是不是？你赚我也赚，谁怕谁？甚至于夫妻之间还在比谁赚的钱多。你说现在的人怎么被误导得偏成这个样子？把重要的教育孩子的事都忘了。

所以这个时代变化太快了，我们不冷静下来，眼花缭乱，到底人生该怎么经营，听十个人讲，十个人说法都不大一样。像我姐姐，她就坚持要带自己的孩子，好多人反对，但是弟弟支持，我是铁票，支持她。大家冷静想一想，算盘要会打，两个人赚就比较多吗？一个人赚就比较少吗？人很多的担忧是因为不明理，理得心安，假如清楚该是我夫妻的福报，跑都跑不掉，并不是多个人赚就赚钱多。大家冷静想想，三四十年前，丈夫领着微薄的薪水，照顾谁？照顾六个、八个孩子叫正常，十二个叫有本事。再来，不只是孩子跟妻子，还有谁？父母，还有小姑小叔。二十年之后，还买了两栋房子，有没有？“俭肠勒肚”（闽南话），非常节俭，一份薪水，还积攒了不少钱。现在呢？两个人赚，一两个孩子而已，还不侍奉老人，也没有照顾小姑小叔，结果还负债。现在这个现象是普遍现象。大家开悟了没有？现在似是而非的观念很多。所以老祖先留给我们，大富由天，小富由勤俭，只要这个家抓住勤俭了，才能留得住钱，不是很多人赚就能留得住钱，现在愈多人赚，花得愈凶。

再来，很多东西是钱买不到的，有没有？对啊，所以您看现在多少夫妻，两个人都出去赚钱，结果家里出状况，都是钱买不回来的。

所以我现在大声疾呼：女人回家吧！因为老祖宗留了一个非常重要的字，“安”，家里不能没有女人。你们不要太激动，不要今天听完回去跟先生说：“我明天不上班了，蔡老师说的。”下个礼拜，你先生气冲冲地来，我这个课就上不成了。大家要了解，做什么事要循序渐进，不可操之过急，你要体会得到你们家的客观状况，是吧？你一下不工作，家里经济没办法，那不行的，慢慢调整，慢慢跟另一半沟通，达成共识。“好话一句，做牛做马都愿意”，你说：“先生，你就是我们家的天。”你愈肯定你的丈夫，他就愈有承担，这个很重要，你愈尊重他，他愈能够提起他的使命跟责任。

您假如又能工作，又能把家带好，那还可以，但是坦白讲，十个女子可能九个人做不到。那真正就像《了凡四训》说的，“不论现行而论流弊，不论一时而论久远，不论一身而论天下。”“假如女人留在家会更好，那我带头来做。”那您这一念心也很可贵，是吧？对啊。

好，我们现在拿出人生的天平来称一称。今天母亲在家，从小照顾孩子的健康，孩子一生受用，他的学业、他的事业都要靠健康的身体。假如身体不好，那真的做什么事都很难成就得了。请问多少钱可以换孩子一生的健康？到时候身体出状况了，钱买不到。不只孩子的健康，而是一家人的健康。现在多少家庭积攒了几十年的钱全部花在哪？家里人身体出状况，全家的钱都进去了，甚至还要去借钱。一些农村，有人得了重病，自杀。为什么？怕医药费负担不了。所以健康是人生最大的财富，但是假如从小母亲都不好好照顾，孩子的体质不就弱了吗？现在十个有几个孩子是吃母乳长大的？现在都喝牛奶，请问牛奶照自然的规律是给谁吃的？对啊，所以它叫牛奶。那牛需要的营养跟人一不一样？对。我就说到这里了，不然下个礼拜又有卖牛奶的来找我了。这个时代，讲实话是不容易的，大家好好去查资料就了解了。

刚刚是说健康。再来，只要母亲在，全家人的心尤其孩子的心非常定。我们成长过程中，一进家门，“妈，我回来了，什么东西这么香！”红豆汤，莲子汤，成长过程伴随着母亲浓浓的爱，人格健康。我们这一生内心没有匮乏的感觉，“哎呀，我好可怜，我好苦，我好渴望什么，我想占有什么”，没有这种念头，是什么？我们人生能给人家什么。你有满满的爱了，你没有缺乏，你不会去计较，你不会去争夺。没有安全感的人，控制欲望特别强。他也很可怜，很辛苦。为什么没有安全感？推开家门，没有人在，他的脖子上面挂着一支钥匙，叫钥匙儿童，大家听过吗？马来西亚没有钥匙儿童吗？比较少，因为马来西亚的女子留在家里的，据我的调查应该是全球华人比例最高的。

我记得2007年的时候，我们中国驻马来西亚的一个参赞，他那次参与了校长职工会跟我们中心签五年的协议，这五年要培训马来西亚华小的校长跟老师。结果有个仪式是拜师之礼，给这些负责的校长、老师行三跪九叩的礼。这个参赞看了以后，轮到他给大家致辞，他足足有几分钟，哽咽，一句话都讲不出来。我们当时在现场也非常动容，他那个对老祖宗文化的感动太深了，他说，这些东西我小时候都看过，这么好的东西为什么要否定呢？因为他也经历过“文革”那些情况，所以他非常有感触，居然是在海外、在马来西亚看到了这一幕。接着他还说，他希望中国的男人到马来西亚来娶太太。这是一个参赞讲的，他可能感觉到中华女子的德行，马来西亚比较好。那你们也不要介意，人家来了娶回去，反正造福天下苍生。

假如这个孩子是钥匙儿童，家里没有温暖，请问他会到哪里去？电子游戏厅，玩乐的地方，他就开始染污了。而且那些开电子游戏厅的人，也赚的是折福的钱，那些孩子才八岁、十岁，就让他沉迷在这些玩乐当中，不是毁了他？“君子爱财，取之有道”，不能开这种店，毁了多少家庭，毁了多少孩子的人生。好，所以没有父母的爱陪伴他成长，人格不健康，请问拿多少钱可以换孩子人格的健康？大家有没有看到，母亲不在家，损失的东西都不是钱买得回来的。

再来，全家都在外面吃，请问每天花多少钱？母亲在家，衣食住行可以省多少钱？而且吃母亲煮的东西很安全，出去外面吃，多糖、多盐、多油，是吧？身体都吃坏了。

再来，出去外面吃饭，外面的酒店诱惑比较多，先生假如一不小心，掉下去了怎么办？拿多少钱可以换夫妻的幸福？外面诱惑那么多，到时候挡不了怎么办？大家有没有发现，都是钱买不回来的。我不要再继续讲了，因为太多了，大家自己想，举一要怎么样？（众答：反三。）对啊。

所以从这些分析之后，再看到我们老祖先的经句，就知道老祖先通达人性，他知道“男女有别，而后夫妇有义”，互相感激，“夫妇有义，而后父子有亲”，夫妇之间都在那里比谁赚的钱多，互相指责，没有情义，孩子会亲吗？夫妇彼此感恩，孩子就觉得父母很恩爱，孩子自自然然跟父母关系就很好，是吧？“夫妇有义”之后才能有“父子有亲”“父子有亲，而后君臣有正”。对父母都不孝敬，他出社会会恭敬他的领导，我也不相信。“不爱其亲而爱他人者，谓之悖德；不敬其亲而敬他人者，谓之悖礼”，不爱自己的父母，不尊敬自己的父母，而去爱、去尊敬别人，那是不正常的。

大家有没有注意到，君臣是指领导跟被领导，整个国家的安定、整个团体的安定，跟“男女有别”有关系，这个逻辑假如不是老祖先给我们开解出来，夫妻分工合作跟天下太平有关？真有关。是啊，所以我们现在把这些道理搞明白了，才不会人云亦云，随波逐流了。

实实在在讲，我们几千年的文明，代代都出圣贤，家庭都很安乐，不要说远的了，五十年前的家庭就挺安乐的了，我父母那一辈的，他们兄弟姐妹感情都很好，哪像这样？五十年前都很安定，更何况以前文化承传的时候。可是现在的家庭都不稳定了。得想想，汤恩比教授讲的，解决21世纪的社会问题，唯有孔孟学说跟大乘佛法。所以教子要有正确的观念、态度，还有夫妻的共识。

而教育孩子可以大分三个重点，身教、言教、境教。以身作则（身教）。这个“教”字，古字就是这么写，左边两个爻，下面一个小孩。第一个爻是父母、长辈画的，小孩潜移默化，模仿力很强，上行下效，所以左边就是身教，以身作则。右边一只手拿着树枝，耳提面命，很有耐性，不厌其烦。假如当父母、当长辈的每次讲话就带着情绪，没有办法教孩子，要很有耐性，不厌其烦。那假如是**身教，就要提醒自己了，孩子面前都要给好的影响，这是责任感。**

我们有一位长辈，他的印象当中就是父亲早上起床，都是先去给奶奶请安，然后端洗脸水，让母亲盥洗，盥洗好以后，把母亲的尿桶拿去清洗。日日如此，孩子看了哪有不佩服父亲的！而且洗尿桶，因为他的奶奶很爱干净，所以父亲都洗得特别仔细，每一次洗完，都要再做一个确认动作，就是把那个桶子拿起来闻一闻，没有味道了，再拿回来。所以父亲那个闻的动作印在他的脑海里，孝道就传下去。我们看《天下父母》栏目，翟俊杰翟导演，六十多岁的长者，很孝顺，戴个老花眼镜帮他母亲剪脚趾甲，那个照片就很感人。结果很自然的，有一天，他的儿子就说了，“爸，儿子来吧。”给老人家剪脚趾甲，就是他儿子看了他的身教，自自然然承传过去的。这是身教。

第二，言教。言教是抓住机会教育点来引导孩子。因为刚好在那个事情当中，你一提醒他，他终身不忘。没有那个机会，你就一直讲道理，他会觉得有点烦。

上次跟大家提到唐太宗，贞观十八年有这样的记载。一天他跟太子吃饭，他问孩子：你知道饭吗？孩子说不知道。太宗就讲，饭是农民辛苦耕作才能来的。我们常说到的，“锄禾日当午，汗滴禾下土；谁知盘中餐，粒粒皆辛苦。”而且他还告诉儿子，农民耕作，是春生夏长、秋收冬藏，所以他在耕作的那个时间，你不能让他去服劳役，不然他就没办法耕作了。很多不好的君王就是为了自己的享受，把农民耕作的时间都剥夺了，最后农民就没饭吃了，生存不下去了。所以不能剥夺农民耕作的那个时节，那个季节。

这很重要，现在的孩子，你问他：你知道饭怎么来的吗？厨房端出来的。那厨房的饭怎么来的？超市来的。他连农田都没有看过。现在孩子很可怜，很少接触大自然，接触大自然的孩子天真，身心比较健康，从小就关在都市丛林里，心胸不会太宽大。所以有时候父母对着孩子讲：你的命比我好，你知不知道你爸爸以前去上个学要翻两座山。儿子说：爸，您福气比我好，可以看山看水；我走在路上，电子游戏厅好几家，很受诱惑，很痛苦。大家想一想，谁的福报大？以前，三十年前的东西吃起来都原汁原味，现在那些水果都是荷尔蒙打大的，看起来很好看，吃起来不怎么样，农药化肥还一大堆。所以到底谁有福报，得冷静想一想。

接着刚刚太宗的故事。刚好出门，坐在马上，太宗又问儿子：你了解马吗？儿子说不知道。太宗讲，马服务人，但你也要爱护它，不能把它的体力耗损掉。用了一段时间，要让它充分休息，有劳有逸，你把马用得太凶了，把它累坏了，它就会逃走了。这就是一个对待马的态度，同时也再延伸开来，你对人也都要设身处地，不能够劳役他人。

接着坐船，又问儿子：你了解船吗？孩子说不知道。船比喻国君，水比喻人民，“水能载舟，亦能覆舟”，你现在当太子了，一定要懂这个道理。爱百姓，百姓支持你；伤害百姓，百姓就不可能拥护你。

又走着走着看到树，太宗又问儿子：你了解树吗？孩子说，不知道。树，接受了绳墨就能裁出很直的木材；人君只要能接受底下人的劝告，他就可以成为圣王。看到一棵树，还可以教他的孩子要接受底下人的劝谏，“受谏则圣”，可以成为圣王，可以成为圣人。“教子要有义方”，通过很多机会点可以引导好孩子。

您看太宗皇帝一路上见到什么都在引导孩子，当这样的父母不错吧？我们假如积累到这么有学问，信手拈来，都可以引导孩子人生的道理，那你的儿子就变成你的粉丝了，他就不用去找歌星了，他就是爸爸妈妈的粉丝了，他最佩服你了，你很有智慧，头头是道，左右逢源。你真有这样的期许，每天开始练，每天给孩子讲两则德育故事，功夫就慢慢积累起来了。可能有人说“可是我不会讲”，照着念就行了，“天下无难事，只怕有心人”，慢慢学问就积累起来了。

第三，境教。整个家庭的环境、小区的环境。孟子的母亲知道，所以“孟母三迁”。境教，第一个，治家要严谨。一个家庭要兴盛，必由家教、家规严整开始，孩子才会有规矩，无规矩不成方圆。第一点很重要。我们小时候最怕的就是爸爸，爸爸就是是非的标准。我们成长过程中，人家要拿东西给我们，我们会有哪个动作？一定要先看爸爸妈妈的脸色，那个规矩就是从爸爸妈妈的标准来的。所以要严谨，不能让孩子没规矩。不要说做什么不好的行为了，稍有一点迹象，爸爸这样“咳咳”，就服服帖帖不敢乱来了。

第二，整个经典落实在我们的家庭当中，就是境教。有一位女士是孔子的后代，她没有读过《弟子规》，可是她第一次读非常亲切，她说她读每一句就想到小时候家里的情境，“长者立，幼勿坐”“置冠服，有定位”“兄道友，弟道恭”，每一句她就想到家里整个氛围、情况。虽然第一次读《弟子规》，请问她学过《弟子规》没有？学过啦。就是她整个家庭都已经落实，这个境教的力量就很大。

再来，读书才有智慧，所以一定要让家庭有很好的读书、学习的氛围，从父母喜欢读圣贤书开始带动。“子孙虽愚，经书不可不读；祖宗虽远，祭祀不可不诚。”知恩报恩的家道，整个氛围也都是靠父母、长辈来带头落实的。

好，“教子要有义方”，就以身教、言教、境教跟大家做一个交流。这堂课就跟大家交流到这里，谢谢大家！

第八讲　看清财富的真相

尊敬的诸位长辈、诸位朋友，大家好！我们《朱子治家格言》上次谈到的经句是：

【教子要有义方。】

一个家庭要兴旺，必然要有好子孙。俗话讲“不孝有三，无后为大”“无后”最重要的意思，是有德行的后代。假如是败德的子孙，真的会把父母折腾得够呛。不只家庭要有好的后代，包括我们所处的团体、单位都要有好的人才，才能发展得好。所以能够为团体推荐人才、培养人才，这是对团体、对国家的忠诚，这样的阴德非常厚。因为都是为大局、团体着想。

历史上，鲍叔牙推荐管仲，是帮齐国推荐治国的人才。就这么一个推荐，鲍叔牙的后代有十几世都是名大夫，那个福报就很大，十几世家道都很兴盛。我们冷静看看现在家道能兴盛多久？俗话说“富不过三代”，这句话现在得要修正一下了，现在富连一代都过不了了。而古代历史上这么多家族都是兴盛几百年、几千年，个中的智慧、个中的道理在哪？我们为人父母、为人长辈，不得不知。所谓“积善之家，必有余庆”，忠诚的人心胸广大，所谓“福田心耕”；反过来看，一个人心胸狭窄，还嫉妒人才，这样的人是给后代子孙招祸，“积不善之家，必有余殃”。我们看历史上嫉妒别人、陷害别人的，最后是什么？断子绝孙的结果。

所以教育孩子要有正确的智慧、正确的方法。而《论语》里有一句话叫“君子务本，本立而道生”，我们教育孩子能时时从做人做事的根本来教他，而不是教他枝枝末末。所谓“纲举目张”，现在假如请教大家：请把做人做事最重要的原理原则写出十条来，大家写不写得出来？总结一下。我们心里非常清楚这些做人做事的大根大本，才能时时以身教、以言教来教育好自己的孩子。不抓到根本，成语讲，“本末倒置”。

请教大家：您觉得我们五千年来中华儿女，哪一代人花最多时间教孩子？这一代吧？那请问大家：哪一代人教出来的效果最差？那这个不成比例。关键在哪？本末倒置了，急功近利了，不从根本。我们不抓到根本，我们的孩子是无水之源，无根之木。他是没有根的树木，随时有可能会倒。请问大家：您的孩子去读大学、出社会，您有把握他不会被这个社会污染吗？打雷了，意思就是这是很严肃的问题，大家要慎重对待，振聋发聩。努力有结果，不一定有好结果，不抓根本，努力了老半天，徒劳无功。

我们成长过程中，几乎每个人都背过《青年十二守则》，年轻人要牢记这些做人的根本。跟大家分享一下。**所以这个“义方”，正确的方法、正确的教育理念都要务本。哪些是本？“孝顺为齐家之本，忠勇为爱国之本”**。要看孩子以后出社会在团体是不是忠诚、在国家是不是忠诚，就看他有没有忠勇的精神。忠，做什么事情不马虎、不应付，尽心尽力。假如孩子做什么事都是跟你应付应付，他出去外面都给人家添乱（那就麻烦了）。勇首先表现在哪？“知耻近乎勇”，他勇于改过，他有羞耻心；他勇于承担，勇于学习，勇于提升自己。这个很重要，这都要通过父母的训练让孩子多一些磨炼自己的机会，乃至于胆怯的时候鼓励他，建立信心，建立胆识。

“信义为立业之本”，真正事业要有所成，“信义”这两个字是关键。不管他做哪个行业，都是道义，他会欢喜地在他那个行业去服务好大众，去照顾好他人，而且很有诚信。信用是人类第二个生命，假如没了信用，没有办法在社会立足，“人无信不立”。那对于孩子来讲，建立信任首先从什么开始？不讲谎话，不妄语开始。那要让孩子学习不妄语，首先谁要不妄语？不能父母都不讲实话，不然怎么叫孩子学习不妄语？

“礼节为治事之本”。看一个孩子接待客人有条不紊，面对长者，礼数都能顾及，“叔叔、阿姨”，都很恭敬的。然后所谓“凡道字，重且舒，勿急疾，勿模糊”，他很有一种大将之风，面对长辈也不会畏畏缩缩的，做起事来又不急躁。他在应对跟他人的关系，都很懂得分寸，那他以后去办事情，人情事理就特别明白。假如都没有这些锻炼，这样的孩子长大以后，只有自己，没有别人，别人的感受他都不知道，那让他去办事，可能要得罪很多人。

我们这几年接触很多二十几岁的孩子，这种现象就非常严重。人情事理不敏感，你把事交给他，不放心。他方方面面不懂得去体恤，不懂得去恭敬，不懂得去帮父母或者帮领导做一些人际关系上面的打点。因为**要尊上，尊重老者，尊重长者，尊重当事人、在位者，这都是规矩**。假如这个礼节都没有学过，他到一个团体里连守规矩的态度都提不起来。比方说一天这样学习下来，早上不早起；上课迟到；做什么事，比方听课的时候都只有想自己，马上站起来就去上厕所了，也没有尊重讲课的老师；晚上熄灯了，还在讲话，吵到其他的人。所以真的，礼节不懂，不要说能够负责事情，走到哪都是讨人厌的人。

他没有分寸，没有替人设想。

所以，**礼是人与人之间最美好的距离，守礼的人，懂得去体恤，给人方便，而不是都只有自我而已**。大家现在孩子还小，礼节要教，处处给人方便、替人设想，不然想成为人才，大难大难。我还听说有爸爸跑去公司找老板，因为他的儿子脾气大，不守规矩。“老板，我这个儿子没教好，就这副德行，你就多包涵包涵吧。”诸位长辈、朋友，假如你是老板，你会不会很无奈？我找人是来干事的，我这里不是托儿所，我这里不是帮人收一大堆不成熟的孩子，来教他做人。教他做人是家庭的责任，是学校的责任。他出社会了，他应该是在他的工作岗位上去把人服务好。

“仁爱为接物之本，和平为处世之本”。这是六条。接着，**“服从为负责之本”**。不懂得服从的人，连一个下属都不会做，他以后怎么当一个领导者？所以服从为负责之本。这些处世的德行都离不开《弟子规》，“服从为负责之本”，跟《弟子规》哪几句相应？“父母呼，应勿缓；父母命，行勿懒。”“亲所好，力为具。”“服从为负责之本”，这是一个做人的态度。

而且要提升自己，**“学问为济世之本”**。他还要有正确的人生态度，**“助人为快乐之本”**，不是追求名利欲望的人生。还有照顾自己，**“整洁为强身之本”**。不爱干净，家里环境乱七八糟，身体会很不好，整洁为强身之本。**“有恒为成功之本”**，锻炼身体，以及追求道德学问，所谓“学如逆水行舟，不进则退”，都要有恒。这个恒心在养生、在求学，包括做事，“天下无难事，只怕有心人”，要成就一件事情，哪有那么容易。“行百里者半九十”，人生很多事情，可能一百步就到目标，大部分的人走到一半，走到快到了就放弃了，所以有恒为成功之本。还有一条，**“勤俭为服务之本”**，勤劳节俭，他才能服务他人，不管在哪个行业，不勤劳，懒惰，不会有出息。不节俭，在哪个单位，水电、物品都乱用，那怎么可能把事业做好？他所在的团体跟家庭可能都被他乱花很多钱。所以“勤俭为服务之本”。这是《青年十二守则》。

大家要掌握这些德行，这些做人做事的原理原则。坦白讲，每一条打开来以后很广很深，这个大家自己去体会，怎么把这些根本落实在自己的家庭当中。以身教、以言教，刚好一些机会点，就可以引导孩子，给他说个故事，历史上哪个人很有恒心，所以他后来很有成就，哪个人很有学问，都可以讲，都可以引导。上节课好像跟大家说过，要厚积自己的学问、智慧，让孩子不要是别人的粉丝，应该是爸爸的粉丝、妈妈的粉丝。

我们接着看下一句：

【莫贪意外之财。】

我们看到这个“财”，人这一生不可能不积累财富，因为有财富，自己的生活所需，以至于家庭的经济，才能有所着落。但有一句话很重要，“君子爱财，取之有道。”而财到底是怎么来的？人很努力去赚钱就能赚大钱吗？我们都算是成年人，这个问题得想清楚了。努力赚钱，在哪个行业赚钱，这都是“缘”。具备那个条件，那是缘。有人会问，这个人命中很有福报，可是他好吃懒做，能不能赚到钱？不行，他有“因”，没有“缘”，结不了果。因是什么？**财布施得财富，人能懂得积功累德，他就有财富的真因。**很多人很努力赚钱，学历也很高，赚不了钱，他命中没有财富。所以假如这一点没有想透，很多人的人生会很抱怨。某某人能力也没我好，学识也没我好，结果事业做得比我好，气出病还得癌症，就麻烦了。**能不能遇到好的缘，那还得要种**

因，种什么因？广结善缘，才能够遇到很多好缘，人生的贵人。所以大自然当中，都不离因、缘、果这个自然的轨迹。

历史上有一个人最能证明怎么样有财富，就是被称为“财神”的陶朱公。他是春秋时代越国人，越王勾践复国最大的功臣就是陶朱公，他的姓名叫范蠡，后称为陶朱公。他帮助越王复国，很会看人，他知道勾践可以共患难，不可以同富贵。他就带着太太西施离开了，隐姓埋名去做生意。

大家有没有看到，他可以做一个大臣，也可以做一个很成功的生意人，这才是学传统文化。《论语》中讲**“君子不器”，君子学到做人的原理原则，他所能产生的对社会的用处，不是局限的。**大家想一想，曾国藩先生有没有练武功？他最主要是读书人，学问很好，他不是武将出身。可是你看他平了战乱。所以他的学问是不局限的，你让他扮演什么，演什么像什么。

所以，所有行业那些做人做事的原理原则，都是相通的。甚至于一个人很会煮饭，他悟出了煮饭整个的原理原则，他可以去当宰相。但是要通的人，不通不行。老子讲“治大国若烹小鲜”，大家细细去领会，一个太太能够把家里的厨房整理得干干净净，有没有功夫？以前的女子在厨房管几十个人、几百个人吃饭，真的像带军队一样，都要把工作分配得妥当。而且要掌握煮饭的火候，都要掌握得很精准才行。那个心都很敏锐，都很细的。

陶朱公去做生意没多久发了大财，他把它全部布施又从小生意做起，又发了大财，又布施掉，历史上记载“三聚财，三散财”，封他为财神，因为他明白创造财富的真因，就是财布施得财富。

为什么说“十年风水轮流转”？就是有钱的人不明白这个道理，

他就要衰了。为什么？他变守财奴，积财丧道，亲朋好友很可怜，他都不帮助，把自己的钱都抱在怀里，有伤他的道义，有伤他的福分。所以“鄙啬之人”，非常吝啬的人，“必生奢男”，他就会生一个很奢侈的后代来把他的钱败光。人算不如天算，“抱着都是我的”，哪有那么简单。

经典中讲，“财为五家共有”。人都以为“我的钱”，握得很紧，其实钱是什么？财是通货，通货你要让它流动，“有水斯有财”，是吧？看风水的，好风水是什么？前面有一条河，或者有一个半月湖，后面又是左青龙右白虎，这是好风水。当然了，假如只是住的风水好，心地不好，可能三天就打雷下雨，山就塌下来了，龙穴就变鼠洞。风水会变啊。所以愚昧的人从相上去努力，有智慧的人从什么？从根本。林则徐先生说：“存心不善，风水无益。”家里的风水再好，存心不善，那风水没多久就破掉了。**老祖宗告诉我们，钱是要流动的，就像水一样，水不流动就要发臭，所以赚钱靠机会，花钱靠智慧。钱花得好，给自己、给后代子孙积很厚的福报。**

胡小林老师这几年印的传统文化的经典上千万，受益的家庭太多了，那叫会花钱。花在什么？花在这个社会最需要的伦理道德上面。所以**会花钱的人，“仁者以财发身”，他用钱财去积阴德、积善行，然后自己的智慧、德行不断地提升起来。**“不仁者以身发财”，不仁慈的人，人生的追求就是不断地赚钱，赚了一堆钱但是仁厚的心反而退丧掉了。现在很多企业界的人赚很多钱，那是他命里有的，可是不会照顾员工，甚至很多员工三四十岁累死了，猝死，那个就是不仁厚，不去关心爱护底下的人，才会出这个情况。这样的企业很快就会败下来。他以身发财，不仁者以身发财；仁者以财发身，花钱是要增长自己的德行。

刚刚我们讲到“**财为五家共有**”，这个讲起来世间的人一般都不大相信，钱是我的啊，哪五家共有呢？**水灾、火灾、小偷强盗，还有贪官污吏，再来，不肖子孙，这些都有可能让我们的财富一下子减损很多**。很多人有钱了以后房子还盖得特别贵，那个意思就是：诸位小偷，有空来我家坐坐。所以人要藏富教子。都摆得自己很有钱，孩子从小就特别奢侈，“反正我家有钱，我爸赚的钱几辈子都花不完”，孩子有这个态度，再多钱都不够他花。他假如染上赌博，可能一夜之间就把钱财全部都毁掉了。大家有没有从最后这个不肖子孙深深体会到教育下一代的重要性？

利能不能保得住，一定跟他有没有尽道义有关系，义跟利不能分开。假如这个利是不顾义，那叫刀头舐蜜，这个成语很有味道。一把刀上有蜂蜜，看到蜂蜜受不了了，舌头要去舔蜂蜜，好不好吃？一舔，好甜，怎么流血了？舌头切掉了。大家要了解，不要看眼前之利，人类急功近利，忘记了对下一代的教育，下一代没出人才，人类没有未来啊！这种利有什么意义？

所以《易经》开头的乾卦就提到了，“利者，义之和也……利物，足以和义。”什么才是真正的利？这个“义”是适当、适宜，一定是整个做法非常得当，所谓君子爱财，取之有道，所有都是非常适宜的做法和合在一起，才能真正得到利。而且那个利从哪里来？从利益万物而来，合于道义的，才是真正的利。

大家冷静想一想，今天人类发明农药，有没有利物？没有。他只是图眼前的方便，虫子来了，就把它杀了，跟义不相应，怎么可以残害这么多生命？人类有没有得到好处？没有。农药一喷，大地统统板结，以后不能种菜了。接着呢？“出乎尔者，反乎尔者”，请问所有的动物里喝农药喝得最多的是谁？你说人类聪不聪明？短视近利！

现在更可悲的在哪里？可悲在种菜的人不敢吃菜，种米的人不敢吃米，做哪一行的都通知他家里不要享用这些东西。比方说做汽水的人，你看他家里喝不喝汽水？坦白讲，什么橘子汽水、苹果汽水，哪有橘子？哪有苹果？都骗人的。因为他们没有学过《青年十二守则》，信义为立业之本。大家要了解，橘子汽水怎么来的？它是石油里提炼出来的一种化学物质，味道很像橘子，我都曾经做给孩子看，用苏打粉还有酚，来，谁敢喝？所以很可悲。

人去赚违背道义的钱，其实都是给自己跟后代招祸，“取非义之财者，譬如漏脯救饥，鸩酒止渴”，道家的《太上感应篇》讲得很清楚，“取非义之财”就是我们此地讲的“意外之财”，本不该是你的还去要。“漏脯”“脯”是猪肉，漏脯就是把猪肉放在屋檐下，水打在肉上面隔夜，它就变成剧毒。“鸩酒”“鸩”是一种有毒的鸟类，它的羽毛泡在酒里变成剧毒。古人这些比喻要让我们醒觉起来。所以贪非义之财的人，就像漏脯来止他的饿，吃下去好像饱了，结果一下就死了；鸩酒止渴，好口渴，把毒酒喝下去就死了。这个钱根本就很难长久。

历史上有几个例子。绍兴府有一个布政使，官也不算小，非常贪婪，积财积到数十万。后来辞官回去买了良田千顷，千顷不得了，所以他那个地方他最有钱。他的祖父屡次在梦里告诉他：你假如继续这样下去，铁定要遭到上天的谴责。大家看，他的祖父多次在梦中出现，代表这一家人其实本来是很有福报的，只是他不懂道理，用非法的手段赚到。因为他命里本来就很有钱，所以他用非法的手段还是赚到。比方说他命里有一千万的财产，可是他用非法的手段，他折掉一大半，他还有五百万，他还自以为得意。这叫“小人冤枉做小人”，假如以正当的手段，他的财富不止这样，所以聪明反被聪明误。因为家里有福，祖先有厚德，还来提醒他，可是不孝，不听话。

历史上另一个例子就很不一样了。另一个例子大家都很熟悉的，“窦燕山，有义方，教五子，名俱扬。”他的祖父也是在梦中告诉他：你要赶快积德，你福太薄了，快没命了，而且一个孩子都没有。最后他听话，转变命运，五个孩子都非常有成就。所以**谁最有福？听话的人，听父母话、听爷爷奶奶话、听祖先话的人最有福，尤其听圣人，听五千年智慧的话，那自己跟孩子都站在五千年的智慧之上去经营人生，跟一般的人不同的命运。**

结果这个布政使的祖父多次提醒，他还是不相信。他有一个儿子、一个孙子。因为他很有钱，但是是不义之财，“财为五家共有”，所以不肖子孙来败了，他的儿子跟孙子都是放纵欲望，又嫖又赌，最后儿子跟孙子都死了，而他自己染上疾病瘫痪了。然后儿媳妇跟孙媳妇都不守贞洁，所以名声非常不好，整个家是乱成一团。

其实娶媳妇也是要靠德荫的，我记得我妈妈常跟我们讲，谁要到家里来吃饭都是注定的，所谓因缘天注定。天是什么？自然的法则。你很有德行，你们家娶进来的太太、媳妇就非常好，“有德此有人，有人此有土。”所以不要急着去相亲，本末倒置，要先有德，有德行才有智慧，才有德行去感召，“龙交龙，凤交凤，老鼠的儿子会打洞。”都没有德，没有慧眼，会看上什么样的人？

结果这个布政使家里乱成这样，因为家里还有钱，很多亲戚朋友都动歪脑筋，都到他们家来欺负他们。而他已经瘫痪了，就看到这些亲戚朋友怎么样来欺负他们家，把他们家给搞倒了。他亲眼就这样慢慢看。结果当他垂垂老矣，都快断气的时候，家财全部都光了，就在断气以前，他突然张大眼睛大声说道，“官至布政不小”，当到布政使官也不小了，“田至十万不少”，他有田千顷之多，“我手中置，我手中了。”田地都是他买的，最后全部败光，也是他。然后就断气了。他最后把这个真相讲出来了，消他的罪孽。所以富不过几代？一代就过不了了，就完了。这是在浙江发生的事情。

另外有一个地方叫定远，有个县令姓狄，他们当地有个富翁死了，财产归他的太太。因为财产有数万金，所以太太的小叔，就是先生的弟弟，就动了歪脑筋，就去找这个县令，两个人要合伙陷害这位太太。还告诉这个县令：你假如帮我打赢了官司，我们两个平分财产。结果狄县令答应了，就把这个太太抓起来严刑拷打，把她的钱都吞下来，两个人各分一半，太太也就积恨而死。

后来狄县令也回到自己的家乡。有一天白天在睡觉，突然看到这个妇人进入他的家里，手上拿着一个小甲鱼挂在他的床上，就不见了。没有多久他就开始全身长疽，疽的形状跟甲鱼的形状很像，而且用手去按长的脓疮，伤口还会动，痛到彻入骨髓。他生了这个病，日夜哀号，差不多一年就死了。而他有五个儿子、七个孙子，全都长这个疽，相继死亡，最后只有一个孙子活下来，而且没有福，连立锥之地都没有。

这两个例子都是取非义之财。不义之财叫横财，“横财感横祸”，这种钱不能拿。所以不义之财不能拿，“意外之财”包括不义之财，甚至于突然捡到一堆钱，能不能据为己有？不行。为什么？财货都有主人，假如这个钱财对别人很重要，被我们私吞了，说不定他家里就不能生存了，他那个恨找谁？冤有头债有主。窦燕山发愿要行善，没多久就捡到一包银子，他就一直等着失主来拿，后来才了解那是失主救命用的钱。假如真的他把它据为己有了，那折多大的福报？所以哪怕是意外获得的都不能拿，要能拾金不昧，不能私吞。

请问诸位太太，今天你的先生在路上捡到一块金子拿回来，你会怎么反应？“哇！好棒，金子都会被你捡到。”这是没有见识的太太。有见识的太太一定会拿起这个金子，远远就把它扔掉，“男子汉要胸怀大志，怎么贪这眼前的一点小利？”我不是乱讲的，我讲的都有历史典故的。很多读书人很有成就，就是捡了金子回来太太把它扔掉，“要靠自己的本事”，很正确！一个男人假如捡到金子以后，每一天走路都是往下看的，“有没有金子，有没有金子”，你说他还有什么大成就？那个贪心不就常常在心里作用？所以捡到点小利好像是好事，其实祸福相倚。

我们看范仲淹，有一天发觉一堆金子，他如如不动，把它埋好。他胸怀大志，最后还当宰相。他当时读书的那个寺院向他化缘建设寺院，他马上回复，某一棵树的哪里有一堆金子，可以用那个钱。后来真的找到了，人家很佩服。面对这么多钱财，自己这么贫困，毫不为之所动，“富贵不能淫，贫贱不能移”。

甚至于人家请他，因为看到他这么刻苦，朋友很感动，丰盛的菜肴请他吃，他都没有动。朋友看了很难过，“是不是瞧不起我，我这么热情招待你。”他非常诚恳地跟对方讲，“谢谢你的好意，但是假如我吃了这么丰盛的一顿，我再回来吃这个粥”，他都是煮一锅粥，把它放冷，凝固以后切成四块，每天就这样吃，特别节省，“我吃了这么丰盛的一餐，我再回来吃这个吃得下吗？”对方听了很感动。您看他克制自己欲望的功夫。本来是告诉他妈妈十年回来接她，不到十年就光宗耀祖，回来接妈妈了。

贪会招祸，大家看“贪”字跟哪个字特别近？贫穷的贫。人只要起贪念，慢慢就要贫穷了。而不贪，就有很大的福报现前。历史上记载“杨震四知”。杨震是汉朝人，当时他曾经提拔的一个人，王密，杨震刚好经过王密当官的地方，为了表示答谢，王密就拿了十斤黄金要送给他，而且是晚上去送给他。结果杨震说：“我提拔你是了解你，你怎么这么不了解我，怎么还拿金子要来送我？”王密说：“现在是晚上，没人看到。我刚刚走进来一直频频检查，你放心没人看到。”结果杨震说：“天知、神知、子知、我知，怎么会没有人知呢？”所以杨家后世的堂号叫“四知堂”，这就是不贪财，不接受贿赂，结果反而后世子孙福报很大，四代人都做到皇帝的老师，您看那个福报大到什么程度。儿子杨秉、孙子赐、曾孙彪全部做到三公，皇帝的老师。所以不贪的福报很大，廉洁的福报很大。

诸葛亮非常廉洁，他的后代也很好。另外有一个太师杨公博，也是做到皇帝的老师。他的父亲是做生意的，在淮阳，跟他父亲在一起的商人、朋友都非常佩服他的父亲。而刚好关中这个地方有一个做盐生意的商人急于回家乡，就把自己行李当中的千金寄放在他的父亲那里。结果两年都没有回来，他的父亲就把钱埋在花盆里，上面还种着花草，然后派人去了解到底这个商人的情况是怎样。结果这个商人已经去世了，调查到他有一个儿子，他这个儿子根本不知道他父亲还有这千金的财产，他都不知道。然后老人家就把他请来，从花盆里把千金拿出来，商人的儿子非常惊讶，也不敢拿。这位长者就说：“这就是你家的东西，何必推辞呢？”这个儿子叩谢他的恩德就走了。他是商人，但是不贪财。后来就生了杨公博，当了太师，他的孙子杨俊民做到户部尚书，就是部长的位置。这都是不贪财，得到非常好的果报。

最后再回到我刚刚跟大家提到的，义跟利不能分开。大家冷静想一想，这几十年来人类创造了不少物质财富，可是对大自然、大地母亲没有尊重，这是不义。所以人有没有真正赚到钱？有没有真正有财富？有没有真正过上幸福的人生？这是值得我们思考的。**我们的老祖先尊重天地、感恩天地，有义**。天地、河川、山川才能养育我们的生命，所以一丰收了，祭天祭地、祭谷神、祭河川，知恩报恩，哪有破坏，哪有污染、滥砍滥伐的呢？

现在很多人提出来，把我们赚的所有的钱拿来恢复地球都恢复不了，那等于是赚的都不够赔！所以利不能跟义分开，不然蝇头的小利可能毁了自己，连后代都毁了。大家想一想，我们的下一代吸的是什么空气？喝的是什么水源？种的是什么土地？还有现在臭氧层破洞，所以阳光、空气、水、土壤，这是人的生命最重要的元素，现在这四个都被破坏了，紫外线太厉害了，这不都是我们为了利不顾对整个大地的道义，所招来的灾祸吗？

大到整个环境，小到整个家庭，也要重道义。请问大家，家庭里最重要的道义是什么？孝顺父母，照顾好亲人，教育好下一代。这是不是道义？现在呢？统统拼命出去赚钱，这些事都不管了。多少农村里男主人、女主人出去赚钱，老人不奉养，小孩没人教。结果现在农村家庭结构都不是很健全，小孩没有父母的爱，成长、人格的建立有困难。然后农村里电视、电影杀盗淫妄又很多，很多的老人、很多的成年人都受到这些染污，敌不起诱惑还会摧残小孩，摧残十几岁的孩子。这些都是我们忽略了对家庭的责任，现在整个社会产生的种种悲剧。

所以女人不能离开家，老祖先创字，平安的“安”怎么写？屋子下面有个女人。为什么这个平安的安不是屋子下面有个男人？**为什么孔老夫子要说，“妻也者，亲之主也”？一个家庭、一个家族能不能兴旺，最主要是谁？妻子。所以叫“家庭主妇”，娶一个好太太旺三代，**娶一个不好的太太呢？一败涂地，就起不来了。

实在讲，真正能体会到女人对于家庭重要性的人，不多。现在这个时代的人，对于伦理道德，对于如何齐家、治家这些理，了解都有限。包括养生这些道理，我们几千年来的中医都是不治已病治未病；同样地，修身齐家，不治已乱治未乱。可是我们现在这个时代没有把五千年的智慧传承，什么时候才会重视这些重要的道理？比方说身体出现问题了，医生告诉他：“这位先生，很抱歉，必须告诉你一个事实，你的命只剩半年，也可能只剩三个月。”他才开始感觉到：“啊，身体好重要！”都到很难挽回了，才有点感觉。

人现在很麻木，为什么？欲令智迷，利令智昏。考虑什么都是利欲，没有考虑道义。所以很多夫妻离婚，他不知道为什么另一半要跟他离婚。另一半都已经气到没有办法接受他了，他还不知道问题在哪。因为他眼里只有钱钱钱钱钱……这真是麻烦。夫妻出问题了，才知道原来夫妻相处是需要用心的；等到孩子十三四岁，完全不听话，才知道，哦，教育孩子很重要。所以人没有明理，后知后觉，甚至是麻木不仁，讲再多都听不懂，这个时候得要收集一些故事，力度比较够，就要用血淋淋的例子，才会有点感觉。

湖南株洲市有一对夫妻都是大学毕业，六十几岁的人大学毕业不简单。结果夫妻都辞掉工作去办厂，想赚更多钱，然后孩子从小就不照顾，都是寄钱给他，对教育下一代的道义没有尽到。其实人很可怜，为什么？不明理，觉得夫妻一起赚得比较多。**假如真明理了，“命里有**

时终须有，命里无时莫强求。”他真明理了，“但行好事，莫问前程”，我只要好好做事，积德累功，必然有我的财富。而不是看到别人赚很多钱，眼红了，就赶紧拼命去赚钱，家都不顾了。

所以这个故事第一个重点：理得心安。人不明白财富是自己修福感召来的，他看到别人有钱，他的心就七上八下了，自己也心动了。**接着第二个重点，就是他没有抓到“至要莫若教子”，最重要的是教孩子。**他忽略了，结果孩子没有得到父母的爱，内心非常空虚，空虚的人就想去麻痹自己。大家以为小朋友很喜欢到电子游戏厅泡好几天？他是家里没温暖才往那里钻。

我两岁就到高雄市了，住在市区里，电子游戏厅太多了，可是我都没有陷进去，因为我喜欢回家喝红豆汤，回家有父母的爱。放假的时候父亲开着二手车，人家都开十年了，我爸爸把它买来，后座都是倾斜的。我们姐弟三个挤在那里，因为是我姐念高中我念初中的时候买的，三个人个头都很大了，那台车是一点三的，我都记得很清楚。车那么小，可是我们挤得很温暖。因为我们体会到，父亲为了让我们的成长留下这么多美好的记忆，他省吃俭用也要买一台车，让我们有这些回忆。买的不是很好的车，可是我们回忆起来都很甜蜜。所以告诉大家，**人生好的回忆不在花的钱多，而在真心去对待，去陪伴。**

结果这对夫妻这么高的学历辞了工作，做生意办厂，孩子没教好，最后迷上赌球，把他们的地契、房契都拿去抵押。突然有一天来通知：你们所有的工厂跟住家全部要抵债。儿子跑走避债了，夫妻两个2011年中秋节前夕在祖坟前喝农药自杀。祖宗看了多痛心！所以这对夫妻还有一个最遗憾的，是他们没有学过中华传统文化，不然不会这样结束生命。

台湾有个企业家做事业做得不错，刚好那时开证券公司很赚钱，他就跨行做证券公司，亏了三十亿台币。可是他有学传统文化，小时候读过古书，所以他知道信义很重要。人家都劝他："你跑到美国去，不要还这些钱了。"他说："我要当一个最穷的有信用的人。"三十亿的钱全部都没了，可是因为他守住信义，过了一段时间，有机会去大陆，因为他守信用，亲戚朋友都借钱给他，他就东山再起，现在的事业比在台湾成功好多倍。

所以这对夫妻假如明理，今天落到这个下场，可以自强不息，可以痛定思痛，不要走绝路。大家看，人会促成悲剧，是很多人生道理不懂，才会走到这个结果。这对夫妻的例子确实给我们很大的启示。赚钱一定还要顾及对家庭的道义，这样财富才能长长久久。所以老祖先很慈悲，《易经》乾卦一开始就提到，"利者，义之和也。"

今天我们讲这句"莫贪意外之财"，不能贪，要守住做人的道德，要明白命运掌握在自己的手上，福报也掌握在自己手上，所以人不应该活在贪求当中，不应该活在担心当中。人有很多的担心都是担心未来，以后会不会没钱，会不会没福，那叫杞人忧天。**真明理的人了解命运掌握在自己手上，有真德行、真智慧了，不只掌握自己的命运，还掌握后代子孙好的命运。**

好，今天就跟大家分享到这里。谢谢大家！

第九讲　厚道的人有厚福

尊敬的诸位长辈、诸位朋友，大家好！我们《朱子治家格言》的课程，上次谈到“莫贪意外之财”，今天，我们继续学习：

【莫饮过量之酒。】

我们看到经句中这个“莫”字，就是劝我们这些事不可以做。**我们学习圣贤教育，要形成判断力，有智慧可以判断是非、善恶、利害。**什么东西对自己有利，要懂得亲近，懂得掌握；什么事情对自己有害，决定要把它放下，要避开它，不能惹祸上身。这是知好歹，知利害。所以这些句子，我们假如能奉行，很可能人生避开很多灾祸；不能奉行，可能要感召很多灾祸。比方贪意外之财，我们上次讲到的，取横财必感横祸，“如漏脯救饥，鸩酒止渴，非不暂饱，死亦及之”，贪了意外的横财，一定是感得灾祸，不可能有侥幸的。

那“饮过量之酒”，没有节制的话，其实我们很冷静地来考虑，酒喝多了，人就不理智了。首先第一个，一定会伤到自己的身体，有很多病都是喝酒喝出来的。不只身体受损，很可能一生的名节，因为喝醉酒、说错话，丑态百出，胡闹，就毁掉了。还有与人饮酒，父母、家人提心吊胆，他的健康、安危处处担心。以至于在历史上，很多君王就是爱喝酒，把国家都给毁掉了。

古人很慈悲，“莫饮过量之酒”，对于酒喝多了的危害，有非常多的提醒，希望我们能引以为戒。像《太上感应篇汇编》中就提到，古人礼请亲朋好友，喝酒是很有节度的。而且那个酒杯，古代酒杯的制作，杯子上面有两根柱子，等于是说，酒喝得太大口了，杯子上面那两根细柱子就要插到自己的眼睛，所以就不要喝太多，小心把眼睛都给喝瞎了。所以这个酒杯中也带有很好的教育意义，不能饮过量之酒。所以需要冷静地思考，假如喝酒没有节度，喝醉了，整个行止疯疯癫癫的，包括行为可能不合礼法，很可能当下骂人，甚至于讲人家的隐私，这都可能跟人家结怨，甚至引来杀身之祸。在《汇编》中，都举到实际的例子。但这都是喝醉以后不理智才做出来的行为。有的喝得不胜酒力，醉倒在路边，尤其天气寒冷的时候，很多人就因此丧了性命，因为都是零下的温度。那他家里的人可能就抱憾终身。

而现在还有一个更严重的问题，就是喝酒驾车，不只伤害了自己，也危及大众的生命安全。我们曾经听到，因为自己驾车，伤及很多人的生命，车子撞倒很多人，多少家庭悲痛欲绝，就是因为贪酒。所以现在法令对于酒后驾车的惩罚都非常重。

除了自己不能饮酒过度，当然最好是不喝酒，也要劝别人饮酒有节度，甚至于只要大家聚会，开车的人决定不能让他喝酒，不然到时候造成的错误、造成的伤害，可能都是大家一生的遗憾。这也是本分、责任。甚至于面对我们的晚辈，都应该教育他“年方少，勿饮酒，饮酒醉，最为丑”，让他从小养成一些好的习惯，不要染上恶习。喝醉酒的人不理智，可能会触犯法律，可能以下犯上，久而久之这个饮酒的习性重了，很可能德行就愈来愈差了，败坏了自己的名声。可能当官的人，最后都当不成了，他的上司不信任他了，或者出了事，被免职；耕作的人可能就荒废田地，不耕作了；包括做生意的人，很可能都会做失败，最后血本无归。这些都是喝酒可能造成的结果。而且尤其，喝酒一般会让人的淫欲很强。喝了酒，他本身整个心火就很炽热，这个时候淫念又发起来，那就很难控制自己的行为。而且人喝醉酒之后，欲望增长，又行房的时候，整个五脏翻覆，一定会得病，而且得了病都很难调养。

在佛门《大智度论》，列出了饮酒可能造成的过失，列得很详细，列了三十二条。其实我们看了，能深刻体会到龙树菩萨非常的慈悲，这三十二条，主要就是人喝酒以后，就不懂得节制了。

“心无节限”，这是第一点，就开始掌控不了自己的行为。

第二，“财物虚竭”。很多喝酒的人最后都穷困潦倒，他爱喝酒都不努力工作了，每天喝酒度日，最后就可能没有立锥之地，财物虚竭。

第三，“众病之门”。喝酒伤身、伤肝，最后惹来一大堆病。

第四，“斗诤之本”。喝了酒不理智，跟人家起冲突，很多命案跟喝酒有关。喝了酒脾气很大，之后就互相争斗、残杀，就很难收拾。

第五，“裸露披跣，同于牛马”。喝了酒，穿衣服不守礼节，裸露身体，这看起来都没有人的一种威仪了，就同于牛马，跟畜生那种形象差不多。

第六，“傞（suō）舞骂咒，人所憎恶”。喝醉酒，在那里乱跳舞，还骂同座的人，惹得别人的讨厌。

第七，“应得物而不得”。本来应该得到的福报、财物，得不到了。他损了德，福就没了。

第八，“已得物而遗失”。他的财物常常容易遗失掉，迷迷糊糊，很可能常常遗漏东西。

第九，“匿事尽说，醒则追悔”。一些隐秘的事情，酒后乱讲，醒了之后，后悔得不得了。他把朋友的隐私讲出来，可能好多年的交情就撕破脸了，所以当然非常懊悔。

第十，“醉中多失，醒则惭愧”。喝醉酒的时候失态了，醒过来就非常不好意思。

第十一，“身力软弱”。身体素质愈来愈差，柔软无力。

第十二，“面色变换”。假如喝多了，必然伤身体，脸色愈来愈差。而且喝酒的人，情绪掌控不好，常常可能会乱发脾气。

第十三，“心智迷惑”。饮酒失智慧种，杀生失慈悲种。人常常杀害生命，就失了慈悲心了；常常饮酒，迷迷糊糊，没有理智，就失了智慧种，所以心智常常都是迷惑的。

第十四，“智慧蒙蔽”。

第十五，“不知敬父母”。很多人假如喝醉酒，对父母忤逆，甚至还骂父母，这种罪业是非常严重的。有一个读书人很用功读书，也很用心改过，结果功名还是考得不理想。刚好遇到个高人，告诉他：你小时候父亲教诲你，你不高兴瞪了父亲一眼，这个罪业不好消除。因为我们的生命来自父母，还不知感恩，还狠狠瞪父母一眼，这要深深忏悔，才能够慢慢消除掉。所以喝醉酒的人再对父母无礼，这个人的福报就折得很大了。

第十六，“不知敬鬼神”。举头三尺有神明，喝醉酒的人胡言乱语，都是触怒鬼神。

第十七，“不知畏人言”。失去恭敬心，不知敬畏圣人的教诲，不知敬畏领导，甚至不知敬畏国家元首的话，还乱骂领导者，乱骂国家元首，这个造罪都重。

第十八，“不知畏王法”。国家制定的法律不敬畏，还触犯。

第十九，“朋党酗虐”。就是狐群狗党胡闹酗酒，可能到最后统统犯法，被绳之以法都有可能。《朱子治家格言》里也讲，“狎昵恶少，久必受其累。”都跟一些坏习惯的人在一起，最后很可能你无心犯罪，但被他们一伙人带去犯了法，也要被判刑。比方说他们去抢劫，不是你抢，你是同伙，还是要判刑。

第二十，“疏远贤善”。好喝酒的人，就很少能够主动去亲近善良贤德的人。

第二十一，“无惭愧”。

第二十二，“易暴怒”。脾气大。

第二十三，“不守六情”。这六情是喜、怒、哀、乐、爱、恶，他控制不好自己的这些情绪。

第二十四，“纵色无度”。放纵色欲，不知节制。其实身体发肤，受之父母，真的有孝心的人，真的有情义的人，都能时时提醒自己，伤了自己的身，其实就是伤了父母，伤了爱我们的人的心，不能够这么做。

第二十五，“恭人摒弃”。本来恭敬我们的人，慢慢很失望，就离开我们。

第二十六，“纵己放逸”。做事都不小心，狂妄不避讳。

第二十七，“俾昼作夜，事业都废”。喝酒喝到白天也在喝，也在醉，事业就废掉了。

第二十八，“犯名教罪”。名教指儒家，特别重视伦理道德的教育，喝酒后行为不合礼法，都触犯了圣贤教育的教诲。

第二十九，“弃舍善法”。就不愿意遵循善法去行善。

第三十，“远离涅槃”。就是远离解脱，欲望愈来愈重，就不可能道业有所成就。

第三十一，“种痴狂因”。就种下愚痴疯狂的因。

第三十二，“身坏命终，堕于恶道”。这个是在《大智度论》中给我们整理的，喝酒不节制，三十二个坏处。

怎么来提醒自己，要节制不要放纵呢？有个读书人叫陈镐，他本来很喜欢喝酒，他还在山东当提学，结果父亲去世前的遗书，就要他戒酒。他有一份孝心，就命工人做了一个小酒杯，在酒杯当中刻了八个字：“父命戒酒，止饮十杯”。这是一个节制的方法。

不只自我节制，一个家庭当中，饮酒有节制应该也是一个重要的家规。在浦江这个地方（浙江省杭州市西南），郑氏有这样的家规：子孙年龄还没到三十的人不准喝酒，壮年可以饮少许。但是假如喝过头了，有酗酒甚至于骂人的情况，必然要家法处置，要鞭打。而接待客人的时候，最重要的是真诚地尽这一份主人的欢迎之意，决定不可以勉强客人喝酒。而且所有的妇女，不可以一起上桌喝酒。看到这一点，女性同胞，那不是男女不公平？大家想一想，女人喝醉酒很难看，而且女人本身就是有一种含蓄、柔顺之美，喝了酒之后，举止无礼不当，可能就让人家看笑话了。家规还写，人过了五十岁，那就可以随他自己去节制。因为人上了五十岁，比较成熟了，有一定的分寸。这是治家当中也重视饮酒有节度。

在教育当中很强调防微杜渐，“禁于未发之谓豫”，预防法。小孩子不贪财，然后懂得饮酒的害处，这对他一生都有非常重要的帮助，他才不会误入人生的陷阱。但是假如从小没有这样教导，他真的喝酒上瘾了，那真的是他家庭的不幸，家道铁定要中落。

我们接着看下一句：

【与肩挑贸易。毋占便宜。见穷苦亲邻。须加温恤。】

“与肩挑贸易”，是跟小贩买东西，不要占便宜。小贩谋生活很不容易，我们还跟他讨价还价，给他难堪，这就有失厚道，这是第一个解释。再来可以延伸，比方说我们跟人家合作做事业，决定不要有一个念头，要去占合伙人的便宜，甚至可以“与宜多，取宜少”，这是《弟子规》的教诲。包括《太上感应篇》说的，“推多取少。”这一点，春秋的鲍叔牙，他为人不占人便宜，特别厚道，当时他跟管仲一起做生意，结果管仲拿走比较多的钱，人家跟他提醒，他不只没有计较，还说管仲家里比较穷，体恤他的情况。

而我们学圣贤教育，一定要从厚道开始学起。我们看“厚道”两字，“厚”，厚德才能载物，而且，这个“厚”我们就想到大地之德，传统文化效法天地之德，厚德载物就是表大地，浑厚。而且这个“厚”，很憨厚、很敦厚，宁肯自己吃亏，不占人家的便宜，所以“厚”表这个意思。而且，“厚”也是慢慢不断地积累，通过自己人生所遇到的每件事，都来培植自己的厚德，“德日进，过日少”，这样才能载物，自己的德愈厚，对家庭对社会的贡献愈大。而“厚道”的“道”，应该是时时存仁道、道义，设身处地的存心，这是厚道的精神。

具体落实，首先第一个，我们说人要积德，要从嘴巴开始积起，“祸从口出，病从口入”，这个嘴巴无德就造罪业。所以第一个，不彰人短，不去张扬别人的短处，不然有失自己的厚道。

在春秋时代，一次楚庄王宴请群臣，突然风太大了，把灯火吹灭了。因为大家饮了酒，难免行为有点不当，其中就有一个臣子，去拉了庄王妃子的衣服。庄王这个妃子动作也很敏捷，她被拉了衣服以后，马上就把对方的帽带给扯下来，赶紧去给庄王讲：“有人非礼我，拉我的衣服，你赶快把灯点起来，那个帽带断的人就可以抓出来。”

大家想一想，自己的妃子被人家拉衣服了，一般男人可能就不能包容，就要指出这个人的错误当众羞辱。但庄王毕竟是一国之君，很有度量，他说我既然宴请大家，应该让大家尽兴，不能全了你的意，扫了这么多人的兴，而且喝酒可能是会有点失态。结果庄王就下令：今天大家尽兴地喝，一定要喝到把帽带都扯断，这样才痛快。结果大家听了以后就都把帽带给扯断，灯一点燃，就分不出来是谁了。

后来楚国跟晋国打仗，战局比较危急，结果有个人驰骋沙场救了庄王。战争胜利之后，庄王就对这个人讲，往日我也没特别照顾你，怎么你不顾生死来帮我？这个臣子就说，他就是当初帽带被扯断的那个人，就想着怎么来报庄王这个恩。

所以我们看到，不彰人家的短，是种下这个因，感得别人救他一命。假如庄王当时彰他的短，那后面的危难可能就躲不过了，甚至于当事人都会怀恨在心。所以一个人处事的态度正确了是福，偏颇了就变成祸。所以不彰人家的短，为了不让人难堪，能够掩盖人家的过失。

了凡先生的姑父沈心松先生，他做得非常好，他还帮人家掩过。有一次他带着仆人一起参加酒宴，结果仆人反而都喝醉了，本来他们回来的时候都要划船，下人都喝醉了，变成他当主人的亲自划船把他们给载回来，让他们的太太赶紧把他们都带回去休息。隔天，沈先生醒得特别晚，他的太太非常好奇，也很纳闷，没看过他这辈子醒得这么晚，就去叫他：你今天怎么醒得这么晚？其实他已经醒了，他就是不起床，他说我起得太早，那底下人看到我会很不好意思，我等他们都出去工作了，我再起床。柔软到不让人家难堪，不让人家没面子。

我们看到这些故事，反省自己，以前不懂事，不懂厚道的处事态度，**有时候跟人家争辩什么事，讲话讲到人家都讲不出话来，我们自**

己还觉得很得意，口才很好，逼到人家讲不出话来，其实那都是伤阴德处。所以人明不明理，对自己的人生命运影响很大。

还有明朝内阁首辅徐文贞公（徐阶），他请人家到家里来吃饭，刚好有个客人起了贪念，想把金杯据为己有，放在自己帽子里，他刚好看到。底下人都在找那杯子，怎么不见了？他说杯子还在，别找了。结果这个客人喝醉了，自己倒在地上，杯子掉出来。徐文贞赶紧让人把杯子放回他的帽子里，不愿意让他当众出糗。所以厚道的人，重义轻利，杯子是身外之物，把这个客人的面子甚至于他的操守就这样毁掉了，他也不忍心。但我们想一想，这个人回到家里，醒过来的时候，假如回忆起那一幕，很惭愧。古人都是那个厚德做到让对方自自然然生起惭愧，而不是用言语去压别人，去羞辱别人，读书人不干这样的事情。

厚道，第一个，不彰人短。再来，不占人家便宜。不占人家便宜，实在讲，也是我们中华文化的特色。比方说历朝历代各国给我们中国送礼，我们一定都加倍还礼给他，这就是不占人家便宜，而且又特别好客。我们印象当中，小时候比较穷，但是只要客人来，家里比较好的东西都拿出来给客人吃。

而了凡先生的姑姑、姑父都很厚道，了凡先生举了一些他们跟人相处的细节。其中提到他姑父的儿子生病，刚好他们底下一个农民主动来探望，来了之后他的姑姑就说到，这个农夫是坐船过来的，所以把船费给他。再来，摆了很丰盛的食物请这个农人。因为人家这么关心她孩子的身体，是非常有情义的人，请他吃了丰盛的一顿。然后，衡量他拿来的礼物，再加倍送还给他。所以**礼尚往来，也是一种厚道的精神**。

这让我想起我父亲，就有专门记录亲戚朋友婚丧喜庆包的礼，比方说我姐姐出嫁的时候人家包多少，都把它记下来，等人家女儿出嫁了，再厚一点包还给人家。所以我们上一辈，乃至爷爷奶奶辈，他们处事，我们在很多细节当中去留心，都跟厚道有关。

比方说设身处地，小的时候都有记忆，在路旁，家里的老人、邻居都煮一锅开水放外面，那是能为那些赶路的人着想。都不认识的人，但是能为他们想，甚至吃饭时间，都很有人情味的，“来，来我家吃饭”，这都是很厚道。

而这个设身处地，我们看到孔夫子，他假如刚好参加人家的丧礼，在有丧事的人身边，他都能感同身受，自己替他们悲伤，都不会吃饱饭的，就是那种时时都能体恤别人的心情。

包括《了凡四训》举的十个行善的例子，让我们印象很深。第一个，明朝杨少师荣，杨荣，他的祖父跟曾祖父是以摆渡为生，划船的。刚好当地大水，他的祖父跟曾祖父“惟救人”，所有的货物都没有拿，当地人还笑他们愚笨，这么好发一笔横财的机会都不要。这就是时时那种厚道，体恤到人家有生命的危险，就拼了命地去救。甚至于救完人，死去的人还赶紧把他们捞起来，因为能替去世的人的家庭着想。假如尸首找不到，古代的人会抱憾终身。**其实整个《了凡四训》的那些故事，我们最要学的，就是他们行善的那个设身处地。**包括另外一个读书人，他就是在大雪中发现一个人冻到半僵，赶紧把他救回去，感同身受。

再来，**“厚道”第三点，是能够知恩报恩。**“慎终追远，民德归厚。”养自己的厚道，时时不忘这一生当中谁对我们有恩德，要常常能够感念，进而常常去报曾经教过我们的老师、曾经照顾我们的长辈的恩，在春节、重要节庆都可以去看望他们，感谢他们。念恩，还有念旧，人念旧，不忘老朋友。喜新厌旧，人就不厚道，刻薄了。

再来，**第四，能够不计较，多承担。**

第五，能够多包容、多宽恕别人，这也是养自己的厚道。在宋朝，宰相王旦，宰相肚里能撑船，当时他的同事寇准打他的小报告，常常在皇上面前批评他，他不只没计较，皇上听了寇准的很多批评，最后可能有点看不下去了，就跟王旦讲，“你看这个寇准，实在有点不妥，常常都批评你。”结果王旦不只没有不欢喜，反而对皇帝讲，“寇准是爱国，我当宰相这么多年，一定有很多过失，所以皇上您应该能体会他是忠于国家。”我想皇帝听了以后更佩服这个大臣。而且他是宰相，是整个朝廷的表率，他有度量，其他的文武百官不就跟着效法。所以王旦包容寇准，光是这一念心，功德无量，带动了整个朝廷宽恕不计较的风气。

我们反过来看，一个人在一个团体当中位置很高，不能包容，一听别人批评就跟人家对立，甚至于搞一派一派，那对团队的负面影响很大，造的罪业就大了。所以，**人位置愈高，愈应该有一种态度，一言一行、一举一动都应该让这个团体的风气愈来愈好。所以“公门好修行”，当官的、在高位的人好修行，因为他影响的面大。**从另外一个角度看，公门好造业，态度不对，带坏底下的人，带坏风气，这个罪孽就深重。这是第五点，包容、宽恕。

我们读过一个故事，印象特别深刻，这个包容的心到这种程度真是令人动容。就是一个司徒，马森，司徒相当于教育部长，他的父亲四十岁左右才生了孩子，生了一个儿子，家里很宝贝。结果婢女有一天不小心，抱的时候失手，这个孩子跌下去，当场撞到额头，去世了。

父亲首先发现了这个情况，赶紧让这个婢女离开，赶快回家去了。一个父亲四十岁得子，当下遇到的是丧子之痛，他居然没有动怒，马上为这个婢女着想，让她赶快走。然后主动说是自己不小心，孩子撞死了。他的夫人伤心欲绝，控制不了情绪，撞他的身体撞了好几次，突然问了一句话，那个婢女去哪里了？结果她已经走远了。

这个婢女回到家，她的父母了解了这个情况，每天向上天祈祷，这么好的人，不能让他没有子嗣。每天拜天地，祈求神明保佑他还能生贵子。至诚感通，没多久他的夫人又怀孕，生下来这个儿子就是马森，后来当了教育部长。而且，马森生下来，头这边有一个胎记。大家知不知道什么原因？

我当初在澳洲学习，有一次参与学习科学家研究轮回转世的报告，是科学家研究的，他们观察到一个现象，一个人生出来有胎记，往往前世是什么原因？比方说他被人家打，这个地方打得很严重，打死了。那身体坏了，人还有灵性。孔子说“精气为物，游魂为变”，身体是工具，坏了，再换一个工具。但是他的意念很强，“啊啊”，这里很不舒服，相由心生，生出来就有胎记。有些人天生就怕水，一让他到游泳池练游泳，吓得一身冷汗。奇怪了，别人不怕，为什么他怕得要死？了解到前世溺水死的，所以很恐惧水。所以人的灵魂不会死，会产生一个很深的印象，心理的作用，就会影响。谈到这里，不知道大家有没有对什么事情很恐惧的？放下吧，那都是过去了，不要再折磨自己，是吧？还是你这一生想到什么事就气得发抖，那就是自讨苦吃，都已经过去了，厚道、包容了，宽恕了。宽恕了别人，也是解救了自己。

第六，是设身处地，刚刚跟大家提到。之前跟大家分享，杨诚斋先生的夫人，她七十几岁了都一大早起来给仆人煮热粥。这个态度是所有来到他们家的人，跟她有缘的人，她都用亲人的心来照顾他们。我想，她这样的领导者一定很得底下人的爱戴。以前很多富贵之人，把底下的婢女都教导得非常好，为她一生着想，因为把她教懂事了，以后她出嫁，她的人生会幸福。

第七，不指责，不给人难堪。事情已经发生了，在那边又大骂他一顿，伤了自己厚道，同时也让对方更难受。韩琦是一代名臣，他有一次晚上看书，旁边帮他执灯的士兵有点不专注，分了神，把他的鬓发稍微烧了一下。当下他头也没转，顺手就把这个火给灭掉。过了一会儿，他发觉有点情况，转头一看，那个士兵已经被换掉了。他说刚刚那个执灯的人，底下的人就说，他把将军都烧到了，已经把他换掉了。结果韩琦说，你把他找回来，他已经知道怎么不烧到人。

大家想一想，这个士兵假如真的被调走了，铁定先处罚，可能以后他就很难发展了。所以他不忍心，一点小错误，不愿意责罚人家，要把他叫回来。我想这个士兵，一辈子都死心塌地跟着韩琦。不只这个士兵，我想这个故事，这个士兵一定到处讲，所有听到自己的将军这样包容底下的人，一定无不感佩将军的度量和对士兵的爱护，那不是整个军队士气都大增？所以以前这些留名青史的读书人，为什么会统领大军？一定都在这些跟下属相处当中，都让下属感觉到他的厚道，“爱人者人恒爱之，敬人者人恒敬之。”

而这个不指责、不给人难堪，在韩剧《医道》许浚许大夫身上，表现得可谓淋漓尽致。他有一次要去考医官，刚好发现有一个地区有病人，他绕路去医治，把这个人治好了。要出门的时候，当地很多没钱看病的病人突然都来了，他又推迟自己赶路的时间，帮助这些病人。结果已经到了约定的时间了，他又打开门，人更多。因为不只这个村落的人，附近村落的人听到有这么好的医生，全赶来了。他真的不忍心离去，后来留到真的已经没办法再留的时候，正要赶路，结果被其中一个村民万石，硬胁迫着押到家里去，因为他的母亲病得很重。

眼看根本就赶不上路了，对方让自己没办法考功名了，他还是尽力帮他母亲医治。然后还把自己身上的银两拿出来，给这个万石，因为知道他家里很穷。“你母亲体力很衰，要给她买一些有营养的东西吃，她才能再吃这些药。”当下这个万石感动莫名，痛哭流涕，“啊，都是我害你没办法考试的。”结果许大夫很厚道，看他已经这么难过了，还反过来安慰他。他说：“你放心，我妈妈告诉我，人死后可以好好地睡，这几天没睡没有关系，只要我再加快脚步，还是赶得上。”其实是赶不上了。光是这个例子，我们就很感佩他为人的厚道。

厚道的行持举不胜举，因为我们中华民族代代都出圣贤人，只要我们能从古人的行持去体会，包括从身边亲朋好友的行为当中留心，都能“见人善，即思齐”。

下一句讲，“见穷苦亲邻，须加温恤”，见到穷苦的亲人、邻居，都应该尽力爱护他们、帮助他们，体恤他们的困难，这就很有情义。邻居也是，邻居虽然没有血缘关系，但俗话讲，“远亲不如近邻，近邻不如对门。”我们成长的记忆当中，邻居之间感情非常好，亲人不一定住在一起，每一天有什么需要，邻居都尽力来帮助我们，当然这些恩我们都要记住，哪天邻居有困难，都要竭尽全力去帮助。

其实做人，时时要能够尽自己的本分，五伦关系都是本分。“兄友弟恭”，所有的亲人，我们也有责任；“父慈子孝”，这个“父”再延伸开来，叔叔、伯伯、其他长辈，我们都应该孝敬；同辈亲人都应该友爱。“以祖宗之心为心，天下无不和之族人”，以祖宗的心来看我们所有的亲人，那不都是祖宗的骨肉吗？我们应该代祖宗来爱护他所有的骨肉。

而且**坦白讲，我们今天有能力帮助别人，那是福报，那是“积善之家，必有余庆”，那是祖宗的福，祖宗给我们福，我们应该有一种责任，帮祖宗照顾好他所有的骨肉**。范仲淹先生明白这个道理，范公一生最精通的就是《易经》,《易经》里提到“积善之家，必有余庆”，所以他面对他的孩子，就说道：“今天我能够有这些荣显，完全是祖宗的德荫，所以我不能拿着祖宗的德荫去挥霍，应该拿着祖宗的德荫好好照顾亲人。”所以范公照顾的亲人，几百户人家，在《义田记》里都有讲到。

不只照顾亲人，还照顾邻里乡党，以至于一些贫困的读书人，他把他们照顾好，培养他们，很多以后成为国家的栋梁，太多了，我们就光举一个大儒张载，都是范公培养的。张载那句话，我们弘扬中华文化的人都知道，“为天地立心，为生民立命，为往圣继绝学，为万世开太平。”那是范公培养出来的人才。“为天下得人谓之仁”，帮国家发现、培养人才，教化一方，多少老百姓受益，那是真正仁慈的人。

所以他跟孩子讲，也让孩子懂得，照顾好所有的亲人，让祖先在天之灵感到安慰。所以真的，范公的后代青出于蓝胜于蓝，范公那时候的义田是一千亩，到清朝的时候，义田有四千亩，所以有道义的家道传承下去，这个家族怎么可能会没有福报？

范公之前，春秋的晏子是好榜样。范公常常都引五代窦燕山，引窦禹钧先生的例子勉励他的孩子。所以您看，留名青史的圣哲，对整个民族的贡献非常大。像晏子,《义田记》里也提到，他照顾几百户的亲人，而自己穿的衣服，三十年都没有换，特别节俭。范公是到死的时候连棺材都买不上，因为他不留钱，一有，马上去帮助别人。但是，留下来的是“施贫活族之义”，帮助贫穷的人，养活整个家族，这样的道义传给他的孩子。他四个孩子都非常有成就，包括他的二儿子范纯仁，当的官比他还大。

而佛家，在经典当中有讲出我们对于亲友的责任。列了七条：

第一，“难予能予”。“予”是布施、给予，虽然自己也很困难，但不忍心看亲友痛苦。这一点让我想到林文忠公的行持，就是林则徐先生。他小的时候，刚好他伯伯家特别困难，他的母亲知道了，就把家里仅剩的食物大部分都拿给了他的伯伯，然后交代林公，这个事不能讲出去，因为怕讲出去，他的伯伯会很难过。宁可苦了自己，也不愿意看着亲人受苦，有这样的母亲，才教得出这样的栋梁之材。假如他母亲斤斤计较，怎么可能教出胸怀这么大的儿子出来。所以**真的，天下太平之根本，是女教。真的，我们只要有机会去了解历史，所有圣哲的母亲都是非常有德行的，尤其都识大体，很有度量。**

第二，“难作能作”。别人不肯承担的，主动去承担，不计较。就像《少娣感嫂》，她是第五个媳妇，前面四个大嫂吵架打架都有，她主动地去承担很多工作，她说我比较小，应该我来服务，也是难予能予。从娘家拿回来的好东西，都是先给大嫂、先给侄子。

第三，“难忍能忍”。住在一起难免有摩擦，甚至被误会、被指责，甚至无礼的对待，都要能够修忍辱，不计较，包容。实在讲，人欠你，天会还你的。所以一个女子时时以整个家族的和谐为重，可能她几十年受到很多不合理的对待都有可能，但是她都能够时时想着整个家庭，这样的女子后福都会很大。

我母亲，她是做大嫂，她嫁到我们家的时候，隔天我爸爸就去读大学了，还在读书，还没赚钱，所以我母亲的薪水就充公。当时上有爷爷奶奶，还要养小姑小叔，自己还要教书，一班六十几个人，很辛苦的，然后还要煮早饭，还要打理家。假如是现代的女孩子，我看没人愿意嫁。所以我们整个家是非常感佩我母亲的，包括我的姑姑、叔叔，我的爷爷奶奶，对我母亲都非常爱护。所以人不要怕吃亏，不要怕付出。所以我母亲晚年命很好，退休一二十年在家都可以听传统文化的经典，她有后福。

第四，“密室相语”。人难免遇到一些事情，心里很苦，想找一些亲近的人吐一吐真言，都快憋出病来。所以亲戚朋友一些内心的事情告诉我们，我们好好地安慰他、引导他，也感谢他对我们的信任，但“不相发露”，不能把人家的私事讲给别人听，到时候他觉得无地自容，很没面子，那就糟蹋了他对我们的信任。

第五，“不揭彼过”。

第六，“遭苦不舍”。亲戚朋友有苦难的时候决定不舍弃，见义勇为去帮助他。

第七，“贫贱不轻”。他很贫穷，但决定不能轻慢他，反而这个亲友对我们的好、恩德，纵使我们今天当了高官，很有地位，那一份对他的感激跟恭敬，没有丝毫的改变。所以面对贫贱的亲友，一来要帮助他，再来，更要提携他，让他能有更好的发展，这都是我们的本分。

“有此七法，名为亲友”，把这七点都能够做到位了，这才尽了我们亲友的本分。所以敦伦尽分，敦睦天伦、人伦，尽到我们的本分，都要从这些教诲去落实，“见穷苦亲邻，须加温恤。”

【刻薄成家。理无久享。伦常乖舛。立见消亡。】

“刻薄”刚好跟厚道反过来，我们刚刚一直在谈论厚道是积德，刻薄就损德了。而用刻薄的方法成就的事业、成就的家庭，那是小人冤枉做小人，不会长久的，所以不可能久享。因为“造物所忌，曰刻曰巧”，刻薄刚好跟上天好生之德相违背，“曰巧”“巧”就是要小聪明，所以厚道不会要小聪明，反而对人很敦厚。而“伦常乖舛”，其实这句话都在告诉我们家道的兴衰关键，要厚道成家，不能刻薄成家。而且，只要伦常关系乖舛，就违背了伦常之道，比方父子冲突，夫妻无义，兄弟冲突，“立见消亡”，这个家随时都有可能崩溃，败丧。下次我们举一些实际的例子，让大家再来体会这两句对家道非常重要的教诲。

好，今天就跟大家先交流到这里。谢谢大家！

第十讲 敦伦尽分，家道昌盛

尊敬的诸位长辈、诸位朋友，大家好！《易经》上讲，“积善之家，必有余庆；积不善之家，必有余殃”，所以祸福吉凶在一念之间。不只是自己的祸福吉凶，也是后代子孙的祸福吉凶。**而我们中华民族是伦理道德起家，各行各业都重道德：为君者有君道，为官者都以父母之心来对待百姓；为师者有师道；为商者有商道。就因为重视道德、行善，我们民族是全世界唯一绵延五千年不衰的民族，这不是偶然的。**而我们看经书上的经句，其实幸福、痛苦，是福、是祸，也都在一念之间。按照这个经句去做了，善，感福报来；不按照这个经句做，恶，就感祸患来。所以正确的做人处世的态度，非常重要。像我们上次讲到的经句：

【刻薄成家。理无久享。】

我们为人父母，看到“刻薄”两字，能不能判断是福是祸？孔子有一次跟鲁国的国君在一起，国君讲，“房子往右边盖，吉不吉祥？”国君是在担心风水的问题，孔子借这个机会，把一个人的吉凶，甚至国家天下的吉凶，都告诉了国君。因为国君的观念对了，全国人民都有福；一个团体领导者的观念对了，这个团体就有福。

跟大家举个例子：江苏苏州有一个固锝集团，董事长是吴念博先生。去年十一月份到斯里兰卡，吴董事长跟我刚好同一个寝室；今年五月到巴黎，我们两个很有缘，又同一个寝室。他所带领的企业叫幸福企业，就是他的人生要幸福之外，他还希望所有的员工幸福，而且员工的家人也要幸福。他办的中华传统文化课程，除了让员工学习，还让他们的家人一起来学习。然后还要让小区幸福，他们公司有三百多位员工自愿成为义工，放假时为整个苏州市，包括为他们的小区做环保服务，甚至敬老爱幼。很多当地残障的孩子、脑瘫的孩子，他们的员工都很有爱心，去关怀照顾。其中有个脑瘫的孩子，本来不会说话的，他的员工长期去关怀他，这个孩子最后看到那个员工，会叫她妈妈。大家不要看这个孩子是脑瘫，他也是有感觉的，也是有灵知的。所以吴董是希望员工，还有社会、国家，甚至世界的人都能幸福。能不能做到？我们要先有坚定的信心，这样学才会学得很扎实。如果边学边觉得：真的吗？是这样吗？那这些经句就入不了心了。

我们刚刚讲，我们老祖宗是伦理道德起家。《大学》一开始就说：“大学之道，在明明德，在亲民，在止于至善。”从吴董事长的一生来看，他的心胸愈来愈宽阔，他想着天下的人，所以他的明德愈来愈彰显。现在的人假如价值观不对了，去追名逐利，利欲熏心，就愈活愈患得患失，愈笑不出来。现在愈活愈笑不出来的，不是一两个人的情况，是社会普遍情况。

其实人在这个社会中生活，努不努力？容不容易？不容易。现在做事业、教育子女、修身齐家不容易。**努力有结果，不一定会有好结果。方向一定要对。方向怎么才会正确？是不断放下习气，烦恼轻，智慧就长。**欲望愈多，愈求不得，痛苦愈多。人生的价值在不断提升自己的智慧跟灵性。

再来，“在亲民”，利益更多的人，这才是价值。“助人为乐，为善最乐”，这才是正确的价值观。我们走对了，孩子跟我们才会有幸福的人生。所以父母、领导有正确的价值观，孩子、员工才会幸福。吴董事长有两千多个员工，他带头学传统文化，他自己当班长，坐在第一位，每一期差不多一百六十几个员工轮训，还包括员工的家人一起学。随着课程的推展，很多员工发生了很大的变化。所以"人之初，性本善"。

有个员工的孩子，二十几岁没叫过他爸爸，参与课程以后，懂得反省忏悔，就叫他的父亲，开始懂得孝道。还有当媳妇的从来不叫公公的，学了以后回去懂得孝顺，叫公公了。有时候听这些故事，都会感觉这些家庭的日子不知道怎么过来的。亲生儿子连叫都不叫自己，您看这个父亲有多难过？这个儿子也够狠心的，是吧？能在一个屋檐下成为这么亲的亲人，俗话讲"百年修得同船渡，千年修得共枕眠"，能成为一家人，都是难得的因缘。我感觉这样的企业领导者，积了很厚的阴德，功德无量。人家的孩子教了三十年、四十年没教懂事，被他教懂事了。我想这些员工的父母、家人，每一天可能都拿着香拜天地，要保佑这个仁慈的领导者。

他有个员工喜欢钓鱼，学了《了凡四训》，要爱惜物命，要有仁慈心，结果现在不钓了，参加放生活动，转变很大。钓鱼伤害生命，哪有可能会长命百岁的道理？"仁者寿"，仁慈于人、仁慈于生命，才会长寿；反过来，伤害生命，当然会折寿。

还有很多明理之后都肯马上转变的例子。比方说抽烟抽了几十年，学到了"身体发肤，受之父母，不敢毁伤，孝之始也"。请问大家，谁都知道抽烟有害身体，那父母看着孩子抽烟，好不好受？尤其有时候看报纸，看一些数据，抽烟的人得肺癌的比例很高，这些情况，父母要操多少心？**为人子，要早一点让父母不为自己的身体、德行、家庭**

再操心，这是基本的尽孝而已。后来员工学到了“身体发肤，受之父母”，身体来自父母，“不敢毁伤，孝之始也”，把身体照顾好，才是尽孝的开始。这些员工懂得了，就把烟戒掉了。

不只是利益了整个企业的员工，还有他们的家庭。吴董有一次参加彼得·德鲁克的企业研讨会。彼得·德鲁克是美国的管理大师，虽然已经去世了，但很多团体在研究他的学说。这个研讨会还邀请了在韩国企业界影响非常大，叫“新范式”管理系统的负责人。这次课程，邀请吴董做幸福企业的分享，这位“新范式”负责人听吴董谈企业的这些理念，包括两千多人不用打卡。因为他们是家文化，哪有人回家还要打卡的？包括很多员工是其他省来的，他们的家人常常坐很久的火车，有时早上三四点到了苏州，他们的主管组成了“温馨关怀车队”，亲自开车，带着员工去接家人。大家可以想一下，当员工的家人拎着行李包，踏出火车站，就看到自己的孩子，又看到他的主管一起来接，那是非常温馨的，孩子在这样的团体他非常放心。

去年中秋节，他们给每个员工的父母送上全中国最好的月饼，而且用快递寄去的，每个快递里，除了月饼以外，还附上员工亲笔写给父母的家书，大多是写感恩父母的养育恩德。大家想想：这些员工家属，尤其是父母亲，接到月饼，接到孩子亲手写的家书——我想可能有超过一半的孩子，这辈子都还没给父母写过一封信——很多父母都流下感动的泪水。

有个员工离开公司五年，生了重病，结果听到这个消息，全公司两千多人马上发起爱心捐助，这个女员工感叹，“我都离开五年了，他们还像亲人般爱护我；我生病好一阵子了，我的公司都还没有人来看我。”所以这样的公司，员工非常有向心力。

其中有个贵州来的员工，找了家乡一百多人，到这个企业来工作。一个员工找了一百多个亲戚朋友来公司工作，那其他的员工呢？现在很多企业员工流动率很高，你培养了几年，他走了，这是企业很大的损失。所以这种凝聚力替企业省掉多少开销？韩国的“新范式”负责人，他本来在学美国彼得·德鲁克的管理，听了这些做出来的成绩，非常感动，马上跟吴董说：“我们大亚洲应该有东方式的管理。”就邀他到韩国去做演讲。大家想想：有没有治国、平天下？全中国到他公司去参观学习的，已经超过两千家了。

刚好我们这次去法国的法兰西学院，他们研究汉学几百年，里面有很多顶尖的汉学家，我的师长给他们讲一堂课，之后我们晚上一起用餐。用餐的过程我们有做交流，我就说道：“**汉学是心性之学，它里面有修身、齐家、治国、平天下的智慧，能够让人的事业愈做愈好，家业绵延千年不衰。**”一个汉学家听我说“事业可以愈做愈好”，眼睛瞪得很大，他说：“汉学跟做事业有什么关系？”

我们听了有没有觉得很惊讶？研究汉学几十年的人，他觉得汉学跟做企业、做事业有什么关系？我们中国晋商、徽商、浙商这些商团，几百年来靠什么事业不衰？就是靠中国这些伦理道德的智慧。汉学怎么会跟做事业没有关系？所以汉学、圣贤学问没有人指导，他再聪明，把它搞成什么？知识跟学术，不知道它是真真实实的智慧。我看他眼睛瞪那么大，怎么办？得举例说明。

我接着就跟这个汉学家讲，比方说有个部门提出要把一台几十万的机器报废。后来员工们去上课，知道要恭敬一切人、事、物，回来后就仔细地检查这台机器的问题，最后把它修理好了。我们想想，这省了多少钱？几十万？眼前看省了几十万，长远来看呢？养成这个态度，可以少浪费多少机器跟资源？再来，他这个样板做出来，会不会影响全公司？又省了多少钱？他以后当主管，带底下的人都养成这种尽责敬事、勤俭的态度，又省了多少钱？我们听到这个例子，以后在自己的家、在自己的企业也效法，又省了多少钱？电脑都不好算，是不是？

所以对传统文化贡献最大的是什么人？是把传统文化落实在工作、落实在家庭，变成全天下的好榜样，这个功德太大，算不清楚。

而当我跟这位汉学家讲到这个例子，他马上说："对，很有道理！"其实这个例子我是前天晚上才知道，现学现卖，刚好吴董跟我同寝室，他公司把这件事用 E-mail 发给他，他翻给我看。跟这位汉学家分享完他很认同，我跟他说："这家企业的老板就坐在你对面。"哇，他高兴得不得了，就一直听吴董讲，听到很高兴，马上告诉吴董："我要带汉学家去参观你的公司。"大家相不相信，这些本来研究知识学术的汉学家，以后整个对汉学的认知会转变。所以落实传统文化的团体，会震动全世界的汉学家，以至于全世界对汉学的观点。

刚刚跟大家讲，孔子告诉他的国君，房子往右边盖不会不吉祥，有五件事才是真正不吉祥。**第一，"损人自益，身之不祥"**。损害别人，想要利益自己，这是错误的人生态度，其实只会让自己招祸。损人决定不利己。为什么？"天道好还。""出乎尔者，反乎尔者。"损害别人，最后会回到自己身上。有句俗话叫"打人就是打自己，骂人就是骂自己"。我们用心去体会，你打别人，"君子报仇，十年不晚"，一到机会了，你这个恶，又回到自己身上。

《大学》也讲，"言悖而出者，亦悖而入"，你骂人，最后这个恶报一定会回到自己的身上。"货悖而入者"，你用不正当手段得的财富，

“亦悖而出”，最后一定留不住，还会招来灾祸。我们之前讲到，“莫贪意外之财”，损人不利己。而刚刚讲的，“刻薄成家，理无久享”，刻薄对人，是损害别人，怎么可能利益到自己？

孟子讲，“君之视臣如手足”，领导者对待下属，当手足兄弟，“则臣视君如腹心”，那下属就把领导者当作心腹一样。人与人相处都是相互感应，你对他好，当然他也对你好。“君之视臣如犬马”，你把他当犬马一样使唤，不顾及他的感受跟身体健康，“则臣视君如国人”，那底下人把领导者就当一般人一样，下班以后可能见到面都不愿意打招呼，反正我下班了，不归你管了。“君之视臣如土芥”，领导者对下面的人非常轻视，把他当土芥这样糟蹋，“则臣视君如寇仇”，那底下的人把领导人当仇人一样看。

刻薄对人，感召回来一定是人家的怨恨。父母刻薄，下一辈的人更刻薄。所以人算不如天算，到头来你的孩子比你还刻薄，你怎么会有好日子过？你乐善好施，培养孩子的善心，那你们一家人心和善，家和万事兴。所以家庭不能刻薄，团体也不能刻薄。

吴董这个大家庭，有个领班，领班应该也是管七八个人。这位领班还没有学传统文化，底下人打电话请假，可能当时生产线也比较吃紧，他一听员工要请假，就说：“不准，你不马上来，扣三天工资。”那就比较苛刻。员工接受这样的对待，都有抱怨。结果他这个态度变成什么？底下的人不理解他，上面的人又要求成绩，所以他变夹心饼。

后来学了这些道理，知道要有爱心，要尊重员工，念头一转，员工打电话请假，他马上先关心，“是不是身体不舒服？还是家人有什么情况？”员工一讲，了解情况，“好，我马上让你请假两三个小时，赶快把事情办好，你再来。”不只没有指责，是关心、协助。结果他一转变，底下人就很支持他，就主动帮他很多的忙。**往往我们一念之间，感来的人生际遇有很大的差别。很可能外面没有问题，哪边出了问题？自己的态度出了问题，所以得不到身边人的谅解、支持，要先回过头来调整自己处世的态度。**他从夹心饼就变成幸福的领班。

所以不能刻薄处世，不然折了很多福报。一个家没有福，当然家道就要中落，所以“理无久享”。而我们看到所有忠厚的圣贤人，家道都延绵长久。范公很厚道，帮助了非常多的宗族，还有贫穷的人，他的家道八九百年都不衰。

包括韩琦，他也是出将入相非常厚道，连底下的士兵，他都感同身受为他设想。有一次他刚好在写书信，一个士兵帮他撑着灯，结果这个士兵分心了，火就烧到了他的鬓发，他顺势就把火给灭掉。过了一会儿他一看，那个士兵被换掉了，他赶紧交代把那个士兵调回来。旁边的部属讲，他把元帅的鬓发都烧着了，赶紧换一个人。韩琦说：“没关系没关系，他已经知道怎么不烧到我了，把他调回来。”其实更重要的是，韩琦可以想象得到，这个士兵假如没调回来，可能会被处罚得很严重。厚道！而事实上他这么做，全军一了解到元帅这么包容底下的人，那军心会大振。所以韩大人的后代也非常好。厚道的人，后世子孙可以久享福报。

接着下一句讲：

【伦常乖舛。立见消亡。】

“伦常”，我们常讲五伦关系。假如违背常理，发生冲突，或者不按五伦的道义去行事，比方“父慈子孝”，父要慈，子要孝，父不慈就不成人父，子不孝就不成人子，五伦中都是尽道义，叫十义。而在做人当中，这都是根本。**不能尽五伦的道义，连做人的资格都不足了，**

怎么还能家道兴盛？那变"立见消亡"，就可能家道中落，崩溃了。

举父子关系来看，我们现在听到一些例子，孩子伤害父母，家道真的就马上败丧下来。而孩子会这样忤逆，还是父母忽略了教育孩子的重要性。老祖宗留给我们一句话，"至要莫若教子"，一个家没有比教孩子更重要的事情。大家现在看到孩子那些忤逆的行为，这个家就完了，可见教育的重要性。**而我们现在为人子，就要尽孝，给孩子做好的榜样。而尽孝，不只言行要尽孝，要从心底真正知恩报恩，感父母的恩德，不能是做表面而已。**

有个读书人叫俞麟，他是山西太原的秀才，国家的公费生，但还没考上功名，考上功名是举人、进士，进而国家能够分派当官。他读了不少书，而且很多人觉得他是孝子，还大老远跑来向他学习，但他一直都考不上功名。后来有一个机缘了解到，本来他可以考上功名，但因侍奉父母表面恭敬，内心却埋怨，"腹诽"，都是做表面功夫，所以他的福报就一直折损。所以本来可以考上功名，最后福报折完，终身都考不上。

腹诽，在生活当中，就是父母一言一行，俞麟心里都不以为然，不认同父母，然后表面还装作恭敬，敷衍应付，事实上内心里把父母当路人一样看待，这样最让天地鬼神动怒。最后确实他终身没有功名。"伦常乖舛，立见消亡"，这个家道就中落了。

包括夫妻关系，夫妻是道义的结合，应该互相扶持，不分彼此。中国传统婚礼整个过程都是教化，都是不断让人提起责任心、道义之心。其中新郎把新娘带回家，入门之后，夫妻喝交杯酒。酒是甜的，盛酒的杯子本来是一体的葫芦瓜，劈成两半，拿来做酒杯。表示这杯酒喝下去了，夫妻同甘共苦。酒是甜的，同甘；葫芦瓜的肉是苦的，共苦；葫芦瓜合起来是一体，代表夫妻同体不可分。结婚当天有这样的提醒，代表这样的态度要守终身，不能对不起妻子。

古代有个人叫史堂，他贫穷时就已经娶妻了，后来他考上进士，开始当官，没有感激太太对他的扶持、照顾，反而怨他太太，觉得太早娶了，让他现在不能娶富贵人家。而且更狠的是，不愿再跟太太同房，也不愿意再见到太太。那太太面对这样的情况，一定是郁郁寡欢，然后就病得很严重。病了好长一段时间，史堂从来没去看过他的太太。妻子内心的怨就愈来愈深，结果到临终前，丈夫在隔壁，她就喊，“我就快没命了，难道我死前你都不愿看我一眼吗？”史堂还是不去看他的太太。

太太死了，他心里不安，人还是有良心，但正念还是不能完全提起来，结果反而把太太的尸体捆得很紧，然后压住她。可能也是听到一些不好的说法，连死了都用狠毒的方法对待他的太太。结果他的岳父大人，梦到自己的女儿给他托梦说：“父亲啊，你把我许配给不好的人，所以我这一生都是忧愁、怨恨，死时还要被压。”然后就说：“我的丈夫这么对我，他的福报、寿命都被削减光了。”结果史堂过了一年就死了。这是夫妻“伦常乖舛”，史堂自己，福跟命整个就折掉了。父子、夫妇、兄弟，都是一家当中重要的伦常关系。

我们看兄弟关系。云南有一对兄弟，父亲去世得早，母亲就跟着弟弟。父亲走了，还留了几千块钱（其实几千块人民币不多）。弟弟没有很用心地照顾母亲，后来哥哥就把母亲接过来。接过来后，这个大嫂就常在那里唠叨，“现在妈是我们照顾，父亲留下来那几千块钱，最起码也要拿给我们一些。”就一直跟她丈夫要求。还讲给儿子听，儿子读大学，讲着讲着，儿子对自己的叔叔就很有怨气了。

有一天这个儿子就找了同学要去打他的叔叔。结果叔叔不在，小婶就把门关得紧紧的，门窗关着，不让他进来。这个侄儿不高兴，跟同学拿石头砸玻璃，后来回去了。叔叔回来看到这个情况，这个小婶就添油加醋，“你看你侄儿他不怕死，想跟你拼了，你有没有那个胆？”他就很气愤，拿着刀就到他哥哥家去（他是杀猪的），把他的侄儿跟同学都杀伤了。他的哥哥从田里赶回来，把弟弟抱住，劝他，结果这个弟弟怒气不消，反而捅了他哥哥几刀。老母亲刚好看到这整个过程，我想那个老人肝肠寸断。所以“立见消亡”是真的。

大家冷静看看这个悲剧，大嫂没了丈夫，小婶丈夫到监狱可能要关很久，整家的悲剧。而这么严重的悲剧，其实他家里的人，只要有一个人是冷静的、明理的，是学过传统文化的，这个劫难就过去了。所以把传统文化介绍给亲戚朋友像救火一样，刻不容缓。人一不明理，都是意气用事。

大家想一想：大嫂假如不计较那几千块，会有这个悲剧吗？小婶假如不添油加醋，会有这个悲剧吗？侄子读到大学，居然解决方法就是去打叔叔，那他这十几年的书读到哪里去了？所以**读书在明理、在懂得做人**。假如我是这个侄儿的小学老师，真要去祖先面前跪着叩头谢罪，我也有错。“养不教，父之过；教不严，师之惰。”可能我这一生结束了，在阎罗王那边，应该也有记这一笔，跑不掉。他的同学也是这样去解决问题。所以大学教育，还是要把德行摆第一位才行。看到这个句子，再想想我们现在整个社会现象，确实是很重要的提醒。这几个故事启示我们，**以后家里亲人之间，哪怕有什么样的摩擦，都应该懂得包容**。

像唐朝的读书人张公艺，他们九代都住在一起。皇帝很佩服他，就请教他："你们这么多人住在一起，为什么可以这么和乐？"张公艺很用心地写给皇帝看，后来皇帝接过来看到什么？看到一百个"忍"字。很有味道。当跟家人有不愉快了，怎么办？忍。实在忍不住怎么办？再忍。你那个忍可以提起一百次，气就没了，就消了。而你能忍，**忍得一时之气，等大家都冷静下来，对方也会感觉自己理亏。可是假如忍不住，一冲突，可能小事就变大事了。所以整个家庭伦常的和睦（家和），是非常关键的，兴衰的关键。**

明朝有个忠臣，杨继盛（椒山先生），他非常明白这个道理。他忠肝义胆，敢面对那时的大奸臣严嵩，后来被陷害，关到监狱去。他问心无愧，在行刑前，要被杀的前一天，写下了给他孩子的家书。这些圣贤人只求无愧于天地，死前毫无恐惧，"仰不愧于天，俯不怍于人。"像我们一般的人明天要死了，今天都不知慌张成什么样。他在家书中说道：假如我的孩子，其中一个去官府告另外一个，另外那个兄弟能拿着我这封家书到官府去，请大人看到我这封家书，一定帮我处罚来衙门告自己兄弟的人。因为"居家戒争讼，讼则终凶"。他们都是深明"伦常乖舛，立见消亡"。

我们看到现在很多有钱的家族，为了钱财告上法庭，吵得不可开交，这都是"伦常乖舛，立见消亡"。大家有没有听过哪户有钱人因为争家产上法院，愈告愈有钱，愈告愈发达，有没有？没有。不觉得人很不理智吗？几千年来，甚至这个时代，从来没有一户人家因为争财产告上法院，之后会兴旺。那干吗还用这种方法？这不是变得很愚昧了吗？所以**我们解决问题的方法，一定要依照经典、依照理智，不可意气用事。**

明朝的读书人吴子恬，他的母亲比较早逝，父亲娶了后母唐氏，唐氏比较刻薄，就虐待他。后来他娶了孙氏，后母还是欺负他，他受不了，要找后母理论，孙氏就劝丈夫，“毕竟她是你的后母，我们为人子不应该这样。”后来他的父亲去世了，留下不少钱和田产，后母唐氏把钱都藏起来，把田分成三份，好的田留给自己还有亲生的儿子，把最差的田分给了吴子恬。吴子恬实在受不了，一定要去找后母分这些钱。作为女子，假如你是他的太太，你会怎么做？岂有此理，欺人太甚，会不会跟丈夫一起去理论？一理论，“伦常乖舛，立见消亡”。所以“妻贤夫祸少”，这个妻子很贤德，把这些灾祸都化掉了，又劝他不要这样，吴子恬又忍下来。

“刻薄成家，理无久享”，分完家产没几年，后母生的弟弟染上赌博恶习，把家产全部败光，唐氏的钱也没有了，母子俩几乎没办法生活，要去乞讨了。结果吴子恬的太太就劝丈夫，“你赶紧接后母回来奉养。”假如是你会不会这么做？还是说：“苍天有眼，你们也有今天。”坦白讲，毕竟那是弟弟，那是后母，你在那里高兴，幸灾乐祸，天底下的人也瞧不起你。妻子赶紧劝丈夫尽为子、为兄之道。真的，唐氏跟弟弟这么恶劣地对待吴子恬，他还不计前嫌，把他们都接来奉养、照顾，人都有良知，就唤醒了他后母跟弟弟的良知，最后弟弟也把赌给戒掉了。

孙氏为吴子恬生了三个儿子，三个儿子都考上进士。一个家族出一个进士就不得了，您看她生三个孩子都考上进士，后福无穷。所以人要懂得学吃亏，不要计较，一计较就刻薄，一计较就“伦常乖舛”，就不会有好结果了。这些故事都告诉我们人算不如天算，老天厚道，不会跟人计较，这才是天算。

接着经句讲到：

【兄弟叔侄。须分多润寡。长幼内外。宜法肃辞严。】

这个“兄弟”不只是同一个父母生的，包括堂兄弟、表兄弟，亲人之间都应该有通财之义。亲人急需钱财的时候，我们都要尽这份道义才对。还有叔侄，叔叔、伯伯跟侄子之间，应该都要不计较钱财，分的时候多分一点给亲人，对于比较贫穷的亲人，要多去帮助他。这个“润”就是能够多协助、关怀。

古代有个读书人叫张士选，父母早亡，是叔叔把他带大。他叔叔有七个儿子，后来叔叔就找他说：“祖上留下的财产，我跟你刚好分两份，一人一份。”结果张士选说：“叔叔，不应该分两份，应该分八份，我跟所有的堂兄弟一起分。”他就是不计较钱财。他的叔叔非常坚持：“你代表你父亲，分两份才对。”他更坚持，因为他也念着叔叔、婶婶对他的养育之恩。**因为这个养育的过程，我们的身体生病，还有种种，不好养，养父母都要操很多心，包括整个生活所需、读书所需，都要多方想办法。所以养的功劳大过生的功劳。**

所以张士选很坚持，还是分成八份。后来他进京赶考，在客栈里，有个很会看相的人就说：“你满脸的阴骘纹，一定会考上功名。”怎么年纪轻轻积这么多阴德？其实就是“分多润寡”积的厚德，十七岁就考上进士。

什么是阴骘纹？我也不是很清楚，不过我们可以想想：人假如常常生气，眉头皱很紧，那个皱纹都是一直条一直条的，这叫凶相，不叫阴骘纹。你假如遇到什么事从来不跟人计较，人家无理对你，你也笑一下，那这样的人肌肉活动状况，就是常常微笑，所以额头有很多条线，我想可能跟阴骘纹有关系。所以“养喜神是招福之本”，家要很有喜气，迎财神爷来，那要笑口常开；“去杀机为远祸之方”。当然不只是去杀害别人，就是那个刻薄，常常都对人怒目相向，会招来灾祸。所以**一个人要积功累德、要积德行善，首先从脸上不要有杀气、不要有脾气开始做起**。明天出门前请照镜子，假如被自己吓了一跳，调整好，再出去。

我看到“兄弟叔侄，须分多润寡”，就想起自己的父亲。坦白讲，我们面对像堂兄弟、表兄弟，不去帮助，其实我们的父母很难过。我们这些堂兄弟、表兄弟团结，那是对我们上一代人最好的孝行，让他们看了很欣慰、很放心，下一代都能不分彼此，那我还有什么好担心的。

这份道义其实还是来自父母的身教。我父亲照顾爷爷奶奶，有一些特殊情况，比方说生病了，我父亲都是自己承担下来，后来都是叔叔姑姑讲，“不能只有你一个人出钱，我们也要尽点孝心。”所以父亲当哥哥不计较钱财，所有的兄弟姐妹都重义轻利，轻财。我们家族从来没有因为钱，有什么不欢喜的。包括爷爷，觉得好像要分点财产给孩子，他心里才比较欢喜，所以就卖田，然后要分钱，孩子们就顺了爷爷的心意。结果兄弟姐妹五个在那商量，叔叔跟姑姑就说：“礼旭是长孙，应该分一份。”结果爸爸说：“不用了，他不用分，他是晚辈，下一辈的。”你们假如是我，是什么心情？其实我听到这里，非常感动。父亲对钱财根本就没放心上，都是想着兄弟，所以很佩服。

包括我母亲那一边的兄弟姐妹、下一代，没有我们宽裕，父亲看到我的这些表哥表弟、表姐表妹交不出学费，他都主动去帮助，没等母亲开口。大家想想，我母亲都没开口，父亲就主动去做了，那母亲当然会很感动。太太感动，不就夫妻一条心，黄土都变成金！哪去计较钱财，计较到最后夫妻之间常常都怄气。

而且父母、长辈都“分多润寡”，帮助亲戚朋友，孩子走到哪里，

都得到人家的爱护跟照顾，这是我亲身的体会。我出外读书、工作，当地的亲戚对我都非常照顾。我以前不懂这些道理，以为是我长得挺可爱的。后来了解，父母都是主动地帮助亲戚朋友，亲戚朋友记在心里，感这些恩德，遇到他的孩子来了，当然是尽力照顾。所以我都是享父母、爷爷奶奶留下来的福报。不只积了福报给孩子，也树立了道义的人生态度给孩子，孩子一生受用。因为“爱人者人恒爱之，敬人者人恒敬之”，有道义的人走到哪，都得到他人的爱敬。

下一句讲，“长幼内外，宜法肃辞严”。“长幼”指家中要长幼有序。“法肃”指家规要严格，“辞严”是长者言辞要庄重、严谨，不可以随便乱讲话。其实这让我们体会到，**家道要兴盛，首先要有好的家规，而家规要好，必然要长者、父母以身作则开始。**几千年来所有为人父母、长辈的人，都有这个态度，都有这个责任感，在孩子面前决定要给他好的影响，不能给他不好的影响。我们看到这一句，**从今天开始，一言一行、一举一动，都要谨慎、严谨，都要给孩子开个好头。**那这样我们就没有白读这句，也没白学《朱子治家格言》，也对得起朱柏庐先生。

今天时间到了，就跟大家交流到这里。谢谢大家！

第十一讲　重义轻利，福在其中

尊敬的诸位长辈、诸位朋友，大家好！上次我们谈到：

【兄弟叔侄。须分多润寡。长幼内外。宜法肃辞严。】

兄弟姐妹、叔伯侄子之间，自己多的可以拿出来帮助少的亲人。假如兄弟姐妹之间，财富都不分彼此，互相支持，那父母是最欢喜的。同样，假如整个家族之间，都能不分彼此地帮助、救难，那爷爷奶奶甚至祖先是最安心的。一个人能让父母、祖先安心，这是做人的基本。所谓“兄道友，弟道恭，兄弟睦，孝在中”。所以尽孝都要落实在兄弟的和睦友爱当中。

那我们现在反思一下，兄弟姐妹真的需要帮助，我们会不会迟疑？会不会犹豫？还是义无反顾呢？有个企业家常常捐钱，帮助一些团体或贫穷的人，捐出以后，也不放在心上，可是他帮助姐姐弟弟的，他都记得很清楚。他就省思到，对兄弟的情义都提不起，还常被夸是慈善家，**其实那个捐款，就是为了让人家肯定他，所以行善夹杂了好名的心，而真正的情义应该体现在对父母、对兄弟上面**。反思到这里，后来他就对弟弟讲：“之前的钱都不用还了，哥哥再帮你找个好房子，你赶紧有个家可以安身。”他弟弟当场就流眼泪，他的母亲本来都忧愁，笑容不能够绽放，他这一转变，母亲非常欢喜。

实实在在讲，兄弟姐妹和不和，父母知不知道？心里都很清楚。所以人有时没有去孝父母之心，还自我安慰，“我拿的钱最多，我最孝顺。”其实当我们有了钱，地位高了，对兄弟姐妹、对家人，都很傲慢、不客气，那是让父母最难堪的。我们走到哪里，亲人都赞叹、肯定，那是让父母感到最光荣的事情。

《德育课本》第一册是谈孝、悌。一看完，自己惭愧心起来，因为古代对父母、兄弟的那种道义，让自己汗颜。比方我们今天讲“兄弟叔侄，须分多润寡”，那只是财物上，可是古时兄弟之间，可以为对方牺牲生命。

汉朝赵孝、赵礼，赵礼是弟弟，被强盗抓去了，哥哥赶紧找到弟弟，要替弟弟死，兄弟两人抱头痛哭。连命都可以为兄弟舍，还会计较钱吗？不只兄弟如此，叔侄亦如此。有个读书人叫章溢，他的侄子章存仁被强盗抓走，章溢赶紧找到贼窝，然后奋不顾身告诉这些强盗，“我这个侄儿是单传，年龄又小，我不能让我哥哥无后，你们要杀就杀我吧。”强盗也有良心，都被这真情义给感动了。多看这些故事，看着看着就觉得，跟兄弟、亲人计较钱，会觉得很丢脸。这叫“德比于上则知耻”，我们的德行跟圣贤人比，羞耻心就很容易提起来。

“德比于上则知耻，欲比于下则知足。”欲望享受跟低的生活水平比，人就很知足了，知足就常乐；知耻就近乎勇，人就会不断地下功夫去提升道德。而我们假如希望自己的孩子以孔子为榜样，首先应该怎么做？那我们自己要以身作则，自己要表现以圣贤人为榜样，潜移默化，孩子就效法你了。

这段话让我们想起古人的行持，也想起自己的祖宗。我是周文王的后代。周家孝悌做得非常彻底，从“悌”来看，周文王的父亲王季，排行第三，他们有三兄弟，大哥叫泰伯，二哥叫仲雍。照理应该是泰伯当国君，而他把国家让给了自己的三弟，因为他看到自己的父亲属意文王这个孙子，那要传位给孙子，就得先传给王季（文王的父亲）。古人的心非常细腻，都可以感受到父母的心，父母没开口他们就主动去做了。

人心地柔软，都能感知到父母的心，这是每个人的本能。我们老祖宗了解“父子有亲”是天性。有一次，一个四五岁的孩子向父亲行跪拜礼，感父亲的恩德。结果看这个孩子哭得很厉害，我就问他：“孩子，你哭什么？”他马上说：“因为爸爸哭了。”他感觉到爸爸的心，就跟着流眼泪。诸位长辈、兄弟姐妹，你父母哭的时候你哭不哭？告诉大家，这个本能一定要恢复，这是本有的。我很庆幸，在姐姐出嫁那一天，有一点点恢复。当我姐夫领着我姐姐，给我父母亲行三跪九叩礼，一跪下去，我父亲眼泪就出来了。但是男人流眼泪有一种功夫，就是只在眼眶打转不让它掉下来。我感觉我父亲那个泪水在打转，瞬间我完全理解了父亲的心。从那一刻开始，父亲讲什么，我都很能理解他。这是我们的本能。当姐姐、姐夫跪下去，父亲想到一个女儿二三十年来，自己是怎么栽培、拉拔，甚至还遇到她的误解、乱发脾气，种种景象可能都浮现在眼前，“今天很欣慰，终于给她找了一个负责任的男人照顾她。”

我记得我要到海南海口，父亲给我很多叮咛，“你去以后，缘分不成熟，赶紧回来。”父亲为什么让我赶紧回来？因为怕我再过几年，年纪大了，一事无成，会自卑。父母考虑事情都考虑得很远的。当时父亲讲那个话我很感动，带着父亲浓浓的爱到海口去了。而不是答话说：“爸，你别担心，天道无亲，常与善人，我有祖先保佑，你不要担心了。”当时我马上跟父亲很明白地讲：“爸，你放心，不行我马上回来。”因为理解到父亲的心情。

结果去了四五个月，回家过年，一进门，这么长时间没见到父亲，马上就开始谈发生的事情，说到很多孩子听课后学孝道，转变了，给父母行孝这些例子。我父亲三度含泪。结果那次过完年我回海口，第一次给家里打电话，父亲就讲，“家里什么事都包在我身上，你安安心心在那里好好做这个事情。”父亲了解我们做的情况，他就不担心，就变成全力支持了。所以这个天性要找回来，太舒服了，跟父母可以无话不谈。

泰伯感受到父亲的心，就主动离开国家，把位置让给弟弟。连国都能让，哪有这点钱财让不了的。但很有意思，泰伯虽然把国君让掉了，后来到江苏一带，他的德行感动到当地人，拥护他为国君，所以他又做了国君。“命里有时终须有”，他有那个德跟福报，跑不掉。所以周朝之后的子孙，常常能够想起祖先的风范，对自己是很好的鞭策。所以假如跟家人闹情绪时，赶紧把《德育课本》翻出来看看，一比较，不好意思了。

古人留了一首诗非常好，谈兄弟之情。“同气连枝各自荣”，连哪个枝？父母是我们的根本，从这个根本衍生出来的枝干。只要兄弟不好，根就会伤心。“些些言语莫伤情”，大家是一体的，不要因为小事闹不愉快。“一回相见一回老，能得几时为弟兄？”我现在读这段就很有感觉了，因为我现在白头发一不小心就发现几根，那自己的姐姐都大几岁，各自有家庭，发展了事业，有时几个月才见一次面，真的“一回相见一回老”。“能得几时为弟兄？”人生很短暂啊。什么人生最快乐？报恩的人生。时光太快了，我今年四十岁，小时候跟姐姐玩，那情景还历历在目，都已经过了二三十年，多快啊！所以“能得几时为弟兄”。

唐朝李勣做到国家的重臣，皇帝赐他李姓，这么高的地位，姐姐生病他去看望，还亲自帮姐姐煮粥。结果胡须太长烧起来了，姐姐就讲："弟弟，你又何苦？这么多用人你叫他们做就好了，干吗亲自做？"他说："姐，您不知道，我们都一把年纪了，我还有多少机会可以亲自帮您煮粥啊。"

讲到这里，都觉得自己当弟弟当得很不及格。我姐姐照顾我太多了，当时读大学身体不好，姐姐每天帮我熬药，一熬要两个小时。熬好又要从校门外端进来，男生宿舍都在学校的最旁边，所以要走很远。就这样端啊端啊，到宿舍门外又不能进去，在窗口敲。听不到声音，看嘴型就知道了，"赶紧出来拿药。"那几个月就是这样过来的。想到这里，自己这么多年都在外面，对姐姐的家庭，还有下一代，关心也不足。"能得几时为弟兄？"

"弟兄同居忍便安，莫因毫末起争端。"有个读书人叫周文灿，他的哥哥依靠他过生活，他负责照顾哥哥，生活所需都是他提供的。结果哥哥有一天喝醉了，还打他，邻居看不下去了，骂他哥哥。他马上拦住邻居："你们不要离间我们兄弟的感情。"他讲出来是至情至义的话，被哥哥打了，丝毫没有怨言，都是想着兄弟情，我想当下那些劝的人都动容。

那我们再想想，这个剧情会怎么演？哥哥酒醒了，会不会听到邻居在讲，"哪有这种弟弟啊，哥哥吃他的，用他的，还打他，人家批评他哥哥，他马上去反驳，不愿人家批评哥哥。"人都有良心，他哥哥这种事一次、两次，不就被他感动了吗？

所以古人面对亲情，不见父母之过，"天下无不是之父母"，也不见兄弟、亲人之过，只想着自己该尽的情义，这非常可贵。实在讲，周文灿假如把他哥哥的不是，有一件放在心上，他就做不出这种至情至义的行为。他假如记恨在心，邻居要来骂他哥哥，他马上说：苍天有眼，终于有人来帮我了。所以人这份情义不能被污染，“精诚所至，金石为开”，那做出来的行为会感动亲人。

明朝有一对兄弟叫赵彦云、赵彦霄，哥哥比较游手好闲，又重视享受。眼看家产会被哥哥败掉，弟弟就提出要分财产。分财产好不好？不好嘛，那赵彦霄读古书，怎么还分财产？

我们看这个例子，他懂得权变。兄弟不能分财产是原则，但看到哥哥这样，为了保住祖先的家产，当然可以权变，他又不是贪财。结果五年以后，他哥哥就负债非常严重，根本没有立锥之地。这时赵彦霄跟太太在除夕夜准备了一桌丰盛的酒席，请哥哥跟大嫂一起用餐。吃完年夜饭，告诉哥哥大嫂说：“之前分家是不得已，必须留住祖先的家产；现在我把家跟所有的家产、仓库的钥匙，都交给大嫂管理，我们从今天开始又一起生活。”他哥哥在那样的情况，也有良心，也在反省自己，弟弟尽弃前嫌，把这个家完全交给他，这份情义，就把他的良知唤醒了，所以他哥哥跟大嫂就一改以前的人生态度。

作为女子，假如你的丈夫这么做了，你舍不舍得？钥匙交给别人了。有舍才会有得，要舍利，重道义。结果赵彦霄跟他的儿子，就在那一年都考上进士，因为积的德很厚。**孝悌是恩田，是敬田，是人的大福田，都在孝养父母、尊重长辈兄弟，修很厚的福。所以人生没有吃亏的。**

刚刚讲，“兄弟同居忍便安，莫因毫末起争端”，兄弟、亲人的不是，不往心里放。“眼前生子又兄弟，留与儿孙作样看。”兄弟姐妹生的孩子又是堂兄弟、表兄弟，我们这一辈到底给他们什么榜样？“长幼内外，宜法肃辞严”，就是长者要做好榜样给下一代看。

有一户陈姓的人家，陈昉，他们家十三代人都没有分家，几百年都在一起，团结到都是全家族的人到齐了才开始吃饭。结果出现什么情况？他们家族差不多有一百只狗，被他们这一户人家感动到，狗要一百只都到齐了才吃食。所以兄友弟恭，连狗都感动，都效法这种团结、礼让。所以“留与儿孙作样看”，也是我们每个为人父母、长辈应有的态度。

所以这句“长幼内外，宜法肃辞严”提醒我们，家道、家规的建立，一定要从父母、长辈自身做起。“长幼内外”，就是家中老的、少的，内外，男主外、女主内，都应该有严正的规矩，这是“法肃”，法就是规矩；“辞严”，就是言语要非常庄重，不可常常乱开玩笑，或者嬉闹、嬉戏，讲一些轻浮的话，人就不稳重。现在有些父母没有好榜样，又受到综艺节目的影响，有没有感觉年轻人讲话，稳重的不多？“君子不重则不威”，一个人不庄重，就没有威严，没有威严就不尊重自己，人家怎么可能尊重我们？所以常常开玩笑的人，人家会搞糊涂，他到底哪句话才是真的？

所以“法肃辞严”是必要的，一个家要兴旺起来，一定从家规严整做起。家规不严整，那孩子都造次乱来。尤其父严母慈，女人比较柔顺，男人比较阳刚。现在很麻烦，父亲没有威严，都讨好孩子，他要什么就买给他，反而男人演成白脸，结果叫女人演黑脸，女人得很凶地对待孩子。我曾经听过一个妈妈骂完孩子，自己痛哭一场。真难为现在的女人，又要扛责任，又要管孩子，又要凶孩子，不然孩子很造次，先生又不管。这样的日子，一下要演男人的角色，一下又要演女人，阴阳都乱了，不得内分泌失调都很难。所以男人要像男人，女人要像女人。

那天坐电梯，电梯门一关起来，看到一幅画：一个父亲把女儿顶在自己的头上。小孩从小都坐在父亲的头上，她会怕父亲吗？我们去翻五千年的历史，从来没有这样的事，现在看人家这么做还很羡慕，马上就把自己的孩子顶上来。人无知，很可怜，都羡慕那些错误的做法，不做好像还赶不上流行。大家想想，我们成长过程中，看到父亲马上就不敢乱来了，稍微有点不妥当的行为，父亲一咳就马上收回来，哪敢乱来？所以父严母慈是很有道理的。

我分析这个都是有经典依据的。六十四卦有一卦叫家人卦，老祖宗留给我们怎么经营好家庭。家人卦就讲："家人有严君焉，父母之谓也。"一个家庭，有非常威严的领导者，谁？就是指父母。而且又提到"言有物，行有恒"，父母是非常严谨的领导人，因为他们知道一言一行，潜移默化都在影响小孩，有这个警觉性，一言一行都非常慎重，言语不轻浮，不乱开玩笑，而且讲出来的话，都是诚实无欺的。

有一部电影叫《手机》，说成人一天讲二十几次谎话。假如我们这个现象不改善，怎么教孩子？怎么教他诚实？司马光先生为什么能做到"平生所为之事，无有不可语人者"，没有一件不能告人？就是他小时第一次说谎，被他父亲严正地制止，他从此不敢乱来。有其父，才有这样人格完好的圣贤，当然他父亲一定是做得让他佩服，言语都是道义，不讲利害的这种言语。现在很多父母动不动都是谈钱，谈这些财富，很少谈兄弟亲人、朋友之间的道义。

在我记忆中，我父亲在银行很早就做主管，但从没谈商业、谈钱财给我们听，所以我们姐弟三个看钱看得很轻，跟同学、朋友从没计较钱财的，那都是父母的身教。父亲还常说，你不要羡慕那个大老板开大车，其实常常在那里飙车，要赶在银行关门前该付的支票要赶快付，不然跳票他就失去信用了。他们的心情都是很紧张的，压力都很大的。

其实我们这代人，为什么这么重利、重享受？我们上一代人讲道义讲太少。这不能怪他们。比方我们的晚辈要去工作，不管到哪个行业，我们当父母、长辈的最关心哪件事？“一个月薪水多少？”古书里面有没有哪一段，父母跟长辈知道他要去当官了，还是要去干什么事业，然后说，你一个月可以赚多少钱？五千年来都没有这么问过，没见过这样的情况。可是五千年后的今天，几乎一半的人都会问这个。所以我们在那怪下一代重利轻义，源头在我们这里，怪不得他们。

我记得小时候，看到这些大哥哥、大姐姐考大学填志愿，最常听到的就是：哪个科系赚最多钱？都是关注这一点。我好像没听说，“哪个行业可以帮助最多人？”假如突然在人群当中、亲戚朋友当中，听到这句话，天籁之音，好像从天上降下来的话，跟这个时代有点怪怪的，很久没有听到这么美的声音了。多少人一接触现在的功利社会，都把这些所谓先进的国家当父亲，瞧不起自己的父母，瞧不起祖宗的文化。这叫“见富贵而生谄容者，最可耻”。羡慕那些很奢侈的生活，反而否定父母、老祖宗淳朴的生活，还说他们老古板。其实照所谓先进国家的那种生活方式，十个地球都不够，那是错误的生活方式。

所以“言有物”，**言语都要跟道义、情义、恩义相应，不然会误导孩子的人生价值观。只要价值观一偏，他这一生就不可能幸福。**我们现在这个社会，思想观念偏颇的人太多了，所以现在忧郁症愈来愈多，自杀率、离婚率这么高，家庭的问题那么多，都是思想出问题。所以言行、思想观念都要给孩子做榜样。

刚刚讲“法肃辞严”“法肃”就是家规。**站要有站相，坐要有坐相，整个威仪要有**。我们想想：小的时候我们看自己奶奶的穿着端不端庄？很端庄。奶奶衣着都是这么庄重，叔叔、父亲、伯伯在奶奶面前都是恭恭敬敬，一想起老人家那个威仪，肃然起敬。结果现在母亲在家都穿得特别随便，那孩子怎么尊重我们？我们现在穿得随便，那我们的女儿以后会穿成什么样子？会更随便。学好终年不足，学坏一天就够了。

我们不要小看女子的穿着，它直接影响到天下的安定，一点都不夸张。女人的穿着一暴露，离婚率、犯罪率跟着增加。人心，尤其男人的心都不定，邪念都增长，现在那些广告又都是那些东西，所以这个时代当君子有点困难，走路会撞到电线杆，不好乱看。

冰冻三尺，非一日之寒。诸位同胞，革命尚未成功，同志仍须努力。**我们这个时代要把这些错误的观念扭转过来，恢复到正常的秩序，得几代人锲而不舍，承传下来**。所以看到很多孩子从小就学传统文化，很欢喜，他们以后的成就远在我们之上，我们都是成年以后才辛苦地学习，因为成年以后，那些习气都已经养成了，要改还要“扒皮”。不只是扒皮，还要把皮切开，把肉扒开，然后进入骨髓抽出来，因为几十年藏得太深了。虽然痛，长痛不如短痛，真下功夫了，以后就不受它控制，就身心自在。

其实家规，在很细节之处都能提醒孩子。比方孩子一看到他喜欢吃的东西，拼命吃，会教的母亲就会提醒及制止：“吃个饭就欲望这么强，你以后不是被欲望给控制住了？你都吃那么多，人家都没得吃了。”有些父母不懂：“他喜欢吃，给他多吃一点！”疼孩子，疼到最后他的欲望愈来愈强。

比方孩子跌倒了，有的妈妈是这么做的，打那个地。孩子再长大一点就会想：我为什么会跌倒？地害我的。自己走路不小心，跌倒了还打地。大地承受了太多的屈辱，是不是？每天养育万物，我们还不感恩，什么责任都推给它。

宋朝程颢、程颐两位大儒的母亲侯氏，她抓住每个生活细节教育孩子。她的先生是大官，家里有仆人，孩子对仆人讲话稍有傲慢之气，马上呵斥他："大家都是人，他年龄还比你长，你怎么可以这样跟他讲话？"不增长他的傲慢，不然富贵人家特别容易傲慢，瞧不起人。**所以富贵教子，没有智慧谈何容易？尤其不爱慕虚荣，对一切人、事、物要恭敬，虽是富贵，但生活非常节俭，就对了。**

这些规矩要带头做，而规矩离不开伦常，父母跟子女之间都是伦常规矩。"晨则省，昏则定"就是规矩。现在我们的家里有没有晨昏定省？孩子懂不懂晨昏定省？我们明理之后要做，自己跟家庭才能受益。学了以后十年都不做，受益不了。所以**真要受益，明白一条就要把这一条变成自己的家规、家道。**"学如逆水行舟，不进则退。"当孩子不知道晨昏定省，他每天的孝心都在往后退。一个大学生对父母无礼、冷漠，难道是一天造成的吗？这个孩子从小晨昏定省，怎么可能会变成这样？

有一个小学老师，从教一辈子，他回想小时候，他的父亲每天起床，都是恭恭敬敬去给他奶奶请安、问好，而且带着太太去。好像现在在华人社会，太太陪着先生去跟父母请安都很少见了。中华文化命若悬丝，岌岌可危。我们不落实在每天的行持里，慢慢地这个文化就传不下去了。

我曾经看一个事例很感叹，有位华人娶了一个日本太太，这个太太每天打扮得非常庄重，跪在公公婆婆的门口，等着给公公婆婆请安。

日本人做的，我们华人现在不做了。

其实冷静想想：我们华人现在到底像谁？像祖先吗？还是比较像西方这些所谓“文明、发达”国家？文明、发达加引号，为什么？那叫科技比较进步，但是并不文明。人的德行愈来愈好，才是文明。现在堕胎、离婚率那么严重，怎么会是文明社会？堕胎是禽兽都做不出来的行为，现在所谓文明社会做得这么严重。每年全球堕胎有五千万人，而且这五千万里面，所谓文明社会占的比例最高，那些生活很淳朴的地方、赚不了多少钱的地方，这些事情很少。所以有时不冷静想想，这个时代会被误导，很多说法我们看不到问题，甚至学到不对的，自己都不清楚。

前面提到那位老师的父亲，他给母亲问完安，端上洗脸水之后，一个大男人拿着母亲的尿桶赶紧去清洗。这位老师回想父亲给他最深的印象，就是洗奶奶的尿桶特别仔细，洗了几遍以后一定会做一个动作，把桶子拿起来闻一闻，母亲喜欢干净，一定要没有味道了，他才拿回来。所以那个闻的动作，就是对母亲照顾得非常细腻，变成他的家道，叫“行有恒”。他父亲做了多久？他从小不知看了多少岁月都是这样，不是做样子给人家看的。所以一个家庭里都是窗明几净，都是“置冠服，有定位”“房室清，墙壁净”，那孩子一定生活是有规律的、有次序的，不会乱。

现在有的父母不知道“行有恒”才能教好孩子，都教得有点流弊问题。比方说，客人要来了，赶紧整理，家里像打仗一样。那孩子学到什么？“要扫地了，谁要来了？”麻烦了，都是做样子，都是应付，那孩子学的都是应付，不真诚，慢慢就虚伪了。以后他去招呼客人，客人走过来，“谢谢光临！”客人走过去了，“哼！”现在这种情况很多，人前一套，背后一套。甚至是什么？你还没走过去，脸色就使给你看。看你来，很热情介绍；最后你不买，脸色马上很臭。对人都不恭敬、真诚。这是在家庭里要给孩子真实落实的榜样。

在单位比方说学校，主管部门要来检查了，前三天赶出好多东西，摆出一大堆成果，打印机每天都“刷刷刷”，一罐墨不少钱。然后领导一检查完，当天就全部收掉。那请问学校的孩子学到什么？“检查时再说，平常看着办！”

所以从家到学校，都没有扎实去干，都是一有情况，赶紧做样子应付。假如这个风气形成，我们下一代会培养出什么人才？**其实只要是应付的人生，人与人都没有安全感；人假如活得很实在，讲一没有二的，人与人之间就很有安全感、很值得信任。**这是“长幼内外，宜辞严法肃”。

接着我们看下一句：

【听妇言。乖骨肉。岂是丈夫。重赀才。薄父母。不成人子。】

听了妇人、太太挑拨的言语，就伤了骨肉之情，父子、兄弟之间都是骨肉之情。那怎么配得上称大丈夫？大丈夫应该是很理智、很有判断力的，不应该轻易被挑拨的话影响才对。

“听妇言”，我们都说枕边风很厉害，常常一句一句的就很受影响。男人常说，女人喜欢听甜言蜜语，那男人喜不喜欢听甜言蜜语？我们是喜欢听爸爸妈妈的话，还是喜欢听恭维、讨好的话呢？“忠言逆耳利于行”。当然有见识的女子，她还是会常常用这些重要的做人道理提醒丈夫。所谓“妻贤夫祸少”，妻子贤德，可以帮丈夫跨过很多劫难灾祸。

我们冷静想想：为什么妇言那么容易影响一个男人、一个当儿子的人？第一，他没有把父母的恩德放在心上，记恩的人，谗言、挑拨的话不容易进去。所以人应该要怎样？念恩忘怨。《弟子规》说：“恩欲报，怨欲忘。”

一个人念恩忘怨，从印堂就看得出来。印堂、额头发亮，这是心里不装恩恩怨怨；假如一看，有点发黑黯淡，念这句“恩欲报，怨欲忘”的时候又有一点心不甘情不愿，那叫吞不下去。《弟子规》**是我们本有的性德，怎么现在会这么勉强，不容易做到？因为我们顺着坏习性、违背性德太久了**，就是好日子不过太久了，这是折磨自己。把怨马上放下，太平日子不就来了？所以人都是自讨苦吃，自找罪受，真肯做，一放下来，跟任何人都和睦相处。

所以我们要常常想着父母的恩德。“怀胎守护恩”，尤其母亲十月怀胎的辛苦。“**临产受苦恩**”，生孩子几个小时的疼痛，久的话还有两三天的。有个母亲就痛了一两天生不出来，最后又挨了一刀。然后麻药又不敢放太多，怕伤了孩子，所以割下去那个痛她说都很清醒，都感觉得到。这是“临产受苦恩”。

“**生子忘忧恩**”，母亲生下我们，专注点都在我们的健康、安危，马上就把这个痛苦放下。所以这一念是至真的爱心，不是钱财可以回报得了，用至诚的孝心才能回报。所以光这一念心我们就报不完。

“**回干就湿恩**”，我们小时候不小心尿床了、大便了，父母马上就把我们移到干爽的地方，自己睡在潮湿的地方。

“**哺乳养育恩**”，曾经听一位朋友说，母亲给他吃母乳三年多，他体质很好，很健康。母乳是母亲的血化作的。翟俊杰导演，他把太太的乳汁密封起来，准备等他女儿出嫁时送给她。结果出嫁前拿出来，这一小瓶乳汁早已变成了血水。真的，母乳就是母亲的血变的。这是最有意义的嫁妆，就让他女儿带着，不忘母亲的养育之恩。

“洗濯不净恩”。我有个同事当妈妈，每天要洗很多裤子、衣服，从来不嫌孩子脏。我还听过一个母亲因为孩子先天肠胃比较不好，她就很注意孩子的饮食，关注孩子大便的形状。她说看到孩子大便出来形状不错，就很安心。然后她说：“奇怪了，孩子的大便也不臭，还有一点香。”我虽然觉得有点夸张，但也不意外，因为她的心都在孩子健不健康，所以看孩子肠胃好就很欢喜。有时候听到这些，想想母亲养育我们这些点滴，真是良苦的用心。所以常常想想，对母亲那个爱就很自然，因为感觉到报不完。

“远行忆念恩”。我们一离开家门，父母要担心、关心，常常还打电话来。所以我们出门在外，不管是读书还是成立家庭，如果常常是父母打电话给我们，这不及格，应该是我们主动给父母打。因为让父母打来，他们都可能担心了几天，实在忍不住了才打电话来问。学《弟子规》首先就要落实这些孝子应该做的事情。

“深加体恤恩”。这个在我们成长过程中，感受特别深。比方说我们生重病，在那里吃不好、睡不好，很多父母就到神明、佛菩萨像前，祈祷把孩子的苦跟病降到自己的身上来，因为看孩子这么苦，自己更痛苦。

“究竟怜悯恩”。“究竟”就是“母活一百岁，常忧八十儿”，母亲虽然一百岁了，看到自己八十岁的儿子，还是把他当孩子看，其实他的儿子也是老人，八十岁了。究竟怜悯，爱护孩子。这是能时时念父母的恩德。

那“天下无不是之父母”，父母也不是圣贤，有做得不足的地方，绝不放在心上，都念念想着怎么尽为子之责任，提醒父母修正。所以“亲有过，谏使更，怡吾色，柔吾声”，很柔软地去提醒父母。念恩了，就不可能听挑拨的谗言，进一步还要提醒另一半也懂得尽孝，**所谓“领妻成道，助夫成德”，这才是夫妻缘当中最有意义的事情，就是彼此德行、灵性都提升。**

古人记录了一个真实的故事。有个人叫刘建德，他的妻子很凶悍，母亲生病了，他的妻子就坚持要把母亲送到尼姑庵。妻子凶，他就退缩，不敢说什么，就把母亲送去了，结果母亲就悲愤而死。这就“听妇言，乖骨肉，岂是丈夫”。他母亲死前很气愤地说：“我假如见了阎罗王，一定要诉讼，要阎罗王给他们夫妻治罪，这么大不孝。”结果母亲死后没几天，他的妻子就发病，就有点疯的样子，自言自语，讲自己太不应该，怎么可以这样对待婆婆，然后全身青紫就死了。再过两天，她的先生刘建德也突然生病，然后自己对着大众讲，他因为听太太的话忤逆母亲，这是大不孝，讲完也死了。结果他们夫妻入殓，棺材还没入葬，突然雷霆交加，把他们的棺木都劈开，尸体发臭，数里之间都闻得到。

所以从小常听说，不孝父母天打雷劈，这不是一句没有道理的话，从很多历史发生的事看是有关联的。大家有没有发现，现在被雷劈死的好像愈来愈多？不是偶然，因为现在不孝的人太多了。《孝经》里说，“五刑之属三千”，古代有五种刑罚，细分三千条，最严重的是什么？“罪莫大于不孝”，不孝之罪是天地之间最严重的。这个故事就提醒我们，决定不能做出大不孝的事情。

所以丈夫要有理智，妻子要知道自己的责任是“助夫成德”，夫妻共同完成孝道的责任才对，这个家道也就跟着传承下去。“家有一老，如有一宝”，父母是家里最大的福田，要好好恭敬、侍奉。

好，今天就跟大家交流到这里。谢谢大家！

第十二讲　抓住做人的根本

尊敬的诸位长辈、诸位朋友，大家好！《朱子治家格言》是家训中很精髓的一篇文章，每一句对家庭的兴衰都是关键，可以很清楚地看到这个时代的家庭问题出在哪里。

像之前我们讲过的句子，"刻薄成家，理无久享"，上天有好生之德，刻薄怎么会有福报？"伦常乖舛，立见消亡"，家和万事兴，父子、兄弟之间冲突，这个家就要败了。"兄弟叔侄，须分多润寡"，亲人之间要轻财物，重情义、道义，尤其亲人很需要钱财帮助时，一定要赶紧支持他。"长幼内外，宜法肃辞严"，国有国法，家有家规，没有规矩就会乱了。所以现在青少年问题这么多，犯罪率这么高，那是从小没有好好地教他做人，才会呈现这样的问题。

有句成语，值得我们这个时代的人反思，叫"本末倒置"。现在人的辛劳不输给古人，现在花在家庭、工作中的时间，要比古人多很多。可能一天工作十小时的都有，还为孩子操了不少心。五千年来，我们这代人花最多时间去教孩子、去赚钱。可冷静想想，努力有结果，不一定会有好结果。现在的人很努力，结果可能钱也没赚到，孩子也没教好，很无奈。所以现在患忧郁症的人愈来愈多，甚至自杀率到什么程度？每四十秒钟，这个世界就有一个人自杀。这么努力，怎么结果愈来愈不好？就在"本"跟"末"的认知当中，本末倒置。

什么是人生的本和末？一棵树，根本顾好了，给根施肥、浇水，所有的枝末都会长得很好。可现在根本不要了，只要末，把水浇在枝末上，那不把叶子给泡烂了？所以**一定要在根本上下手。其实这篇家训中的每一句都在告诉我们根本，告诉我们存心要仁厚，这是福的根本；告诉我们家和是根本，家教是根本。**接着这一句就告诉我们，“孝顺是齐家之本。”这是找到本，只要不找到本，很多的努力都是徒劳无功。

上次我们讲到：

【听妇言。乖骨肉。岂是丈夫。】

一个男人听了不明事理的太太的话，不孝顺父母，跟兄弟冲突，就配不上丈夫两个字。大丈夫顶天立地，应该是很明白做人的道理，才叫大丈夫。而丈夫是可以依靠的，假如一个男人连道理都不明白，他怎么可以为妻、为子所依靠呢？而人明白道理，第一点要知道做人的根本。《孝经》点出了这个重点：“夫孝，德之本也，教之所由生也。”“教”是教育，家庭教育、学校教育乃至整个社会教育，都应该抓到孝道这个根本。

“父母者，人子之本源也”，父母是为人子女的本源。“本”是根本，没有根，哪来的枝干？没有父母，哪有我们？“源”是源头、泉源，泉水在源头源源不绝地涌出来，才有后面河川的延续。饮水思源，知恩报恩，根本护好了，才能枝繁叶茂。能孝顺父母，这个家子孙才能昌盛。而“听妇言，乖骨肉，岂是丈夫？”当丈夫的人应该了解，我今天成家了，家的本在孝顺，而且要领着妻子一起孝顺才对。夫妻一起尽为人子的本分，一起成就道德，所谓领妻成道，这是当丈夫的责任。

在《诗经》中讲到女子出嫁，“桃之夭夭，其叶蓁蓁。之子于归，宜其家人。”所以说女子出嫁叫“于归之喜”。诗中描述女子在出嫁时，看到桃树长得茂盛，就期许自己嫁过去之后要好好孝顺公婆，让这个家兴旺起来，就跟桃树一样。所以女子出嫁的初衷也是为了辅助好丈夫，把这个家兴盛起来。有没有人出嫁是要搞得人家天翻地覆的？不可能是这个样子。所以人不忘初心很重要。

“听妇言，乖骨肉”，**首先女子要将丈夫的父母、亲人都当作自己的亲人一样看待**。因为与我们的丈夫相爱，没有他父母的养育，哪有我们的丈夫？所以以这份心去感恩自己的公公婆婆，要尽孝就不难。包括丈夫的兄弟姐妹、长辈，都是对他成长非常有恩的人，那夫妻是一体，都要一同孝敬、尊重，这个理明白了，就不会因为丈夫的亲人跟我们没有血缘关系，而产生分别对待的心。

而人的眼界要宽，不能只看眼前，争眼前的小利，应该要重义才好。我们今天能孝顺好父母、团结好丈夫的兄弟姐妹，给儿孙做好样子看。我们跟丈夫同心，把孝悌演出来，下一代一定是孝悌传家了。不要看眼前一点钱，计较对父母的奉养，计较对兄弟的帮助，那很可能下一代就无情无义，就麻烦了。

我们看历史上，以孝道为我们所敬仰的舜王，他的子孙传了三四千年都不衰，而且现在后代还很多。所以舜王的后代都要很好地把孝道的传统传下去。**古月胡、耳东陈、田、姚、虞、傅，这些姓都是舜王的后代。更重要的要把舜王的孝德、圣德传下去，这样是不辜负自己的祖先。**

全世界来看，整个文化、历史还能承传的，只剩中华民族，那不是偶然的，“积善之家，必有余庆”。因为**我们中华民族核心的德行就是孝道，中华文化用一个字来表示就是孝**。“孝”字上面一个老，下面一个子，不可分。子在下，老在上，背着父母，孩子念念想着回报父母的恩；父母在上，他以他的人生智慧来引导孩子一生的幸福，时时为子孙着想。

我们的祖先为子孙的未来着想，希望子孙都能以他们积累的几千年的智慧，来经营他的幸福人生，所以发明了文言文。因为“语”跟**“文”假如不分开，语言三十年就有小变化，三百年就有大变化。写文章如果都跟讲话一样，三百年前人写的文章我们就看不懂，更何况我们还有五千年的文化。所以祖先有高度的智慧为后代子孙着想，发明了文言文。**只要熟读五十篇文言文，我们就会看文言文，一打开《论语》孔子的教诲，我们可以超越两千五百年时空的限制，直接跟孔老夫子学习。所以中华民族的儿女很幸运，遇到这么仁慈智慧的祖宗，每个人只要肯学，都可以站在五千年的智慧之上来经营人生。

所以我们懂得父母、祖宗对我们的慈爱，就不忍辜负他们，甚至不能让他们操心。现在的中华儿女断了老祖先的教诲，所以不懂得孝道、做人，乱象频传。《左传》讲：“人弃常则妖兴。”“弃常”就是偏离做人的行为。“妖”就是很不正常、颠倒的情况出现，就像经文说的：“听妇言，乖骨肉，岂是丈夫；重赀财，薄父母，不成人子。”这都是离常道了。

再来，“嫁女择佳婿，毋索重聘。”找对象组织家庭，什么为本？德为本。“德者本也，财者末也。”但现在找对象也好、找工作也好，都把钱排第一位。本末倒置了，这就是“弃常”，所以现在离婚率特别高。本末倒置的现象很多，比方说孝顺，孝子，孝子是孝顺父母叫孝子。现在是父母孝顺儿子、女儿，把他们照顾得妥妥帖帖，现在的父母不懂这些道理，“爱之不以道，适所以害之也。”

有的高中生，早上爬不起来，得父母叫，把他叫醒了，端洗脸水到床边给他洗脸，洗好了脸，把早餐端给他吃，都伺候好了送他出门读书。一个高中的孩子，他有多少福报可以这样伺候？也许父母就想：没关系，只要他考上大学就好了。有没有道理？这么伺候的儿子真的考上大学，他以后会孝敬吗？没教他孝顺，反而颠倒了，伺候他，那他就觉得这些伺候都是应该的。所以冷静想想，现在能找到多少孝子啊？

最近听到家乡的一件事，一个博士生，从小父母花了很多时间陪他读书，把他养这么大，读到博士，工作都非常好，成家了，还帮他带小孩。结果现在两个老人身体不行了，统统送养老院，跟他一点关系都没有，听了寒心！这个博士生小时候也是憨憨的，也不是不好。可是长年的家庭教育、学校教育，都没有把道义、孝顺教给他。再来，他娶的太太也不懂，假如太太懂事，会让先生这么做吗？所以嫁女择佳婿，娶媳求淑女，不要看钱，常常看钱叫短视近利。人短视近利，说人生能看多远、多有后福，不可能的事情。

什么叫“常”？五常，仁、义、理、智、信。“仁”，不自私；“义”，不自利。心里没有仁义，一定自私自利。**而仁者爱人，他会爱护人，首先会爱护最有恩德的父母。“不爱其亲而爱他人者，谓之悖德”，连父母都不爱，那个爱是假的，是有目的的，是不正常的。**所以找对象或者找媳妇、女婿都要以“德”，尤其以德的本——孝道为标准，就不会有太大的偏差。

“义”，道义、情义、恩义。《荀子》讲，“义胜利”，人都是重义轻利，整个社会、国家大治，每个人心中把义排在前面；而“利克义”，把利排在第一位，想多赚些钱，父母病得很重，也不回来，那就是乱世。我们看到，现在人一有钱，买好房子自己住，父母还是住很差的房子，甚至自己装修好房子，旁边那个旧房留给父母住，这都是利克义，都在这些现象中看出来。父母贫穷，身体不好了，兄弟之间开始推卸责任，把父母推来推去，但一到分财产，统统都跑回来了。都是义没有放在心上，利摆在前面。

我有个长辈，应该也六十岁了，他说："我们这代人，是孝顺父母的最后一代，是被子女抛弃的第一代。"我们冷静看来一个重点，这一代的人很努力赚钱，但忽略对孩子的教育。还有，很可能否定了中华文化，"都是外国的东西比较好"，拼命把后代送外国去读书。整个文化在这一代不被重视，承传出现了危机，孩子从小就不懂这些教育，所以承先启后是每个人的责任。假如我们不承传老祖宗的教诲，上对不起几千年的祖宗，下对不起后代子孙。

《三字经》说，"养不教"，我们不教孩子伦理道德，有过失啊。"教不严，师之惰"，学校老师不教这个，让他们统统读上硕士、博士，还是有罪过，因为他不懂做人，他结婚还会离婚，他可能以硕士、博士的专业知识做犯法的事情。现在很多诈骗集团，那都不是一般人能做出来的，都是很多有能力的人才做得出来。所以这些都提醒我们义重要，不要本末倒置了。

"仁、义"，接着是"礼"，**是恭敬他人**。结果现在对父母都大小声，父母讲一句，子女顶九句，这没有礼。礼是节度、分寸。现在很多人花钱都没有分寸，很多大学生很奢侈，还没赚钱，信用卡就好几张。传统文化没有这样的价值观，这是功利时代的消费价值观。传统是什么？量入为出。无债一身轻，哪有借钱来花的道理？

再来是"**智**"，**智慧，处处能抓到根本**，可是我们现在五伦关系都重枝末，重利轻义，没有智慧了。最后是“**信**”，**信守承诺，更重要的是对得起自己的良心**。我们回想自己成长的过程，也曾经看到父母的辛劳，自己的内心说到，“我以后一定要好好孝顺父母。”发过的心念，一辈子都不能忘，这样才对得起良心。

仁义礼智信，这是五常。人不守五常就失去人格了，接着很多不好的结果都会出现。所以我们要把做人的常道、根本找回来。

刚刚跟大家举的舜王，他是大孝，夫子赞叹舜王“舜其大孝也与”，他的孝达到极点了。然后因为**孝开显了本有的性德，成为圣人，所以“德为圣人，尊为天子”，天下都是他的，那福报很大。福田靠心耕，他的至孝感召来大福报**。我们现在不重孝道，下一代就忘恩负义。第一，老人可怜；第二，他们的人生也没有福。《尚书》说，“作善降之百祥，作不善降之百殃。”心不善，不懂孝道、做人，灾祸就愈来愈多，福很快就折光了。其实很多真理，我们在眼前就可以观察到。舜王的一生很值得我们学习，也给我们经营家庭很大的启示。所以“德为圣人，尊为天子”，他的德行福报都到极点了，“富有四海之内，宗庙飨之，子孙保之。”几千年来，子孙都祭拜他，福很大，传几千年都不衰。

另外，当代有一个道德模范，也让我们很佩服，叫孟佩杰，她五岁父亲去世，母亲生活困难，把她送给一位女士抚养。结果在她八岁，养母瘫痪了。从那天开始，一个八岁的女孩照顾体重差不多是她两倍的养母，就这样照顾了十几年，还带着母亲去读师范学院，感动当地的医院免费帮她母亲治疗。所以孝感天地，感动了很多人来帮助。现在她的母亲已经可以坐轮椅，行动比以前也好很多。

其实人要尽孝并不难，只要真正从生活的种种细节，去体恤父母的爱，以至于想到成长过程，实实在在讲，没有父母，哪有我们现在？像母亲要怀胎十月，怀胎守护的恩德。生我们的时候很痛苦，这是“临产受苦恩”。生下了孩子，这些苦都放下，开始念念为孩子想，“生子忘忧恩”。生孩子这么痛，我们的母亲从没跟我们提过，生我们很痛，都放下了，都为我们着想，包括有些孩子生下来，体质比较不好，像我的姐姐小时候身体不好，常常跑医院，父母多少担忧在里面！

有个母亲，她的孩子夜晚走路不小心，从楼梯跌下来，楼梯尖尖的，就刚好撞到额头，血就喷出来了，母亲就赶紧送他去医院。送进医院止住血，母亲才稍微喘了喘气，才发现自己只穿了一只拖鞋。就是看到孩子在流血，完全没有自己了，就以最快的速度送孩子到医院。自己穿着一只鞋，完全没有感觉。

所以父母多少的岁月里，都是忘我地在为我们付出。我们不能成年了都忘了这些恩德，真的，生命中没有父母这些付出，根本就不可能有今天我们的存在。包括什么好的都给我们，尿床了赶紧把干燥的地方给我们睡，自己睡在湿的地方。还有“哺乳养育恩”，前面提到，母亲的乳汁是她的血变成的。“洗濯不净恩”，我们三岁以前都没有行为能力，大小便都是父母帮我们收拾。父母养育照顾我们的过程，家庭也有很多的压力、困难，父母在我们面前都没有皱眉，都是给我们笑脸，希望我们成长、读书不要有这些压力。后来我们长大了、成家了，“当家才知米贵，养子方知亲恩。”“咽苦吐甘恩”，所有家庭里这些酸甜苦辣，父母自己咽下去，都把甘甜的吐给我们。有时想想，小时要一个玩具这么贵，要一个电子琴这么贵，其实父母是很难的，但看我们这么喜欢，还是为我们买下。

“远行忆念恩”，我们离开家读书，父母也会担心我们的生活。比方我们读大学，应该让父母到我们住的地方看一看，让他心安。自己要把生活的环境弄好，包括生活习惯要好，不然父母又要多操很多心。

“深加体恤恩”，尤其我们生病，父母都是向天祈求，把病降到自己身上，不要让孩子痛苦。小孩发高烧在那儿哭，母亲都是陪着一起流眼泪，假如还要动手术，我想父母都是非常难熬的。刀是加在孩子之身，可是痛在娘之心。这个“深加体恤”，我在自己父亲照顾我的过程也体会很深。我从小体质不好，容易感冒、发烧，有时半夜两三点还没退烧，父亲起来好几次。父亲的手放在我的额头上，其实父亲也不知道孩子是醒的，我只是没睁开眼睛而已。父亲一按，感觉退烧了，当下那个心好像一块石头掉下来，心安了，这才去休息。这里没有言语，可是从父亲的手感觉到他的心。而父亲隔天还得上班，可是我们生病时，他几乎都睡不着觉，隔天还得承担这个家的重担。最后，“究竟怜悯恩”“母活一百岁，常忧八十儿。”父母对我们是一生的体恤、怜爱，不管我们现在几岁，都是他的孩子。

这些恩我们不能忘，这样就能在生活的种种细节去体恤父母的需要，尽这份孝心。中国现在非常重视孝道，所有的子女在法律当中，都有责任、义务孝养自己的父母。当然这是做人的根本，不是法律规定我们才做的。但中国有这样的法令，也昭告全世界，孝养父母是做人的根本。所以很可贵，我们中华儿女还是没有忘了孝这个根本。

现在由中国带头来重视孝道。**现在全世界都看着中国，不只是中国的经济，更重要的是中国的文化。全球都认识到中华文化的价值，才能让全世界功利主义的倾向，回归道义、回归孝道。**生为中华儿女，我们也要把我们中华的孝精神、道义精神，由我们自己的人生表演出来，因为做到了，所有人看到了很感动，就会学习。

刚刚讲的孟佩杰，当她在领奖时，主持人把她的故事讲出来，底下都哭成一团。这是每个人本有的孝心，听了她的故事都感动。包括翟导演，人家问他人生的幸福是什么，他说，我回到家把门打开，可以喊一声“娘”，就是我人生最大的幸福。听了很感动。

接着经文讲：

【重赀财。薄父母。不成人子。】

重视钱财，刻薄父母、甚至都不照顾父母，那根本就不配当人家的子女。所以德是本，孝是本，财是末。“重赀财，薄父母”，就本末倒置，那连做人的根本都没有了，天地哪还能容我们，不被老天爷给收回去了？所以真懂孝的人倾家荡产都要救父母，不懂孝的，重钱财，哪怕他很有钱，还抛弃父母。

有个清朝的例子，乾隆时代湖州南浔镇，有个人赌博欠了钱，向他母亲要钱。他母亲已经没钱了，他说，你身上这件衣服可以当，还可以拿到一些钱。母亲也很无奈，说，那这件衣服，我到你姐姐家再脱给你。儿子怕拿不到，跟母亲坐船过河。母亲心里想：我上了岸再脱给你。到了岸边，母亲要下船，儿子怕母亲不给他，就扯那件衣服不让他母亲下船，一定要脱掉外套让她去当，就在那里扯的时候，他把母亲推下河去了，母亲就淹死了。结果没多久，他就暴毙。这是上天的惩罚。所以不孝父母是世间最大的罪过。所以这两句经文让我们深刻感觉孝顺为齐家之本，一定要以自己的身教，把这个家道传下去。

接着我们看下一句：

【嫁女择佳婿。毋索重聘。娶媳求淑女。勿计厚奁。】

“佳婿”是贤良的丈夫，找女婿就要找贤良有德行的。

在道家的《太上感应篇》说，“男不忠良，女不柔顺。”所以找好

男人，孝、忠、善良是重要的标准。找太太，找儿媳妇，孝、柔、顺是重要的标准。“娶媳求淑女”，这个“淑”是指贤淑有德行的女子。“勿计厚奁”，不要去计算、贪求丰厚的嫁妆。“嫁女择佳婿，毋索重聘”，不要去求很重的聘金、聘礼。这句告诉我们：**为下一代找对象，要重德不能重利。**这几句都是教我们在五伦中，什么是本，什么是末。男女成为夫妻，本是义，利是末。交朋友也是这样。今天在团体中，要找什么样的公司、领导？是重义的，是真正要服务社会的。找好的下属、干部，也要找重义轻利的。很多公司很大，就被几个人搞垮了，那还是用人本末倒置。

有一句俗话叫“人算不如天算”，什么是轻，什么是重，我们要会衡量。我们要常常拿人生的天平来称一称孰轻孰重。嫁女儿，是聘金重要还是女婿的德行重要？称称看，哪里重？这都是人生重要的抉择，称错了，很可能自己或者下一代的幸福就没有了。“方以类聚，物以群分”，人与人是互相交感的，我们的思想观念错误了，怎么可能感召好的亲家、好的女婿跟媳妇呢？

我们共学《朱子治家格言》，有没有感觉我们人生的秤，拿出好几次了？之前讲，孩子的人格重要还是赚钱重要？赚了钱，孩子的人格不健康，都没有陪他成长，那能用多少钱买回孩子健康的人格？包括孩子从小都吃外面，跟吃有母亲的爱煮的饭，健康不一样，我们又拿多少钱能买孩子的健康？我见到很多非常用心照顾家庭、孩子的母亲，他们的子女很壮，读书、做事业，体力都比别人好很多。健康是伴随孩子一辈子的，可现在妈妈出去赚钱了，孩子全部吃外面，身体不好，请问我们能拿多少钱买孩子的健康？这些都得衡量啊。

所以明理了，这个天平才能常常拿出来。其实这句“嫁女择佳婿，毋索重聘”非常重要。为什么？孔子的外公就很清楚这点，所以把女儿嫁给孔子的父亲叔梁纥。《了凡四训·积善之方》一开始就讲，“昔颜氏将以女妻叔梁纥”，孔子的外公嫁女儿前要做什么事情？不是看他们家有没有钱，是先查他们祖上有没有圣贤人。结果一查，祖上很多圣贤人，把女儿嫁给叔梁纥，生了孔子。所以我们感谢孔子的恩德，还要感谢他的外公。所以出一个圣人很难，第一，外公要有智慧；第二，妈妈要含辛茹苦抚养他。“嫁女择佳婿，毋索重聘”，这句话真懂了，说不定现在的孔子，就从我们为人父母、长辈的正确态度出来了。“娶媳求淑女，勿计厚奁。”打算盘就只看眼前，“这个女子家里很有钱，娶过来我就少努力很多年了。”男人打这种算盘，靠女人吃软饭，还叫男人吗？

古人留了一段话让我们思考：“以利交者，利尽而交疏”，因为利结交的朋友或对象，利没有了，交情就疏远了，甚至没有利，可能都离婚；“以势交者，势倾则交绝”，因为地位去交的，今天没地位了，交情就断绝了；“以色交者，花落而爱渝”，人的青春美丽不可能长久，它会变化，因为女色才交往、结合，最后没有这样的美貌了，就嫌弃，可能遇到更漂亮的，就变心了；“以道交者，天荒而地老”，道义相结合，不分彼此，同甘共苦。

历史上有个很好的榜样，东汉的宋弘。当时光武帝的姐姐湖阳公主的丈夫去世了，皇帝也希望帮姐姐找个好对象，她的姐姐对宋弘很看重，皇帝就去帮姐姐说媒，就举社会中一个说法，当然这个说法也不妥当。他说：“贵易交，富易妻，人情乎？”有了地位，就换交往的朋友，有了钱财，就换自己的妻子，这是人之常情吗？宋弘一听，就懂皇帝的意思是要给他提亲，他马上讲，“贫贱之交不可忘”，贫贱时曾帮过我们的朋友，不能忘了他们的恩，“糟糠之妻不下堂”“糟糠”是原配，陪着自己筚路蓝缕、创业维艰的太太，不能遗弃。这么一讲，汉光武帝也觉得很惭愧。宋弘这份对妻子的情义，震动了当时的朝廷，其他人也不敢因地位高就背叛自己的妻子。中国中央党校刘余莉教授曾经分享这个故事，结果有个官员下了课，就来跟她道谢，说本来要离婚了，听了宋弘这个故事，自己惭愧心起来了，不再背弃自己的太太。

所以好故事要多记一些，一有机会讲给亲戚朋友听，可能就把他的良知唤醒。假如真的劝一个人，想离婚把他劝回来了，功德无量，他的祖先都会保佑你，感你的恩德。

这句不只是选择配偶，包括择友、用人，都要重视德行、重视孝道。接着看下一句：

【见富贵而生谄容者。最可耻。遇贫穷而作骄态者。贱莫甚。】

我曾经教学时，让学生读诵《朱子治家格言》，让我非常好奇的是，他们读到其中一句，声音突然拉高，我就注意听，原来就是这句。其实这个道理都没跟他们讲，他们就感觉到，最让人受不了、瞧不起的行为，就是见到富贵的人巴结、谄媚、奉承，因为那个态度本身就是一种贪求，贪求富贵，反而不受人尊重。

《弟子规》告诉我们，“唯德学，唯才艺，不如人，当自砺。”一个人不断重视自己德行的提升，受人尊重。“若衣服，若饮食，不如人，勿生戚。”所以应该重德，不是重财。您看这几句贯在一起都是“德者本也，财者末也”。一个人把富贵当作人生的追求，一来没了人格，最可耻。再来，贪心愈来愈重，人生会愈来愈不快乐，因为贪求富贵、贪求欲望。欲是深渊不见底，最后求不得就痛苦了。而现在追求名利富贵为人生快乐的人很多，愈求愈苦，所以现在得精神疾病的人好多。科学家讲，一两岁的时候，人平均一天笑一百八十次，结果成年以后平均一天才笑七次，愈活愈笑不出来，这就是整个人生的目标错了。

所以人生踏出的脚步大小不是最重要，方向要对。追求名利不是人生快乐的路，追求道义的人生才是快乐的，追求智慧的提升是最快乐的。我师长口袋里一毛钱都没有，可是看他老人家八十七岁笑起来返璞归真，像婴孩一样。像我们现在活到三四十岁，愈活愈笑不出来。所以为善最乐，助人为乐，“父母俱存，兄弟无故”，可以孝顺父母，可以兄弟在一起不分彼此，那都是人生的大乐。“仰不愧于天，俯不怍于人”，对得起良心，这是人生真正的快乐。

“遇贫穷而作骄态者”，贫穷就很可怜了，我们还傲慢，羞辱人家，给人家难堪，“贱莫甚”**“贱”不是指没钱、没地位，是有人的身体，做的却是没有人格的事情。所以人因行为而高贵，不是因地位而高贵。**许哲女士没有钱，她有钱就捐出去了，可是她被奉为新加坡的国宝。她的行为都是助人、奉献的精神，所以她高贵。

所以再有钱、再有地位，可是行为却违背人格，这是低贱，让人瞧不起。所以遇贫穷，不能作骄态，自己贬低了自己。遇贫穷要生怜悯，生帮助、爱护的心，就像《了凡四训》中“莆田林氏，有老母好善”，做粉团给贫穷的人，而且欢欢喜喜给人家。有个人每天要六七个粉团，要了三年，她都欢欢喜喜给。所以见贫穷生慈悲心，爱护、照顾他们，结果林氏的后代考上功名的，有一升芝麻粒这么多。福建有一句话叫“陈林半天下”，林氏的后代特别多，跟这位莆田林氏也有关系。

今天谈的句子都让我们深刻体会到，**德者本也，孝者本也，义者**

本也，情义、恩义、道义是根本，财是枝末。我们不能走本末倒置的人生，更要由我们中华儿女把根本演出来，把这个世界带回到正常的路上。好，谢谢大家！

第十三讲　自重自爱，仁慈宽恕

尊敬的诸位长辈、诸位朋友，大家好！上次我们谈到：

【见富贵而生谄容者。最可耻。遇贫穷而作骄态者。贱莫甚。】

《朱子治家格言》这些教诲让我们反思我们人生的价值观。什么样的价值观才有意义、才尊贵？像经句提到的“见富贵而生谄容”，这样的行为让人觉得羞耻，爱慕虚荣，不受别人的尊重。**事实上别人不尊重我们，还是因为我们自己没有自重、自敬。自重从哪里做起？从正确的人生价值观。**我们看“见富贵而生谄容”，把富贵变成人生的追求，甚至贪求，爱慕虚荣，遇到富贵的人就抓住机会巴结谄媚。那富贵真的能让人快乐吗？真的能得到幸福人生吗？我们看世间很多富贵之人，他的烦恼比贫穷的人更多，因为老祖宗讲“欲似深渊”，追求名利、欲望，那是无底洞。所以追求富贵享乐的人生，是无止境的一条路，愈陷愈深，最后“求不得苦”一大堆。所以真正的乐应该来自什么？知足常乐。

俗话讲，“纵使家财万贯，也只日食三餐；广厦千间，也是夜眠六尺。”所以人生物质上的需要其实很有限，假如追求物质的享乐，跟人攀比，最后人比人气死人，变成这些欲望的奴隶，自己的灵性一直下降，对父母妻儿、对社会、对国家、对民族，应该尽的道义都没尽，追求富贵名利一辈子，统统是过眼烟云，带不走。

所以**真正有智慧的人，他是留留得下来的，带带得走的；没有智**

慧的人，都是求带不走的，身外之物都带不走，而且还留下成为子孙的祸患。现在有的大企业家去世，一两年都不能下葬，子孙就打官司，那真是可悲。《三字经》中，古人劝勉我们，“人遗子，金满籯，我教子，唯一经。”一般的人，没有把人生这些道理想透，都想着给孩子留更多的钱财、房屋、田产。明理的人就会想：子孙假如贤德，我还留一大堆财物给他，那不是让他没有志气吗？“则损其志”。子孙的素质不如我，我还留钱给他，那不就增长他的骄奢淫逸这些恶习吗？所以有智慧的父母、长辈，决定不留财物给孩子。留什么？留经典，留他这一生恩义、情义、道义的榜样。

范仲淹先生留给后代子孙的，就是那份道义、忠义的人生，对整个家族、对社会贫苦的人，甚至贫寒的读书人，全心全力照顾，为家族、为社会培养非常多的人才。“忠”，范公为政，确实做到“先天下之忧而忧，后天下之乐而乐”。传了八九百年的家道，哪个范公的子孙不效法他的忠义？**这是真正留留得下来的，就是他一生的德行风范，成为百年、千年之后子孙的榜样，这样的人生是最有意义的。他自己也成就了完美的德行、智慧，这是带得走的；他所做的一切善行，那是无量无边的功德、福德，这都是带得走的。**假如没有把人生真正的价值观想通，不只一生造作很多罪业，追名逐利，很可能做很多昧着良心的事情，还留钱财让子孙成为祸根，那真是太不明智了，甚至很冤枉，又不明理，“小人冤枉做小人”。

所以我们老祖先，在《大学》就告诉我们人生的价值，“大学之道，在明明德，在亲民，在止于至善。”“明德”就是每个人本有的智慧、德能，就是《三字经》讲的“性本善”。**我们这一生，就是要恢复本善，恢复明德，恢复自己无量的智慧、德能，这是我们人生自爱的价**

值。再来，爱人的价值，“在亲民”，这个“民”，自己的家人，以至自己生命中所遇到一切有缘的亲戚、朋友，我们都竭尽全力去帮助。当我们离开这个世间，很可能我们的孩子、亲戚朋友说，这一生就是因为遇到了我们，他的人生才幸福快乐，才走得正确。这就是“留取丹心照汗青”，有意义的人生。

人生真正的乐，决定不是外在拥有多少的物质享受。现在误会外在刺激叫快乐，那是无法持久的快乐，那是欲望暂时满足。可能过后欲望更大。比方我们愈吃好吃的，就愈想吃；愈穿好穿的，就愈想买；住豪华的别墅不满足，可能满足一会儿，又去追求更深的欲望。所以现在患忧郁症、得心理疾病的人多，统统都是求不得的痛苦。所以富**贵不能达到人生的真正快乐，是什么？是富贵之后去利益他人，“亲民”，由于利益他人，我们的心胸愈来愈宽广，愈来愈不自私，明德愈来愈提升，自己快乐，别人也快乐。**

老祖先告诉我们助人为乐，为善最乐，尤其又点出真正的乐，是从内心自自然然往外涌现的，这不用花钱。孔子在《论语》第一句就告诉我们，“学而时习之，不亦说乎？”“时”就是时时，不间断；“习”就是实践，时时不离经教去落实。比方经教告诉我们不能起嗔恨心，“一念嗔心起，百万障门开。”“一念嗔心起，火烧功德林。”我们知道自己还是常常发脾气，学了这句，**下功夫时时观照自己的起心动念，一有情绪，马上调伏，然后从此以后不发脾气。**人不发脾气，身心轻安，很快乐，任何境界都不能让我们生气，所以“不亦说乎”。

我们现在假如不从内心下功夫，每天还有很多贪欲，还有很多看不顺眼，纵使富贵，每天还是很多烦恼、很多痛苦，跟人、事、物可能都对立起来。所以**真的把贪心、傲慢、嗔恚心放下，我们的性德显露出**

来，那是人生的快乐，那是真正尝到修道的快乐，所谓“安贫乐道”。

所以“世味哪有法味浓”，世间这些享受的刺激，比不上人真正放下习气的快乐，以至神交古人那种快乐，世间的快乐是比不上的。颜回夫子契入这种快乐，所以他能够“一箪食，一瓢饮，在陋巷，人不堪其忧，回也不改其乐”。这是孔子对他的赞叹。我们一般人听到这句，“生活这么苦，我怎么受得了？”其实人的精神生活愈充沛，物质欲望自然就愈淡。我们现在物质的欲望还那么重，看这样的生活就很难理解。假如我们真的深入经典，都觉得每天的时间不够用，哪还会想要满足这些欲望。甚至很用功的时候，两个礼拜、一个月，可能都没有起这些享受的念头，身心反而非常充实、快乐。有时体会到古圣先贤的德行、存心，真的会手舞足蹈，觉得好像圣贤人在我们心中一样。

所以见富贵之人我们不要生谄容，因为福田心耕，富贵也是修来的，不用去谄媚，谄媚也得不到，应该是懂得自己去修福，所谓“恩田、悲田、敬田”，谄媚跟这三个精神都相违背，不只让人瞧不起，更不可能获得福报。所以应该在心地下功夫，去行善积德就会有富贵。而得了富贵不是去享乐，不然灵性一直堕落，变成欲望的奴隶；富贵以后，去照顾自己的亲人，照顾需要帮助的人，就像范公一样的人生，所谓“舜何人也？予何人也？有为者亦若是”。

经文下一句：“遇贫穷而作骄态者，贱莫甚。”传统文化教导我们行仁道，爱护别人，所谓“己所不欲，勿施于人”。我们想想，假如自己贫穷，人家瞧不起我们、轻视我们，甚至以言语来数落我们，我们当然很难受。既然我们不愿被这样对待，那如果自己对贫穷之人有骄态，就违背了“己所不欲，勿施于人”的精神，而且一个不对的人生态度，随时在折自己的福报。

《了凡四训》说“**一切福田，不离方寸**”，**人一天中，自己的福报都有加减乘除，我们要契入仁道才有福报**。那怎么契入仁爱的大道？首先要如孟子所说的，“强恕而行，求仁莫近焉”，不断的，哪怕是勉强自己，都要时时保持恕道，宽恕他人。“恕”，如其心。上面一个“如”，下面一个“心”，如其心就是感同身受，人饥己饥，人溺己溺。看到他贫穷，体恤他的贫穷；看到他生病，体恤他生病。

新加坡有位很仁慈的长者，许哲女士，她活到一百一十多岁，她母亲也活到一百多岁，从这里就看到“仁者寿”，仁慈的人长寿。她在自传中，回想小时候，家在汕头，那时生活非常困苦，吃得也不是很好。但常常会有这样的情景，就是刚要吃饭，突然听到有人敲门，母亲打开门一看，好几个面黄肌瘦、饿了好多天的同胞。她母亲马上回来，把桌上的食物端给这些同胞，孩子们就跟着母亲出去。许哲女士回想到，当她看到这些同胞吃下食物，心中那种喜悦，还看到这些同胞对他们家那种感恩的心，她就非常欢喜。母亲这种仁爱的行谊，深深影响着他们，所以他们兄弟姐妹，没有一个不从事社会公益的工作，都是尽力热忱地去帮助他人。所以遇贫穷之人，要体恤他们的心情，不可以“作骄态”。

人因行为而尊贵，因能符合上天好生之德而尊贵。这句“遇贫穷而作骄态者”，提醒我们要“己所不欲，勿施于人”，延伸开来，我们今天处在富贵的地位，也要常常能体恤贫穷人的痛苦、生活情况。比方我们如果做大官，大官是父母官，不能变成享受富贵，而要深入民情，跟人民在一起，然后更好地去服务、爱护人民。

包括我们少壮之时，见到老年人要格外地恭敬，体恤老年人的辛酸，能更细微地体恤老人生活上的需要。不能自己很强壮，而嫌弃老人，这就非常不应该。我们也有一天会老，“如是因，如是果”，今天我们尊重老人、照顾老人，铁定感来我们老年也受人尊重、照顾。**天地间是一个循环，所谓“出乎尔者，反乎尔者”，我们怎么待人，就感召来人家怎么待我们。**

老天爷也用心良苦，让人都能有回报别人恩德的机会。就以做人最重要的根本孝顺来说，我们受父母的恩，才能成长茁壮，才有今天，我们也要能回报父母的恩德，才会觉得良心很安。我们孝顺父母是因，感得孩子学到孝道，把孝道承传下去，最后自己感得子女的孝敬，都是循环。假如这一生不回报父母的恩，这样的人生会觉得很空虚，所以古人给我们留一句话，“树欲静而风不止，子欲养而亲不待”，这是人生很大的遗憾。

《诗经》里讲，“哀哀父母，生我劬劳。”父母已经去世，他觉得很悲哀，没有办法孝顺父母，回到家没有父母奉养，好像没有回到家一样，所以他向着天地感叹，父母的恩像天地一样地厚，想报都报不完，现在没有机会了。小时候父母照顾我们，现在父母老了，生活能力差了，变成我们奉养他，就如同父母在我们小时候照顾我们，这是上天非常用心良苦的安排。

有段老人家的心里话这样说道：“当我老了，不再是原来的我，请理解我，对我有一点耐心。”老人家可能动作比较慢，比方走路、吃饭，这些我们都要能设身处地。“当我把菜汤洒到自己的衣服上时，当我忘记怎样系鞋带时，请想一想当初我是如何手把手教你。”我们看到这段话，回想自己成长过程，吃饭、系鞋带，都是父母手把手教我们学会。“当我一遍又一遍重复你早已听腻的话语，请耐心地听我说，不要打断我；你小的时候，我不得不重复那讲过千百遍的故事，直到你进入梦乡。”我们的童年，就是有父母这样的爱跟耐性，才能让我们成长。“当我需要你帮我洗澡时，请不要嫌弃、不要指责我，还记得小时候我千方百计哄你洗澡的情形吗？当我对新科技和新事物不知所措时，请不要嘲笑我，想一想当初我怎么耐心地回答你的每一个为什么。当我由于双腿疲劳而无法行走时，请伸出你年轻有力的手搀扶我，就像你小时候学习走路时我扶你那样。”我们学走路，不知失败了多少次，都是父母的陪伴，才能走稳每一步，这都是我们该知恩报恩的时候。“当我忽然忘记我们谈话的主题，请给我一些时间让我回想，其实对我来说，谈论什么并不重要，只要你能在一旁陪我说，我就很满足了。当你看着老去的我，请不要悲伤，理解我、支持我，就像你刚开始学习如何生活时，我对你那样。当初我引领你走上人生的路，如今请陪伴我走完最后的路，给我你的爱和耐心，我会报以感激的微笑，这微笑中凝结着我对你无限的爱。”

我们念到这篇文章，内心非常感叹，假如让我们的父母说出这样的话，那真感觉自己太不孝了，一定是让老人家很难受，他才会说出这样的话。假如我们真的感父母的恩，化为行动，就会非常体恤他生活的点滴，哪还让老人家讲这些无奈的话？我们要效法东汉黄香那份细心、耐心，“冬则温，夏则清”，这样地体恤父母生活的需要。**我们以体恤父母的心，进而延伸到爱自己的家人、爱邻里乡党、爱社会大众，“凡是人，皆须爱”，再延伸到爱一切的生命。**《朱子治家格言》后面讲，“勿贪口腹而恣杀牲禽”，这就是一个人孝心、爱心的延续。

那这份爱、这份体恤能延伸开来，就时时能设身处地。比方我们现在有安定的生活，我们也去体恤正在患难中的人群，**我们每天把学**

习圣贤教育的功德、福报，回向还在苦难中的人，这都是落实仁爱、忠恕之道。包括我们处在一个旁观者的立场，也能设身处地体会在其中的人的辛苦，所谓"事非经过不知难"。人不能设身处地，有时讲话就会苛刻、刻薄，就会把很难的事说得很简单，把有智慧的人说得很愚笨，这就不是忠恕之道了。**忠恕之道应该是什么？"忠"，尽心尽力去协助、帮助，不讲风凉话，不批评；"恕"就是感同身受，讲出的言语都是体恤、鼓舞人的，不是批判的言语。**

我们看下一句：

【居家戒争讼。讼则终凶。】

我们看这些经句，确实都点出了家道兴衰的关键。居家过日子一定不能争斗，不能一家人诉讼告上法院，因为这样的结果必然是凶相，"讼则终凶"，一旦发生诉讼，无论胜败，对双方、对整个家族都是凶相，尤其对下一代，看到不好的榜样，家道就败了。其实冷静看现前的社会，我们有没有听说过，哪个家庭争讼，告上法院，然后家族愈来愈兴旺？我长这么大没听过，我也没听长辈、任何亲朋好友说过，哪个家族争讼，然后愈来愈富贵。所以人不明理，尽干傻事，现在争讼的这么多，有哪个家是好的？没人提醒！

有位大企业家跟弟弟为了财产问题争讼，结果他接触到传统文化，尤其读了《弟子规》，"兄道友，弟道恭，兄弟睦，孝在中"，他懂得反省，马上撤诉，现在事业做得更好。"人非圣贤，孰能无过，过而能改，善莫大焉。"尤其最可贵的是他看了这句话，体会到母亲的心情，一个母亲看着自己的两个儿子打官司，可能连觉都睡不好。"孝弟也者，其为仁之本与"，做人一定要从孝悌开始。俗话又告诉我们，家和才能万事兴。**家庭要没有争讼，一定要回到修身，身修而后家齐。身**

不修，很容易跟人对立，很容易指责别人，跟朝夕相处的家人不起争执挺困难。

《德育课本》中谈到一个读书人叫缪彤，他有好几个弟弟，他是大哥，这些弟弟都是他照顾长大的，结果这几个弟弟跟弟媳提出要分家。假如是我们，心里一想可能就会很难受，“这些人真是忘恩负义，都是我拉拔长大的，竟然都不念恩，还说要分家。”可能心情不好，甚至有可能发脾气，跟兄弟争吵。

我遇过一位长辈，弟弟确实是他带大的，但弟弟后来不念他的恩，还不理解他，结果哥哥活到八九十岁了，常常还抱怨这件事。当然弟弟确实不对，不能忘恩，可是这个哥哥也自己苦了自己。照顾弟弟是尽一份情义，是该做的，我们也不强求弟弟、亲人的理解，我们做了就心安。**人尽道义，自有福报，不要去挂碍这些人、事，更不要耿耿于怀，郁闷终日。其实我们把内心这些痛苦放下，最关爱我们的人心上的石头也掉下来。**

面对家庭的不理解、无理的要求，要不产生冲突、争斗，那缪彤的这份存心就是我们应该效法的。他的弟弟为了利益一时昏了头，要分家产，当下他没有责怪他们，反而自己进了屋，关起门，对着古圣先贤说到，自己很惭愧，读了一辈子的圣贤书，却不能够真正地修身、齐家，实在感觉自己对不起祖宗，对不起古圣先贤的教诲，所以就打自己的嘴巴。缪彤时时都是想着“行有不得，反求诸己”，都是自己的错。人一反省，诚心就现前。他的弟弟跟弟媳看到这样的情况，人都是有良心的，大哥照顾他们这么多，其实内心还是很佩服大哥，一时起了争利的念头，而大哥不只没说他们，还反省自己，一下子把他们的良心唤醒，马上都跪下来向大哥道歉。

从缪彤的人生态度，让我们学习到，**天地之间，人与人的相处是什么心境？“除自责自尽外，更无道理矣”，这个“责”就是反省自己，“尽”就是尽心尽力。这句话就包括了所有道理。**“自责”，反求诸己，忠于自己的良心，反求诸己才能不断成就自己的德行；“自尽”，尽心尽力，推己及人，尽力帮助亲人跟朋友。所以自责、自尽，还是忠恕之道。夫子之道是“忠恕而已矣”。人面对任何的事情，不情绪化，要首先想：“这件事我有哪里不对？”这也都跟《朱子治家格言》相应，“因事相争，焉知非我之不是？须平心暗想。”有摩擦了先反省自己，这颗反省的心跟对方相交感，很可能我们一反省、一认错，对方也马上反省，所以缪彤是修身齐家的好榜样。

另外，我们也反思到，家庭中容易因什么争吵？《弟子规》讲：“财物轻，怨何生；言语忍，忿自泯。”家庭中，能轻财物，能控制情绪不发脾气，很多纷争可能就化解了。古代兄弟姐妹、亲人之间的相处，确实能做到这句。就像之前提过的兄弟相处的一段教诲，“同气连枝各自荣”，父母就是我们的根，兄弟及子孙都是枝干。“些些言语莫伤情”，就是要言语忍，要懂得忍耐、忍辱、不争，不要因为芝麻蒜皮的事情计较，这样就大事化小，小事化无。“一回相见一回老，能得几时为弟兄？”轻财产、轻财物，记什么呢？记恩德。姐姐以前是怎么对我的，哥哥以前是怎么对我的。“弟兄同居忍便安，莫因毫末起争端。眼前生子又兄弟，留与儿孙作样看。”给子孙戒争讼的好榜样、家和万事兴的好榜样。

我们看周朝八百多年，因为周朝的先祖，像泰伯、仲雍把国家都让给了弟弟，那还有什么好争的？汉朝赵孝、赵礼命都能为兄弟牺牲，那还有什么好争的？所以**能够轻财物，然后忍住脾气，这是从修身中**

去贪、去嗔，自然身修而后感得家齐。

又有一个真实例子，宋朝的崔少娣，她嫁到了苏家。嫁过去时，已经有四个嫂嫂。这四个嫂嫂常常吵架，甚至还打架，纷争不休。她嫁以前，亲友都很替她担心，但是，她心非常安定，因为她很相信“人之初，性本善”，她只期许自己要真诚，只怕自己真诚不够，不怕别人不能感动，格言讲，“天下无不可化之人，但恐诚心未至。”

嫁过去之后，因为她最小，她主动承担一些比较重的劳务，她告诉婆婆，“我比较小，应该多做，嫂嫂们比较辛苦”，她布施劳力。再来，布施财物，她回娘家带一些好东西，都是先给嫂嫂、侄子，没有私心。一次她抱着侄儿，侄儿突然撒尿了，嫂嫂不好意思，因为她那衣服是很珍贵的，就赶紧要把自己的孩子抱回。少娣马上对嫂嫂讲，“不要急，抱得这么急，怕吓到小孩。”我想，在这个当下，她的嫂嫂会很感动，弄脏了少娣的衣服，她不只不觉得可惜，反而还为她的孩子着想，怕惊吓孩子。我想这样的事一次、两次、三次，再怎么坚硬的心都会被她感动。

包括嫂嫂们常常会讲些是是非非，她听着不回嘴，笑一笑，不参与。假如自己的女仆讲是非，她严厉地教训，带着她们向当事人道歉，向嫂嫂道歉。其实看起来严格，事实上是真正爱护仆人，因为仆人以后还要嫁为人妇，假如喜欢搬弄是非，以后决定不会幸福。嫂嫂们谈是非，那是以前养成的坏习惯，但人有良心，常常讲，看到少娣不回嘴，自己也心虚，慢慢就不讲了。少娣再带动**看到每个人的好，慢慢谈话的内容就转过来，从言人过失，慢慢懂得去感恩每个人。**所以她嫁过去一年左右的时间，四个嫂嫂都感动了，就对人家说，我们这五婶是个贤人，“五婶大贤，我等非人”，我们跟她比起来真的不太像人。我们听了也很感动，每个人都有良心，而且都有希圣希贤之心，看到这样的好榜样，都忏悔，都想效法。

所以读书人看到这样的榜样，非常赞叹，说到，“三争三让，天下无贪人矣。”别人争财物，我们都让，慢慢人家觉得就你是君子，我也不愿做小人。“三怒三笑，天下无凶人矣”，别人恶意过来，我们带着微笑善意回应，甚至还道歉：“对不起，对不起。”他误解我们，我们还是向他道歉，因为他刚好在气头上，等他冷静下来，事情一搞清楚，误会我们了，可能更惭愧，更被我们的德行所感动。后来这四个嫂嫂都不吵架了，“一个巴掌拍不响”，只要两人中有一人真有德行，这个架就吵不起来。

“居家戒争讼，讼则终凶”，不只家庭如是，延伸朋友之间、领导对领导之间也如是，以至在自己的事业中，合作伙伴也应该这样做，甚至同行之间应该良性互动，而不应该互相攻击，不然都是凶祸。记得小时候，比方到书局，刚好没货，老板还会说，“您到附近某某书局，他们那里有。”互相之间尊重，和气生财，有钱大家赚。现在这样的风气少了，互相批评、毁谤，反而让客户不舒服。而且只要常常这样恶意去争斗、去毁谤别人，铁定折福，最后事业愈做愈不好。**应该同行之间互相协助，彼此的经验互相学习、互相赞叹，这样才能真正有福报，才能和气生财。**

真正明理的人，决定包容、宽恕别人的错，而不去争讼，因为“命里有时终须有，命里无时莫强求”，真靠诉讼拿到的钱财，可能是我们命中本来就有，而且还折了一大半。我们能量大福大包容人，不计较，反而福增长，这里损失那里就补回。而且我们想想，人愿意跟随处处争斗的人，还是愿意跟随非常有度量的领导人？我想真正冷静的人，他决定要跟有度量的人，跟这样的领导者可以学到做人的道理，跟常常争斗的领导人不就永无宁日了吗？

古人的风范，听到朋友转告有人背后骂他，他会说："我跟他很好，他不可能骂我。我只记得他的好，他不会骂我的。"接着朋友又讲，"他真的骂你，指名道姓地骂。"接着他说，"同名同姓的人很多，不会是骂我。"他不生气，这个冲突就不会愈来愈严重。冲突会严重，就是一个骂，另一个跟着骂，愈骂愈凶；一个打，另一个也打，愈打愈凶。只要一个不骂，一个不还手，冲突就化解了。这个骂人的人事后了解到对方不只不生气，还说"我跟他挺好的，他以前对我很好"，人家都不记恨，慢慢也觉得不好意思。所以我们要以德化人，不逞一时口舌之快，跟人起冲突。

接着经句讲：

【处世戒多言。言多必失。】

处世必须要谨慎自己的言语，言语不可太多，因为话多易失言，容易说错话，就可能招致不必要的麻烦，甚至更严重，招来灾祸。所以孔子教学分四科，"德行、言语、政事、文学"，言语排在第二位。言语不当，走到哪都造成是非纷争，成事不足败事有余。所以老人都提醒我们要修口德、积口德，不然福报全从嘴巴溜掉了。

比方喜欢批评人、挖苦人，喜欢讲一些伤害别人的话，一天就折了很多福报。假如懂得修口德，每天安慰人、鼓励人，都讲利益人的话，甚至人家寻短见，你一句话能劝他回头，那都积很厚的阴德。比方"见人善，即思齐""道人善，即是善"，对真正有道德学问的人，我们不嫉妒，赞叹他，让更多的社会大众跟他学习，这叫随喜功德，每个人受益都跟你的赞叹有关系，所以口德重要。一念"道人善，即是善”功德很大，一念嫉妒、毁谤、批评，断了很多人的信心、法缘，这个罪业就很重了。所以**对自己来讲，言语的修养要下很大的功夫来提升；对团体，注意口德才能真正和睦相处。**

我们要了解，**言语是心之声，是我们心体现出的行为，所以言语有问题，事实上还是心地偏颇了，都要从心地下功夫。**比方“处世戒多言，言多必失”，多言是行为，病在哪？病在心太浮躁。《易经》告诉我们：“吉人之辞寡，躁人之辞多。”浮躁的人话太多，定不下来；吉祥的人很安定、安详，言语不多。

晋朝宰相谢安，当时王羲之三个孩子去拜见谢安，见了以后，旁边的人就问，这三兄弟哪个德行最好？谢安说，最小的王献之最好，他两个哥哥谈很多没有意义的话，而他很有礼貌地问候长辈之后，就非常谦卑地听长辈讲话。因为去见宰相这么有人生阅历、智慧的机缘很难得，谦卑的态度一定是恭恭敬敬听，怎么会多话？后来确实最有成就的就是王献之。《弟子规》也告诉我们：“话说多，不如少，惟其是，勿佞巧。”

说话的学问很多，我们要能观照讲话的存心（我们的目的是什么）、我们的态度好不好、讲话的方法妥不妥、讲话的时机对不对。一个人会非常谨慎言语，主要也是很了解“一言兴邦，一言丧邦”，言语影响很大。俗话讲，“三年交情，一语寒心，温情全失”，很多年的老朋友，一句言语苛刻不体恤，可能交情就付诸东流。包括自己的福报，有一句话讲，“一言折尽半生福”，一句话把半生的福报都折掉了。有的人讲话真的很刻薄，讲得让人气到说不出话，甚至讲得让人想自杀，这都是折了半生的福报。

甚至很多家庭就因为言语不慎，出外讲自家的丑事，可能就造成家人之间终生的隔阂，所以不言家丑对一个家庭来讲太重要了。比方夫妻，假如太太把先生的不好到处讲，最后又传到先生的耳里，先生一定火冒三丈，不能原谅太太，那就麻烦。假如先生的不好不讲，只讲先生的好，最后传到他的耳里，那先生会想：“我才这么少的好，我的妻子都赞叹、都欣赏；我这么多不好，她都包容。她这样对待我，真是太令我敬佩了，我不能让她失望，好的我要更好，不好的我要改掉。”**你赞叹他的好，包容他的不好，就把他的良心给唤醒了。不赞叹他的好，还讲他的不好，最后隔阂就愈来愈深。**

所以**言语要理智，要考虑后果，不能给自己设下很多一生都很难改善的障碍**。不只夫妻如此，婆媳之间也是如此。婆婆假如到处讲媳妇不好，媳妇听到了很生气，也去讲婆婆的不好，那这一家不就让人看笑话？所以有个地方的俗话讲，“婆婆背着鼓，到处说媳妇”，鼓挺响的，咚咚响；“媳妇敲着锣，到处说婆婆”，那锣更响。如是因，如是果，没完没了。**不言家丑，这是治家的千古名言，决定不能违犯。**

婆婆要包容媳妇的不好，尤其现在很多媳妇是独生子女，跟这个媳妇有缘，还得教导她，“教儿婴孩，教妇初来”，婆婆得教，丈夫得教，耐心教，不能批评，到处说她不好。包容她的不足，称赞她的好，婆婆这么一称赞，最后传到媳妇耳里，“婆婆真有度量，我这么多缺点她都包容，我这么一点好她都赞叹”，很受鼓舞，更努力地把这媳妇做好。那媳妇不讲婆婆不好，反而都是称赞婆婆可贵的地方，婆婆听了也很感动，就更爱护媳妇了。这样互相赞叹，婆婆多了个女儿，媳妇多了个妈，都是从不言家丑开始做起。

我们既知言语对自己的修养、对家庭、对整个团体的影响，就会更谨慎，就会很冷静地观照讲每句话目的是什么、应该存什么心态讲。

《弟子规》有句教诲，把言语当中重要的环节都点出来，“亲有过，谏使更，怡吾色，柔吾声；谏不入，悦复谏，号泣随，挞无怨。”“亲有过，谏使更”，代表目的是什么？是希望父母、亲人改过，为他好，这是目的。我们存什么心？存爱心、真诚的心去劝他。那目的、存心清楚了，态度呢？要柔和，“怡吾色，柔吾声”。我们去劝人，态度凶巴巴的，人家一下子很难接受。“谏不入”，一次劝，劝不动，“悦复谏”。《弟子规》每个字都有人生的智慧。“悦”是找他欢喜的时机去劝，适当的时机劝；“复”，不厌其烦，一而再再而三耐心地提醒，“复”就是我们必须有耐心。“号泣随，挞无怨”，父母、亲人不能理解，还骂我们、指责我们，不了解我们的苦心，我们还是不改我们这份初心，就是为了爱他，帮助他改过，并不是要他对我们有什么回报。反而他不能理解，我们不忘初心，更包容，更等待好的时机再来劝，不要急于一时。

今天就跟大家先交流到这里。好，谢谢大家！

第十四讲　柔和的口，善良的心

尊敬的诸位长辈、诸位朋友，大家好！上次讲到：

【处世戒多言。言多必失。】

言语对人生、对家庭、对社会都是很重要的修养。对自己来讲，不懂得言语的分寸，自己折福、遭祸都很难避免；对家庭来讲，没有言语的分寸，可能就会失和，会冲突；对社会来讲，没有言语的分寸，可能会造成团体的对立、冲突，甚至可能"一言兴邦，一言丧邦"。比方"天下兴亡，匹夫有责"，为什么天下兴亡跟一般的人都有关系？其实"兴"跟"亡"皆在人心。人心善，重道义，风调雨顺，家和人乐；人心不善，重利轻义，家跟国就是一个衰亡的情况。**整个社会是重道义还是唯利是图，谁决定呢？应该跟我们每个人都分不开。**

现在看到年轻人大多很自私，重自己的利益，这是结果，原因出在上一辈的人把利摆在义前面。"人不学，不知义"，没有把做人的道理教给孩子，从小自我、自私习惯了，就变成这样。记得小时候，听长辈谈论考哪个科系好，做哪个行业好，"某人做医生，每月赚十几万；某人做哪一行，赚的钱特别多。"所以填科系的目的，都是为了赚更多的钱，那等于是我们这一代考虑任何事，都把钱摆第一位。重利就轻义，所以不愿意养老人的现象就出来了，现在很多农村孩子出去了都不照顾老人；再来，夫妻离婚率愈来愈高，夫妻关系就很脆弱；兄弟之间为了财产上法院。这些情况都因为人心重利轻义造成，可这个风气却可能是我们每个人在谈话中慢慢形成的，“冰冻三尺，非一日之寒。”

所以“处世戒多言，言多必失”。**什么时候会有过失？我们讲的话跟经典不相应就有过失，因为在误导社会风气。**我们每天讲几句话？概略估计可能有五百句。这五百句都跟道义相应，一天增长很多福报，五百句都是给人智慧、给人利益、给人信心、给人温暖，那可能一天的功德就改变命运。但假如五百句绝大部分都跟经典不相应，那这天也折了不少福报。所以老祖先教我们要积口德，因为每天讲这么多话，心有仁德，话就不会离开仁德；心假如刻薄，那可能句句都会让人难受。

所以讲话是要负责任的。比方为人父母者思想观念错了，讲出的话误导孩子一生。所以当父母的人在孩子面前不能乱发脾气、乱讲话，这对孩子一生负面的影响太大。

曾听过一个例子。有位在小学做行政的老师，他的孩子也在这个学校读书，孩子都是性本善，知道父亲比较晚下班，他就主动帮助老师、帮助班级，留下来关窗户，做最后的检查。

这“性本善”，科学家有做实验。比方在一两岁的孩子面前，大人故意走着走着东西掉下去，孩子摇摇晃晃地走过去，拿起这个东西就要还给那个大人。他一两岁，父母又没教：“人家掉东西要拿去还人家。”这是出于性本善。所以父子有亲，那是天性。再来，为人想、善良，这在孩子身上看得到，甚至还有感同身受的能力。比方两三岁的孩子在玩耍，一个跑前面，一个跑后面。前面的不小心跌倒了，跌得很重，声响很大，结果跌倒的还没哭，后面那个小朋友哭了。为什么？孩子的心很敏锐，他能感受到别人的痛，所以第一个跌下去了，第二个先哭，因为第一个还没回过神来，还来不及哭，第二个先哭了。结果，第二个孩子的妈妈过来："哭什么哭？又不是你痛，是他痛。"把孩子的天性扼杀了。

我有一次到山东，一位朋友的小孙女四岁，隔壁家送他们一条大活鱼，拿个盆子装，因为太大，尾巴露出来，结果就把它切掉，血就流出来。那个四岁的小女孩看到了，拼命哭："它痛啊！它痛啊！"所以孟子说："亲亲而仁民，仁民而爱物。"有爱心的人能感同身受，体会动物的苦痛。所以这些例子都让我们感觉到孩子的天性，但是得教才能保持。

我们有位同仁就说，他的孩子两三岁看电视，看到杀戮的场景流眼泪，不敢看："好可怜！"结果当孩子六七岁，电视里同样是杀戮的画面，他的孩子变成喊着："杀！杀！杀！"两三岁看是流眼泪，六七岁以后变成在那里助阵，显然是因为接触的东西不对了。我们的孩子可能被不好的电视节目给污染了，也可能被我们大人错误的思想给污染了。

刚刚讲的那个孩子，读小学一年级非常热心，每次忙完，到爸爸的办公室，跟爸爸一起回家，就这样做了好一段时间。有一天他进父亲的办公室，父亲对他讲："怎么每天都是你做？真笨，多吃亏！"这孩子愣住了，本来做得很高兴，到爸爸的办公室都半走半跳的。**其实我们应该有体会，助人为乐，为善最乐，这是正确的思想观念。**结果父亲这么一讲，他愣住了，可是在他的心中父亲是非常崇高的，所以父亲的话他就听了。孩子从那天开始不做了，他不愿意吃亏，慢慢变计较，"为什么叫我？"计较就变什么？刻薄。

到小学四年级，有一天骂一位父亲过世的同学，"没父亲的孩子！"

那个同学哭得很伤心。本来乐于服务人，就因为父亲误导，变成这样刻薄。他骂同学没父亲，没几年他们家遭小偷，他父亲脾气大，对小偷穷追不舍，最后追到死胡同，小偷可能也被追急了，一转身拿刀刺他父亲，刚好刺到要害毙命。这孩子骂完人家没父亲没多久，他就变成没父亲。这故事是他念中学，回来反省讲给他老师听的。

我们想想，假如这孩子的乐善好施保持，甚至他的父亲还鼓励他，他们家会变成这样吗？所以父母的思想观念将决定一个家庭的命运。思想决定行为，行为决定习惯，习惯就形成性格（刻薄的性格决定没有福报），性格就决定命运。这个故事给我们一个很重要的启示：**讲话不可乱讲，都要依循经典、依循真理来讲话。孔子说他是“述而不作，信而好古”，圣人讲话都是非常严谨、谨慎，所讲都是符合圣贤的教诲，不能自己拿着话乱讲。**“信而好古”，对古圣先贤的教诲百分之一百地有信心、不怀疑。因为我们老祖先的教诲，是传了五千年不衰的真理。

讲话谨慎，首先不能违背真理讲话。因为我曾经听到有人说：“做什么行业都没关系，只要能赚钱就好。”这话有没有误导大众？有！“君子爱财，取之有道”，怎么可以这样乱讲？

还曾经听过一个妈妈说：“孩子孝不孝顺我，没关系，反正我自己有退休金。”这个话不能再跟别人讲，不然造的罪业可大了，这句话在告诉下一代的人不用孝顺父母。**下一代不孝顺父母，他连做人的根本都没有，那不是老人的灾难，而是这些年轻人的大灾难。**

她还有个说法：“反正我自己有退休金。”她还没老，她就知道她的退休金拿得到吗？今天她叫人家不用孝顺父母，请问年轻人会懂得尊重老人吗？不会。二十年之后，国家属于他们管了，不孝父母、不尊重老人，他们会不会把老人的福利删掉？有可能。当他们想要享更多的福，不敬老，当然把老人的权益拿掉，那老人的退休金在哪里？所以这个女士算盘打得很好，人算不如天算。还是教育重要，教育才能长久。眼前好像看得到利，事实上我们没有好好教育下一代，都不可能如我们所愿的。所以“至要莫若教子”，人这一生最重要的，没有比教好下一代更重要，不只是自己的孩子，还有整个社会的下一代。

言语除了要讲真理，不能误导人之外，**孔子讲：“刚、毅、木、讷，近仁。”“刚”，是刚强，不为欲望诱惑**，财、色、名、食在面前诱惑不了他。不受诱惑的人心地清净，接近仁德。**“毅”是果敢，就是见义勇为**，“有德者必有勇”，仁德的人，他可以“杀身成仁，舍生取义”，所以有这个“毅”，果敢，勇于去行仁义的人，他是接近仁德了。

现在很多企业家把传统“家文化”的理念落实在企业，让社会大众都相信伦理道德可以把事业做好，让大家对传统文化起信心，进而愿意学习传统文化。人不学传统文化、不学道德，都是堕落，所以他们看了不忍心，主动在企业落实，这也是“毅”。假如有二十个大企业，按照传统文化落实在企业中，给全中国信心、全球华人信心，这是真正给传统文化复兴一个非常好的基础，大众都相信了。因为现在人很现实，“学传统文化以后有没有发展啊？”学传统文化、落实传统文化的企业愈做愈好，大家就有信心了。

有报纸报道，广州中山大学规定大一的学生，还没进校的暑假要做三十个小时的义工，还要学一部经典叫《弟子规》。这些名校带头，“国家将兴，必有祯祥。”所以这些企业带动得好，学校慢慢也都跟进。这是“毅”。

“木”是质朴，就是很朴实，不虚华、不虚荣，本质很好，仁慈的人不好虚荣，所以近仁。

“讷”，言语迟钝，看起来好像不大会讲话，其实他是言语谨慎，考虑到别人的感受。假如今天在朝廷为人民谋福祉，他会辩才无碍，但是私底下跟人交谈，他会比较木讷、寡言，为什么？他要考虑这话讲出去，有没有刚好伤到人家的心。比方刚好这个人丧父，我们在那里谈我爸对我多好，不了解情况，可能触动他的伤心事。包括要谨慎他整个背景有没有哪些忌讳，或者他成长过程有没有哪些忌讳。不要犯了人家的忌讳，无形中得罪人、伤害人。

有句格言讲：“凡一事而关人终身，纵确见实闻，不可着口；凡一语而伤我长厚，虽闲谈戏谑，慎勿形言。”一件事关乎一个人终身的名节，纵然我是真正看到、听到，确定是真的，也不能把它挂在口上，为什么？看人要看后半段，浪子回头金不换。人家以前犯的过失，我们还常常挂在口上，就让人没有改过自新的机会，让人在人前抬不起头，这就伤了自己的厚道。不去张扬，包容甚至鼓励，他才愿意改过自新。甚至他是被人侮辱、陷害的，我们还常常挂在口上，那不是又把他人生的痛再次挑起来？就好像人家已经有伤口，我们还拿盐洒在伤口上。

“凡一语而伤我长厚，虽闲谈戏谑，慎勿形言”，平常讲话有伤厚道，言语里有讽刺、挖苦别人，虽是闲谈、开玩笑，都不该有这种言语。即使为了让气氛和乐一点，也不用去挖苦和数落别人。**轻松是在哪？人生的豁达、诙谐、反省、检讨。这颗厚道的存心时时不可离，因为一离，就伤了自己的厚道，折福了。**所以古人言语中都不得罪人、不伤害人。

再来，不批评人。不批评很重要，我们上次提到，讲话要讲得明明白白，讲出去对自己有没有益处？对别人有没有有益处？不然随顺习气，讲了自己又后悔，损人又不利己，那不是太愚痴了吗？一言一行要做利人又利己的事情。损人又不利己，干吗做？

批评，首先自己傲慢、不自爱，被这些坏习性牵着鼻子走。再来，伤了别人又害人。在这个时代，“事非经过不知难”，要成就一件好事不容易。很多人主动去付出，结果人家主动付出，不只没有赞叹，还一大堆批评，那不是伤了付出人的心吗？以后谁都不愿意付出了。人有时批评起来，会把很有智慧的人，批评得很愚昧，会把很难的事，讲得很简单：“搞成这样子，假如我来，三两下就 OK 了。”讲这种话的人，真的是伤付出人的心，因为什么？不忠、不恕。“不忠”，真的忠是尽心尽力，不会在旁边批评，而是直接去帮助人，哪还讲那么多批评的话？再来，都把事讲得那么简单，根本没有设身处地体会事情的难处，就“不恕”。“恕”是如其心，感同身受。**刻薄、批评，皆从不忠、不恕的心出来的。所以批评的副作用太大了。**

第三，影响团体军心。在军中影响团体军心的人要怎么处理？动摇军心影响太大了。刚刚提到，批评伤了付出人的心。再来，假如批评的是领导者，就让整个团体失去凝聚力、失去对领导的信心，这个团体马上就四分五裂。孔子说什么人最可恶？“恶居下流而讪上者”，处在下属的位子常常批评领导者，这个影响太不好。或者是批评同事，一批评这个同事，其他人听到，都对他不信任，整个人和就破坏了。所以“一言丧邦”，批评的话，可能让一个团队就瓦解了。请问信任容不容易建立？不容易！信任要摧毁容不容易？可能一两句话就毁掉了。所以常常想到言语对团体的影响，自己就慎重。

历史中有个故事，叫“曾子杀人”。有一天，有个人跑来对曾子母亲讲："你儿子杀人了！"曾子的妈妈说："不可能的！我儿子德行这么好，不可能杀人。"完全不受影响。过了一会儿，第二个人来了："你儿子杀人了！"曾母说："不可能，我儿子不可能杀人。"心里犯点嘀咕了。第三个人来："真的是你儿子杀人了！"其实是同名同姓的，结果曾子的母亲就有点紧张了，手足无措就跑出门了。曾经曾子不在家的时候，朋友来拜访，曾母咬破手指，曾子在山上砍柴感到心痛，就赶紧回家。曾子和母亲是母子连心，这样的信任，三次都受影响啊！所以人不可以听谗言，听了几次，父子关系会冲突，领导人会杀了忠臣，夫妻会离异。所以，"谗言慎莫听，听之祸殃结。君听臣当诛，父听子当决，夫妇听之离，朋友听之疏。"谣言止于智者，信任不容易，但是几句话可能就动了。

再来，一个人会批评，他不懂"组织伦理"。今天我们对组织、团队觉得哪些不妥，应该向上反映，这才是组织伦理，不然就破坏了人与人之间的信任。所以人要懂事，首先要守伦常，不能发脾气乱批评，这就失了为人下属、为人臣的本分。为人下属是有责任劝谏的，觉得领导有哪些不妥，觉得组织有哪些不妥，是可以劝的，可以向上反映，但不能到处批评。

忠臣，"积善之家，必有余庆"，不忠于自己的领导跟团体，这也要折很大的福。《了凡四训》说"家之父兄，国之君长"，在团体中要尊重领导，不可以自作主张胡乱批评。我们看春秋时代鲍叔牙推荐管仲，这是忠，所以他的后代十几世都是名大夫。那我们假如常常破坏团体的团结，这个不忠也会殃及子孙，所以言语确实要大的修养。

如果大家想深入言语的学习，刚好中心网站有专题"言语的修养"，可以提供大家参考。**要掌握的核心就是，讲话时明白自己的存心**

对不对。带着情绪讲，不对；带着自己的利益去讲，也不对，有目的的，不真诚。所以存心一定是真诚，一定是处处替对方想，不是发泄，不是翻旧账，看起来好像在讲经典的道理，事实上是翻旧账，因为自己动气了。**所以第一个，言语的存心要了解。**

再来，言语的态度，要言行一致。“君子一言，驷马难追”，言语要谨慎、厚道。“处事戒多言”，首先不要浮躁，寡言的人心比较定、比较静。“吉人之辞寡”，吉祥的人言语不多；“躁人之辞多”，急躁的人话很多，讲完又后悔。所以要三思而后行，三思而后言，包括言语要心平气和去讲，这是态度。

还有言语的方法。《**弟子规**》**讲：“凡道字，重且舒，勿急疾，勿模糊”，这是讲话的原理原则。**现在很多人讲话太快，人家听不清，又不好意思问。话多是心浮气躁。话快也是急躁。讲话既然是要讲给对方听，当然要让对方听得清楚。如果跟对方讲话，讲得太快，人家都皱眉头了，然后我们还补一句，“我这个人讲话就是这么快。”不体恤对方，还给自己这么好的借口。所以心要柔软，随时可以感受到对方的状况，看人家都皱眉头，就是听不清了，赶紧把言语放慢。

所以什么时候是自私自利？在我们生活的细节都可以看出自私自利。讲话都不为对方想，不就是自私自利吗？有时我们都觉得，自私自利我哪有？其实细细想想，想自己不为对方考虑就是自私自利。

包括提醒别人错误时要含蓄，要点到为止。不要一下把他所有的不好一次讲完，讲个痛快，讲到对方口吐白沫，或者讲得对方已经心里面讲“我跟你没完”，那这样讲话就太不敏感、太不敏锐了。**话可以讲三分，绝不讲五分，不然叫攀缘；话可以讲七分，只讲两分，叫不够意思。讲话这个度很重要。**比方从事教学，学生百分之百信任我们，给他讲八分对不起他；这个孩子已经翘嘴巴生气了，我们还一直讲，叫攀缘。所以“随缘”两个字不简单，讲话要委婉，不要太冲、太直，这些都是言语的方法、原理原则。

包括讲话的时机，扬善于公堂，规过于私室。提醒别人的错误，不要在众人面前，让他没有台阶下，没面子。规过于私室，私底下跟他讲，光是这个做法，就让他感觉是处处替他着想，就好讲话了。

包括“君子信而后谏”，他信任我们，才好劝谏，如果是第一次跟他认识，马上就说：“你这里不好，那里不好。”这违背人情事理，人家会误会说：“你是不是看我不顺眼？”所以信任很重要。那如何取得信任？我们的行为让他佩服，又常关心他，对他付出，这个信任就建立起来了。这都是考虑到言语的时机。包括“交浅不言深”，这都是分寸。言语懂分寸，懂进退，会让人很感动、很感佩。

言语会有哪些影响？所谓“祸从口出”，这就是影响了。“一言折尽平生福”，一句刻薄的话把一生一半的福都折掉了。“利刃割体痕易合，恶语伤人恨难消”，可能就一句话，他找我们一辈子麻烦。我们往往逞一时口舌之快，不知后面的副作用可能很难收拾。

所以，**言语是修身重要的功夫。其实修身的根本是什么？修这一颗心。《朱子治家格言》每句都是修心，**“处世戒多言，言多必失。”是存谨慎的心，调伏浮躁的心，浮躁才会多言。再来，提起仁慈的心，言语就懂得避讳，懂得不要伤害人、不要苛刻。

包括下句经文讲到：

【勿恃势力而凌逼孤寡。毋贪口腹而恣杀牲禽。】

都是修仁德之心。为人着想，怎么会仗势欺人呢？爱惜生命，长养慈悲心，怎么会贪口腹而恣杀牲禽呢？所以**每句教诲要拉回根本，**

修这颗心，这叫从根本修，这就是会学。再把体会到的这个态度，变成自己的一言一行，那就善学了，可能从一句悟通很多句。“处世戒多言”，言语要厚道，那做任何事也都要厚道，举一反三，举一反一切的事情。

我们刚刚强调要利人利己，所以圣贤教诲就教一个字，哪个字？爱。我们中华民族五千年的文化，就教这个字，所以是爱的教育。首先自爱，进而爱人。怎么自爱？保护好自己的清净心、慈悲心，保护好自己的真心，不然人会愈来愈被污染。一两岁的孩子，平均一天笑一百八十次，成年人平均一天笑七次，人愈活愈笑不出来，这是客观的现象。

没有人努力是为了笑不出来，都是为了达到幸福快乐。可努力有结果，不一定会有好结果。虽然没人说他的努力是为了笑不出来，可是人类真的愈活愈笑不出来！所以在这个时代应该放慢自己的步伐，不要走太快，因为愈走愈笑不出来的方向，干吗拼命走？

愈活愈笑得出来的，返璞归真、老年像小孩一样天真的人，我见过好几位，比方之前提过的新加坡的许哲女士，她已经把她人生幸福之道告诉我们了。人家问：“你怎么长寿的？”她的回答是“哈，哈，哈”，就是笑对人生，很乐观。“人生解知足，烦恼一时除”，知足常乐。

人为什么愈活愈笑不出来？因为贪求的东西愈来愈多，最后求不得，苦苦苦苦苦。儿子学历没人家高，媳妇赚钱比人家少，女儿又怎样……比来比去，全家人压力都很大，最后压力大到不想活的都有。家是什么？家是付出爱的地方，是温暖的地方，家怎么是给彼此压力的地方呢？攀比、虚荣、贪求，把自己搞得很累，又累了身边的人。自爱不容易，明理的人才知道怎么爱自己，时时让自己放下贪、嗔、

痴、慢这些习气，叫自爱。假如不断增长，那就是不自爱。

我的师长今年八十七岁了，笑起来很灿烂，像婴儿一样天真，这就是活对了。大家在照镜子时，可以看自己活对了还是活错了？笑笑看，自不自然？像不像婴孩？

那怎样是真的活对了？“大学之道，在明明德，在亲民，在止于至善。”活对了，**这一生让自己恢复圆满的智慧、德能、福分，这是自爱。怎么恢复？恢复两个字重要，是我们本有，但现在有障碍，只要把障碍去掉就恢复了。**贪心障福报，嗔恨、脾气大障德能。一生悔恨的事情，都是脾气很大时做出来的，后悔莫及。愚痴障智慧。把贪、嗔、痴放下了，慢慢就恢复“明德”，这叫自爱。

真有智慧的人，不会把一生用来追求带不走的东西，身体都带不走，身外之物也没有一样带得走，何必几十年苦苦追求带不走的东西呢？物质够用就好，知足常乐，**最重要是什么？提升灵性、提升智慧。人生的智慧在哪？在取舍。**有一次我参加活动，有位朋友说：“我们这里的人什么都快。”街道人满为患，走得都很快，你不走，后面的人推着你走，真的什么都快。“只有一件事慢，就是要死的时候很慢。”一直拖一直拖，插管插好几个月、好几年，放不下。放不下最后还得放，也带不走啊。

《三字经》说“人遗子，金满籝”，人没有智慧，留一大堆财产给孩子；“我教子，唯一经”，把经典、道德传给孩子，变成家道，这有智慧。

所以**“明明德”**是自爱。**又懂得利益家人、利益生命中的有缘人，叫爱人，这是最正确的人生价值观。**有这种人生价值观，怎么可能“恃势力而凌孤逼寡”呢？有势力的人因为有地位，他会“为官一任，造福一方”，怎么会欺负人？而孔子也教诲我们，“己所不欲，勿施于人”，我们不希望人家仗势欺负我们，我们更不应该去欺人。而且孤儿寡母是遇到人生大不幸的可怜人，更该去怜悯、照顾，怎么还能去逼迫、欺骗、伤害呢？这就太损阴德、太损良知了。这样的行为是非常恶劣的，种这样的恶因，感得恶果的速度非常快。

古代在河南方城，有一个人叫巩固，他的邻居姓周，挺有钱的，但刚好出现危难，全家只剩老太太跟小孙子，其他人都死去了，这算这个家遇到了最悲惨的事情。当邻居的本该照顾，巩固没有，他煮一桌菜，请老太太跟小孩来吃，讲得很好听：“你们一个老人、一个小孩，你们把这些家产便宜卖给我，之后我照顾你们一生。”老太太很相信他，就真的把财产很便宜卖给他，结果他得逞了，就把老人跟小孩赶走。这太狠心了。不到一年，他们家就遭遇盗贼侵袭，全家灭绝，而财产又回到老人跟小孩手上。所以人不明财富的道理，小人冤枉做小人，这个钱财命中就是这个老人跟小孩的，谁都拿不走。“命里有时终须有，命里无时莫强求”，不是我们的钱财，我们用不正当的手段，取得横财必感横祸，而且又是欺负孤儿寡母，欺负老人。所以这是不自爱，也不爱人，把自己的福折掉了，最后纵使没有被夺去生命，也是穷困潦倒。

明朝大奸臣严嵩，欺负了无数的人，最后因为他欺负太多人，人家对他恨之入骨，严嵩就是穷困潦倒而死的结果。我们要了解，严嵩是宰相，一个人能当宰相，祖上五代以上积福才做得了，结果他在福报中不懂得自爱爱人，搞得最后断子绝孙，他的孩子也被处死了。

人有地位、有权力，应该要造福一方。像《弟子规》说的，领导者要“待婢仆，身贵端，虽贵端，慈而宽”。**有福的人对社会的责任是**

多栽培、多照顾一些人。《了凡四训》告诉我们要“爱敬存心”，时时懂得爱人、尊重人。而我们学传统文化，受老祖先跟圣贤的恩德，怎么报恩？爱护、尊重一切人就是报恩。《了凡四训》讲，“爱敬众人，即是爱敬圣贤”，圣贤人在天之灵会很欣慰，包括他们的祖先，冥冥中都会感恩爱护他子孙的人。

《二十五史》里记录，有个人的父亲娶了一个妾，他一开始交代儿子：“我去世以后，你再帮她找个好人家。”后来他父亲临终时有点不清楚，说：“我死后，让她跟我一起埋进坟墓。”那样一个年轻女子的命就没了，所以儿子就依了父亲清醒时的决定。结果这个儿子有一次带兵打仗，两军主帅交锋对战，敌军的主帅突然跌倒，结果被活捉了。当晚他就做梦，梦到这个妾的父亲告诉他：“你救了我女儿一命，所以我让敌军的主帅掉下来，报你的恩德。”确确实实真为他人着想，人家的祖先都感这个恩德。所以“爱敬众人，即是爱敬圣贤；能通众人之志，即是通圣贤之志”。所以**我们爱护、帮助生命中每个有缘人，就是真报圣贤、祖宗的恩德。**

我们历代圣王的风范都是这样，他们都是最先照顾鳏寡孤独废疾者。“鳏”，老年丧妻；“寡”，老年丧夫；“孤”，孤儿；“独”，是独居没人照顾的人；“废疾”，先天残疾，生病很严重。这些是人世间比较可怜的人，先照顾。圣王这么做，全国人民都有爱心，这个社会就更有福报；父母懂得帮助可怜的人，仁爱的家道就传下去了；老师去帮助可怜的人，全班的学生尊重、效法，这些孩子人格就健全了。

所以“勿恃势力而凌逼孤寡”，提醒我们不要仗势欺人，然后懂得自爱，进而去爱人。**人生有地位、有权力，都是因缘，甚至是祖上的福荫，应该珍惜这个机会造福后代子孙。**所谓“积善之家，必有余庆”。这样也对得起领导的信任，甚至当国家公务员的，那是国家的信任。假如公务员、官员恃势力而凌逼孤寡，让人民对国家没有信心，这是不忠不仁的大恶行。所以今天有地位，是自己积功累德、建功立业的好机会，应该好好珍惜。

好，今天先跟大家交流到这里。谢谢大家！

第十五讲　亲亲而仁民，仁民而爱物

尊敬的诸位长辈、诸位朋友，大家好！我们上次谈到“勿恃势力而凌逼孤寡，毋贪口腹而恣杀牲禽”。这些确实都是家道兴衰存亡的关键。做到了，家就要兴旺；做不到，违背了，家就要衰败，可不能有侥幸的心理。

我们看《朱子治家格言》一开始，“黎明即起，洒扫庭除”，早起做家务跟家庭兴衰有关吗？很有关。一个家能富贵，一定要靠勤劳才能做到。曾国藩先生说，“百种弊病，皆从懒生，”孩子很多不好的习性，都从懒惰生出来的。勤劳所产生的优点，反过来就是懒惰所产生的缺点，这是成败的关键。

勤劳会有哪些优点？首先身体好，常劳动。懒惰的人筋骨紧绷，都是缺乏锻炼，所以体质非常柔弱。第二，勤劳的人洒扫庭除，很有责任感。懒惰的人没有责任感。第三，勤劳的人付出以后，可以了解到付出人的辛苦。所以习劳知感恩，感恩心从勤劳中生起。懒惰的人没感恩心，对所有人的付出，不管是父母、亲人、朋友，都视为应该的，理所当然，糟蹋父母、亲人的付出，消自己的福报。第四，勤劳的人能设身处地为人着想，懒惰的人就不会了。再延伸开来，勤劳的人，人际关系很好，处处帮助别人，爱人者人恒爱之；懒惰的人走到哪人家都怕跟他配合，工作都推给别人做，人际关系不好，“天时不如地利，地利不如人和”，所以懒惰没有人缘。

第五，勤劳的人锻炼比较多，能力、脑筋灵活度一定比较高。所以明白事理的父母、长者，都会引导孩子不要计较，要学吃亏。我们教不教孩子学吃亏？“我的孩子怎么可以吃亏？”吃亏是福。有一句话“人算不如天算”，不肯吃亏的人就是很会算，他不知道人算不如天算；肯吃亏、肯承担的人，人欠你，天还你，能力提升就大。再来，懂得承担，领导人一定特别疼爱，领导人怎么会去疼爱很计较的人，让他来做左右手，他又不是脑子有问题。所以人际关系好，能力又提升得快，他哪有吃亏？第六，量大福大，勤劳的人不怕承担，肯付出、心量大，所以他的福报就大；懒惰的人不感恩又计较，又不肯承担，所以他的福气小。这是勤劳。

接着“一粥一饭，当思来处不易”，就是节俭。大富由天，小富由勤俭。只要奢侈，现在一代都过不了。我之前在学校教书，眼前所呈现的不是一代不如一代，是一年不如一年。我们当老师，是为整个社会、国家培养人才，当看到一年不如一年，怎么可以不深思呢？纳税人的钱怎么领得下去？**老师的责任要培养好下一代，父母的责任也要为祖先教育好下一代**。我们现在看到下一代的德行在下降，那父母、老师不能不深思。

《三字经》告诉我们，“养不教，父之过；教不严，师之惰”，人生是有责任的，父母、老师都有他们的天职，就是教育好孩子、教育好学生。前几天有个大学的老师跟我说，不是一年不如一年，是一天不如一天！大学里动不动就打人，甚至打成重伤都很多，为什么？失教，眼中只有自己，没有别人，哪管别人死活。所以现在教下一代伦理道德已经刻不容缓。你不教可能他今天就出事了，他可能就一失足成千古恨。现在打开报纸，犯下惨绝人寰事件的年轻人很多，他们真的不能教吗？是没有遇到老祖宗的伦理道德教育啊！“人之初，性本善”“苟不教，性乃迁”，所以得快！得赶紧把伦理道德弘扬开来。

所以当时我身为小学老师，了解到孩子缺伦理道德教育，可是往根本去思考，不是学生缺，我自己也不懂伦理道德。**所以教儿教女先教自己，教育者首先受教育**。而我们今天一起学习《朱子治家格言》，有感觉到每句都是兴衰存亡的关键吗？假如我们都没有这种感觉，我们会把它变成家规吗？会变成家道承传吗？很可能学是学，家里本来怎样还是怎样。所以“知难行易”，知道的一定做到，没做就是还没真知道。学虽学了，心里想：有这么严重吗？有这么重要吗？那可能学五年、十年还是没有力行，不得受用。

所以**圣贤教诲最重要的是力行，要实践才得受用**。**父母开始带头勤劳，上行下效，家的整个命运就开始转**。只要肯改变自己的习惯，尤其去掉坏习性，比方从明天开始早睡早起，不熬夜，不睡懒觉，马上家里的气象就不一样。好，我也别再逼大家了，圣贤教诲领进门，修行还靠我们个人。

比方这句“勿恃势力而凌逼孤寡”，我们真了解到“得道者多助，失道者寡助”，不能逆天行事，上天有好生之德，是借由我们这个地位、权力，来代天行化，代天照顾人。福建有句话叫“陈林半天下”，福建姓林、姓陈的人特别多，因为福建莆田有个老太太，她是林家人，在《了凡四训》中，“有老母好善”，家里有钱她没有欺负人，她每天做粉团帮助人，给贫苦、快饿死的人吃，这些孤寡、弱势的人，她尽力去照顾。有个人每天拿六七个，吃了三年。她仁爱之心是达到极处。后来有个修道人告诉她，你这个善心是发自至诚，你以后的子孙很有福报，子孙当官的有一升芝麻那么多。我的师长民国年间在福建住过，当地公务员考试，林家上榜的人很多，那时还有“无林不开榜”之说。从明朝做善事庇荫几百年，还这么兴旺，真有一升麻子之多。这是仁爱心。

假如欺负人，欺负得非常严重，历史上记录的，都是断子绝孙。比方秦朝李斯，他用他的势力杀了不少人，他设计了严苛的法律，最后他也死于自己所定的法律。

曾子有句话讲，“出乎尔者，反乎尔者”，意思是讲出什么话、怎么对待别人的，最后这个话、这种对待还会回到自己身上。比方骂人，最后回来的是被人骂。这件事我在麻坡的体会最深，当时在麻坡有课程，上课过程中有半天去海边捡垃圾。结果远远看到，海边的树上有很多红色的、黄色的、绿色的色彩，我在那里想，难道圣诞节快到了？后来一走近，原来树上挂着垃圾袋，红色的、黄色的全挂上去了。因为很多人把垃圾丢到海里，最后又漂回来。我就想到曾子这句话，“出乎尔者，反乎尔者”，**天道好还，你做善事，善报到你们家来；你做恶事，恶报就要回来。**

所以“恶有恶报，善有善报，不是不报，时候未到”，假如有这样正确的观念再来读这些句子，就有警觉性了，那不只不能逼迫可怜的人，更不能去伤害生命。比方发明农药杀昆虫，出乎尔者，反乎尔者，人本来是要杀昆虫，最后所有动物谁吃的农药最多？人聪明吗？我看不怎么聪明，人要学了经典才聪明，不然都放纵欲望。多年前台湾报道说，平均每人一年吃的农药是二点七公斤。现在很多农夫喷农药喷到昏倒，太毒了，然后农夫自己种的菜不敢吃，另外没喷农药的自己吃，他说，“因为城里有钱的人吃得起，他们有钱生病，我们没钱生病，所以我们吃这里的，有虫吃没关系。”有虫吃又怎样？咬一两个洞，慷慨一点嘛，布施给昆虫吃。

这次去云南，有两场课程，见到有位企业家，他种了一千亩的水梨，其中二十亩专门留给虫吃，他很慷慨。我在现场看到，这二十亩黑黑的，都被虫吃，其他的地方很少虫吃。百闻不如一见，人的至诚可以感通，所以《格言联璧》讲，“万类相感”，所有物种、生命互相的交感，用忠心、诚心。忠是尽力去爱护他们，诚是真诚去对待他们，感通。他跟虫、跟小鸟沟通，请它们在这二十亩吃就好，随它们怎么吃。真的，只在那里吃。

我走进这二十亩地仔细看，看到虫跟鸟很有修养，吃了其中一颗，就愈吃愈深，旁边的不动。所以虽然这二十亩地原本是给虫和鸟吃的，还可以收成很多，因为一咬这颗水果，大家就一直往这一颗咬，不去咬旁边的，还帮他们留下来，很有教养啊。所以说万物都是有灵性的。人真明白这个真相，天地人三才，要代天行化，去爱护万物。你愈爱护万物，万物也愈爱你。我想，其他九百多亩为什么长这么好，因为那些鸟肥水不落外人田，粪便一定都要大在这些田地上，要报恩啊。

出乎尔者，反乎尔者，刚刚举的秦朝李斯断子绝孙的例子，就是衰败了。范仲淹先生施仁爱于众生，就兴旺了，他不只没有因为权力、地位压迫人，反而是更好地去照顾天下百姓，“先天下之忧而忧，后天下之乐而乐”，所以他的子孙八九百年不衰，积善之家，必有余庆。从历史我们就深刻体会到这句，以至于所有的经句都是家道兴衰的关键，我们由这样的信心、认知，再来学每一句，就不会轻忽了。

我们看下一句，也是关键。

【毋贪口腹而恣杀牲禽。】

“毋”，就是不要。不要因为贪一时口腹之欲，“恣杀”就是放纵，任意地杀害。“牲”是牛羊；“禽”是家禽，指鸡鸭等。《了凡四训》讲，“上帝好生，物皆恋命”，万物都是贪生，很怕死亡，尤其死亡前的痛苦，所有生命都非常恐惧。我吃素食最重要的一个原因，就是我有一次切柳橙，柳橙表面滑，刀一滑，就切到自己的食指，当时整个头皮都麻了，痛得满屋子跑，不到一厘米的伤口，痛得受不了。然后突然想到一幕，我曾经看过一个影片，是看人家杀猪，那个刀就直接切在猪的颈部，然后血就喷出来。那把刀下去起码五六厘米深，我这才不到一厘米就痛得死去活来，所以从那天开始我就不忍心再吃肉了。

因为自己深刻感觉到那个痛，所以再看《了凡四训》这段文，“杀彼养己”，杀它来养自己的身体，“岂能自安”。因为它被杀时，“既受屠割”，痛啊。我记得看过的那个影片有一幕印象深刻：有一头牛被宰，没有断气，那只胳臂还没切断，在那里晃，然后它被铁钩吊着，觉得很可怜。被宰割以后，又去煮，而且有时候煮的时候都还没死。

这次回来，听人跟我讲，他的朋友到非洲去做事业，非洲穿山甲很多，非洲当地人要表示热情，就抓穿山甲给他吃。结果拿了一只穿山甲，这只穿山甲蜷曲着身体，他就把它放在火里烤。烤了好久，它的皮、壳全部都烧焦了，它还是蜷曲着不放，旁边人就一直扯它，还是扯不开，最后放弃了。因为这样烤不全面，就放弃了，就抓另外一只烤。结果放下之后，突然它就打开，有只小穿山甲就快速地逃走了。原来是一只母穿山甲，紧紧把自己的孩子包起来，抱在怀里，让人看不到，被烤到整个身体焦了，它还是撑着那口气保护孩子。所以那位朋友看了也吃不下去了。

所以这个穿山甲的故事，让我们省思到所有的动物都爱它的命，“己所不欲，勿施于人。”孟子的教诲，“亲亲而仁民，仁民而爱物”，亲爱自己的父母、亲人，很自然地推己及人去爱别人的父母、亲人。当我们是发自内心非常尊重父母，当人家说："你好，给你介绍一下，这是家父、家母。"我们听到"父"跟"母"，什么感觉？马上对父母那种恭敬的心就起来了，这是很自然的。我记得到朋友家，朋友介绍，"这是我姐姐"，我马上对姐姐的恭敬就起来了。所以老祖先讲这个话，他是过来人，通达人性。

"亲亲而仁民，仁民而爱物"，每个人都怕死，有生命都怕死。每个生命都有它的伦理，它也有它的父母、孩子，假如我们轻易杀害它，甚至让它母离子散，请问我们会得什么结果？"如是因，如是果。"所以我们不明这些事理，都会觉得我的人生怎么这么惨，上天太不公平。其实这样的念头还是不明理，而且罪加一等，加什么罪？怨天尤人。老天爷这么慈悲，我们还常常抱怨，这是有罪过的。

一个人什么罪过很重？埋怨父母；埋怨天地，因为天地滋养我们，我们还怨它，罪很重；埋怨师长；埋怨领导，领导照顾我们；埋怨国君，一个国家的君王。这都是比较重的罪过。所以现在人造的业，不知道比以前人多多少倍，光是这个念头造的业就不少。

《论语》讲，"事父母几谏"，谏是劝谏，侍奉父母，看到哪些不妥，赶快劝。"见志不从"，父母不是很能接受这个劝谏，"又敬不违"，还是保持恭敬的态度，不要忤逆父母。"劳而无怨"，一而再，再而三地劝虽然辛苦，但是没有丝毫的怨言，因为我们的生命来自父母，没有父母哪有我？"劳而无怨"，这是对父母的态度。

《了凡四训》讲"爱敬尊长"，尊长，父母、长辈都是。"家之父兄，国之君长，举凡年高"，年龄长；"位高"，位置高；"德高"，德行比我们高；"识高"，见识比我们多。"皆当加意奉侍"，面对这样的长者，都要恭敬对待。“在家而孝顺父母，使深爱婉容，柔声下气”，你看心地多柔软。现在，一言九“顶”，所以现在孩子不懂父亲是天，每天顶撞天顶撞几次？那现在的孩子怎么会有福报？我们不教他做人，一天不知道要折多少福。老师假如不教孩子孝道，那不叫办教育，因为大根大本都没抓住。没有父亲顶着这片天，我们怎么可以生活无忧？父亲每天在外承受多少考验跟压力，回到家又不可能给孩子吐苦水，是不是？父亲都很有威严。

父亲有时确实承担的压力太大，情绪会起伏，发点脾气，我们当子女的不能体恤父亲的辛劳、压力，反而还顶撞、发牢骚，这都不妥。当然，这时候母亲很重要，要让孩子理解父亲所承受的这一切，不然现在的孩子只会挑剔、抱怨，根本无法了解一个父亲的辛酸、承受的重责大任。

我自己出来赚钱以后，对父亲感恩的心愈来愈强。但是，不要等自己会赚钱了才这么想，俗话说“养儿方知父母恩”，其实都有点晚了，养儿都二三十岁了。闽南话讲“手抱孩儿才知父母时”，手抱孩儿的时候，才知父母也是这样一把屎一把尿把我们养大的。

人现在很可怜在哪？最明显的现象：拜金、追名逐利变成人生目标；纵欲，放纵欲望。现在青少年堕胎的情况太严重了，所以现在不是杀害动物而已，是杀害自己的亲骨肉。有多惨，不明理！所以教育孩子要戒贪，还要戒杀。戒贪，不然他以后不能廉洁有守，“物虽小，勿私藏，苟私藏，亲心伤”，贪念不可长。**老祖宗创字给我们启发，贪字跟什么字最像？贫。贪者近贫，跟贫穷就愈来愈接近了，他会一点一滴把福报折掉。**再来，戒杀。一个孩子从小不懂爱护生命，昆虫、鸟类比方蚂蚁，一看就杀，这个孩子怎么可能会长寿？“仁者寿”，不仁当然是夭折，这个道理不难推断。刚刚讲拜金、享乐，那更重要的是什么？父母要反思，我们的人生方向是不是也往这里走？我们往这里走，孩子一定是跟着，不可能偶然。东北有句话，“老猫房上睡，一辈传一辈”，上一辈的价值观就传给下一代，所以一定要先自我教育，才有可能教育好下一代。

第三个严重的现象叫极端个人主义。我们的下一代现在谁摆第一位？“我”。谁摆第二位？“我”。谁摆第三位？“我”。有没有这个现象？自私自利，不为父母，不为家人想。所以传统文化要承传下去。

我因为从小跟爷爷奶奶一起生活，知道三代同堂的好处。我可以斩钉截铁告诉大家：没有跟爷爷奶奶一起生活，我就不可能有现在处世待人的态度，就不可能这么念念为老人想。不跟老人住，一两个月才回去看一次，这怎么可以内化？除非做父母的良苦用心，常常带孩子回去看望、照顾老人，常常让他去孤儿院、老人院，长养他的仁爱心，不然很困难。**孩子不是我们讲一堆大道理他就能体会，他理解力还没那么高，他要怎样？亲身感受、体验。**

我们从小看父母就是这样照顾自己的爷爷奶奶，所以我记得念大学，一两个月才回家一次，东西一放，第一个动作就是上楼去跟爷爷奶奶问好，而且我可以感觉到爸爸妈妈最高兴。我现在出门在外，更长的时间才回家一次，但回去也是一样，都去看爷爷，我爷爷今年九十五岁了。所以我亲身感觉到三代同堂好。

什么更好？大家庭更好。以前大家族少则七八十人，多则两三百人，明朝郑濂“天下第一家”，他们家超过一千人。我们现在三个人住一起就吵架；两个人还怄气打冷战；一个人还自己打墙壁，自己跟自己生气。所以这种做人的态度跟一百年前的人比差太远了。所以旧的东西不要轻易改，一改麻烦就来了，因为古人的智慧比我们高，它留了几千年。以前都教伦理道德，五伦八德，现在不教了，下一代乱七八糟。以前取人才，“孝廉”两个字是核心，现在以学历取人才，贪污腐败一大堆。还是不能改，要举孝廉！孝才有德的本，廉洁就不贪污，做人做事的根本都抓到了。所以《朱子治家格言》这些句子，都是亘古不变的道理，不能乱改变。

我们读万卷书，行万里路，更要阅人无数，在接触人、事、物的时候，增长自己的见闻，尤其“见人善，即思齐，纵去远，以渐跻”。这次我遇到大连一位孝子，王希海老师。我以前看到他的事例非常感动，他照顾中风的父亲二十多年，照顾到他父亲八十岁去世。我还没见他本人时，听一位老师说，他站在王希海老师身边，还没跟他讲一句话就想流眼泪。我说，孝子的磁场这么强？也对，《孝经》说，“孝悌之至，通于神明，光于四海，无所不通”，可以感觉到他那颗心就会很感动。

这次是百闻不如一见，有机缘听了王老师的一堂课。他在讲课的过程，一句经句都没有，可是他讲的每句都跟经句相应。为什么相应？因为**经典是圣贤人的心，化成言语讲出来，所以只要他的心境跟圣贤人相应，他讲出的话一定跟经典相应。**

他讲到他照顾父亲，从来没有一个念头说：“我要再坚持，我要再坚持一下。我好辛苦，我坚持好久了。”他说，他连一个“坚持”的念头都没有。有坚持，就已经有想自己了，“好累，我得坚持，我得坚持”，想自己了。所以他照顾父亲，他的身体愈来愈壮，为什么？“学而时习之，不亦说乎。”我们很可能听到王希海老师的事情说，“那他多辛苦，铁定活得很累。”那是我们的想法，因为我们不是至孝的孝子，我们是付出一点，就已经有点舍不得。他是什么？倾其所有，奋不顾身，没有一个念头想自己，是用这样的心境照顾父亲。所以这样的人是非常欢喜的，为什么？跟性德相应。他说，他看到父亲睡得非常安稳，就非常高兴，因为生命来自于父亲。他说，只要为人子女者开始想："我付出那么多了，我还要坚持多久？"这时候紧接着抱怨就来了，人心就开始变化了。

所以孝子心中只有父母，没有其他，念念就是想着怎样让父母欢喜、让父母舒服。其实二十四孝全是这样。譬如"子路负米"，我们光想子路负米走百里那么远，米那么重，扛在身上不知要走得多喘？子路呢？他哪有辛苦，他扛得欢欢喜喜，边扛心还边想："终于可以让父母吃上白米了。"他没有"我好累，我好辛苦"。辛苦跟累从哪里来的？从自私自利来的，从想到"我"来的，没有"我"的时候就没有那些东西。

后来子路当了大官，丰富的食物摆在他的面前，他流眼泪吃不下，"父母已经去世了，这样的饭菜他们享用不到，想回到我当初百里负米那个时候，但回不去了。"古今孝子皆如此，包括"黔娄尝粪"，功名利禄，世人多难舍。现在的社会，谁是老大？家里钱赚最多的是老大。连父母、长辈都要给他面子，好久没回来看爸妈，"他做生意忙"，这都变成好像很合理的借口了。拿回家的钱比其他兄弟姐妹多了，回来讲话特别大声，对父母都傲慢了。可是古人呢？黔娄梦到父亲生病，梦到而已，还没确定，但父子连心，马上就把官位辞掉不干，以最快的速度赶回来，果然父亲生病了。医生说，治不治得活只要看他的粪便，苦的还有救，甜的可能就救不了。才讲完，黔娄马上就去尝粪便，他哪有想自己？还嫌脏？没那个念头。结果一尝，甜的，当天晚上对天祈祷，折自己的寿命给父亲。

王希海老师当时也是二三十岁，正是发展事业的时候，他没有其他念头，全心全意照顾父亲。而他照顾父亲，照顾到看父亲的一个表情，就清楚父亲的需要。甚至父亲有一次发高烧，医生怎么检查都发觉不到原因，他做梦梦到自己爬梯子摔下来，连做梦都联想到父亲，梦醒后，他说摔下来一定是脚受伤，他马上仔细观察父亲的脚，果然长了一个小脓包，就是因为那个才发烧。如果还找不到，可能父亲命就没了。

所以孝悌之至真的会感通。他帮父亲吸痰，我们光想那个动作，都觉得难度很高，是不是？一个吸管进去，也很怕插到父亲的气管，你看一个孝子心的柔软都拿捏到恰到好处，然后抓住那个时间点就把父亲的痰吸出来。因为怕痰一下子哽住气管就断气了。他的母亲感叹说："连我对我的丈夫都做不到这样。"

王希海老师的父亲二十几年来皮肤光滑。有一次医生给他父亲诊断，问他：你父亲中风多久了？他说二十多年了。那个医生很生气，因为他觉得，二十多年的中风病人皮肤不可能这样，你骗我！后来这个医生把他父亲的病历调出来，看了之后流着泪说，"你照顾你父亲的能力可以给我们医院的护士上课，照顾得太好了，怎么可能照顾到皮肤这么光滑？"晚上睡觉时，他还每半小时左右帮他父亲翻身一次。方法在哪？有孝心就有方法，运用之妙，存乎一心。他就想到把自己的手伸到父亲的腰间，因为刚好凹进去，他的父亲八十公斤，所以他的手伸进去后，父亲的身体压在他的手上，半个小时左右他的手就整个麻掉，他就会醒过来，然后赶紧给父亲翻身。因为躺在床上的病人一长褥疮，他会煎熬痛苦，每天都睡不好。他觉得让自己父母长褥疮是子女的耻辱、不孝，没能体恤父母。所以他这个方法还是自己体会出来的，为什么？念念为父亲着想。

他在医院很感叹，看到有的父亲已经三四天不排便，居然儿女没有任何动作，只是等着看医院怎么样。把父母带到医院，好像很孝顺，就好像我们拿钱回来很孝顺。孝顺表现在哪？有没有感同身受体会父母的心，那才叫孝顺。假如能体会父母的辛苦，都三四天不排便了，多辛苦，我们马上就有感觉了。他马上采取行动，虽然医生护士不管，他就开始揉父亲的肚子，帮助蠕动，然后用热毛巾敷，然后又在肛门处热敷，最后他父亲就排便了。大便排在他的手上，他非常欢喜，父亲终于解决这个痛苦。所以手上能握到自己父母的大小便，那是我们人生的福报，因为我们在报答父母一把屎一把尿把我们养育成人的恩德，这是最有福报的人。

这我也感谢我的母亲。当时我外公生病，母亲、大姨、阿姨们轮流照顾，有时老人大小便失禁，这时母亲和阿姨们就会讲，能够握到父亲的大便，那是造化，代表有还这些恩德。父母带我们一把屎一把尿，哪有嫌弃过我们？看到我们排便正常，都是一份喜悦。那我们也要以同样的心来回报我们的父母。

我觉得老天对我很爱护，好像很多好事都被我看到。那天有位曾经一起学习的郑老师，她遇到王希海老师，当面感谢王老师，“我就是听了您讲的如何照顾父亲，我父亲生病时，我也是这样帮他排便。”她父亲本来不学传统文化，她这样尽心尽力照顾父亲，最后她父亲临终前就跟她讲，“你希望我做什么，我就做。”这是她照顾父亲照顾到父亲非常感动。“所以现在你要我吃什么、做什么，我都听你的话，照你的话做。”

经典里讲，“孝子不匮，永锡尔类”，我所遇到的这些事都证明经典讲的是真实不虚的。**一个至孝的孝子，孝行不会中断，反而他的孝行会一直传下去，影响世世代代的人。**这个“锡”跟“赐”相通，意思是赐给人类、赐给后代福报。为什么？他的孝心感动了当时的人，人都开始懂得孝顺父母，就有福了。我常常看二十四孝，都感动得流眼泪。所以一个人有烦恼的时候，把二十四孝拿出来翻一翻，烦恼就没有了，惭愧心起来，差他们太多。王希海老师讲的事例，马上就让很多人去行孝，不是“永锡尔类”吗？而且刚好参与课程的是一百多个校长跟幼儿园老师，我很欢喜。为什么？我看到的不是一百多个校长跟幼儿园老师，我看到的是一二十万的学生，因为他们背后的学生有一二十万人。少的几百人，多的上千人，他们都认同了中华传统文化，那回去一二十万学生不就受益了？

所以**我跟我们同仁讲，能够推展传统文化，真的是福气！做其他的事业要跟这么广大的人群结缘也不容易。而且人要多发愿，愿是真的，以后一定会感来好的因缘。**我曾经到台湾的桃园女子监狱讲了一堂课，震撼我的内心。这些服刑人员，在台湾称“同学”，我在讲课时还有一个小孩在那里，因为那个“同学”入狱时怀孕了，所以那个孩子是在监狱里生出来的，在监狱里成长，看了也很心痛。结果两小时讲下来，她们目不转睛。我为什么震撼？假如她的父母跟幼儿园、小学、她成长过程的老师，教她伦理道德，她今天会不会在这里？不会。

她们犯错了，家庭、学校、社会要反省，我们没有教她们做人。两个小时目不转睛，我有时候听课还打瞌睡，我还比不上她们。我后来跟她们讲，大家学习的态度能保持今天的样子，这一生不成圣贤都难。她们听了笑得很开心，给她们一句话期勉，“勿自暴，勿自弃，圣与贤，可驯致。”所以我当时的震撼就是感觉她们好可怜，假如能让这些监狱的服刑人员都遇到传统文化，不知道有多好，起了这个念头。

几年以后，我就一起参与海南省监狱系统传统文化进入监狱的因缘，后来海南省监狱系统的经验编成的书籍又成为全中国监狱的教材。我们这个心愿，也出到力气了，有愿必成，“人有善愿，天必从之”，老子说“天道无亲，常与善人”。所以大家要勇于发愿。

之前我到大学去演讲，他们也是目不转睛，我就希望能有更多的人到大学去讲课。

刚好 2012 年 10 月，我们有机缘受邀去大学讲课，结果拍成录像以后，在大学里流通，也满了我的心愿。所以**人有善愿都可以满，要勇于去发愿**。

刚刚讲到尊重生命、尊重动物，不要让它们母离子散。我们假如能体会《了凡四训》这段话，就不愿意去伤害生命。“杀彼养己，岂能自安？且彼之杀也，既受屠割”，宰了它，有的还没断气，“复入鼎镬”，在那里煮，“种种痛苦，彻入骨髓。”我们今天吃东西，所有的山珍海味一过舌头就没味道了。而且现在整个营养界研究得出，素食的营养远远超过肉的营养，而且现在肉食都有很多毒素。为了健康，其实不应该常常吃动物的肉，“蔬食菜羹，尽可充腹”，何必要杀害动物的生命，损了自己的福呢？

好，今天先跟大家讲到这里。谢谢大家！

第十六讲　爱护物命，就是爱护自己

尊敬的诸位长辈、诸位朋友，大家好！上次我们一起学习的经句是：

【毋贪口腹而恣杀牲禽。】

《朱子治家格言》的每句经句，很可能都是影响一个家的兴衰，重视了，这个家就要兴旺；不重视，可能这个家就要衰败。

上次谈到我们爱护生命会得长寿的好报，所谓“仁者寿”，仁慈的人心念是为他人、为生命着想，所以他的身心是健康的。而**经典中告诉我们很重要的一个真相，所谓“如是因如是果”，种善因得善果，种恶因得恶报，因果在天地间是不变的道理**。比方学生时代读书，我们用功、认真是因，得到好成绩是果；上课恭敬老师、专注听讲是因，学习收获大是果；现在尊重孝养父母是因，以后有福报是果。

福田心耕，福田大分三种：恩田，不忘父母恩，不忘长者、师长，甚至不忘祖宗的恩。就像我们今天一起读《朱子治家格言》，看起来挺容易的，事实上假如没有代代相传，这篇文章可能已经失传了。所以能读到这篇经文不容易！

全世界唯一承传五千年不衰的，就是中华民族的文化。那东南亚，马来西亚下一代的华人能读华文的还很多，这也是要感恩林连玉老先生、沈慕羽老先生这样的先贤，他们倾家荡产、不畏生死把华文教育承传、保卫下来。而印度尼西亚，看得懂华文的大多只是六七十岁的长者，所以我们这一代能看懂华文，深入五千年的智慧，也要饮水思源。人用这样的感恩心来学习，效果不一样。

悲田，怜悯他人，怜悯一切的生命。敬田，恭敬圣贤、恭敬长辈、恭敬一切的物品，节俭惜物。这都是有福报的。

另外，有三个因果的真相对我们一生非常重要。请问大家希不希望有财富？喜不喜欢有智慧又聪明？喜不喜欢健康长寿？喜欢。我们过年时都说吉祥话：岁岁平安、年年如意。但岁岁平安跟年年如意是结果，不种善因怎么得善果？圣贤人教化“命由我作，福自己求”，我们都希望有财富、聪明智慧跟健康长寿，那我们修因就是财布施得财富。历史中最明显的就是春秋的范蠡（陶朱公），他“三聚财，三散财”，被尊为我们中华民族的财神之一，因为他了解财富的真因。

法布施得聪明智慧，我们把我们的智慧、经验，无私无求地去帮助别人，就得聪明智慧。我的师长教学五十五年，今年八十七岁，很多国家元首治国的问题请教他，他都马上解答，智慧非常高。我们在自己的人生中也可以实验。曾经我在教师补习班要参加考试，师长教诲我们要尽力去帮助他人，刚好同学有些数学题不会就来问我。师长这么教，我们要听话，就尽力去帮助同学。结果愈帮助同学算数学，自己的理解力愈不断提升。等于我自己从算题目的人变成指导别人如何会算，那理解力就大幅提升。四个多月这样去付出，结果我第一年的数学考八十八分；第二年没有准备，考九十分。第三年也没怎么准备，因为去代课，教二十几节课，也很忙，还是考八十八分。因为我们帮助别人，那理解力、聪明度提升起来。所以天底下没有吃亏的事，要多付出，肯吃亏的人，老天爷会帮助我们。

无畏布施，无畏就是不要让人、让动物痛苦，让他们得到健康安乐，我们就得健康长寿，无畏布施得健康长寿。新加坡的国宝许哲女士活到一百一十四岁，她都尽力去帮助别人，所以她得健康长寿。她盖了好多的养老院，而且她从小就吃素，只要一吃肉就过敏。因为吃肉就要宰杀动物生命，吃素本身也是无畏布施，所以得健康长寿。像我的师长吃素六十多年，身体非常好，这都是很好的样板。那“种因得果”我们就很清楚了。

而假如这三种布施，我们反其道而行：吝啬就会贫穷；什么好的智慧、经验都不告诉别人，慢慢变得愚痴；伤害生命的结果，可能自己甚至自己的家人都会得到灾祸。

有一个真实的故事，台湾一个小乡镇住了一位老伯，老伯家养了一只母狗，叫哈莉，这只母狗怀孕了。狗很忠心，虽然怀孕快生了，看主人要到林中除草，它也跟去了。结果回来时走到半路，这只母狗要分娩，没办法，它就找到一个河边，生下了七只小狗。主人找不到它，不知道它去哪里了。

母狗生下七只小狗，它得要哺乳，不吃东西就没奶水。爱护孩子的天性不只人类，所有动物都是这样的，所以动物都爱惜自己的生命，都爱惜自己的亲人、后代。我们假如去伤害它的生命、伤害它的至亲，它们是最痛苦的。哈莉生了七只小狗，为了要哺乳，它就拖着疲惫的身体找食物，就找到附近一个叫武雄的人家里。

刚好那天是农历二月二，是福德正神（土地公）的生日。武雄夫妇准备了礼品祭祀土地公，还没拿去祭祀，刚好哈莉闻到了食物的味道，就进来把祭品叼走了。武雄夫妇回来一看，本来要祭祀的东西被叼走了，夫妻两个就非常生气，因为也来不及去买了。心里就起了嗔恨心，所以有时脾气克制不了，就会产生恶的结果。所以隔天他们就准备食物放在厨房椅子上，然后把门窗都关起来，只留一个小窗。结果哈莉又进来要叼食物，夫妻俩马上把小窗户关起来，然后拿着棍棒把母狗打昏了。两个人嗔恨心止不住，当下就把昏过去的哈莉扔到灶火里活活烧死了。所以人控制不了脾气，会做出很残忍的行为，母狗就在炉子里哀号，最后死了。母狗死了，七个孩子也就活活饿死，八条生命就没了。

而这个武雄，他育有五名子女，大儿子是驾驶挖土机的，二儿子在工厂上班，三女儿在工厂当女工，四儿子在大学上一年级，五儿子上高中。一家人本来是非常安乐的，但母狗被烧死后的第七天，武雄的大儿子开着挖土机在山路上，结果土质松动，挖土机翻到山谷下面，大儿子就摔死了。武雄家里很伤痛。

又过了七天，二月十六号，老二骑机车下班途中不小心撞到路边的树，严重脑震荡送医不治，也死了。连续两个儿子死了，全家笼罩在哀痛中，但已没有办法挽回。再隔几天，三女儿在工厂因为感情纠纷不能很好解决，服毒自杀，也死了。五儿子傍晚放学回家，在路上被毒蛇咬到，送医太晚，五儿子也死了。短短一个月里四个年轻有为的子女相继惨死，当然父母肝肠寸断，白发人送黑发人。

而事实上他们夫妻这么痛苦的时候，我们想想，是不是跟那只母狗被送到火炉里，还在想着它七个嗷嗷待哺的孩子，那种哀号痛苦是一样的？是跟他们一样的痛苦。

紧接着武雄的妻子承受不了这样严重的家庭变故，最后也上吊自杀，所以他们家就死了五个人。武雄当然也是哀痛欲绝。结果他身边有人提醒他也许是伤到了很多生命，他想到一个月以前，杀了一只狗。结果人家又提醒他那条母狗是有孩子的，他又到附近去找，果然找到七只小狗的骨骸，才知道自己犯了杀八条生命的罪过。

孔子告诉我们，“精气为物，游魂为变”，身体是灵魂住的地方，人身体坏掉不能用了，灵魂会去再找一个身体。人如此，动物亦如此，所以动物的灵魂也会恨、会报复，所以伤害生命对自己决定没有好处。

武雄真的明白自己犯下杀害生命的罪过，就忏悔自己，把小狗尸骨都埋葬，也做一些好事来祝福它们，后来他跟读大学的儿子就平安无事，现在他们父子都还健在，而且经过这些事后他们都劝人家不可以杀害生命。这是发生在台湾台东的一个真实的故事。我们了解到一个发怒的心会造下什么罪过，实在是很难想象。

我们再举一个美国的例子。美国新墨西哥州有个老人很讨厌老鼠，有一次他把老鼠抓到，嗔恨的心伏不住，就想把老鼠弄死。结果房屋外有一堆燃烧着的树叶，他就把老鼠扔进去，这只老鼠全身都着火了，但马上挣脱出了火堆。接着这只老鼠怎么做？冲进这个人家里，他们家就整个烧起来，整个家化为灰烬。

所以我们老祖宗常说“冤冤相报，没完没了”。不只人跟人会冤冤相报，去烧老鼠，老鼠也要报复。

我们再举正面的例子。在三四十年前中国唐山，有户人家家里有老鼠，他们没有伤害这只老鼠，还很爱护它，有时候还留点东西给它吃，所以这只老鼠从来不咬家里的东西，也不怕人。有天晚上，老鼠疯狂地叫，叫得他们没法睡觉，他们也不知道发生了什么事。那只老鼠看他们没什么动作，就跳上床去咬他们。主人就很生气，平常养你，你还咬我们？就拿东西要打这只老鼠，没打着。后来全家人都追打这只老鼠，追啊追，这只老鼠叫啊跑啊，咬他们，累得筋疲力尽，把他们都引出屋外了，这时突然大地震，整个房子都垮掉。当时很多人都被压死，而他们全家幸免于难。这是当地家喻户晓的故事。

为什么老鼠先知道？请问大家，大地震来时，哪种动物最晚知道？为什么人感觉最慢？因为人的欲望最多，那种先天的敏感度就愈来愈弱。那我们看到，伤害生命，家都烧掉；爱护生命，全家人的命都救回来，所以老祖宗讲，“己所不欲，勿施于人”，己所不欲，勿施于动物。

孔夫子说举一要反三，这些都值得我们省思。尤其曾子说：“出乎尔者，反乎尔者。”我们今天骂人，迟早人家要骂回来；我们今天打人，迟早人家要打回来；我们今天伤害生命，迟早自己的生命也会受到灾祸；我们今天献出爱心，迟早这个爱护就回到自己身上来。所以**“天道好还”，真明白道理的人，绝不起恶念，绝不说恶语，绝不做恶行。**

这句“毋贪口腹而恣杀牲禽”，其实口腹之欲是非常短暂的，但是伤害生命，“积不善之家，必有余殃。”我们冷静观察，打猎的人自己跟后代很少有长寿的。比方唐朝有个人叫何泽，他很霸道，就像上句讲的“勿恃势力而凌逼孤寡”，他都去欺负人，而且很喜欢吃鸡鸭鱼肉，自己家养的鸡鸭就有上千只，然后每天都要吃。有一天又在煮鸡肉，煮的时候他唯一的孩子刚好走到锅边，结果突然就掉到锅里。等家里人赶去拉起来，唯一的儿子还是被煮烂了，他就绝后了。这是唐朝的记录。《易经》这句话真的值得我们好好体会，只要做的是善，家道一定兴，所谓“积善之家，必有余庆”；作恶，“积不善之家，必有余殃。”

另外一个故事。江北有个猎人打了一只雁，这只雁是雄雁。猎人就开始煮这只雄雁，煮到一半，他把盖子一打开，那只雌雁本来在空中盘旋，当看到锅盖打开，就以非常快的速度直接扑进滚烫的热锅，一起死了。当时人看到这一幕非常受触动，就觉得动物尚且这么有情义。这件事传开后，江北一代的人都不愿吃雁肉。当时有个读书人叫元好问，就主动买了这两只雁，把它们葬在一起，其实这种情义确实值得人类学习，这个埋葬的地方叫雁丘。而没多久，射雁的人也死了。无畏布施得健康长寿，而杀害两条生命，自己也折寿了。这是为了口腹。

我们冷静想想：我们吃东西是为了健康，这是最重要的目的，而假如我们多吃素少吃肉，整个地球的森林就不会这么快速地被破坏，拿来养牛、养羊、养很多的牲畜。就是因为人现在吃肉的量太大了，让整个大自然的破坏愈来愈严重。以前的人一年吃三五次肉，现在的人一餐就吃好几种肉，整个地球的负荷非常大，所以人能少吃肉多吃素，就是对整个地球母亲的环保问题尽一分力量。

我们常说要道法自然。大家想想：人是天生吃肉的生理构造，还是吃素的生理构造？我们从整个大自然来看，吃素的动物，小肠的长度是脊椎的四到五倍，食物吃下去要两三天才会出来。人类的小肠就是脊椎的四五倍。那吃肉的动物小肠很短，因为那个肉在肠子里两三天，早就不知臭成什么样了，所以肉食的动物小肠很短。所以人类的肠子，就是吃素的肠子。

再来，吃肉的牙齿长什么样？我们看老虎、狮子。有没有看过人的牙齿是凸两颗出来的？吃肉的是犬齿，要把肉撕掉。而我们人的牙齿构造是咬菜、咬粮食，五谷很方便。这是从生理的角度。

再来，**尽量不要做跟伤害生命有关的生意。其实一个人真正有福报，做哪一行都赚大钱。为什么？命里有时终须有。有善因，又有努力、勤奋工作的缘，就结善果。**所以人没福报，干哪行都赚不到钱；

有福报，不要担心，一定赚得到。但假如我们做的行业伤害太多生命，那很可能福报会折掉。所以古人说：君子爱财，取之有道。上天有好生之德，行业尽量跟好生之德相应比较好。

台北有家烤鸭店，生意非常好，买他的烤鸭都要排几个小时，生意好到这个程度。有年过年，生意太好了，没休息就开张，排的人更多。老板到店里来，看到排队的人那么多，就特别高兴，在店里边走边笑。结果突然他就倒下去，双手双脚都发抖，还在那里打转，很痛苦。结果旁边的客人就说他双手打开在那里转，好像鸭的样子，大家都吓跑了，不敢买了。结果他太太赶紧把他送医院，抢救了三天三夜，七孔流血，去世了。这是一个开烤鸭店的情况。这些都值得我们省思，不要跟生命结恶缘。

小时候母亲跟我讲过，比方这户人家是杀狗的，结果那杀狗的人死以前就像狗一样乱叫，这是她们看到的。我自己亲身有个体验，我们家附近有个菜市场，有个卖鸡的。有一天刚好跟妈妈去菜市场，结果经过这个卖鸡的摊贩把我吓坏了，那个卖鸡的老板，脸跟鸡的模样有七八分像，连鼻子都是垂下来的，印象太深了。所以还是不要跟人、跟所有生命结恶缘。

所以要教孩子戒杀，伤害这些小生命都会折他的福报；他爱惜生命，增长很多的寿命。

有个出家的小沙弥，他的师父看他短命，可能过不了这几天，就算好日子让他回家，可以跟父母团圆。结果后来小沙弥回来了，他的师父很惊讶，怎么他延长寿命了？而且后来延得很长，修学还非常有成就。他的师父就问他：你回家时发生什么事？他说回家的路上刚好碰到下大雨，水势非常大，把一个蚁穴都冲破了，成千上万的蚂蚁眼看就要淹死。小沙弥情急之下把自己的袈裟脱下来，铺上去，把整窝的蚂蚁全部救上来。救了上万条的生命，所以他就延寿了。

那伤害生命呢？在康熙年间，昆山县东关外的三里处有个玉柱塔，有个小孩常常爬到塔上去偷鸟蛋，偷了以后就玩、吃，伤害了不少鸟蛋。其实伤害鸟蛋也是让这些鸟的天伦破灭了。这个塔刚好在江边，江上都会有做生意的船，刚好有一次太仓的船经过，这个小孩又要去采鸟蛋，突然不小心掉下来，在空中翻了三四个跟斗才掉在地上。船上的人走近一看，骨头都摔成碎块了。

其实我看到这里，背后都流冷汗。为什么？因为我小时候都爬到树上去抓金龟子，也伤害了很多生命。幸好祖上有德，我没翻三四个跟斗，不过我也得到果报，确实也从树上掉下来，玻璃片直接插在动脉上，流了非常多血。以前伤害太多动物，折太多福。所以明白了就好好积功累德。

小孩要戒杀，要长养他的慈悲心，而且父母的慈悲会护佑孩子。父母假如常常杀害生命，很可能会殃及自己的孩子。

另外一个真实的故事。杭州有个妇人个性非常凶悍，常常用火烧蚂蚁，用石灰把蚯蚓洞塞起来，所有蚯蚓就死在里面了。她生了一个儿子，有一天她外出，可能孩子睡着了，她出去一下。回来看到床上变成一个大黑团，走近一瞧，她的孩子被非常多的蚂蚁咬死了。她丧失了儿子，哭得很伤心，最后自己也暴毙而死。这是殃及后代。

所以我们真的要从这些故事明白一个真相，**所有的生命都有灵性，都是有感觉的，它也会痛，痛了以后它也会报复；我们爱护它，当然它也会报恩，不要小看这些小生命啊**。我们看电视拍摄，那些蚂蚁很聪明，有家庭组织、团体组织，分工很细，也有灵知。如果伤害它，它当然要报复。

另外一个古代的故事。有个人是做酒的，做酒的过程，很多苍蝇不小心掉进去，可能就死了，他很有慈悲心，赶紧把它们捞出来放生。所以我们处处留心就能少伤害这些生命，道家告诉我们，“昆虫草木，犹不可伤。”

有一次他被人冤枉、诬告，要判死罪，县官就要定他的罪，结果毛笔拿起来要定罪时，就有一群苍蝇飞来阻止，这样反复几次。以前当官的都是读书人，都读过经书里的道理，知道万物有灵性，所以有这些很奇特的现象，必有蹊跷，又重新审理案子，还了这个人清白。所以他爱护苍蝇，最后苍蝇救了他一命。这些故事在民国初年，李叔同先生（即弘一大师）题诗的《护生画集》里都有。

道家讲健康长寿，所以特别戒杀生，尤其不要“杀龟打蛇”，龟跟蛇有时都上千岁。我们自己也有放龟的经验，灵性非常高，放的时候就有流眼泪的，放完后，龟都一直回头。我之前在网上看的，将鱼放生，结果放下去以后那鱼开始跳舞，在水里很有秩序，排得很整齐，有很多图案在那里变化，那都是给放生人的感谢。前不久我们的同事去放鱼，也跳给我们看。这都是动物表达感谢之情。

《二十五史》，这是中国的正史，真实不虚。其实历史就是一部因果规律的真实说明。在晋朝，有个人叫毛宝，他是领兵的将军，他底下有个士兵刚好在路上看到人家卖一只白龟，这只白龟只有四五寸长，还很小。他生了怜悯心，就买了放生。结果过了很多年，他们在打仗的时候，军队大败，那个士兵不愿做俘虏，就跳了江。他跳到江里没多久，突然感觉水底下有东西把他撑起来，一只五六尺的大白龟把他给救了，就是很多年前他放的这只白龟。

我们看这个故事，有没有觉得非常神奇？这只白龟又没有卫星导航，很奇妙吧？它怎么知道救它的人会刚好在那一天落水？怎么这么巧？所以天地之间太多事，不是我们能够真正完全明白的，都会有感通的。

前不久北京发生了一件事，有个人身体不好，他的朋友就跟他说：听说老鹰的小孩炖补来吃，身体会好。请问大家，吃老鹰的小孩身体会不会好？无畏布施得健康长寿，哪有伤害生命会长寿的道理呢？跟真理不相应。所以人没有判断力会干糊涂事。结果他真听他朋友的，就去抓老鹰的小孩来吃。后来那只老鹰母亲就用爪子去抓那个吃的人，还去抓那个建议的人。神不神奇？奇怪了，那个人给他朋友建议时，老鹰知道吗？还是那个人脸上写着“是我建议的”？这个事情也是那个给建议的人自己说出来的。因为那只老鹰一直追着他抓，他莫名其妙：又不是我吃的，抓我干什么？后来他想，因为是他建议的。

所以**不要起恶念，不要乱动念头，一动念头会有磁场。人是有磁场的**。很多年前流行的拍照，“咔嚓”，然后照出来旁边都是白色的光，磁场不错；一照出来，都是黑的，可能灾祸要来了。人都有磁场，真的不是假的，我们看不到，是自己太钝了！

古代有个人命里很有福报，他的太太常常能看到他头上放光。结果有一天晚上回来，光不见了，太太说：“光不见了，你今天做了什么事？”他说：“刚刚朋友想离婚，我帮他写了离婚书。”“你赶紧要回来！明天他离婚了怎么办？”他赶快去要了回来，光又恢复了。“宁拆十座桥，不破一桩婚。”影响人家的家庭，还影响人家的后代，应该是劝人重情义、恩义，让人夫妻和乐才对，所以古今中外都给我们证实这些真相。刚刚是讲不要杀龟。

另外不要打蛇。有个富翁，他们家旁边有棵枯树非常大，他打算把它砍掉。晚上做梦，梦到有人求他宽限几天，让他们搬家后再砍。隔天他就让人爬上树，一看这棵大树里有不少蛇。但他没有起慈悲心，反而起狠心，一把火把这棵树全烧掉，杀了不少的生命。结果过没多久，他们家失火，全家烧死，没有一个活下来。古人记录这些事例，也是给我们省思，留下这些道理给我们谨记，“出乎尔者，反乎尔者。”把整个蛇的家族灭顶，得到的果报当然是不好的。

所以劝孩子戒杀愈早愈好。我是二十多岁才懂，人家一劝我就听了。现在也要赎自己的罪，能更早地把这些爱护生命的故事讲给孩子听，他会非常愿意去爱护生命，然后不敢去伤害生命。所以诸位长辈、诸位为人父母者，我们肚子里要有很多故事才行，常常有机会就跟孩子讲讲。

我们都在谈不要伤害生命这个话题，刚好有朋友提问：请问家里出现蚊子与蟑螂，这些生命都是有灵性的，不知有什么方法可以应对？

美国有个人写了一篇文章，这是真实的。他跟太太商量要怎么杀家里的苍蝇。结果孩子很小，他那个仁爱心是天性，就听到了。这个小孩就赶紧写了一封信，请苍蝇飞走，他很害怕这些苍蝇会被杀害，他写好后就贴在窗户旁边，然后把窗户打开。结果很有感应，苍蝇都飞出去了。所以万物互相能交感，“以诚以忠”，我们很真诚、很为他们想，会有感应。

当然，写信时对它们要恭敬一点，譬如：“蟑螂君子，你好。”再来，还有个重点，会有蟑螂、蚂蚁，最重要的原因是什么？有气味吸引它。假如很爱干净，把这些会引诱它们的东西收拾干净，然后常常跟它们讲：“这是我家，你行行方便；外面是你家，你到外面，外面食物多。”从真诚心，又把吸引它们的根本去掉，慢慢就减少了。

而在历史中，很多很有修养的人，也有磁场。民国初年有位当时社会公认的大智慧者，印光大师，他德行好到什么程度？弘一大师佩服他佩服得五体投地，一定要去拜他为师。但是印光大师很谦虚，没有接受。印光大师住进一个房间，里面有不少蚂蚁，服务的人要把蚂蚁扫走，他说：“不要不要（也怕误伤了它们），是我德行不好，不要去惊动它们。”结果没多久，这些蚂蚁全部搬走了，所以能感通。我们家里假如还发现蚂蚁跟蟑螂，刚好提醒我们：我的德行还不够。我们以印光大师为榜样，好好改进，突然都看不到了，“嗯，自己有点提升。”

我们接着看下一句经文：

【乖僻自是。悔误必多。】

“乖僻”是指性情非常乖张、古怪，不平和，有时固执，有时脾气大。“自是”就是自以为是。个性古怪，还自以为是，刚愎自用，这种性格的人“悔误必多”。因为傲慢，不听人劝，那一定造成很多错事、后悔，而且会懊恼不已。后悔后悔，就是后面才来悔。

一个人自以为是，首先人缘不好。曾国藩先生说：“讨人厌败在一个骄字。”很骄傲的人一定是讨人厌的。那一个人“乖僻自是”是结果，原因就是父母太宠他，他有些不好的态度没有及时地导正，造成他不好的性格。有句俗话告诉我们：“不听老人言，吃亏在眼前。”

现在我们看“乖僻自是，悔误必多”，觉得这是个性奇怪、不好的人的事情。其实我们想想：我们的下一代，不自以为是的多吗？那是我们从小没有好好地教育。请问，现在的孩子听爸爸妈妈的话吗？有时脾气拗起来，谁也劝不了。有时看两三岁的孩子发脾气，嘴巴翘得好高！

前几年听到一个报道，有个妈妈带孩子参加园游会，那孩子看到一个东西喜欢，他的妈妈跟他讲家里有了，他偏要，妈妈不给，一个小男孩，小学生，当着一群人的面扯他妈妈的头发，那个照片都报道出来。旁边的阿姨看不下去了，说：“你不要扯妈妈的头发了，来，我给你钱，你去买吧！”那个男孩继续拉：“要你管！”

孩子性格这么偏执，劝不动，那他以后的人生怎么走？所以**真为孩子好，不能宠，不能娇惯孩子。“爱之不以道，适所以害之也。”**古人很慈悲，词句、成语都来启发我们，比如“溺爱”，这个词用得好。“溺”，把他给淹死了。被什么淹死？欲望把他给淹死了，溺爱。

在历史中有个非常有名的例子。战国时代，纸上谈兵的赵括，他也是刚愎自用，觉得自己很有本事。他的妈妈对他的个性很了解，所以国君要起用他，他的妈妈去劝国君说：“很惭愧，我这个孩子小时候没有教好，他只是夸夸其谈，没有真正的本事，而且还会骄傲自满。”结果这个国君没有智慧，没有听劝。大家想想，“知子莫若母”，母亲最了解她的孩子。后来起用赵括做统帅带兵，结果赵国四十万军被秦国打败、坑杀。这都是因为他领兵无方，不听身边人的劝，自作主张就变成这样。

所以“乖僻自是，悔误必多”，不只会害自己，甚至会害身边的人，尤其是当领导、当老师的，思想观念一错，误人子弟。而这句话，从整个民族来思考，大家想想：我们现在中华民族的儿女，家家有本难念的经，为什么？因为我们忽略了老祖宗的教诲。就像《朱子治家格言》的教诲，我们曾经有用《朱子治家格言》教孩子吗？

这篇文章在一百年前，在我们民族的历史长河，是家喻户晓，都知道、都学过的家训，到我们这一代，我也是长大以后才读。我们不听老祖宗的教诲了，所以孝悌不传家了，勤俭不传家了。结果现在孩子懒惰、奢侈，这是不是“乖僻自是，悔误必多”？小孩子要严格管教，我们现在变什么？他要什么都给他。变享乐、放纵了。所以“人弃常则妖兴”，《左传》告诉我们的，“常”是做人的常道，我们常讲五伦、五常、四维、八德，这些都是做人的常道。比方五常：仁、义、礼、智、信。

我们从前面讲的这些故事中体会五常，第一个，“仁”，要爱护生命，小孩子从小戒杀。“义”，不义之财不拿，尤其教小孩要戒贪，不能让他小时候什么东西都藏起来自己吃，不给父母、不给他人吃。“贪”这个字跟贫穷是相近的，愈贪愈吝啬愈没有福报。所以教孩子最重要的离不开仁义。孔孟教的就是“讲道德，说仁义”。“礼”，刚刚那个孩子扯妈妈的头发，有没有礼敬？这些乱象都是丢弃常道造成的。“智”，假如没有拿仁、义、礼来教孩子，就是没有智慧。现在都拿什么来教孩子？斤斤计较、不肯付出，那不就跟五常背道而驰。

今天这句“乖僻自是，悔误必多”很重要，对孩子一生，对自己的一生影响深远，“百事之成必在敬之，其败也必在慢之”，一傲慢必败无疑。而且一个人转成谦虚，所谓“满招损，谦受益”“乖僻自是”转成“谦卑恭敬”，那命运就改了。我们转谦卑、恭敬，引导孩子站在五千年老祖宗的智慧之上，不自以为是，来经营他的人生，我想孩子这一生必然可以成圣成贤，家道必然可以兴盛。**所谓“诗书为起家之本”，这个家要兴旺起来，没别的，深入圣贤书，有德行、有智慧，家道一定旺。**

好，今天先跟大家交流到这里，谢谢大家！

第十七讲　把错误的想法打包扔掉

尊敬的诸位长辈、诸位朋友，大家好！上次跟大家谈到“勿贪口腹而恣杀牲禽”，后来我们还强调“举步常看虫蚁”，连小生命都不要杀害。有位朋友问，家里蟑螂、蚂蚁这么多，怎么办？不想伤害它们，应该用哪些方法？上次跟大家讲，家里不要有一些气味招感它们来，吃的东西整理干净，比方说大家平常用的一些小袋子，不要马上扔掉，一些果皮，有甜味、气味的东西，就用这些小袋子把它装好，每天出门就把它扔掉。尤其现在很多袋子是可以封起来的，那就更没有气味，或者绑好，就不会招感小生命到家里来。当然也可以诚心去沟通，用德行去感动这些小生命，各安其所，不互相打扰。

结果，上个礼拜课程一结束，礼拜二就有朋友给我发了传真过来，有妙方，说蚂蚁怕酸味，蚊子怕辣味，蟑螂怕香味。这些方法都可以参考，大家可以上网去查。所以看到这个传真，心里非常温暖，体会到世间还是好人多，我们有什么需要，马上就有人主动来给我们协助。

有一个朋友，跟一位六十岁的长辈聊到蟑螂的问题、吃素的问题。他说老人家不同意这个观点，说“如果人类都吃素，整个食物链就会被扰乱，动物会愈来愈多，甚至有一天会打扰人类的生活”。我们首先回到一百年前，其实这个地球上人类生活了很长的时间。一百年前的人一年吃几次肉？比现在少很多吧？可能一年吃三五次就很多了，其实少吃肉并不会影响食物链。

二战期间，由于英国的封锁，丹麦的粮食非常匮乏。因为吃肉要用很多的谷类去养，耗费的资源非常重，当时丹麦政府决定全国吃素。我们看这个数据，丹麦的食物链没有受到影响，更让人惊讶的是什么？全国吃素那段时间，人民的身体健康不少，吃素的第一年，死亡率就降低了百分之十七。

大家假如留心去观察，活到九十几、一百岁以上的佛门高僧很多。我们有没有看到哪个活百岁的人，是吃大鱼大肉的？应该都是寡欲的，寡欲精神爽。现在的人吃愈来愈多的肉，反而文明病都提早。甚至有的十几岁就高血压、糖尿病了，这都是吃出来的。所以有时候我们思考这些问题，可以从以前的人类情况，甚至于从历史中记载的像丹麦的这些例子去考虑。

我们以前一年吃不到几次肉，动物有没有打扰人类？没有。现在我们吃那么多肉，是我们打扰动物。人类是万物之灵，应该有上天的好生之德，去爱护万物，不然怎么跟天、地并列三才？结果现在人没有去爱护万物，反而变成摧残万物。现在一天不知道有多少物种在这个地球灭绝。请问让这么多物种灭绝的元凶是哪种动物？所以，假如地球上有一种动物灭绝了，所有的动物会开七天的嘉年华会。

我们再冷静想想，我们都知道癌症很厉害，癌细胞快速扩展，整个身体就受到破坏活不下去。假如把地球比喻成一个人，请问这个地球上的癌细胞是哪种动物？现在一直扩展，威胁到整个地球的环境，威胁到万物的生命，是我们人类！我们把整个大自然破坏了，我们放纵欲望去吃野生动物，把它们很多都吃绝了。几千年来整个食物链都是很平衡的，就是人类的欲望不能满足，最后伤害了生命，其实病从口入，最后也伤害了自己的身体。甚至欲望太大，动物来不及供应，所以饲养的人就想了很多很不好的方法，打荷尔蒙、抗生素，把鸡、鸭、鱼等一下子就催大了，这些毒素最后都吃到人的身体里。

所以有些问题，其实我们扩宽视野来思考，并不难。除非我们很固执，别人怎么跟我们沟通都不接受，可能就没办法达成一些共识了。

另外这位长者又提道："我们都不杀昆虫，比如蟑螂，到处都充满蟑螂，就算我们能感应，它们不来我家，它们也会到邻居的家，不是己所不欲，勿施于人吗？"这位老者心地这么善良，连蟑螂都想到勿施于人。坦白讲，现在假如有一个问题问十个人，十个人有十个人的看法。比方遇到一个人生的抉择，你去问五个朋友，五个角度都不一样，听谁的？听经典的，听真理的。当然，我们都爱惜自己的环境卫生，自然不招感这些东西来。又不是说这个蟑螂不到你家，就一定到别人家，我们每户人家都养成好习惯。

所以，回到食物链平衡的根本，还是人类要戒杀，要爱惜生命，自然就不会有后面这些结果。我们现在人类面对问题，一个头两个大，都没找根本解决，都找枝末。而且在枝末当中都是顾虑自己的利益，自己不要受打扰、不要受损害，所以往往问题就显得很复杂。我们看，人类用这么多方法去杀害生命，比方说发明农药杀虫，请问解决问题了吗？所以我们上节课讲到的这句很重要：

【乖僻自是。悔误必多。】

"乖僻"，个性古怪，或者用的方法没遵循真理跟常道，没遵循上天好生之德，然后自以为是，后悔就来了。比方说喷农药，这不是人类自以为是吗？第一，请问虫害解决了吗？没有。其实现在的人类误会了，以前的人类知道万物之间是和谐的，要和睦相处，不可以杀戮。现在都以自我为中心，觉得好像阻碍自己了就要杀。其实关系是和谐的，我们误以为是对立，这才是最大的问题。

比方说今天种菜，长虫了，虫告诉我们什么？可能这个土壤贫瘠，应该去改善土壤，慢慢地植物就长得健康。这并不是一个对立的关系。现在我们一看到有虫，就好像是我们最大的敌人，就发明农药把它杀掉。请问最后哪种动物喝的农药最多？这很符合大自然的法则，农药是人类给出去的，当然最后人类吃最多农药。“出乎尔者，反乎尔者”，聪明反被聪明误。为什么聪明会误？自私。假如人类能为大自然的循环、能为其他的生命着想，就不会创出这种杀生命的东西了。

为什么说人算不如天算？天道好还，人就想眼前，最后那个害处还是会回到自己的身上来。我们要杀虫，结果虫也会自立自强，它的整个身体就开始调整。最后喷一种农药不行，还要两三种合在一起，力量才够。我们想喷农药让它断子绝孙，结果反而生命力愈来愈强，没有断子绝孙，反而人类现在不孕症愈来愈多。所以自以为是，把整个大自然搞得乱七八糟。看起来好像现在科学进步，可为什么整个大自然反而愈来愈混乱？**科学求真，这个精神可贵，但假如人类都是以傲慢、自私自利为中心去用科技，最后还是得不到利益的。因为科技被自私自利所用，就会急功近利，就考虑不长远，所以身体坏了，整个环境也破坏了。**

我们接着来讨论这句“乖僻自是，悔误必多”。刚刚说到那位长辈对不杀蟑螂有质疑，当然，我们跟长者讨论这些问题，看他不能接受，点到为止，不要跟他吵起来，最后他说“哼，我以后都不学传统文化了”，这样也不好。所以人家可以接受，那才是缘分成熟；不可以接受，那我们谦退就好，礼让、忍让就好，不需要去争个你死我活。

上次我们提到“人弃常则妖兴”。放弃了人应该遵守的常道，很多怪现象就会接连产生。人为什么不遵守常道？首先傲慢心起来，自以为是，不听老人言，不听父母言，不听圣贤人的教诲。大家冷静想想，还有哪些因素会让自己傲慢，听不进人的话？比方少年得志；比方人现在学历愈来愈高，都觉得自己的学历比父母高，比以前的人高，自己所认知的都是最新的知识，父母是落伍的，古人是落伍的，这些念头一起来，人就特别傲慢。

而且我感觉我们教科书中有一些说法，让我们产生一种贡高我慢。记得我小时候念书都念到，“我们这一代是打从有人类以来最文明的”，好像以前的人都比我们落伍。其实以前的人都比我们有智慧，以前的人不认识字，但他懂得伦理道德。现在的人哪怕是博士毕业，都不一定懂得孝顺。而且我们所认知的知识，往往还没有经过真理的验证，到底对不对都还是个问题。可是我们就因为吸收了很多新知识，就觉得好像懂的比以前的人多了。

其实知识不见得解决得了问题。大家现在看离婚率、教育孩子的问题，学历现在都提高了，这些问题愈来愈多，明明大家读书都读十几年，为什么解决不了这些问题？所以知识不见得能解决问题，智慧才能解决问题，这些问题我们不厘清，我们这种傲慢的态度降伏不了。

我曾经遇到一位母亲，她的孩子是研究所毕业。有一次她交代孩子一点小事，好像是从冰箱拿什么东西出来，后来这个孩子还是没办好，他妈妈实在有点无奈，说叫你拿个东西你都拿不好，读到研究所怎么这么笨？她儿子马上翻脸：“我都读到研究所了，你还骂我笨？”大家听清楚这句话没有？“我都读到研究所了，你还骂我笨？”代表研究所给他什么？傲慢。读了个研究所连妈都不能批评他了，当下这点小事没做好他不能反省，整个情绪被拉过去了。

其实我们现在冷静问问自己，我们自己有烦恼吗？有。不管是当父母、当老师，还是当领导，要去帮孩子、帮底下的人解决问题，首先要解决谁的烦恼？自己都迷惑一大堆，怎么去帮助别人？

唐朝韩愈说："师者，所以传道授业解惑也。"父母是孩子第一任最重要的老师（也是当老师），那父母还有疑惑，怎么去帮孩子引导光明觉悟的人生？所以有智慧才能破除迷惑。但智慧从哪里来？从清净心来的。人的心怎么清净？欲望愈淡脑子就愈清楚，"欲令智迷，利令智昏"。大家注意去看，人这一生往往一失足成千古恨，就是在欲望面前控制不了自己，迷惑颠倒，一步踏错，就毁了自己，甚至毁了整个家庭都有可能，那不就是欲望太强障碍自己的智慧？

以前的人欲望都比较淡，现在的人欲望很强。像我昨天遇到一个年轻人，他就冲过来问我："蔡老师，我想要成功，想要有成就，是不是可以不择手段，去达到这个目的？"大家看，光是他讲话这么快，心就不够定，定才能有智慧。我首先就跟这个年轻人讲，当然他很可贵，年轻人还肯请教就难得了。现在年轻人很多走路头都高高的，小心撞到东西，低低的比较安全。我就问他："请问，你所谓的成功是什么？"得把这个先定义清楚。他说："就是像最有钱的那些人。"我说，你的成就是有钱，但是人真正的成功是快乐，不单是有钱就会快乐。很多人是"我就是要成功"，成功为了什么？还是为了快乐嘛。但我们冷静思考，请问是有钱人烦恼多，还是没钱的人烦恼多？普遍来讲，有钱的人烦恼更多。我听说很多有钱人，睡觉都要吃安眠药。所以人一有钱，欲望一打开，反而更多求不得的痛苦。为什么？他会攀比，人比人就气死人。所以不能偏向于只有赚到钱就会成功、快乐。真正的快乐其实是由内而外的喜悦。比方说孝顺父母很欢喜，助人为乐很欢喜。对方并没有送我们什么东西，可是我们就会觉得很充实，因为那跟我们内在的性德相应。

而现在的人快乐是什么？外在刺激，吃好的、穿好的，但这么一刺激，欲望会愈来愈多。有没有哪个人说，我这一餐好吃的吃完，从此不吃这么好吃的了？我这根烟抽完，明天开始就不抽了，我这件漂亮的衣服买完，明天开始就不买了……告诉大家，真的做得到的，当下就不买、就不吃了，他还会说“最后一次吗”？他当下那个欲望伏不住，现在都保证不了，还保证未来？所以告诉大家，甜言蜜语不要乱听，要客观分析，除非他自己慢慢有定力，慢慢知道欲望不是真正的追求，应该是智慧、灵性的提升。坦白讲，人的灵性、精神愈提升，欲望就愈下降。大家看很多人助人为乐，每天去做义工，做十几个小时，精神愈来愈好，他以助人为乐，他当然人逢喜事精神爽。

所以那个年轻人问我这个问题，我跟他先厘清这个成功的定义。我再问他：“你有钱是要有钱一年，还是要有钱十年，还是要有钱八百年？”他说：“那当然八百年好啊。”我又问他：“你有没有听过富不过……”现在不是三代了，一代都过不了；不是一代过不了，三五年都难。我曾经看过一份大陆的数据，中小型企业，平均寿命二点九年，还不到三年。这么多人开公司，不到三年就倒了，不只自己破产，亲戚朋友借来的钱全部都没了。为什么？因为他没有德，所以他一发展起来可能就开始挥霍，傲慢，听不进人的话，他迟早要倒下来。所以事业要有成就，“德者本也”。多少商人经商，最后家庭出问题的，那比例太高了。所以老子告诉我们“祸福相倚”，都没有这些认知，看事情都看得很表浅。

所以，富不过一代，富不过几年，这已经是摆在我们眼前的事。

所以我跟这个年轻人讲，孔子两千五百多年，你要学哪种？谁都会选，要长的。假如更有机会，再让他思考，“万般将不去”，人所有的身外之物一样都带不走，所以也不要努力了一生，都是身外之物，一样也带不走。**假如真有智慧，要留留得下来的家道，还有这一生的榜样，就像孔子利益了两千五百多年的中华民族。然后要努力带得走的，灵性、智慧带得走，这一生所做的一切善行统统带得走。这又谈到人生的取舍问题**，不然瞎忙一场，最后一口气不来，两手一摊啥也带不走。

后来第二个年轻人过来——我昨天生意不错，上一次洗手间，被三个年轻人追过来问问题，其实我挺高兴的。第二个年轻人过来，“请问做人应该有哪些态度？”这个时候也不能给他讲太长，就讲一句让他记住就好。《了凡四训》教人“爱敬存心”，要懂得去爱护别人，替别人想。“敬”是恭敬别人，常存这样的心，就是很重要的做人态度。大家看他第二个反应，“那好多人不会爱敬存心。”有没有看到第二个反应很有意思，先想谁？别人，先不是要求自己。其实这个心态要转，为什么？“严于律己，宽以待人。”假如我们想到道理，都是先看别人不对，那都反了，严以律人，宽以待己。

大家看《朱子治家格言》，假如我们边念“黎明即起”，看谁没有做好，“乖僻自是”，就是在说谁，那麻烦了，这一篇念下来全部在指责别人。

我以前读《论语》,《论语》的句子什么最多？君子、小人的句子：“君子喻于义，小人喻于利。”“君子和而不同，小人同而不和。”以前一念到君子，我就想：君子君子（指自己）；一念到小人，小人小人（指别人）。愈念愈贡高我慢，后来感觉不对。师长老人家讲：“每句话都是对自己讲的，自己是当机者。”转一个心态，念小人，一定我的心里还有这些习气；念到君子，某某人的优点，“见人善，即思齐。”所以心态不对，愈念德行愈差，心态对了，读经、听课心境都在提升。

我们看“乖僻自是，悔误必多”。我们这一生有没有后悔？有哦。有没有把事情办错了？有哦。那这句不是讲别人，讲自己。什么时候会悔悟？我妈妈明明给我交代，我就是不听，领导都劝过我了，我还是很固执，才会悔误必多。这句就给自己很大的省思了。

所以这个年轻人很有意思，他马上就跟我说：“这些人都不懂做人，都没有爱敬存心。”接着我跟他说：“天底下没有可恶的人，只有可怜的人，他现在的行为很不好，一定是没有好的家庭教育。你从他的过去去看，他很可怜，没人教他，像你们现在还可以读经典，你们比他们幸运。”从过去看，所以人要有前后眼，你才不会看到一个行为在那里气得半死，跟人家对立。“往前看，他是可怜的人；往后看呢？他现在不懂做人，会造作很多恶行，以后会感很多恶果，甚至会万劫不复。从未来去看，他也是可怜的人，所以你不要跟他一般见识。假如更有使命感，那你做好去感动他，就对了。”所以“若真修道人，不见世间过”。见到任何一个人的过失，都期许自己，是我做得还不够好，不能感动他，这样就不会在情绪当中，反而更鞭策自己，要给圣贤老祖宗脸上贴金，自己做一个好弟子给别人信心。当然他的这种对立去除了，进一步再给他鼓励：“所以你以后爱敬存心，会有很好的人生。”为什么？“爱人者人恒爱之，敬人者人恒敬之”，他听了，对未来就充满希望。

我从洗手间出来，遇到第三个年轻人。他跟我说：“蔡老师，很多年前您到怡保去，我对您不恭敬，请原谅。”我听了很感动，几年前的事，他还来道歉。我们看到什么？“人之初，性本善。”他看起来就是二十岁左右的孩子。他这个举动又告诉我们，人都有良心。我们有没有体会到？他对人一个无礼，这么多年来他都还放在心里，他良心不安，得要道完歉，他才释怀。所以圣贤人通达人性，确实人都有本善，都有良知，人都不愿意造恶，被环境牵着走。就像我们接下来要学的，“狎昵恶少，久必受其累。”**人都受身边人跟环境的影响，所以堕落的人，往往是因为他没有好的环境跟因缘。像孟母三迁，给孩子一个好的环境**。同样地，我们期许自己，我们所待的地方、小区，由我们带动起一个良善的风气，我们更积极地去尽自己的一分力量。

《论语》里说“里仁为美”。一个地方大家都有仁德的存心，这个地方非常庄严美丽。我想每个人到达这个小区，都会感觉这地方的磁场不一样，人特别和善。我们听完这句“里仁为美”，赶紧打听看看哪个地方好，搬到那里去，这也是个方法。但是建议大家求人不如求己，从自己做起，带动整个小区。

在大陆杭州，有句俗话叫“上有天堂，下有苏杭”，杭州有位女士叫吴菊萍，她住的小区有一个小孩，不知怎么发生意外，在十楼的窗户上眼看就要掉下来。结果她发现了这个情况，立即以最快的速度把自己的高跟鞋脱掉，冲到这个小孩可能掉下来的地方。当她冲到那个地方，就已经听到旁边的人尖叫，代表孩子掉下来了。她在那个瞬间直接用手去接，那个孩子就被她接住了。后来这个孩子活过来了，而她手上的骨头粉碎性骨折。而且她自己才生完孩子几个月，都还在哺乳，后来因为治伤，就没有办法再给孩子哺乳，但她牺牲了自己，救了一个孩子的生命。后来她在网络当中写了一句话：“我们拒绝袖手旁观。”整个社会那种道义、见义勇为的风气，这句话不知道唤醒多少人的良知。

杭州的市民广场，因为她的义举，做了个雕像，就是她的手接住了那个孩子。吴女士这一生留取丹心照汗青，她已经留在杭州人的心目中，而且她是全国道德模范，全中国甚至海外，看了这个道德模范的光盘，也都向他们学习。这样的人生是有意义的，精神长存。

他们的小区从她这个义举之后，基本上没有人吵架了。比方假如发生一些口角，旁边的人就过去："吴菊萍冒着生命危险都把孩子给救了，你们还有什么好吵的？还这样斤斤计较？"所以一个小区，会因为一个人慢慢带动起来，怎么带动？从看到每个垃圾自己先捡起开始做起，从进入小区的电梯互相问候开始做起，"请问你上几楼？"是吧！那种人情味、互相的关怀就慢慢带动。甚至从尊重为小区服务的人开始，比方小区有请一些打扫的人，我们一看到他在为小区付出，我们很灿烂的："感谢你，辛苦了！"我想他那天工作会非常愉快。所以非常真诚地去给人道谢、向人感恩，都是日行一善，社会风气都从这些小细节中慢慢带动起来。

从这些年轻人跟我们交流的问题，我们可以体会到，年轻人也有很多人生的迷茫。他们也希望赶快找到人生的方向，赶快找到做人的标准在哪里，不然人云亦云，似是而非。所以**我们当家长的人，首先都深入经典，明白是非、邪正、善恶，就能把孩子给引导正确。**

我们回到这句"乖僻自是，悔误必多"。我们身为父母、长辈，有一个态度，就是我们人生走过的错路跟弯路，不要让孩子们再走了。**首先，从我们个人的身心健康说起，现在人的身体愈来愈差，为什么？没有依照古人养生之道，太随顺自己的意思，想吃就吃，或者熬夜，放纵欲望，"悔误必多"。**

养生强调的几个原理原则，大家一定要遵守，不然会后悔。因为人中晚年以后的病痛，都是年轻强壮时种下的恶因。而现在不等老年，现在是未老就先衰了。身体方面经典里讲，“饮食有节”，不要暴饮暴食，看到喜欢吃的就拼命吃。“起居有常”，生活作息要正常，不熬夜，不睡懒觉。再来，“不妄作劳”，这个“劳”是太过消耗。所以有时候工作也不能过度疲劳，耗损整个身心，还是宁可早点睡，第二天早点起，不要熬夜。因为熬夜了，身体好几天调不过来，但是早睡早起，不会伤身。尤其晚间十一点到凌晨三点之间，胆经、肝经在这两个时辰要充分休息才好，所以工作不可过劳。包括“乐极生悲”，人玩乐也要有节度，也不能过度，这些都要慎重。

再来，从我们整个人生的思想观念，这一代人也是偏了常道太远。比方我们几千年来的中华儿女，人生都是以服务为目的。大家假如有机会到一些古建筑去，像安徽南部有西递、宏村，他们还保留了很多几百人住的这些旧房子。房子出门的墙壁上刻着一把扇子，提醒每个人出门要行善，这就是人生的目的。而且我看到这些古建筑，门墙上都刻着梅、兰、竹、菊四君子，提醒出门要交善友，不能交不好的朋友。“狎昵恶少，久必受其累；屈志老成，急则可相依。”这就告诉我们，朋友对自己思想观念的影响是非常大的。整个思想错了，人生就不可能真正快乐、充实。而我们现在偏到哪个方向去了呢？不说别人，就说我自己，我还没遇到经典，都感觉人生就是赶快赚很多钱，然后可以吃什么，可以到欧洲到美国去玩、开什么名牌的车子，我以前领带也不少条，也是掉到这个欲望的追逐里去。

我那天跟一位教育局长谈到，他说现在最严重的一种思想，就是拜金主义，钱是万能的，不择手段要去拥有。再来，享乐主义。大家要了解，放纵欲望，为了钱不择手段，重利就轻义。所以离婚率愈来愈高，父子兄弟为了钱发生冲突愈来愈多。所以这些思想把人都给误导了。拜金、享乐，其实是什么？利欲熏心，现在人都觉得这才是正确的人生目标。别人讲他还不听，他就“乖僻自是，悔误必多”。

我以前也是这样拼命走，可是后来看了经典，譬如孔子讲，“君子喻于义，小人喻于利”，看到这句，我也想做君子，不想做小人。要有道义才是君子之风，小人只是自私自利的人生态度。但请问我们现在教的孩子跟学生会教成什么？不教他孝道，不教他爱护兄弟姐妹，他怎么懂得义？都叫他拿高分、拿高学历以后可以赚很多钱，这个引导不都是以利为动力吗？

《礼记·学记》讲，什么是教育？**“教也者，长善而救其失者也”，长他的善心，挽救他的过失。我们现在对教育最重要的精神不清楚。**一般的家长就觉得，教育就是把分数考高，就是成功，其实不然。他没抓到根本，根本是长那个善心，尤其要先长孝心，然后救他的过失，坏的习惯、坏的人生态度，要改过来。

大家冷静去看，现在大学生在暑假前后自杀的不少，而这些人从小到大的成绩都不差，但为什么走绝路？因为父母、老师只看到他的分数考得不错，不知道他的心已经愈来愈不健康了。为什么？他分数都考很高，但可能得失心愈来愈重，禁不起失败。考得比别人差了，接受不了，寻短见。大家都以为成绩不好的人有问题，很可能成绩顶尖的人更有问题。很多成绩好的人嫉妒心很重，因为他见不得人好。所以心善不善良、健不健康才是教育的根本。为什么？因为这个正确的态度陪伴人一辈子。

但假如我们当父母、老师的人并没有认知到教育是“长善救失”，我们还是顺着我们认为的，考试成绩好就好了，也是“悔误必多”。我们会后悔，教不出真正家庭、社会的栋梁之材。所以我们谈到人生以服务为目的，这样才对。结果现在是享乐主义、拜金主义，还有一个很厉害的叫极端个人主义，都把自己排第一位，都不会为别人想。几千年来，中华儿女从出生，在大家族里为父母想，为兄弟姐妹、为整个家族想，就没有增长自私自利。现在变小家庭了，父母、爷爷奶奶又不懂教育，全都宠孩子，所以孩子就是小皇帝、皇太后，当然极端个人主义。这是所有长辈都不懂教育，才会造成这个结果。**其实我父亲那一代人，他们就不为自己想。他们为什么这么努力读书、这么努力工作？就是要让父母早一天有好日子过，可以侍奉父母，他们人生的动力就是孝道，就是责任感。**有这样的存心，怎么会个人主义？所以现在这些现象，值得我们家庭反思，值得我们整个学校教育反思，偏离教育的本质太多。其实《朱子治家格言》就有标准。

所以我们谈的第三个，**第一个我们谈养生，第二个我们谈人生价值观，第三个我们谈教育不能偏离常道。**太多东西都偏离常道，我们只是举几个例子给大家看，只要是乱象是偏离常道。以《朱子治家格言》的标准，读书志在圣贤。现在呢？读书志在分数、志在学历，接着发展，志在赚钱。

志在圣贤是什么？不断增长善心、德行。志在分数、学历、赚钱，是什么？增长功利主义。所以现在不养父母的人很多，为什么？想自己的利益。父母去世了还没入葬，首先就是争财产。这不是偶然的，是我们教育偏颇造成的，要倒回来，志在圣贤。首先教他做个孝子，在家是孝子，出外是好学生，到单位是好的臣子、好的领导者。**圣贤就是把每一个人生的本分、角色，都做得非常圆满。**

第四，我们自古以来对于人才的选择，有一个不变的原则叫“举孝廉”。“孝”则有德行的根本，“廉洁”不贪污就有办事很重要的态度。不贪污，他就为公，不会为私。这是几千年来的标准。但现在呢？选人才可能从他的学历、才干。所以现在很多贪污的现象，很多企业团体用了很高学历的人，很有才干，可是把整个企业给搞垮。我们多年来看到很多全世界五百强的大企业，都是一些高级主管太聪明动了手脚，最后整个企业垮掉了。

所以“德才兼备”，什么摆前面？德行。现在当老板的人、领导者在用人方面有没有洞察到？还是要回到举孝廉。孔子在用人方面，有一句话讲得很彻底，我们要重视。孔子说，“如有周公之才之美”，一个人有周公的才能跟办事能力，“使骄且吝”，假如骄傲，最后就不听人了，假如吝啬，为自己不为别人，好东西也不告诉别人，“其余不足观也已”，他的德行不稳又傲慢，到时候你就没有办法带领他。他贡高我慢，最后把整个团体带偏、带错了，就毁掉了。周公是孔子最佩服的人，孔子这么比喻，**就是再大的才能，只要没有谦卑，没有好的德行，这样的人不可以用，这值得我们警惕**。所以团体也好，甚至政党吸收党员，还要回到“孝廉”才好。以上是就几个偏离常道的情况来反思。

“乖僻自是，悔误必多”，我们从正面看，就提醒我们“福在受谏”。我们转一个态度，不自以为是了，就变成能接受别人的劝谏。**谁最有福？听父母的忠告、听老师的劝、听领导的指导、听老祖宗的智慧，这样的人是有福报的**。所以《弟子规》才说“闻誉恐，闻过欣，直谅士，渐相亲”。

我们看历史，大舜非常能接受别人的劝告，甚至是主动请别人提出意见，所以他成圣王。唐太宗创造了贞观之治的盛世，他也是能接受别人的劝。有一次大臣劝他，劝完这个臣子出去，旁边的近臣就有点替太宗皇帝叫屈，说，皇上，刚刚他讲的都不是事实，你怎么不反驳？太宗就讲，假如我当场动情绪反驳他，以后他就不敢劝我，而且他出去以后又说，皇上不能接受别人劝，那更多人不敢劝我。所以哪怕他讲错了，太宗都有雅量包容、接受，所以开创了贞观之治。

所以以后别人给我们提醒，讲得不对的地方，我们不要马上动情绪去解释、去反驳，先把话听完，他讲得对的，我们马上去改；讲得不对的，我们也能够包容。而且日久见人心，他讲错的，可能半个月、一个月之后很多事情就厘清了，反而让对方感觉到，我批评他错，他还能包容，这样的人很有度量。他更珍惜你这个朋友，甚至更信任你。

那当然，接受别人的劝谏，也不能是做表面功夫。当下这个朋友劝我，给他鞠九十度躬，“谢谢你，你是我生命的贵人。”这是接受了，虚心接受，可回去都不改，有句话叫“虚心接受，坚决不改”，这就变做表面功夫了。人家劝几次以后，“浪费我的精神生命，根本就不是真心想改”，以后人家就不劝了。其实这是什么？糟蹋别人的良苦用心。假如表面生气不接受，他还不会这么难过，人家好心给我们讲了那么多，最后还是糟蹋，人家更难受。

孔子也有教过，孔子说：“法语之言，能无从乎？”人家很中肯地劝告，讲的又跟经教是相应的，是为了成就我们、帮助我们，我们当然顺从，但不是表面顺从，“改之为贵”，能改过来是最可贵的。假如当场顺从，最后都不改，孔子说我也拿这个人没有办法。圣人在旁边可能也帮忙不上了。所以我们学习每句经教，都要真心去体会、去落实，一切从真实心中去做。这也是真正珍惜老祖宗传了五千年的教诲。所以人这种知缘、惜缘，都要表现在每个因缘当中。别人劝我们也是一个缘分，我们应该珍惜，不要糟蹋，进而报这份恩情。怎么报？我们马上改了，对方、亲戚朋友是最高兴的，这就是知缘，这就是知恩、报恩，这就是做人的一份情义在其中。

这句就跟大家交流到这里。我们下个礼拜再进入下一句“颓惰自甘，家道难成”。好，谢谢大家！

第十八讲　如何建立自信心

尊敬的诸位长辈、诸位朋友，大家好！我们传统的俚语，传统的成语、词语，甚至中国的文字，都含摄人生的智慧在其中。比方我们今天要交流的：

【颓惰自甘。家道难成。】

大家读到这句经文，有没有想到哪个成语？“自甘堕落”，那就谁也帮不上忙了。所以成语可以开人的智慧，不可以“自暴自弃”，不可以“自甘堕落”。

不只成语开人的智慧，还有俚语、词语。**俗话说“不要享痴福”，为什么“福”会跟“痴”合在一起？因为人一享福之后，就会觉得应该的，理所当然，就会不知道知恩报恩，饮水思源。那不知恩报恩，这个人不是很愚痴吗？连做人的根本都不懂。**我们这个时代，物质生活非常丰沛，但人愈来愈不明理，愈来愈愚痴。因为福是顺境，能享顺境的人，除非他有非常正确的人生态度，就是感恩的人生态度、勤俭的人生态度，不然他一享福，铁定堕落，所以没有智慧的人享不了福。“顺境淘汰人”，看我们这一代以及下一代都在享福，而素质一落千丈；“逆境磨炼人”，遇到一些考验、困难，反而增强人的意志跟勇气。

俗话又讲“不知好歹”，其实好歹我们不见得分得出来。比方说，逆境反而是提升自己，有好处。我们闽南话说“吃苦当作吃补药”，这是知好歹。世间人都觉得富贵很好，事实上不知道事情有很多面。所以现在愈有钱的人，吃安眠药睡觉的比例愈高，有没有听过哪个农夫吃安眠药睡觉的？对。

又有句词语教诲我们，叫“家累”。什么是家累？房子很多、股票很多，一大堆东西，每天在那里烦恼：会不会贬值了？要放在哪里？每天想这个就想到烦死了，“又有谁要跟我借钱了。我那第二个儿子，还是第四个女儿又要来找我麻烦了。”那不是家累吗？

所以“知足常乐”。“家财万贯，日食三餐”，每天只吃三餐。有没有听过哪个人很有钱，“我偏要吃六餐，要你管？”好啊，那他吃六餐，最后肠胃一定出问题。所以再有钱其实也花不到多少钱。“广厦千间，夜眠六尺”，房子有很多，晚上睡几间？就睡一张床。有没有人说：“我就是房子多，要你管？我晚上十一点睡第一间，十二点睡第二间，我就要告诉世人，我有的是钱！”他脑神经衰弱。

大家冷静想想，人一生所需的物质其实并不多，训练孩子知足常乐、勤俭持家，不要把他的人生变成追求欲望的人生，这样他就变欲望的奴隶了。大家有没有看到，现在努力的方向不对了，孩子还没赚钱就很会花钱，信用卡好几张都刷爆了。其实，我们让孩子养成这样的习惯，障碍他的一生。所以**欲望愈少，愈没有累赘，然后他就觉得，最重要的是智慧、灵性的提升，他就有成长的喜悦、学习的喜悦，又知道人生以服务为目的，助人为乐，为善最乐。**

现在人不懂这个态度，不只不助人，还常常跟人计较、跟人对立，痛苦就很多了。所以幸福快乐还是痛苦，往往是一个态度决定的，走出来的人生是天壤之别。

汉字也是长智慧，我们说五常，“仁、义、礼、智、信”。人说的言语叫“信”，所以人只要讲话不守信，那就不是人了，是吧？就没人格了，所以“凡出言，信为先”。

谈了这么多字、词、成语，让我们更感受到老祖先对我们的恩德，用这么多方法来增长我们的智慧，让我们的人生少走弯路，少走冤枉路。就像我们刚刚讲到的“颓惰自甘，家道难成”，让我们想起了“自甘堕落”“自暴自弃”“自掘坟墓”。自己要堕落，就是俗话讲的，“扶不起的阿斗。”这句俗话大家都听过，请问阿斗是谁？“刘备的儿子”，这叫考历史，叫标准答案。但我们学传统文化不是填标准答案而已，学传统文化是什么？心性之学，是启发我们悟性的、提升我们智慧的。“扶不起的阿斗”，请问谁是阿斗？堕落的人就是阿斗，不肯自立自强的人，自己放弃自己的人就是阿斗。那很可能是谁？自己啊。

有句话讲得好，“自弃者天弃，自救者天救，自助者天助。”这句教诲其实告诉我们：**人生的成败都决定在自己的心态。自己放弃了，就一直往下滑；能自我期许、自求多福，那会感得非常多的人生的贵人、助缘**。所以其实谈到这里，人应该有所感悟，就是人这一生所有的因缘，是自己的心感召来的。

比方说，假如我们贪念很重，有可能会被诈骗集团的人骗。比方前面走一个人，突然一包东西掉下来，好像一捆全都是钱，然后另一个人走上前来就跟你讲：“别出声，我们两个到旁边去分。”很多人遇到这个没有贪念，马上走，就不会出什么状况；有些人起了贪念，就真的跟去分钱，可能就遇到不好的际遇了。所以人只要没有贪念，纵然遇到这些不好的因缘也不会出什么意外。凡是自己人生遇到的缘分，还要反求诸己。

而在成语当中，提到“自”字的成语非常多，好的非常多，坏的也非常多，所以好坏都掌握在自己的手上。我们刚刚念的是不好的，现在念好的，“自立自强”“自动自发”“自求多福”，不也是自己创造的吗？好，那我们现在怎么来转变这个心境？我们面对自己的自甘堕落，或者面对朋友的自甘堕落，我们怎么来帮助他，怎么来帮助自己？

之前跟大家交流《了凡四训》的课程，提到一句很重要的话：**改习为立命之基。改变不好的习惯、心态，才能改变我们的命运。**首先我们看自甘堕落的情况，很可能是他有放纵欲望的态度。比方夏桀、商纣，他们是暴君，末代的皇帝，其实他们在位时，身边有很多圣贤人，可他们不用，不听他们的劝，所以放纵欲望，不能够接纳别人的谏言。

很多人在自己人生不幸、失败的时候，都会说：“上天太不公平了，都没有人帮助我。”这叫怨天尤人，这样的态度叫罪加一等。为什么？他这么怨天尤人，把老天爷都怪进去了，把身边曾经帮助他的人、想帮助他的人，全都否定，还责怪。光是这个念头折了多少福？有句话叫“片言折尽半生福”，就是一个人讲句话，把半生的福报都折掉了。**那请问大家，有没有可能一个念头，把半生的福报都折掉？有，就是怨天尤人，不感恩。**人不知恩就没资格做人，不感恩父母，不感恩国家、社会的培养，这还能算人吗？

所以《格言联璧》有句话讲，“**竭忠尽孝谓之人，治国经邦谓之学，安危定变谓之才。**”一个人不懂得效忠国家、效忠家庭、效忠他人，又不懂得回报父母的恩德，这就不能算人。我们常说乌鸦都知道反哺，羔羊都知道跪乳，畜生都懂得知恩报恩，怎么我们人不懂？怎么还是万物之灵呢？

“治国经邦谓之学”“学”不是学历，“学”是真实的学问。**什么是真实学问？可以修身、齐家、治国、平天下，叫学问。**古代十八岁的人能当县长，他学的是治国平天下的学问。请问大家，现在十八岁可以干什么？参加演唱会？差很多啊，学的东西不一样。古代教育，东汉黄香九岁“冬则温，夏则清”；“陆绩怀橘”，六岁，看到橘子就想到妈妈最喜欢吃，要带回去给妈妈吃。这么小就这么孝顺，移孝作忠，就为整个国家、民族着想。

“安危定变谓之才”，家庭、团体出现变故，能用理智、智慧把它稳住，跨过家庭跟团体的这次危难，这才叫作才能，而不是表演给大家，鼓掌完叫才能。所以您看古人这些见地，我们看一看都觉得现在那些才能、学问，很可能叫花拳绣腿，花了我们一二十年人生的光阴，却学不到真正的才干、真正的学问。

有句俗话叫“世风日下，人心不古”。**人心是教化出来的。所以我们还是要很珍惜老祖宗的教诲，五千年教育的智慧、理念、方法、经验，还有效果，代代都出圣贤人。**我们现在为什么遭这样的难？家庭、社会的问题很多，因为不学老祖宗的教诲，学的是功利，“上下交征利，而国危矣。”国在争利；家在争利，儿子跟父亲争金钱，兄弟告上法院。所以从小增长孩子的功利心，这是毁了他的一生。

但现在全世界都强调功利主义，甚至很多地方幼儿园就开始教竞争了。整部《论语》没有教一个争，“君子无所争”，教让。教忍让，脾气才控制得了；教谦让，才不会傲慢无礼；教礼让，才懂得恭敬他人。一个孩子处处恭敬人，处处跟人结善缘；一个孩子不懂得礼貌，处处跟人结恶缘。所以这个忍让、谦让、礼让是非常正确的教育。

刚刚提到，可能一个心态对人生的整个成败、兴衰非常关键。**人，每个缘分是自己招感来的。所以真明理的人，对自己的人生负完全的责任，**他就不会去怨天尤人了，反而他懂得什么？自我反省。一个人遇到事情懂得自我反省，就增长经验，可能就化危机为转机、化悲愤为力量。但是假如一个人怨天尤人，都是指责，那很可能没事都变有事，小事都搞成大事了。

我们看这句“颓惰自甘”。人，怨天尤人的人，容易颓隳自甘，自甘堕落；放纵欲望的人，容易自甘堕落；包括懒散的人、没有责任感的人，容易堕落。因为放纵欲望，欲似深渊，一定掉下去。那懒散的人，“百种弊病，皆从懒生。”一个人每天睡觉睡到早上十点、十一点才起床，然后又不去找工作，在那里玩电脑，玩物丧志，结果就变成“贵族”。那个贵族叫“月光族”，每个月都花光光。还有一种叫“白领族”，白白领父母的退休金，自己很懒散，没有责任感。这都是“颓隳自甘”的情况。

刚刚讲到这些现象，真的遇到这样的年轻人、小孩，容不容易处理？所以这个时代，家家有本难念的经。事实上很多问题为什么难处理？都是很严重了才重视，所谓“病入膏肓”，才觉得很严重。假如能防微杜渐，就不可能出现这么严重的情况。

比方说一个人很重视养生，他有没有可能得重病？一个人很重视孩子德行的培养，他的孩子最后行为会脱轨吗？比方父母很用心地爱护这个孩子，陪伴他成长，孩子第一次说谎，那个眼神一不对，马上父母就及时教育了。比方孩子第一次偷钱，脸上看不看得出来？小孩难免会起贪念，但是很用心的父母，看到这些征兆，可能他第一次偷钱就严重处罚，他以后不只不会偷钱，看到钱就很警惕。这就是防微杜渐，整个传统的教育特别重视预防，而不是已经形成很不好的习惯，然后再来调整。

《礼记·学记》这篇经文，当父母、老师的人一定要学，最精辟的

教育智慧。其中有一点就讲到，“禁于未发之谓豫”，预防法，我们老祖宗几千年前就强调这个教育的理念。西方很多自以为是他们发明的教育理论，其实在中国经典里都有。中国人不标榜自己，因为他觉得这些是代代圣贤人传下来的智慧，不是我的版权所有，而且这些智慧是每个人的明德本善里有的。

“禁于未发之谓豫”，这是预防。“发然后禁，则捍格而不胜”，他已经养成坏习惯了，然后你才要禁止他，就是费尽了心血都不见得能扭转得过来。比方孩子已经迷上电脑了，你要再让他戒掉，要不要他的命？不只要他的命，还要父母的命，很多孩子半夜跑出去都找不到人，父母急死了。那样的孩子假如不能改过来，真的，父母都瘦得像皮包骨一样。这叫“发然后禁”，你没有预防，没有先建立他正确的人生态度。因为“少成若天性”，从小让他养成好的习惯，他受用一生。

我父亲那代人，很少有自甘堕落的。可事隔三四十年后，好像我们这一代人，这种现象就比较明显。所以从这里我们就了解到，**整个中华文化靠什么承传？靠家族承传**。一个人从生下来，他就为父母想，就为整个家庭、家族想，他就想着我要光耀门楣、光宗耀祖，所以他的责任心就提起来。有责任心的人怎么会散漫？怎么会懒惰呢？他读书很积极、工作很努力，这在我们上一代的人身上都看得到。

假如已经错误的，要扭转，就是懒散要转成责任感，假如是欲望，要转成道义的人生态度。这个转得了。像我自己的人生，之前都是追名逐利，但真搞清楚了这样的人生没什么意义，应该是提升自己的德行、智慧，然后去利益他人，人生才有价值，转过来了，我们就不会在欲望当中堕落了。

再来，转怨天尤人为自我反省，转找借口为反求诸己。人很会找借口、怨人，就好像自己堕落是很有理由的。要把退缩转成百折不挠，愈挫愈勇。

那从谁开始转起？从当父母的人自己转起。因为教育最重要的是身教，史书中讲到，“以身教者从，以言教者讼”，当父母、长辈的人，以身作则，那个德行会感动孩子本有的本善，他就会效法。“以言教者”，只是教孩子做，自己不做，孩子心里不服。你又不孝顺爷爷奶奶，干吗叫我们孝顺你？可能就争讼起来了。

刚刚我们说要自求多福，但是人生当中，往往我们的精神跟时光耗在自我否定中，好像我们遇到事情都容易消极思考，对自己没有信心。我们对自己非常有信心吗？其实有些人很有自信，有可能是自傲，为什么？假如有人去问，他为什么自信，“因为我是研究生毕业，所以我很有自信。”那假如遇到一个博士，自信还在吗？“因为我的眼睛很大、双眼皮。”那假如遇到新疆的女孩眼睛更大怎么办？“我乌溜溜的头发，我很有自信。”那再过十年，白头发不就出来了吗？那信心不就没了，是不是？所以这个信心假如是建立在外在的条件上，那遇到比自己高的人，自己不就没信心了？所以信心不应该建立在外在这些物质的东西上。所以人为什么信心随时都靠不住？因为他建立的基础就是错误的。

所以自信建立在哪？建立在真理，真理不会变。什么真理？“人之初，性本善”，这是每个人都有的，“大学之道，在明明德”“明德”的“明”是智慧，“德”是德能、福报。原来我本有智慧、德能、福分，我跟圣贤人都有。所以契入圣贤境界的，像颜子、孟子都讲，“舜何人也？予何人也？有为者亦若是。”他们是圣贤人，他们是过来人，他们坚定地表示，只要肯下功夫，都能变成圣贤。

《弟子规》又告诉我们："勿自暴，勿自弃，圣与贤，可驯致。"大家信吗？现在信，明天信不信？明天有个人批评我们一句，又像没了气的气球，是不是？所以我们的心情就这样七上八下，没有信心。今天有人称赞我们，就很高兴；有人否定我们，就难过得半死。所以不**是外面的人、事、物在影响我们，是我们内心本身就没有建立真正不变的信心。**

大家看得出来，我以前很没有信心吗？我身材这么苗条，跟人家比又比不过。包括我念初中的时候，身高还不到一百六十厘米，男孩子很怕不够高，所以那段时间，我妈妈挺烦的，因为我常常站在妈妈旁边，"妈，我假如像你这么矮怎么办？"我妈妈一百五十二厘米。所以我常常在那里跟我妈妈唠叨，这是我的不孝，我要忏悔，那时候也不懂。成绩、外在种种条件都没有人家好，我挺没信心的。

所以我常常问别人："你觉得我这个人怎么样？"人家说："你要听真的还是假的？"要听真的心脏要有力量才行。还去做心理测验。外国有些心理测验，比方说你得四十分，就说你的个性很像老虎；你得五十分，说你的个性很像无尾熊，还有孔雀……我们当时做完这个心理测验，跑去跟人家讲："我很像无尾熊。"你看没有信心还得做心理测验，而且做出来的结果是跟畜生很像，还高兴半天，你看可不可悲？所以炎黄子孙活到这个份上，太对不起祖宗了。祖宗是告诉你："圣与贤，可驯致。""舜何人也？予何人也？有为者亦若是。"我们今天居然没信心到这个程度。

我是没信心的人，可有一点，对我人生的帮助很大，就是我相信祖宗不会骗人、圣贤不会骗人，一般有涵养的人就不愿骗人了，更何况是圣贤人？所以他们讲的话，我没有丝毫的怀疑。所以当我打开

《三字经》,“人之初，性本善”，打开《大学》,“大学之道，在明明德”，啊，我有。从那天开始我就不会没信心了。所以建立在真理，就不会没信心，就不自卑了。

不自卑，但是不能自傲啊。为什么？“苟不教，性乃迁。”我是成年以后才学，我也染上一些坏习惯，我要赶紧把贪、嗔、痴、慢这些坏习性改掉。所以知道自己还有这些习性，我怎么可能傲慢？一句经文入了心，自己的心态非常健康，“人之初，性本善”，不自卑了；“苟不教，性乃迁”，不自傲了。不卑不亢，处事平和，相信自己又相信他人。

诸位长辈、诸位朋友，您的信心建立好了没有？从此不变了没有？不然我们的人生依然要耗在消极思考、自我沮丧的时间不知道有多少。**我感觉对人生杀伤力最大的就是怀疑自己，进而怀疑他人。相信自己有明德、有本善，自然而然在这个真理之下，不只相信了自己，对每个人都有这样的信任。**

诸位朋友，您的人生当中有没有遇过一个人、一个亲戚朋友，对你自始至终都是百分之一百的信任？应该是有的。大家有没有感觉到，我们光是想到他，力量就出来了。所以**一个相信每个人都有本善、都可以成圣贤的人，他光是那个眼神的信任，就积了很多的阴德**。我们不是要积功累德吗？一个人常常脸上都是笑容，笑脸迎人，有没有积功累德？有啊，叫“面上无嗔供养具”，脸上没有杀气，给人如沐春风，就是积功累德。还有一句“口里无嗔出妙香”，讲话都是给人安慰、给人鼓励，出妙香。所以一个人假如会讲话，每天不知积多少功德；一个人不会讲话，每天要损很多福报。那我们知道面上无嗔是供养，所以每天出门以前先照镜子，自己看自己吓一跳，先不要出门，不然会折福。我想这个讲法还不够，不是出门前要照镜子，应该醒过来就要照镜子，不然会吓到自己的人，自己家里的人也被吓到。

一个人常常给人笑脸，可以积功累德，那常常眼神都给人信心，有没有积功累德？学传统文化要举一反三，触类旁通，这叫善学。我们读书读了十几年，有个学习的惯性，叫标准答案，然后就把标准答案写上去。就像刚刚问大家，“扶不起的阿斗”，假如就回答说阿斗是刘备的儿子，那于我们的人生有什么启示？可是马上想，阿斗可能是我，我假如自暴自弃了，我就变成阿斗了，我不可以这样。所以传统文化不是知识的学习，不是记一堆东西，然后跟自己的人生一点关系都没有。它是强调悟性的，能感悟，可以一闻千悟。从一个体悟当中，人同此心，心同此理，就用在一切处了。比方说恭敬自己的父母，体会到不只应该恭敬自己的父母，也应该“事诸父，如事父；事诸兄，如事兄”。而动物也有伦理，动物也有父母，我们假如伤了父母，孩子是最痛苦的，“亲亲而仁民，仁民而爱物”，你会爱一切的生命，不会去伤害。这个爱敬从对人到对一切的生命，那整个心性就不断提升了。所以传统文化不是学知识，不是去记一个标准答案，而是不断地提升自己心性的智慧跟仁德，这才是学对了。我们刚刚谈到自己建立坚定不移的信心，是建立在真理上。唯有我们真正有这样的体悟了，我们的孩子才能把信心建立在真理上。父母忧郁消极，下一代会更厉害，上行下效。所以说“以身教者从”，**首先我们要真有信心，再来要怎么样？有责任、有使命感，那我们的孩子就是责任跟使命感的人生态度。**

首先对谁有责任？对自己。要自爱，才懂得爱人。**一个人对自己有责任，表现在哪？不蹉跎自己的生命、不蹉跎自己的光阴，这是负责任的态度。**而且身体是父母给我们的，“身体发肤，受之父母，不敢毁伤”，更重要是什么？借父母给的这个身体，要利益人民，回报父母的恩，叫“立身行道，扬名于后世，以显父母”，这都是责任的体现。

一个人没有不断提升自己的灵性，那是对自己很不负责任，就变自甘堕落。由于对自己负责任，进而对家族负责任。我们看清朝，康熙皇帝在位六十一年，他一生经历过非常多磨难，真的都是九死一生，可是他扛过来了，凭什么？凭他念念想着不能对不起他的先祖，不能对不起他的奶奶孝庄皇后对他的恩德。所以一个人，“我就是要让我的家庭、家族兴旺起来”，这就是他的责任心。

再来，对社会也要有责任感，人生以服务为目的。其实当我们说到，“我们对社会要有责任感”，假如觉得陌生，“对社会要有什么责任感？”那就要小心了，我们自己都没有这样的态度，下一代怎么会有？所以现在下一代大学毕业出来，你问他：“大学毕业了，你最想做什么？”“赶紧赚到一百万，然后到国外去旅游。”还是“终于毕业了，我有能力可以孝养父母、可以回馈社会”？这才是培养出人才。

所以对社会的责任，我们要有所承担。比方我现在在教育界，我的责任是什么？**我们以前常常都说：“老师是人类灵魂的工程师。”这是我做老师的责任。看到现在人心堕落这么快，我怎么可以袖手旁观？这是不是我在这个行业的责任心？我的天命是什么？使命是什么？振兴师道。**每个行业现在都一直在堕落，因为道德沦丧。假如我们的孩子或者我们自身是医生，我们的责任是什么？振兴医道，为医者的精神，慈悲为怀，而不是想去赚钱。因为每个行业假如道德没有复兴起来，整个社会没有安全感，是吧？那我们在哪个行业都要有这个责任。

请问大家，我们现在买食品以前，会先做什么动作？“这是哪里生产的？”“某地方曾经有黑心食品。”我们还敢买吗？对啊，那个卖黑心食品的不就把他那个行业统统给玷污了吗？那他是很没有责任感的。所以《弟子规》有句话叫“德有伤，贻亲羞”，一个人无德，侮辱了谁？侮辱了自己，侮辱了家庭，侮辱了那个行业，还侮辱了自己的国家跟民族。所以有责任感的人，不会“颓惰自甘”，他可以振兴家道，也可以振兴民族。

在我们马来西亚，好多老者做到了对民族文化的责任，他们尽到了，可谓“鞠躬尽瘁，死而后已”。像林连玉老先生、沈慕羽老先生，他们对于整个民族文化有责任感。我曾经看到一幅墨宝，印象非常深刻，“江河若断流”，这个意思不是只有江河而已，整个大自然破坏到没办法住了，延伸到这个意思。所以“江河若断流，我辈何以对子孙？”我们怎么去面对后代子孙？后代子孙说：“你们留给我们的是什么样的空气？是什么样的土壤？是什么样的水源？是什么样的阳光？”

我认识一位官员，他非常有责任感，他要推展有机农业。在这个时代，真要为整个国家、民族、社会做出贡献，得要穷尽一生的力量。为什么？“冰冻三尺，非一日之寒”，现在外在环境跟人心，已经有一百多年传统文化的丧失，所以现在要力挽狂澜，不是短时间可以达到的。现在要做好事得要有长远心，要有恒心，“人生自古谁无死，留取丹心照汗青。”

我现在是跟大家做心理建设。可能有人说：“那事情都这么难做。”告诉大家，难做，恭喜！“难做还恭喜我？”**难做才能证明我们是不是真心；难做，愈难功德愈大，所以天底下没有吃亏的事**。比方说一个家庭里，哥哥姐姐付出最多、牺牲最多，甚至念到初中，为了让弟弟妹妹读书，自己去工作。一般人看眼前说吃亏了，但这样的哥哥姐姐后福无穷。所以老天是公平的，不会有吃亏，老祖宗才留句话告诉我们，“吃亏是福”。大家看沈慕羽老先生吃了多少苦，可是您看他为民族文化承传，贡献这么多，他的后代很兴旺。孔老夫子难行能行，积的福报很大，庇荫后代子孙两千五百多年。所以告诉大家，现在虽然很难，恭喜大家，您建功立业、恩泽百代的机会来了。大家想不想您的家族几千年不衰？人要有志气，才有动力；要有责任感，要立大志。人生短短数十寒暑，很快就过去了，不能白来世间一遭，要做出贡献。

我认识的那位官员，他非常憨厚，真的要推展传统的有机农业，不然人类以后没地可以种了、没东西可以吃了。现在吃的东西，荷尔蒙、抗生素、农药一大堆，癌症不是偶然的，是必然的，“病从口入”。结果他真去做了。他本来想，土壤污染了，一做下去才发现，不是土壤污染而已，水也污染，因为要灌溉啊；空气也污染，植物靠光合作用才能有营养、健康。包括阳光、整个气温都出问题。所以真要做好事，因为偏离常道太远，要把它倒回来，得要三四代人锲而不舍。

诸位长辈、诸位朋友，有没有感觉您现在手上握着一支接力棒？我们以前跑接力，一棒传一棒。刚刚跟大家讲，“江河若断流”，这个深意就是我们到底要留什么环境、什么思想观念给我们的下一代，才是有责任的父母？“江河若断流，我辈何以对子孙？文化若失传”，五千年文化断在我们这一代，“我辈何以见祖宗？”我自己就没脸面去见列祖列宗，我就变成不肖子孙了。所以对自己的民族文化要有责任感，我们要效法沈老的精神。

我非常有福气，这也是祖先给我的福气，我刚好因为推展传统文化，能有机会见到沈老，给我深远的影响。《弟子规》讲“能亲仁，无限好”，真的，见到这么有智慧、仁慈的长者，一辈子都不会忘记，他的整个笑容、动作，太深刻了。我们去见沈老，他马上就亲自弹风琴，引我们唱了一首抗日爱国歌曲，那种爱国的精神感染了我们。他期许我们：**当老师是最没有“钱”途的行业，但却是最重要的行业，因为老师的责任要把文化教育传承下去**。文化是民族的灵魂，人没有了文化的涵养，追名逐利，就变行尸走肉了，所以这个责任很重大。

我们在这个时代，可能比孔子那个时代承传文化还难，所以我们积的功德不亚于孔夫子。大家好好发愿努力，包括您的孩子，就发愿培养他成为当世的孔子、孟子，您的家族一定会留名青史。那请问大家，现在这个世间，要把中华文化复兴起来，要几个孔子、几个孟子、几个老子？大家有没有想过？不管有几个，其中有一个就是自己，还有自己的孩子。“天下无难事，只怕有心人。”

孔子“五十而知天命”，我们也要赶紧知天命。因为20世纪70年代，汤恩比教授就讲，“解决21世纪的社会问题，唯有孔孟学说跟大乘佛法。”就是这个世界要靠我们中华文化来挽救，把它带回幸福、正确的道路上。我们听完这句话，有没有感觉生命不一样？有些人很不简单，七八岁时就在想：人生的意义是什么？我为什么活着？活着的意义又是什么？就想这些问题。我七八岁的时候在想：怎么吃一支棒冰？怎么玩？所以这些人太不简单了。可能听到汤恩比这句话就想起了这一生来干什么的，自己的天命、使命找到了。

我再讲一遍，解决21世纪的社会问题，要靠中华传统文化，唯有孔孟学说跟大乘佛法，唯一可以救世界的法宝交在我们华人手上，这是我们对世界的使命、责任，我们不只不会堕落，我们这一生会真正为天下、为世界做出贡献。

所以，我们有救世的法宝。恭喜大家，这一生能救世界，这太有意义了；恭喜大家没有后路可以走了。为什么？只能往前走，因为往后走，叫“见死不救”，见死不救有罪过。所以“岂能尽如人意，但求无愧我心”，对得起天地，对得起苍生，我们就努力往前走。因为我们今天方向找到了，自信也找到了，一定可以成圣贤，进而利益生命当中所有的有缘人。

今天这句“颓惰自甘，家道难成”跟大家分享到这里。有了这样自我的责任、期许，接着还要寻找好的环境来培养自己，是吧？对啊，因为我们还没成圣贤。所以孟母要三迁，要有好环境，“近朱者赤，近墨者黑。”所以诸位长辈、朋友，首先今天回去以后，“非圣书，屏勿视”，会起邪念、妄念的书不可以看。再来，不好的电视节目不可以看，OK？再来，不好的朋友不可以交。《朱子治家格言》下一句告诉我们，“狎昵恶少，久必受其累；屈志老成，急则可相依。”《弟子规》说“能亲仁，无限好，德日进，过日少”，要去亲近好的人、好的环境，“不亲仁，无限害，小人进，百事坏。”

所以诸位长辈、朋友，你们非常爱护你们的孩子，让他们亲近五千年老祖宗的智慧，这是真正的慈爱。好，随喜大家。今天跟大家分享到这里。谢谢！

第十九讲　交友之道

尊敬的诸位长辈、诸位朋友，大家好！古人说，“三日不读书，面目可憎”。这是古人的情况，古人是从小读圣贤书，但假如几天不读，不受熏陶，慢慢习气会伏不住，所以每天都得熏习，这是古人的功夫。请问我们现在多久不读书，面目就可憎了？因为**学贵有自知之明，知道自己的程度，才知道如何护念自己的道业、道德。能护念好自己，才能护念好下一代，护念好他人。**

为什么一开始跟大家讲这段话？因为我感觉我们好像好久不见了，好像有两个礼拜了。我看大家容光焕发，显然每天都读圣贤书，这是懂得爱护自己、懂得成就自己。因为我们都清楚，学如逆水行舟，不进就退了。**所以老祖先教我们什么？教我们一个字，就是“爱”。首先是自爱，要爱惜自己才能提升、成就自己；能提升自己，才能去利益他人。**当父母的人没有智慧，怎么去利益孩子？当领导的人没有智慧，怎么去带领他的团队？

所以我们只要有一份责任心、使命感，学习就非常主动，每天都不会间断，所谓“有恒为成功之本”。大家可以去观察，比方说我们两三天假如没有读圣贤书，就会感觉比较浮躁，感觉好像快要发脾气了，好像看人都不顺眼。假如每天都读圣贤书，就会觉得每个人都 very cute，都长得很可爱。为什么？因为每天读经典都知道，每个人都有本善，都可以成圣贤，就看每个人都很舒服。

其实可以说，《朱子治家格言》每句都是首先落实在自爱。“欲爱人者，先自爱；欲救人者，先自救。”“君子务本，本立而道生。”**所以我们学传统文化不是急着要去救人，首先要救谁？自己觉悟才能觉悟他人，怎么可能自己迷惑而去成就他人？**像我们在教育界服务，读到韩愈说的，“师者，所以传道授业解惑也。”传什么道？授什么业？解什么人生的迷惑？假如我们从事教育工作，看到这句话心里想：我自己还有很多迷惑，怎么去解人家的迷惑？那自己就会鞭策自己，教学相长，鞭策自己要提升。会不会有一天学生跑来问，“老师，活着的意义是什么？”我们可不能告诉他，这一题考试不会考。可是这一题对他的人生方向、目标非常重要。

有个名校的研究生，写论文写得筋疲力尽，从图书馆走出来。他心里想：孔子说“学而时习之，不亦说乎”，怎么我读书这么苦？走着走着，看到刚好有居民牵着家里的狗出来散步，那只狗摇摇摆摆很开心。他看着看着就想：我怎么活得连条狗都不如？狗这么欢喜，怎么人活成这个样子？所以他就跑去找他的导师，说：“老师呀，‘学而时习之，不亦说乎’，我怎么学得这么苦？”结果导师跟他说：“我跟你一样。”他很难过，人生愈活愈苦，意义何在？他又鼓起勇气去问系里最有名的那位老师，说：“孔夫子不会骗人，说‘学而时习之，不亦说乎’，为什么我读得这么苦？”这位老师斩钉截铁地告诉他：“人生本来就是这样。”人生假如本来就应该苦，请问人活着的意义是什么？这个问题值得人类深思，努力应该是让人生愈幸福愈快乐才对。

最近有同仁拿报纸给我看，刚好是毕业前夕，好几起大学生自杀，我看了很难过。整个人生思想观念偏了，愈活得失心愈重，孝心、善心没有起来。这些孩子假如学过传统文化的孝道，就不可能走这样的路了。所以大家翻开报纸，慢慢会有种感觉，现在把伦理道德介绍给别人，比救火还急。人思想观念一偏，又没有好的教诲，一下子走上绝路去。所以假如今天有人跟我们要经书，“你可不可以给我一本《弟子规》跟《朱子治家格言》，或是《了凡四训》？”我们该怎么做？马上给他。假如身上没有，赶快去调给他，真的。我有个朋友，他就说他的一个好友，有一天跟他要《幸福人生讲座》，那个朋友跟他要的时候，脸色很难看。结果那个礼拜他特别忙，就忘了这件事。过了几天接到电话，他那个好朋友自杀了。所以大家要了解，现在一些人的思想观念偏颇了，我们得赶紧拿这些甘露去滋润他的心灵，不然有可能会出状况。所以看到这些报纸，也可以感觉到，**我们对于身边的亲人有一份责任，对于生命当中的有缘人都有一份责任，把老祖宗五千年的智慧介绍给他们。有五千年的智慧，人生可以看得更深、更远，更懂得爱自己、爱别人。**

我自己是从事教育工作，读到“传道授业解惑”，认识到我得自己先觉悟才行。请问一个孩子这一生最早的老师是谁？就是父母。所以父母要不要传道？要不要授业？要不要传给孩子可以成就他这一生家业、事业的做人做事的态度？态度要愈小教愈好，要知道“少成若天性，习惯成自然”。所以一个孩子在成长过程中，保护他的善心、清净心，等他的定力、是非判断能力够了，他不受污染、不受影响，一个社会的栋梁之材就成就了。

但是护念一个孩子成才要多久？两年？五年？老祖宗留一句话告诉我们，“十年树木，百年树人。”要成就一个人才，最少要十五年。所以师长强调，办“一条龙”的学校，四五岁开始读，读到二十岁，十五年才差不多够。

大家要了解一个情况，就是一个人由善入恶比较容易，改恶从善比较困难。我们不说别人，说我们自己就好了。比方我们现在成年了，叫我们不发脾气，容不容易？“干脆杀了我吧，太难了。”比方说让我们把面子马上放下，容不容易？不容易。因为已经染上了。所以打一个比喻，就知道怎么爱自己、怎么爱孩子。一滴墨汁滴到水里不到一秒钟就进去了，请问，把这滴墨汁从水里再清出来，要花多少时间？所以“由俭入奢易”，从节俭要变得奢侈很容易；“由奢入俭难”，他已经花习惯了，真的叫他不花他受不了。

大家知不知道现在的世界诈骗集团为什么这么多？那些诈骗的人不是没有手没有脚，为什么不去赚钱？就因为他花习惯了，不想劳动，他就动歪脑筋，用什么方法赶快把人家的钱骗来。所以诈骗集团的根本，是因为社会太奢侈。大家有没有想过诈骗集团跟奢侈有关？所以读经书能开慧眼。我们今天只想着把诈骗集团统统抓起来，不懂得从教化勤俭做起，这个问题解决不了。古人对整个社会风气怎么慢慢发展非常清楚，所以要读古书才能看得深、看得远，没有读古书，短视近利，舍本逐末就麻烦了。

管仲把齐国治理得非常好，他说，“国侈”，国家奢侈，“则用费”，花费非常凶；“用费则民贫”，人民就贫穷；“民贫则奸智生”，歪脑筋开始；“奸智生则邪巧作。”整个发展清清楚楚。我们假如没读《管子》，读到博士毕业也找不出问题来。因为**博士毕业是在某个知识领域的专家，可是这些做人的道理，读经书才能明辨得清楚**。

我们一起学过《了凡四训》，其中一段叫“护持正法”。《了凡四训》要常常复习，太好的书了。日本著名汉学家安冈正笃先生，当时四任总理都先后向他拜师学习汉学，他曾建议他们的天皇把这本书列为治国宝典。《了凡四训》里讲，“法者，万世生灵之眼目……”“法”就是经典，“正法”，是众生的眼目。**没有经典，人怎么参赞天地？怎么知道人跟天、地并列为三才，人可以像天地一样地无私，一样地化育、造福万物？**我假如没有读《三字经》也不懂。我以前成长过程中，也是受社会风气影响，觉得大学毕业要干什么？赶快出来赚钱，赶快吃好的、穿好的、用好的，就是这样的人生观。其实这样活下去就变欲望的奴隶，愈活愈笑不出来。科学家说小孩一天笑一百八十次，成年人一天平均笑七次而已，那不是愈活愈笑不出来？所以不能活错了。

“不有正法，何以参赞天地？何以裁成万物？何以脱尘离缚？”人都变欲望的奴隶了，每天就是求不得的痛苦了，就很难有清净快乐自在了。人生幸福与否，包括家庭的兴衰存亡，这些判断的智慧在经典中都有，得要深入经藏才能智慧如海，不深入经典，保证我们会“家家有本难念的经”。我有时听说某个年轻人跳楼了，我说他的父母后半辈子不知道要怎么过。所以大家一有机缘，要赶紧把传统文化介绍给有缘人，很可能他就因为这样不自杀了，那您这个阴德积厚了，叫“救人一命，胜造七级浮屠”。

我们再说回来，要救别人，首先要救自己。请问大家，我们现在每天是进步还是退步？假如继续退步，首先要爱护自己。人很难不受环境的影响，俗话讲“近朱者赤，近墨者黑”。首先要把污染自己的东西隔绝掉，这叫自爱。要有具体的做法，不然自爱就变口号了。《弟子规》告诉我们，“斗闹场，绝勿近”“非圣书，屏勿视”“彼说长，此说短，不关己，莫闲管”。

“近朱者赤，近墨者黑。”我们冷静想想，现在看报纸是得到智慧的启发，还是受的污染很多？那看不看？现在报纸很多版面都是杀盗淫妄，看得触目惊心。其实好人很多，但全部报道坏的人，愈看愈让人没安全感。

所以大学里传播学社，要先教道德，先教这个行业最重要的做事原则，“隐恶扬善”。在我们中国大陆，政府进行道德模范评选，每次选出几十个道德模范，参与的人一亿多，两年一届。这一亿多人统统被这些道德模范的善行感动、感佩，进而去效法，一亿多人受益，这样的好事国家带头做。媒体影响那么大，带头做，效果多好。中国大陆有个节目叫《感动中国》，做了好多年，每年我们一知道这个片子出来了，赶紧收看，都看得很感动。每个主人翁都在滋润我们的心灵。我们的亲朋好友假如有做电视的、办报纸的，刚刚这段话要好好跟他交流，他假如懂了，他的节目跟报纸每天启发无数人的善心，功德无量。他假如做的电视节目杀盗淫妄很多，那个罪报不得了。所以很多人是用福报造更大的社会之福，有些人是用福报造无量无边的罪业，那叫“小人冤枉做小人”，因为他不懂，不然他也不愿意。我们懂了，“君子乐得做君子”，人家随波逐流，我们还是屹立不摇，做我们的君子。

所以首先要把污染自己的这些东西隔离掉。而人成年以后，最容易受朋友的影响。因为在工作、职场当中，跟父母、亲人的相处时间少了，最多的是同事、朋友。所以有段话说：“生我者父母，成我者朋友。亲附善友，如雾露中行，虽不湿衣，时时有润。”亲近有德行的朋友，就像在森林里，早上天快亮的时候，空气中还带点雾气，走在其中，你的衣服好像没有湿掉，但其实这些雾的水汽，不断地在滋润、浸湿衣服，所以朋友对我们的影响潜移默化。

大家冷静去观察，有些人很年轻，怎么他的见解、观点都比人家好？因为他交的朋友都比他年长，他还喜欢看老祖宗的教诲，难怪他的思想成熟度比人家高，这都不是偶然的。我们懂得去观察，都能从每个结果找到原因，进而好的可以去效法，不好的就不去做。

孔子曾对学生讲过一段话，这段话也让我们感受到朋友对人的影响。孔子说，我死后，子夏的道德学问会愈来愈好，子贡的道德学问会慢慢退步。我们听故事要会听，请问我们现在的状况，可能是子夏还是子贡？接着，曾子很难得，他看老师这么讲必有缘故，就问道，夫子啊，为什么会这样？孔子就说了，子夏喜欢跟德行比自己高的人交朋友，子贡喜欢跟不如他的人相处，所以我死了以后，他们的发展就会是这样。孔子又说，假如不了解某人，就看他父亲是什么样的人，就可以判断一些了。还有一句闽南话，“选田要选好田底，娶妻要看好娘礼。”一个农夫要买田地，要看这个田地的土质好不好，“选田要选好田底”；一个人要娶太太，要先到他们家暗暗考察，考察这个女子的妈妈（丈母娘），假如她的妈妈很有德行，很贤惠，这家出来的孩子有质量保证，没问题。所以地方俚语其实都有人生智慧的。像刚刚讲的这些自杀的孩子，假如长者给他讲些俚语，心胸豁达一点，就没事的。你看我们闽南话讲：“一支草，一点露，天无绝人之路。”对啊，“一支草，一点露，天无绝人之路”，他这句话一念，何苦来？念头一转没事了。

所以孔子讲：不知道这个孩子，可以看他父亲；不知道这个人，可以看他交的朋友；不知道这个领导人，就看他下属，都能判断。接着孔子做比喻，“与善人居”，跟善人住在一起，“如入芝兰之室，久而不闻其香，即与之化矣。”到芝兰之室，慢慢全身都有芝兰的香味。什么时候影响的？不知道，自自然然。“与不善人居，如入鲍鱼之肆，久而不闻其臭”，就好像进到卖鱼的市场，鱼腥味很重，进去久了，出来自己没感觉，别人遇到，鼻子都皱起来了，“亦与之化矣。”比方说像我们没有抽烟的人，我试过很多次，亲戚朋友一进我们家的门，跟我差不多还有三四米，我说：“你抽烟哦？”“你怎么知道？”他自己都没感觉。

所以孔子在这段话中下了一个很重要的批注，“君子必慎其所与。”“与”是结交的朋友。古人又留下一句话，“君子忌苟合，择交如求师。”君子忌讳随便跟人交往，随便交朋友不妥当，选择交往的朋友，就像求一个老师一样地慎重，因为朋友的影响太快了。我们今天讲的《朱子治家格言》的这句就是择友的重点。

【狎昵恶少。久必受其累。屈志老成。急则可相依。】

大家有没有感觉，这句也是一个家兴衰治乱的关键。所交的都是有道德的人，这个家要兴旺了。一个国家“亲贤臣，远小人”，这个国家就要兴旺起来了。像春秋时代，齐桓公用管仲，整个齐国就兴盛起来了。刘备礼敬诸葛孔明，三顾茅庐，整个蜀国才建立起来。所以亲近有德行的人非常重要。

但同样是齐桓公，用了管仲，他是春秋第一霸主，春秋各诸侯国国君的贡献，没人超过齐桓公。可是齐桓公在管仲死后，没有再亲近有德行的人，结果任用了易牙、竖刁、开方。这又是很重要的判断力。其实齐桓公在管仲去世以前，问他要用谁。齐桓公说：“易牙对我很好，知道我没吃过婴儿的肉，结果易牙把他儿子杀来给我吃，你看他对我多好？”管仲说：“他连自己亲生孩子都不爱，他还会爱你？违反人性，他对你有很重的目的在，你小心。”

“那开方呢？他本来是一个小国的王子，跑来亲近我，跟我很好，连他父母去世了都不回去奔丧，你看他爱我超过他父母。”齐桓公被爱得有点昏头了，所以几个人懂得判断？我们不要听到一个人说，I love you，头就昏了，要会判断，“不爱其亲而爱他人者，谓之悖德。”他连父母都不爱，怎么可能爱你？他已经违背人性了。

齐桓公又说：“那竖刁呢？他为了跟我在一起，自己去势做太监。他爱我超过他的身体，这个人可以用吧？”管仲讲：“人最爱惜的就是自己的身体，他连身体都不爱，一定有更大的目的，所以才这么忍，忍住自己的痛苦。”齐桓公说：“嗯，很有道理。”就没用他们。

可是管仲死后，他又忍受不了，想吃好吃的，想找人玩，又把这三个人找回来，完了。“狎昵恶少，久必受其累；屈志老成，急则可相依。”所以有智慧的长者的话会影响一辈子，听完不要忘。齐桓公忘了管仲的话，最后被这三个奸臣害得死无葬身之地，死了六十七天，尸虫流出宫外才被人发现。一个春秋最有贡献的国君，最后因为亲近小人，结局是这样。一个国君尚且如此，一个家庭更要亲近贤德之人，远离小人才行。

《阴骘文》中讲：“善人则亲近之，助德行于身心；恶人则远避之，杜灾殃于眉睫。”接近恶人，可能灾祸就在眼前。我这么讲一点都不夸张，比方“狎昵恶少”，我们的孩子去接近不良少年，日子一久，坏习惯会染上，甚至会招来灾祸。因为这些不良少年会动邪念，可能会去偷、去抢，那孩子假如跟着去，灾祸就在眼前。

康熙十一年，昆山县有个人叫马继，他自己练武，就结党派到处喝酒，然后偷抢东西。当时有个富翁，他有两个儿子，跟马继交朋友。有一天这群人去打劫一条船，他们也跟着去，结果当场就有捕快过来，把他们抓了。后来审判，马继这个贼头在监狱里就死了，其他全部判杀头，这个商人的两个儿子也在其中，就这样两条命没了。"久必受其累"，所以我们学会怎么交友，我们的孩子自然会选择朋友，上行下效。

《群书治要360》第一册"贵德·交友"中，都是在讲交朋友，大家有机会可以去学习。其中选录了《论语》的一句，孔子说，"益者三友，损者三友。友直，友谅，友多闻，益矣"，对自己有很大的帮助。损者三友，"友便辟，友善柔，友便佞，损矣"，这对自己的德行有很大的损害。"友直"，正直无私的朋友，他正直，会不断地提醒、劝告我们；"友谅""谅"是很宽容，宽恕别人，"谅"也有真诚的意思；"友多闻"，就是见闻很广博，跟他一谈话会有一种感觉，叫"听君一席话，胜读十年书"。

我们现在想想，我们身边有没有正直的朋友？有正直的朋友是结果，必须有什么态度才会有这个结果？"闻誉恐，闻过欣，直谅士，渐相亲"，自己要有接受别人劝谏、感谢对方的态度，那正直的朋友就跟我们相亲相爱了。正直的朋友又不喜欢巴结、谄媚，所以"方以类聚，物以群分"。

接着，损者三友，"友便辟"，就是喜欢谄媚、逢迎。"友善柔"，就是奉承，都讲一些好听话，口是心非，让人起鸡皮疙瘩，很受不了，很恶心。"友便佞"，就是口才很好，死的可以讲成活的，但是根本跟道理不相应，假如没判断力也一下被他唬住了。交这三种朋友会有损害，所以《弟子规》说："勿谄富，勿骄贫；勿厌故，勿喜新。"这四句话容不容易做到？人很容易谄富骄贫、厌故喜新，但这时身边有正直的朋友马上提醒我们，我们就回头了。但是假如我们接触巴结、谄媚的人，我们的习性一下子就被调动出来了，所以交这样的朋友是有损害的。

刚刚讲到要交良友，“方以类聚，物以群分。”我们是一个值得交的朋友，自然就感得好朋友，“君子务本，本立而道生。”今天我们懂了，要去交好朋友，结果我们自己每天抽烟、喝酒、打牌、打麻将，那我们跟这些有德行的朋友的磁场频率不合，我们也很难亲近他们。所以要交好朋友，首先要提升自己。

那举一反三，想结婚的人，要找一个好对象怎么办？提升自己。现在的人是不是这样考虑的？都在那里想：我要找一个长相像刘德华这样的，然后又要有钱，又要什么，条件开了很多。真的找到了，他会说：“我才不要你。”所以人不从根本下功夫，叫徒劳无功、白费心力。

《大学》告诉我们，很重要的，“有德此有人，有人此有土，有土此有财，有财此有用。德者，本也；财者，末也。”现在的人假如没有读经典开智慧眼，又急功近利，真的都是舍本逐末的人生。这句“有德此有人”，要走向婚姻的人，我们有德就感来同样思想观念的对象，“龙交龙，凤交凤，老鼠的儿子会打洞。”志同道合了，“有人此有土”“二人同心，其利断金”。这个“土”是什么？一个家庭，一个团体，乃至于一个国家。像周文王很有德行，感召来姜太公，最后周朝不就创立起来了？有“土”了，有家庭、有事业了，就有钱财，有财才能去用，怎么用？用在栽培子女、栽培员工、栽培人民，不是去乱花钱。所以愈用，自己的智慧、德行、福报愈提升。现在人一有钱就挥霍，最后没几年身败名裂，事业也垮了。所以赚钱靠机会，用钱是智慧。那我们现在这一句用在择友：有德行，自然感来志同道合的朋友；没有德，感来的都是酒肉朋友。

我们看一个人在朋友这一伦，应该尽什么本分才是有德行？**首先，**

朋友要互相劝谏，《弟子规》告诉我们，“善相劝，德皆建，过不规，道两亏。”**朋友是道义之交，互相护念彼此的道业、彼此的家庭**。假如我们今天带着朋友打麻将打到三更半夜，喝酒喝到三更半夜，他的家人、父母妻儿在家里提心吊胆，这哪叫什么朋友？不只对朋友无益，还对他的家人都无益，这是很损德的。应该是朋友结交了我们以后，他所有的家人都安心了，这样你就积了阴德。

劝谏是朋友的道义，当然心态要对，劝谏不是发脾气，不是借题发挥，是为他好，希望他改过，希望他德行提升。所以“亲有过”，这个“亲”也包括朋友。目的是什么？“谏使更”，让他改过，他的德行就愈来愈好。“怡吾色，柔吾声”，这是态度。心平气和的人才能劝人，所以老祖宗说，“心平气和则能言。”一个人有点情绪的时候，闭嘴。一有情绪，一讲话，愈搞愈糟。本来没事，“啪”一下出去了，马上就对立冲突，就麻烦了。**所以有情绪了就别讲话，要讲话就别有情绪，心平气和去劝人**。被劝的人要欢欢喜喜，人家来帮助我，劝完我，不只不能不高兴，还给他鞠一个躬，“谢谢你，你是我生命的贵人。”人家一听，这个人真的能够接受别人的劝言。那以后“直谅士，渐相亲”，也是自己感召来的。“当局者迷，旁观者清”，人其实都需要身边的亲人、朋友给我们适当的提醒。

第二要关怀，而且这个关怀，爱屋及乌，不只关怀朋友，还关心他的家人，体贴备至。一般好朋友一见到，表露出对他的关心，“最近身体怎么样？”“最近你爸妈都好吧？”“你姐生的儿子，挺健康的吧？”朋友一听，心里暖暖的，你这么关心他、关心他的家人。所以真正有道义的人，一开口就让人如沐春风。但这点现在很难，我们现在每天都忙忙碌碌，心很浮躁，公司里上下级见到了，“快快快，我上次交代那个，你怎么那么慢？”都是这些情况，人跟人那种人情味都没有了。这样子大家一起共事，压力很大，而且效率不高，不团结。假如每个人都互相关怀、互相爱护，心旷神怡，干到半夜三点，No problem，都没问题。大家同心协力，众志成城，所以这个关爱很重要。

“天时不如地利，地利不如人和。”人和从哪里来？爱人，尊重人来的。**“爱敬存心”，《了凡四训》最重要的一句话。“爱敬存心”是行善的总纲领，所有的善离不开爱跟恭敬的心。**

第三，要懂得互相赞叹。在团体中就怕什么？互相嫉妒、互相毁谤，那朋友之间的情义就很难维持了。所以小到家族，大到团体、社会，要形成什么样的风气？**“见人有善，不嫉妒，要随喜”，就是要赞叹。这句话是李炳南老师的教诲。**不同的心态对一个团体来讲，结果天壤之别。看到人家好都嫉妒，每天在这种氛围下很痛苦，要防这个、防那个。那随喜呢？互相欣赏、互相赞叹，然后整个人心团结，德行互相提升。

“见人有恶，不批评，要规劝，或守默。”您看，又讲到朋友的这种道义。假如他跟我们的信任够，可以规劝，而且规劝态度、地点、时机都要柔软地去判断。比方说有别人在，毕竟是成年人，我们当众讲他，他会很难受。所以“规过于私室”，当你劝一个朋友是在没有任何人的时候，首先他感受到什么？感受到你非常尊重他，你为他设想，那就不一样了。假如名义上要劝他，事实上是发牢骚、怨，“啪”就出去了，旁边还一堆人，那他以后怎么面对这些人？他觉得人家都把我看扁了，那不很难受？这是信任够要规劝，信任还不够先守默。怎么做？自己好好提升，等他信任我，就可以劝他。他不信任你，觉得你是不是对他有看法。所以这就是人心，人情事理。你说他现在不信任我，但这件事很严重，必须赶快劝，那怎么办？山不转路转，路不转人转，学东西要灵活，他不信任我，我可以找一个他信任的人，很诚恳地跟他讲，对方感觉到你确实是为那个人好，“好，我来劝他。”不也是帮到他吗？坦白讲，“天下无难事，只怕有心人”，人真有心去爱护、帮助人，一定会有方法的。

“见人错事，不指责，要协助。”我们遇事不能动怒，不能发脾气，错已经造成了，指责有没有用？指责只是自己发脾气，对对方也没有帮助。有句成语叫“既往不咎”，事情已经造成了，赶紧收拾善后，帮助他。事情已经乱成一团了，我们还在那里骂，大家更痛苦，那不是落井下石吗？这个时候还主动地赶紧帮忙，收拾善后，那错的人会更惭愧。“我把大家的事情搞砸了，朋友居然没有丝毫的怨言，还继续帮我这么大的忙。”这时你再劝他，你跟他讲什么，他非常容易接受。因为他犯错你还这么照顾他，他是真正觉得你爱护他。这些都是朋友之间相处的态度。

在家庭里也是这样，小孩子把一个杯子摔破了，接着，“你不知道我花五百块买的啊？”就开始骂了，骂得孩子吓得半死。其实他是要倒杯水给你，因为他学《弟子规》学到“冬则温，夏则凊”。告诉大家，小孩子定力比较不足，他想做好事的时候很兴奋，容易把这个好事给搞砸，但你不能没有体察到他那份可贵的善心。请问，是孩子的善心人格比较重要，还是那个杯子比较重要？人哦，随时要把一个天平拿出来称称。“不指责，要协助”，杯子打破了，妈妈带着孩子把碎片扫好。“妈，我都摔破了，您还不生气，都没有骂我！”“孩子，你是有一份善心。”讲完之后，我给你打包票，孩子的眼泪就掉下来了。接着你讲的话，他会记一辈子。**人一感动的时候，心整个打开，那个**

话就进去了。“孩子，没有关系，你是孝心做的，记住，‘执虚器，如执盈’，‘步从容，立端正’，这样的事以后就不会再发生了。”所以这个“既往不咎”是很重要的修为。

朋友之间，“见有难，不生舍离。”亲戚朋友有难，尽力帮助，不舍弃他。这是我们讲到**朋友相处的第四点，“通财之义”**。他经济上很困难，经济上帮助他；他能力上很困难，能力、人生经验上支持他，这都是尽朋友的本分、道义。

我们复习一下：互相劝谏，要关怀，爱屋及乌，再来，互相赞叹，还有通财之义。再补充一点，朋友之间互相信任，有时内心一些苦会告诉我们，所谓“知心朋友”。这时要有一种默契，朋友这么信任我们，家里事、心里话都跟我们讲，可不能再去讲给别人听。别人以后讥笑他，他就很难在人群中立足。所以朋友相处中，嘴巴的分寸很重要。

在这个时代，我们学习传统文化，要有一个心境，就是孔子讲的，“正己而不求于人，则无怨。”我们今天在五伦关系中，像朋友关系，我们知道朋友应该尽这些本分，那谁来先尽本分？自己，“正己”。但是往往我们会有一个惯性，就是先要求别人，而不是先要求自己。比方说一般当父母的人，一开始接触到《弟子规》，谁学？所以您看我们还没学以前，很多心态偏了自己不知道。“教儿教女先教己”，怎么会是孩子先学？

我有一次在海南一所企业，跟他们的高级主管交流传统文化，安排一节课是谈管理。我跟他们讲：“今天我们一起交流管理的课程，请问你们一谈到‘管理’两个字，你们想到先管谁？”他们说：“管员工啊，不然管谁？”孔子不是这样讲的。**“其身正，不令而行”，一定是自己先以身作则，才是管理**。先管好自己，自己都管不好自己，还管别人，人家心里不服。一个主管在员工面前说："不要迟到哦！"底下人都说："每次都是你迟到，还说我们？"怎么领导？

所以别人都还没学，我们学了自己先做，不能先要求别人做，不然会反效果，会闹家庭革命，到时候不要把我拖下水。你说："我太太没学还好，学了以后每天像警察一样，说我这不对、那不对，都是去听蔡某某讲那个什么课，怎么搞成这样子？"那你们出卖我很不够意思，你们不够朋友。所以心态很重要，要正己，不去要求别人，"则无怨"，人家不会怨你。而且**你都要求自己做好，反而你的改变让他们认同；你的改变，让他们的善心、惭愧心自然起来，就不会有任何的不接受跟怨恨。**

今天我们主要交流到，"狎昵恶少，久必受其累。"所以不能结交不好的朋友，不能去不好的环境。不是人这样，只要有灵性的生命都是如此。在古印度有个国家叫华氏国，华氏国有一头白象，这头白象跟着军队出去打仗杀敌，没有战争时，犯人处死刑，它去行刑，把脚举起来，踩死死刑犯人。有一次它的住所被火给烧了，得要新建，就把它移到一所佛寺旁住下来。结果它到了佛寺旁边，每天都听到出家人读经典，它听啊听啊，有一次刚好念《法句经》"为善生天，为恶入渊"，那头象好像触电一样。熏闻一段时间以后，把它带去给死刑犯行刑，它那个脚抬起来放不下去了，反而用鼻子闻那个犯人，用嘴巴舔那个犯人，它下不了手了，它的心转成善良。

其实灵性动物都是有感觉的。我曾经住在一个佛寺里，每次要读经的时候，有条狗都跑来跟我们一起读经。真的，很庄严。百闻不如一见，有灵性的动物都是有感受能力的。有一天它忘了时间，我们开始读了，"锵"，引磬敲下去了，它"嗷嗷嗷"跑过来，为什么？不好意思，迟到了。这都是我亲眼所见的。而且它感受能力很强，有修养的人来，它马上感觉，帮他开道，陪着他陪到底；修养不好的人，它装作没看到。所以您看动物接触后对它的影响尚且如此，更何况是人？

好，今天这节课就跟大家谈到这里。谢谢大家！

第二十讲　用智慧面对谗言

尊敬的诸位长辈、诸位朋友，大家好！上次我们讲到的经句是“狎昵恶少，久必受其累”，今天要进入的是：

【屈志老成。急则可相依。】

人还没有一定的德行根基、定力，没有不受身边人事物影响的，所以懂得进退，懂得保护自己清净、善良的心，这是自爱。有人说：“可是那些狎昵恶少不是很可怜吗？都没有人帮助他，我不入地狱，谁入地狱？”有没有道理？

要帮助人，首先得提升好自己，不然要去帮别人，结果自己也沉沦下去了，所以首先要护念好自己，不断提升。好像又不忍心对方沉沦，那可以送他一些书跟光盘，他假如真有善根，他自己会去用功、深入。因为我们很难不受他的影响，所以都必须懂得应对进退。书、光盘已经给他了，“天助自助者，天救自救者”，我们给他造了一个善缘，这已经是替他设想了。所以帮助人要度德量力。

今天接着讲：“屈志老成，急则可相依。”“屈志老成”，是自己可以谦卑恭敬地去敬奉老成之人。有句成语叫老成持重，很重大的事情，老成之人非常稳，非常有智慧，能够去判断。因为老成之人阅历丰富，心地又厚道。**“阅历”是有历练，有经验不一定有历练，经验是人经过很多事情，历练是人在经验当中真正体悟到人生的智慧。**假如人只有经验，都没有对照经典印证自己这些想法、做法对不对，只是说：“我以前的经验就是这样，就是这么做。”他可能会有错误的思想观念跟判断，甚至经验多了，无形当中老王卖瓜，自卖自夸。“想当年我在打拼时，你不知道出生了没有？”其实坦白讲，真正有历练的人，他会愈来愈谦卑，愈来愈谨慎，而不是动不动就去批评，就去下判断，这不应该是一个有人生历练的表现。因为他世面见多了，就怕判断事情不够客观，误解了别人，这就是历练。而人生的经验丰富，假如心地不善良，不是老成持重，就变成老奸巨猾，所以心地很重要。

面对这样的人，“急则可相依”，你有急难，或者你人生有重大的抉择，会影响你一生，可以去请教他。甚至急难的时候可以去投靠他，因为他很有道义，会帮助你。

“屈志”很重要，因为**“屈志”才有谦卑受教的态度，不然再高智慧的人在我们身边，我们也很难得到利益**。因为“一分诚敬得一分利益，十分诚敬得十分利益”。而“老成”不只是人而已，打开《论语》，那是孔子的智慧；打开中华文化经典，它是五千年的智慧。我们能有多大的收获，是谁决定的？自己这个“屈志”“诚敬”的态度。**所以每个人学一部经典，收获不同，跟经典没关系，跟自己的态度有关系**。

在学习过程中，常常也会遇到人生的一些疑惑，每次我们把师长的光盘一放，可能十五分钟、二十分钟，老人家那些教诲就把我们的问题给解决了。但假如我们在观看光盘的过程，自己没有很真诚，甚至还有一大堆自己的想法，那这些好道理就入不了我们的心田。所以**态度决定自己的收获，态度决定成败，而不是成功以后才来改变我们的态度**。

张良辅佐刘邦建立了汉朝。说起汉朝，现在全球华人都很重视传统文化的承传跟弘扬，有个口号叫“重回汉唐”，汉朝是刘家的天下，唐朝是李家的天下，所以姓刘跟姓李的都要弘扬中华文化，跑不掉，继承祖先的德风。像我们姓蔡的是一定要弘扬传统文化，为什么？有一次我在台湾，刚好跟陈瑞珠老师一起参与一个传统文化的课程，我们向孔老夫子行三跪九叩首的大礼。行礼完下来，陈老师就跟我说，我们两个这辈子干这个事情是注定了。我说，何以见得？她说，两千多年前，孔老夫子在“陈蔡绝粮（在陈国、蔡国绝粮）”，所以姓陈跟姓蔡的一定要弘扬中华文化，要补祖宗曾经做错的事情。《了凡四训》说，“远思扬祖宗之德，近思盖父母之愆”，父母的过失、祖先的过失要弥补。“上思报国之恩，下思造家之福；外思济人之急，内思闲己之邪。”所以人要认命，我们姓蔡的就得干弘扬中华文化的事情。

当然，祖宗的这些风范要承传，像刘邦之所以得天下，他得了三个非常有能力的人辅佐，他都觉得是他们的帮助，没有邀功，这就是领导者一个很难得的修养：让功给大众。

包括李姓，唐朝的天下。姓李的人要学老子的风范，学李世民的风范。李世民什么风范？人家劝谏他，讲错了他都接受。我们现在变成什么？讲对了也不接受，嘴巴还翘得很高，“旁边有人还讲我”，面子拉不下。所以要先把面子卖掉，不然会障碍我们接纳别人的雅言跟劝谏。“闻誉恐，闻过欣，直谅士，渐相亲。”

讲到汉朝开国三杰，其中张良是韩国的贵族，他的祖父跟父亲都是韩国的宰相，非常尊贵的背景。后来秦始皇把韩国灭了，他为报国家之仇，倾家荡产，找了大力士要去杀秦始皇。结果没成功，当然刺杀皇帝那是九死一生。所谓年轻气盛，年轻气盛能不能成大事？不容易，会坏事。所以他人生中遇到了一位老人，这位高人洞察到他太浮躁，伏不住自己的情绪、愤怒，成不了大器。很多高人都很厉害，看得到这些年轻人的问题。有一天这位老人就在一座桥上等着张良过来，看张良过来了，故意把鞋丢到桥下去，然后跟张良讲："帮我把鞋捡上来。"张良一想：故意掉下去还叫我拿？火有点要上来了，"算了，他年纪这么大了，别跟他计较。"就下去捡。结果把鞋捡上来，这个老人把脚摇一摇，"帮我穿上。"因为张良最缺的是什么？忍辱、忍耐的功夫。一个人的成就跟忍耐成正比。张良一想："算了，都帮他捡起来了，就帮他穿上吧。"就帮他穿上了。老人挺满意的，笑一笑，可能心里想：孺子可教也。年轻人都跟老人计较，心胸未免也太小了。其实人假如有家教，看到别人的父母就恭敬。为什么？他有孝道啊。他一看到别人的父母，想别人当父母也不容易，看到老人恭敬，因为他在家就是这个习惯了。

现在年轻人在团体、公司里动不动对长辈大声小声，无福之相，很可怜。为什么？没人教他。尊重长辈是福田。**人的福田大分三种：一个是敬田，恭敬长者；一个是恩田，念父母恩，念所有对他有恩的人；还有悲田，怜悯一切人。**

现在年轻人都不会尊重长辈，我们在底下一听，"对啊，我公司那几个人，都不懂尊重我们！"别跟他计较了，要怜悯他，为什么？人不学，不知道、不知义，他们身为炎黄子孙，却没学到老祖宗的智慧，很可悲，怎么还跟他一般见识？所以当长辈的人，还得表现出风范跟度量，不要跟他们计较，进而帮助他们。以祖宗之心为心，天下无不和之族人。我们以祖先的心为自己的心，所有中华民族的儿女都是一家人，哪有不能和睦的道理。这就是悲悯年轻人，也是后福无穷。**坦白讲，人世间没有吃亏的事情，吃亏是福，懂得去付出，施比受更有福。**

结果张良真的把鞋子给老人穿上后，老人欢喜地就走了。走了几步，突然回过头来说："明天天亮的时候，你到这里来等我。"张良答应了。第二天，他很早就来了，老人已经在那里等，"还让老人等，明天再来！"结果第三天他起得更早，那个老人又在那里，"下次再来！"第三次，他半夜就到了，不睡觉，就在那里等他。后来这位老人就教他姜太公的兵法。老人叫黄石公，是道行很高的长者。张良最后因为接受了黄石公的教诲，就帮刘邦推翻秦朝，建立了汉朝。所以"屈志老成"，要屈志下来，才能真正有大的收获。

年轻人已经没什么东西了，为什么还屈不下来？想想我们的先祖，周公是圣人，都如此谦卑。我们在历史上读到，周公是"一饭三吐哺，一沐三握发"。周公吃饭，吃一餐要吐三次。为什么？一听有贤德的人来了，他赶快很谦卑地去请教，饭就不吃了，念念为了人民。他假如用了一个贤德的人，老百姓就得福了。洗一次头发，因为古人留长发，洗一次时间可能要花一些，洗到一半，有贤德的人来了，赶快先去，不敢轻慢，这非常可贵。《尚书》告诉我们，"满招损，谦受益。"谦卑重要，恭敬重要。包括刘备，他去请诸葛孔明，还是他恭敬的态度，才能请孔明出山。所以历史启示我们，**人要有很多重要的贵人，都还是从自己的恭敬、谦卑态度感召来的。这对自己的一生非常重要。**因为人只要不恭敬、谦卑，必败无疑，这里面没有侥幸。

我们从客观数据来看整个企业界，这已是很多年前的数据了，我想这个数据现在更小，因为人现在追名逐利愈加厉害，不能静下来好好自我教育、自我提升，可能面对诱惑能力更差了。中国大陆中小型企业平均寿命二点九年，大型企业平均寿命七到八年，才十几年的光景就倒闭了。更何况一生要屹立不摇，立于不败，容不容易？不容易。

孔子有一次在庙堂看到一个器皿，叫攲器，这个攲器没有灌进水是倾斜的；灌进适量的水，它就中正，直立；灌得太满，它就翻了。孔子告诉学生，自满最后没有不倾覆、倾倒、失败的。人一自满就会败，人一觉得自己才华很高，他的才华就上不去了。人一觉得自己学问很高，他的学问就上不去。所以孔子感叹，人自满就要倾覆了。**荀子也讲，“百事之成也，必在敬之；其败也，必在慢之。”所有事情、事业能成就，一定是恭敬去做事，谦卑去接受别人的劝谏。**但为什么最后还是败了？也是傲慢心起来，觉得不可一世，别人的谏言就听不进去。我曾经看很多企业界的杂志，一些全球很大的企业，为什么最后还是败了？就是企业主本身因为有了这些成就，自满，最后顾问的话都听不进去，下属的话听不进去，就败了。

孔子接着就跟学生讲，人怎样可以满而不倾覆？要“高而能下，满而能虚”，学识很好，但却虚怀若谷，不自满；“富而能俭”，很富有，但很节俭；地位很高贵，却很谦卑去待人，“贵而能卑”。

我有一位长辈是做警官的，他的朋友、同学被派到部长级的高官家里，做保护他们的安全人员。结果就看到这些高官子弟很凶，比方要出门了，安全人员帮他们开电动门，“慢吞吞的！”骂人。这个大官没多久就败了。从哪里看到？有其子必有其父。然后发现超过一半大官的后代子孙都很傲慢。所以**人在富贵中能谦卑、能节俭是很不容易的，要有智慧才教得出好子孙。祸福相倚，有钱不代表是好事，懂得藏富教子才是有智慧。**

然后他看到少数大官的子弟非常谦恭，每次要出门，“谢谢你的照顾，感恩！”结果观察，这样的大官子弟个个都有出息。所以“贵而能卑”，尊重别人，不高高在上。

“智而能愚”，大智若愚，不会耍小聪明，不会用聪明去压别人。“勇而能怯”，虽然很有勇气很果决，但却不是匹夫之勇，还懂得“怯”，就是谨慎，战战兢兢。“辩而能讷”，虽然很有辩才，但是不用口才去压人，懂得沉默，在必须要把很多道理讲清楚时，才用自己的口才。一般的时候还是恭谦，才华不轻易显露，不然慢慢就会变得很自以为，得意了，这样就不好。“博而能浅”，学问很广博，但内心都觉得自己还很肤浅。其实这全都是谦虚的态度。“明而能暗”，很多事看得很清楚，但对人不苛刻，可以难得糊涂。有时候装糊涂，不让人家没有台阶下。这是“谦受益”，保持谦虚，就能得到很大的益处。

我们有了好的态度，再来，要会判断老成之人有哪些特质？现在的人假如没有判断力，比方接触一个人，他说：“我跟某某大官很好，跟某某名人很好。”我们就好羡慕，好像觉得好厉害。其实一个人常常说“我跟某某人认识”“我跟谁关系很好”，他已经在炫耀了，这都不是一个有德行的人的表现。

反而是什么？老成之人首先他谦虚。再来，他以和为贵。有人生阅历的人都知道，大事化小，小事化无。他不会没事生事，这才是人生的智慧。而且他会念念为人着想，不跟人结恶缘，这就是和为贵的态度。“绝交不出恶言”，纵使人与人缘分尽了，决不去发脾气骂人。人与人相处，都应该往远处看，不要逞一时意气。包括老成之人，做什么事情，都是为大局着想。

春秋战国时代，晋国晋成公时期有一个大臣叫赵盾，他是大将军，另外有一个高官，是大司寇屠岸贾。屠岸贾要陷害大将军赵盾，就设计让君王不相信赵盾。因为晋国的先君晋灵公昏庸，后来被赵家的先祖给杀了，屠岸贾就借这个罪名强压在赵盾身上，就说：“他们的祖上把你的祖先给杀了，他也会威胁你。”造种种谗言，不只杀了这个忠臣，还诛了他全族。

当时赵盾的太太已经怀孕，因为她是晋成公的姐姐，就没被杀掉。结果生了一个男孩，赵盾整个家族就剩这一脉了。赵盾有个好朋友叫程婴，还有一个门客叫公孙杵臼，他们知道屠岸贾一定要杀害这最后一个血脉，两人就约好要报答赵盾的这份情义。怎么做呢？程婴把自己的孩子给了公孙杵臼，然后让公孙杵臼跑到深山里去，程婴就跑去给屠岸贾说：赵盾唯一的儿子被公孙杵臼藏在深山里，他等于去报信了，拿了一千两黄金。然后屠岸贾就带人去把公孙杵臼跟这个孩子给杀了。其实是程婴献出了自己的亲生孩子，为赵盾的孩子牺牲，而且还忍辱负重了十多年。

我们听到古人这种行仪，真是肃然起敬。为了朋友这份情义，为了留住他唯一的血脉。当时程婴在计划这件事情，跟公孙杵臼商量，公孙杵臼就问他：“你觉得是马上去为朋友死容易，还是不死，忍辱负重一二十年容易？”程婴说：“当然是现在就死容易。”以前的人为了义可以奉献出生命。结果公孙杵臼说：“那难的给你做，容易的我先做了。”他就抱着程婴的孩子上山去了。

程婴救了赵氏的唯一孤儿，大陆还把这个故事拍成戏剧。其实现在整个中国大陆，用戏剧拍出古代这些忠孝节义，非常有教化力量。古代的榜样让全国人民去学习，包括现代的道德模范评选。假如我们觉得自己的心很硬，建议可以去看我们中国大陆两年一次的道德模范评选，保证心会变柔软，因为大哭一场就变柔软了，那些榜样很感人。

所以为大局着想，这都是老成持重的人的特质。

再来，老成持重的人，他在引导我们的时候，抓根本，君子务本，他会提醒我们要回到孝道、回到修身、回到自己的心地，不要去要求别人，他会提醒我们正己化人。不能感动别人，不是别人的问题，是自己的问题。他们时时都是务本。像常明法师（就是卢叔叔，出家三年，我认识卢叔叔十一年了）就教诲我们："你们自己做好了自然能感召很多人来，自己做不好怎么可能去感召人？自己的团体幸福，才有可能带给别人幸福，自己的团体假如不幸福，不是给人家看笑话吗？"都是要务本。人这一生能够遇到老成持重之人，要好好珍惜，珍惜不是在口头上，一定要珍惜他们的教诲，依教去奉行，人就会有更大的福报。

我们接着看下一句经文：

【轻听发言。安知非人之谮诉。当忍耐三思。】。

这句从字面上来了解，就是人听别人讲话，话当中可能有对人的批评、毁谤，就是进谗言。这时假如没有判断出来，很可能就受影响，会做出冲动的事情。这个时候应该"忍耐三思"，要冷静去判断、思考。不然听了谗言，与人的关系可能会有破坏性的情况产生。

比方有一句格言讲，"谗言慎莫听，听之祸殃结"，可能人生的灾祸就因为听谗言产生了。"君听臣当诛"，领导人听了，可能忠臣就要被杀了；"父听子当决"，父亲听了谗言，可能要跟儿子诀别；"夫妇听之离，兄弟听之别"，夫妻、兄弟就要离别；"朋友听之疏"，朋友听了谗言可能就会疏远；"骨肉听之绝"，父子骨肉听了可能就决裂了。这在历史中很多。"堂堂七尺躯"，比方说一个大男人，要有智慧判断，"莫听三寸舌，舌上有龙泉，杀人不见血。"很多家庭破碎，可能都是谗言造成的。

但我们要了解，**谗言是缘，有因有缘才会有恶果。因是什么？因**

是自己没有智慧，因是自己怀疑心太重，才让人家乘虚而入，还不能怪到缘分上面去，还是要反省自己。所以古人提醒我们，“谣言止于智者”“来说是非者，便是是非人”，要冷静。我们在听别人讲话的时候，要判断他讲话客不客观；要判断他有没有不良目的；要判断他是不是对那个人本来就有成见，所以讲话就偏颇了；要判断他是不是嫉妒心作祟；或者他是傲慢才会这么讲话。这要有判断力。

尤其是一个团体的领导人，一个团体最怕什么？最怕是非、谗言。所以团体的领导人听到谗言，有责任马上去找出来，这个话从哪里来的？然后对那个讲谗言的人要规劝。见有恶，要规劝，要为整个团体负责任。

师长曾经讲，韩瑛馆长听到谗言，马上去调查，“这个话从哪里出来的？”马上教育他以后不可以这样。因为讲谗言的人、讲批评话的人，造业非常重，罪过非常重。首先，他自己的灵性在堕落，他的傲慢在增长，嫉妒心在增长。所以，第一，他对自己有损害；第二，讲这些批评、谗言，对于付出的人没有鼓励，反而还批评，冷嘲热讽，把人家的积极性都破坏了。现在做好事容不容易？不容易。常常都受打击，不就让这些善人都退心了吗？这话本身都会影响到整个军心。因为他讲出去了，造成听的人对这个当事人又有成见，又破坏人与人的缘分，这都是造孽。很可能一句话讲出去，造的罪业太重太重。所以一个人不能去讲谗言批评人，**领导人要特别严防团体里这种是非谗言的情况，要制止，然后形成大家都可以开诚布公讲真话，不私底下在那里批评别人，光明正直的风气。**

像这次常明法师指导我们三天，预定的时间是下午三点到晚上八点，每天五小时，最多延到九点，六个小时。结果后来都是到半夜两点、三点，真是竭尽全力在教诲我们、帮助我们。三天，三十个小时左右。这些善知识为法忘躯、为道辛苦，都不辞劳苦。最后常明法师说：“我们三天的这个会议因缘，你们每个人要讲出我一个缺点。”他自身就把谦卑演给我们看。一个领导者都这么能接纳雅言，那整个团体哪有底下的人批评来批评去的风气？常明师父对我们领导人的期许，讲了一句很通俗的话，很容易领会，很有道理，“狮带群羊，羊亦狮；羊带群狮，狮亦羊。”所以领导人会带动整个团体的风气。

所以看到这句“轻听发言，安知非人之谮诉，当忍耐三思”，对自己、对领导人都有很好的启示。因为谗言对家、对团体，甚至对一个国家，杀伤力都非常大。

假如用重要的干部，决定不能用会讲谗言的人，因为不管他才华再高，会批评、会讲谗言，决定会失去人和，人与人就不互相尊重、恭敬了。“天时不如地利，地利不如人和”，所以好的个性胜过卓越的才华。人很厚道，从来不批评人，都是包容人，他能聚人才。

师长的风范，比方人家要给他讲谗言，假如关系已经很熟悉的，师长会制止他：“你不要说了，我只记他的好，不记他的不好。”大家想想，假如这个话传给那个讲批评的人，对方会感动，“这么有修养。”

请问大家，比方某某人来告诉我们：“我跟你讲，你知道那个人怎么说你吗？”我们会怎么反应？“他怎么讲？你赶快跟我讲！”我们问问自己，我们有没有可能听完别人的批评，心里痕迹都不露？有这个功夫吗？一听完晚上睡不着觉，“我明天一大早一定找他算账去。”人要心平气和才能讲话，否则冲突会愈来愈大。既然我们不可能不落印象，最好不要听。

所以师长会说：“你不要讲了，我只记他的好。”不然说：“我知道了，我知道了。”就好了，不要听。关系还不是很熟的，一下说“我不听”，怕对方不欢喜。善巧，“我知道了，我已经知道了”，他就不讲了。或者转话题，“那件事很好”，赶快转到其他的话题，就不要让他继续讲。或者很善巧地讲，“那都是误会，其实他对我挺好的，多沟通就好了”，就把话给转掉了。

所以师长这些人生智慧非常重要。师长说，只要人家要批评他的三位老师，他马上就离开，不听。不然听了以后对老师不恭敬了，那就大损失，就不能接受这三位当时台湾最有智慧的大德，那机缘不就坏掉了？这是“轻听发言”。所以不能轻听，要冷静去判断才好。

人不只不要常常去批评、毁谤别人，更重要的，常常去赞叹别人、欣赏别人，去掉嫉妒心。“找好处”，都是去看人的好、赞叹人的功德，“找好处开了天堂路，认不是关上地狱门。”找别人的好处，都认自己的不是。人找好处，时时都能肯定、感恩别人，源头在哪？要找父母的好处。现在人愚痴到什么程度？连对父母都抱怨、都批评、都埋怨，这不妥当。为什么？**父母真的有不对，人非圣贤，孰能无过，但父母是有本善、有明德，我们一定要尽心尽力去养父母之智慧。成全父母都来不及了，哪还有去批评父母，看父母过的道理？**

为什么要成就父母？因为没有父母哪有我们？没有父母生我们、养我们，就没有我们。所以我们的生命为父母都可以舍掉，还有什么不能为父母去付出的道理？所以人能静下来，想想自己成长过程，父母对我们点点滴滴的付出，感父母的恩就流露出来了，心就变得敏锐了，变得知恩报恩，马上就懂得去感谢别人的恩德。所以百善孝为先，孝心一开，慢慢那些百善接着就开。

我们有一位学长，因为我们有推行“述祖德”，就是回想父母、爷爷奶奶、祖上的恩德；还有“道己过”，把自己对父母的过失都讲出来，自己一生对亲人、对别人的过失都可以反省、忏悔，进而去改过。结果一想父母的恩德，眼泪就像泉水一样流出来，然后他再看到任何人，都很恭敬。为什么？每个人都是父母养育，都是父母的子女，父母养他们太不容易，所以对每一个人都应该尊重，不要去对立、不要去伤害。然后一见到长者，也非常尊重，因为长者都是别人的父母，当父母太不容易了。所以《孝经》讲，“爱亲者，不敢恶于人”，爱自己父母的人，不会去讨厌、伤害别人；“敬亲者，不敢慢于人”，尊重父母的人，他那颗恭敬心已经唤醒了，不会对任何人傲慢。

所以一个家庭或团体，都能知恩报恩，都能时时“道人善，即是善，人知之，愈思勉”，这个家风、团体的风气非常好。《朱子治家格言》正面的要效法，反面的要警惕，接着再把它转成正面，就有很多的受用。

接着下一句经句：

【因事相争。焉知非我之不是。须平心暗想。】。

人与人因事产生争执、冲突了，很可能自己也有不对的地方，需要静下心来，平心静气去反省、考虑。“暗想”就是要静下心来，想一想事情的来龙去脉，是不是自己还有不妥当的地方。**人与人的冲突会不断加剧，就是觉得都是对方错，自己没有错。其实已经有争了，怎么可能我们没有错**？俗话讲，一个巴掌拍不响。又有成语叫一般见识，半斤八两。吵得起来就是程度差不多，还有什么好在那里争高下的？有人会讲，那有没有可能一个人完全没有错，另外一个人完全错，然后又很凶？有没有这个情况？有啊。那个完全没错的人都被人家骂，那他不是很可怜？告诉大家，那个完全没错还被骂的人，最后变圣人，他怎么会可怜？他一点都不吃亏。

舜王（大舜），他的父母错了，还要杀害他，他还觉得都是自己不对。他完全没有错，还反省自己不对，最后他吃亏了吗？没有吃亏，德行成就了，福报现前，成了天子。所以学传统文化，首先学吃亏，不要跟人家吵架。大肚能容，要包容，不要争。像我的师长，他不跟人家争，人家骂他，他不回嘴，那个人不高兴还打他，他也不还手。那个人打他，他就躺着给他打，最后打不下去了，为什么？两个人都动气了才会愈打愈火热。一个人都不动气，最后对方也不好意思，打不下去，结果隔天还给他道歉。然后师长说，打考绩他都是最好的，因为他不跟人家吵，不跟人家起冲突，上级就觉得，这个人懂得团结同事。哪有吃亏？

所以我们的父母，上一辈的人很懂这个道理。现在当父母的人不懂，孩子在学校吃点小亏，拿这去骂人。我们一些学长回想，他们的爷爷奶奶、爸爸妈妈怎么教的？孩子跟邻居吵架，人家到家里来了，你们的孩子怎样怎样，马上打。怎么事情都没问清楚就先打了？会起冲突，就已经是错误了，先打，要忍辱。合理都得忍，更何况都已经跟人家起冲突了，还有什么理好讲？就打。看起来好像很无情，事实上很有智慧。为什么？自己打有轻重。假如都不能忍耐，小事就跟人家冲突，一出社会怎么办？所以古人都要学忍让、谦让、礼让，不然人生会遇到很多冲突。我记得有位长辈很有智慧，他的孩子跟人冲突，他一定处罚。他说："自己打有轻重，以后出社会给别人打，不顾死活。"想得很远。

话说到这里，大家舍得吗？当然，我是说这些古人，甚至是离我们只有一代的人，他们都有这些教育的智慧。大家体会就好，回去不要说，“蔡老师说要打。”我没这么讲。每个孩子要因材施教。但一定要让他懂得，不要跟人冲突，要忍得住，只要跟人有冲突，就是自己修养不够，该处罚。

“忍一时风平浪静，退一步海阔天空。”那这句回到我们自己身上，想一想：**夫妻这个月有没有吵架？谁对谁错？只要吵都错。而且要先反省自己，人与人其实心会互相交感的**。我们一方先反省，另一方也会感动，也会反省。各自责，互相反省，天清地宁；各相责，都是要争对错，最后会天翻地覆、天崩地裂、日月无光，愈来愈严重。所以家里吉祥还是灾祸，可能都在我们的一念之间，要深思，要“平心暗想”。今天就跟大家交流到这里。谢谢大家！

第二十一讲　兴旺的先兆：不责怪他人，先反省自己

尊敬的诸位长辈、诸位朋友，大家好！我们上节课学到：

【轻听发言。安知非人之谮诉。当忍耐三思。因事相争。焉知非我之不是。须平心暗想。】

我们看“忍耐三思”“平心暗想”，可见得一个家庭要团结和睦，人与人相处要和谐，这两句就提醒我们：要冷静，要理智，要懂得忍让，不能一遇事就情绪化，就火冒三丈、暴跳如雷。所以**能掌握情绪的人，才能掌握自己的未来，才能掌握自己家庭、团体的未来。尤其身为父母、身为领导者，假如不理智，常常意气用事，脾气大，情绪化，可能无形中就影响自己的小孩也是这样的性格。**以前身为父母、长辈的人，他的慈爱表现在哪？在孩子面前一定做好榜样，给孩子好的影响。为什么？孩子小，“少成若天性，习惯成自然。”所以好的示范就潜移默化，让孩子养成正确的做人做事的态度，他就受用一生。慈爱表现在为孩子一生幸福着想，谨慎、理智的态度就可以提起来。

我们再细细体会这两句经文，就是在听他人说话时，要很平心静气、很冷静去判断。不要别人一说，某某人怎么讲你，讲你的坏话，哪些流言蜚语，一听，情绪就上来了。可能对方没有好的目的，他可能是要毁谤人，对人有成见，所以这时要比较冷静，客观去分析、去判断。

实在讲，话传了一两个人，可能就跟本来的状况差很多。为什么？讲的人是一个意思，听的人可能又加了他的意思进去。所以一个领导者假如知道言语有时不准确，可能会造成误会，就会让底下的人学习，讲话要如实传达，不能东掉一句西掉一句，然后要表达清楚。不管是当面交代或电话交代，交代完说："请你讲一遍给我听。"这样就可以确认他能不能记得清楚、表达清楚。这都要练习的。**所以懂得谈话、做事都要训练的父母、领导，培养出来的孩子跟下属，成熟度、应对进退能力就比较强。**这些细节都不重视，可能办起事来也是状况百出，我们闽南话说的，"做事零零落落"，好像什么都做得不缜密、不仔细，这边也有情况，那边也有情况。

所以客观分析了，是谗言，不可听，甚至还要善巧地提醒这个讲谗言的人，或者批评人的人，但不是指责他，我们跟一切人结善缘，不结恶缘。你提醒他，句句都为他好，他就容易接受。

假如他传的这个话，确实是对方毁谤、侮辱、批评我们，要不要生气？"有则改之，无则加勉。"人家批评得对，要感谢他。假如人家传话，某某人怎么批评你，你还说谢谢他，这个传话的人被你感动，"这个人很有修养，听说是学《朱子治家格言》的，还是学过《了凡四训》《弟子规》。"这叫给经典、给圣贤祖宗脸上贴金。

《了凡四训》讲，"人之无过咎而横被恶名者"，没有那个过失却被人家侮辱、批评，"子孙往往骤发。"请问大家，当事人自己有修养，能忍辱，子孙能骤发，当事人自己呢？福报不就更大？"理得心安"，道理真明白的人，心就不会随境界起起伏伏。人家毁谤我们，是送福报给我们跟子孙，好不好？所以以后被人骂了，就说谢谢你，给他鞠个躬，他送福报来，他骂不下去了。就像打架，一个人打，一个人都不还手，最后他也打不下去了。所以**真的，人人是好人，事事是好事，只要自己心态对了，没有一件事是坏事。所以我们期许自己跟一切人广结善缘，不结恶缘**。真遇到很跟自己过不去的人，那就反求诸己，“世间无不可化之人，但恐诚心未至”，我们的真诚还不到，不跟他计较，不一般见识，慢慢这个缘就转了。

第二句，“因事相争，安知非我之不是，须平心再想。”我们每一天与家人、同事之间，甚至不认识的人之间，都有可能会发生事情，也可能会有误解、会有摩擦、会有不如意的事，在这些事情当中，我们要反思，第一，有可能我们会错怪对方。大家有没有经验，比方说人家来跟我们要书，“我上次借给你那本书，请你还给我。”“我还给你了，你忘记了，还错怪我。”自己很理直气壮地说还给他了，结果当天回去书柜一看，“怎么还在这里？”有时候我们会很肯定自己的想法，真的发现错怪了，要赶快去道歉。

有时候虽然没有错怪对方，但两个人在谈话的时候自己动了火气，“你讲话态度好一点好不好？”其实我们讲这句话时，态度好不好？所以要求别人都比较快，真的，当下都是看别人过，不容易看自己过。所以这句教诲很重要，跟别人要摩擦的时候，“焉知非我之不是。”

所以跟人做事、共事，应有的修养是“以恕己之心恕人，则全交；以责人之心责己，则寡过”，我们以宽恕自己的心态来宽恕别人，不容易跟人对立、指责，跟人可以交心。这句话我们体会看看，请问我们一天宽恕、原谅自己几次？我们起了几个不好的念头？我们讲了几句错的话？我们每天有没有面壁思过？我们错了那么多都没有指责自己，可是别人错了一点，我们就咬着不放，这不是厚道的心态，不是厚道的处世态度。所以要以宽恕自己的心态去宽恕别人，就不容易跟人对立、摩擦。

但以责人之心来责己。“人虽至愚，责人则明”，平常不算很聪明，可要责怪别人，讲别人缺点，突然会变得很聪明。我以前带班的时候，有些小孩成绩也不怎么好，可是假如讨论某某同学哪里错了，他讲得比谁都快，他也很会看。班上很调皮的人，自己常常犯错，可他挑别人毛病也是一级棒的，很厉害。“虽有智慧，恕己则昏”，宽恕自己，不承认错误，慢慢地就自欺欺人了，虽然有智慧，慢慢就变得愚昧了。不承认错误，还跟人争吵，那没事都变有事，小事都变大事，怎么会有智慧？

所以能以责人之心来反省自己，慢慢地自我观照，改过的态度就提起来，过失就愈来愈少了。其实冷静想想，我们往往在指责别人时，指责他的那个缺点，假如懂得反观自省，可能我们都还有。假如我们指责别人的缺点，我们也有，那对方服气吗？对啊，我们都宽恕自己，严格要求对方，人心怎么会平？所以要“严于律己，宽以待人”。我们现在不能学反了，严以律人，宽以待己，这样学，横批——颠倒。

真的，相处、共事当中，真的是对方错，我没错，那也不用争，也不用生气吧？为什么？**既往不咎，事情都已造成了，骂有什么用？于事无补，那只是忍不住脾气而已。所以“见人错事”，他已经错了，不指责，要协助他。**可很有意思，别人错了你指责，他觉得你是不是落井下石？别人错了，你不指责，还帮他收拾残局、善后，他反而很不好意思，然后他会觉得你很厚道，接着你劝他的话，他很容易接受。假如当下他已经错了，很狼狈了，我们又骂他，他铁定以后很不能接受。所以这都是处世的智慧。这不是我讲的，是孔子讲的。“成事不说”，事情都已经造成了，不要在那里借题发挥了；“遂事不谏，既往不咎”，既往还一直追究，都是意气用事，情绪化，会把家里跟团体搅得没有宁日，一直在翻旧账，谁受得了？尽弃前嫌，这才是胸怀。

而且假如我们回到老祖宗的教诲，老祖宗的教诲叫内学，“内圣外王”，向内我们的修养达到圣人的境界，外就可以齐家、治国、平天下。“王”是做最好的榜样，带领整个家庭、社会、国家甚至世界的风气，叫“内圣外王”。我的师长在新加坡带动九大宗教团结，影响很多的国家，当时澳洲就非常佩服，还颁给他荣誉公民，这就是影响的面愈来愈大。

老祖宗讲天人合一，我们以外的人事环境、物质环境都可以算天。比方说现在天灾人祸为什么这么多？人心不善，“作不善降之百殃。”所以灾祸的根源是什么？人心不善。这才是根本问题，整个地球、大自然都跟人心是相应的，“作善降之百祥。”假如不懂得根本的原因所在，再花多少人力、物力、财力，天灾真的能化解吗？泥石流、土石流叫天灾吗？不是，那是人自私自利对大自然肆无忌惮的破坏造成的。

所有世间发生的事，根源都是人心。那要怪谁？不能怪任何人，为什么？“人不学，不知道。”“人不学，不知义。”我们这几代中华儿女挺冤枉的，都没学到老祖宗的伦理道德这些好的教诲，所以不懂事，才会做出这些不好的行为，最后家庭、整个社会以及自然的问题都很多。

但我们先明白了，社会和谐、世界和谐从哪里做？我心做起。这就是务本，找到根本。老祖宗的教诲是求根本解决问题，像中医，它是治本。那现在功利社会是什么？治标。好像把问题盖掉，就没事了。癌症把它切了，就好了。**癌症是体质不好，我们摧残这个身体太久了，这才是根本原因**。假如不从根本下手，纵使割掉了，会不会再长？那是症状解，不是根本解。所以老祖宗是务本。

我们回到这句“因事相争”，跟家人、同事冲突了，跟谁有关？自己，跟我们修养不够有关。假如我们修养够，就不会跟人冲突、摩擦。“一个巴掌拍不响”，就是半斤八两才响得了。那从这个相争的事不就拉回来，我们的修养不够，我们不懂得忍让、不懂得反省，不然就能转。不懂得主动去道歉，就愈来愈冷，不讲话。

发生的事情，就像身体生病了，要赶快医治。人与人发生一些摩擦、矛盾，也要赶快治疗、赶快处理，拖久了，会病入膏肓。为什么？人现在疑心很重，没事都能想成有事，小事都能想成很严重，要赶紧早一点去坦诚沟通。

可能有人说：“真的，我也没什么错，他自己脾气大。”那自己没错就不能道歉吗？“我实在忍不过。”之前跟大家讲过一个故事，新加坡有个太太，她的婆婆误会她、骂她，她还跪下来给她婆婆道歉。可能很多女同胞听到这里，有点气快喘不过来了，“这怎么受得了？”我们听听她怎么考虑这个事情，她说，婆婆是家里的宝，“家有一老，如有一宝。”这个我体会很深，我爷爷奶奶跟我们住一起，三代同堂，那个孝道自自然然就传承下去。可是现在小家庭两代，要教孝道不容易。老人是家里最大的福田，“孝顺为传家之本”。所以这位太太只想着老人要健康，看着老人生气，她心里很不安，只想着怎么让老人的气降下来，所以赶紧跪下来道歉，老人的气就降下来了。

说到这里，可能有人会想：那她多委屈。连她丈夫都说：“我太太挺委屈的，被我妈误解了，她还跪下来道歉。”结果这位太太说：“一点都不委屈。因为我一跪下来，婆婆就不生气了，我心很安。”她一点都不委屈。所以人为什么会委屈？因为把“我”摆前面就委屈，是吧？“我”怎么可以给她道歉？可假如把婆婆摆第一位，要道歉就很简单。**我们觉得很难做的事情，是因为我们把我摆在第一位。把我摆第一位讲得很好听，其实是把自私自利摆在第一位。但是假如把别人摆第一位，我们觉得难的事就变得不难了。**

当然，看戏要看完整，这个媳妇跪下去道完歉了，这个戏接着会怎么演？日久见人心，总有把事情搞明白的一天。婆婆发现了，“我误会我媳妇了，她居然还跪下来给我道歉，这样的媳妇打着灯笼，八月十五出去找，都找不到。”那媳妇变什么？媳妇就变女儿了。媳妇多了一个妈妈，婆婆多了一个女儿，有什么不好？这都是用德行去感格的。

大家想想，兄弟为了一件事一年都不打电话、不联络，“明明就是我哥错，干吗叫我去跟他道歉？”那还是这个“我”在作祟。请问，兄弟一年不联络，谁痛苦？父母光想到，饭就吃不下了，还争什么理？大不孝了，还争什么理？所以老祖先留了一句名言给我们：“贤人争罪，愚人争理。”有德行的贤人发生事情，“我不对，我错了。”愚昧的人才跟人争理。尤其亲人，在一个屋檐下是要互相疼爱的，不是互相争对错、吵架的。所以亲人之间争理，我对你错，争理就气死你；亲人要讲情义，讲情会互相疼爱。

听起来有点抽象，For example，举一个生活中的事例。有两对夫妻住对门，一对相敬如宾，相亲相爱，感情非常好。另外一对，小吵天天有，大吵三六九。这对常常吵架的夫妻也很难过，这个太太看人家夫妻好合也很羡慕，就主动去请教对面的太太，“你们夫妻是怎么相处的？”结果对方就告诉她，“你们家都是好人，我们家都是坏人。”她一听有点懵了，我们家都是好人，吵翻天？你们家都是坏人，这么和睦？你是不是在讽刺我？她皱着眉头，想不通。

现在人悟性比较差，得要讲具体的案例。对方就举个例子。比方说，今天我倒一杯水给先生，他走过去不小心把水撞倒了，我看到就说："先生，对不起对不起，我水没放好，害你给撞倒了。"先生马上很不好意思，"太太，是我走路不小心，把你的心意给搞砸了，是我不对。"这个太太边讲就边去拿抹布来擦，先生看到太太拿抹布，就跟她抢："是我不对，我来擦我来擦。"

大家有没有见过一对夫妻因为抢抹布把抹布给抢破？假如有，我给你判断，吉兆，这是家道要兴盛的预兆。因为夫妻都是"各自责，天清地宁"，出了情况，都马上先反省自己。你看，一杯茶撞倒了，互相反省，承认错误，在那里要擦桌子。然后太太说："今天很难得，我泡一壶白咖啡，我们今天好好聊聊。"你看当下那个气氛超过五星级的饭店，有没有？这种气氛用钱也买不到，大家这种德行的流露，彼此都很感动。

这位太太接着说，这是我们家的情况，在你们家可能同样的情况，就不是这个结果。你先生把水撞倒了，你看了马上火就上来，"你走路不长眼睛，是吧？要喝自己去倒！"人与人会互相交感，太太反省了，先生这个善根就被调动出来，他也反省；太太发脾气，先生的火气也被点燃。先生一听太太讲话这么难听，他说："你这个女人，放杯茶你都不会放，你还能干什么事？"一吵起来，请问一杯茶最后可以吵成什么结果？很难说。会不会离婚？有可能。

所以格言提醒我们，"忿如火，不遏则燎原；欲如水，不遏则滔天"，人的愤怒像火，不遏止它，它可以把整个森林都烧掉。人的欲望，"欲似深渊"，不去节制欲望，最后会像大浪滔天一样控制不了。"由俭入奢易，由奢入俭难"，人太纵欲享乐，控制不住。所以"勤俭为持家之本”“和顺为齐家之本”，要以大局为重，不要冲突，要和睦，别人发脾气了，逆来顺受，不要跟他对立冲突，和顺才能齐家、才能和乐。

我们曾经听到在公家机关上班的朋友说，看很多年轻人来办离婚手续，他就好奇：“你们结婚也没几年，这么年轻，为什么事要离婚？”被这么一问，夫妻两个互相看一看：“上个月我们是因什么事情吵架的？”想不起来了。但为什么要离婚？那个怒火上来：“我跟你拼了！”连什么事都忘了，就是那一口气咽不下去。所以人这个愤怒就毁了自己，甚至毁了下一代，下一代就没有完整的家庭可以健康地成长，忘了彼此的承诺，也忘了彼此的父母在那里担心、害怕。所以人要理智啊！

其实不只是夫妻相处，五伦关系都是这样。在单位，一有什么状况，“这里我做得不好”，先反省，不去指责别人，可能马上其他部门的人，“我也有错”，大家互相反省、互相检讨，就更有经验、更有智慧了，也不是坏事。可是假如指责对方，对方也说，你也好不到哪里去，那失了人和，这个团体就像散沙一样，团结不起来。“天时不如地利，地利不如人和”，有大局观的人，不会逞一时的脾气。

而真正有修养的领导者，发生事情，他不只不责怪下属，先反省自己。全世界的企业，丰田管理很有名，到底它成功之道在哪？既然人和这么重要，而人和必然是领导者带动的，上行下效。《大学》告诉我们，“未有上好仁，下不好义者也。”上仁慈，下就有道义，上行下效。“未有好义，其事不终者也”，领导很讲道义，底下的人都起来支持，当他的后盾。像苏州固锝集团吴念博董事长，他对社会非常有责任感，他每年给苏州提一个环境保护的议题。他不只提议，他带领他四百多个自愿投入的员工，为社会做公益，他带头做。所以他好义，他底下的人全力支持他。**经典真的照做，都能够契入那个境界。**

丰田教育他们的领导人，比方今天在生产线出了状况，不是先骂人，而是过去先了解，这个员工的身体有没有出状况？假如身体没问题，我有没有把他教会？我真的给他教清楚了，他还是错了，那是不是我们公司整个工作流程需要调整？继续反省。假如流程也没问题，那有没有可能这个员工的父母、家人生病了，让他很担心，造成他工作不专心？都从这里去反思。假如这些都没有问题，还是员工做错了，怎么办？教他嘛，错都错了，不然能够回天？借由这一次错，让他后不再犯。一个领导者这么反省，员工会很感动，他觉得假如不认真做好，对不起你的用心、耐心跟宽容。

人的良心往往是因为领导或者对方的德行，给唤醒的。人的良心跟羞耻心不是我们把道理压下去，把它压出来的。“正己化人”，那个化是感化，不是指责、要求来的，自自然然，叫“春风化雨”“润物细无声”，但前提是正己，自己真的做得好。

我们中华民族办政治的都是圣人，叫圣人政治，叫古圣先王。以前尧舜禹汤、文武周公，天子都是圣人。我们这个民族很特别，各行各业都出圣人。商人范蠡（陶朱公），圣人，“三聚财，三散财”。从商也有圣人，国家有难，倾家荡产，无私无我。当老师，至圣先师孔老夫子是代表。当妈妈有没有圣人？有。各行各业，妈妈也是一个职业，都是本分，都是自己选择的、利益社会的一个任务。当妈妈有没有利益社会？有。栋梁从哪里来的？妈妈教出来的。“天下安危，女人家操之大半。”没有好妈妈怎么出圣贤人？所以有贤女而后有贤母，有贤母才有好子孙。

范仲淹的母亲教了一个范仲淹，功德大不大？好不好算？所以**当父母的人，最大的功德就是养育出栋梁。当父母的人，最大的罪过是什么？没有把自己的孩子教好，带动不负责任的风气**。所以《三字经》提醒我们，“养不教，父之过；教不严，师之惰”，都提醒我们每个人都有天职、都有本分。

我们要承传中华民族的好风气，选择了哪个行业，选择了人生的哪个身份，都要尽力地往圣贤的目标去迈进。好不好迈进？不困难，因为老祖宗榜样留给我们，经典留给我们，有理论又有方法，又表演给我们看。您假如说，我这个行业好像没有榜样？我帮你找。《二十五史》里榜样很多，留名青史的都是好榜样。

尧帝、舜帝、大禹、商汤，他们都有这种胸怀，叫“万方有罪，罪在朕躬”。所有老百姓做错了，他说：“上天，你不要怪老百姓，要怪我，因为我没有把他教好，因为我没有把他照顾好。”这是一个君王的胸怀、德行。

君如此，父母亦如此，孩子有什么错，不责怪孩子，先从自己反省起。**天人合一，境随心转，心才是根本，“依报随着正报转”，依报是我们的家庭情况，正报是我们的心，心一变境界就变**。我曾经听过一个当父亲的现身说法，他说他还没学传统文化前，孩子的情况非常糟，他真的是每天提心吊胆。后来发现是自己给孩子的教育不够，脾气又太大，他先调整自己，先学。然后认知到自己的问题，把太太、孩子一起找来，很诚心地给太太跟孩子道歉。结果至诚就感通，家里就转变了。他的儿子本来是工作没责任感，被感动了。他跟我谈话的时候，我刚好在麻坡讲课，他说：“我儿子现在就在做饭给大家吃。”开了一个有机店，这么欢喜来做义工，转变很大。

所以圣人的话是真理，不会骗我们，我们照着做，百分之百不打折扣去做，决定可以扭转乾坤，扭转很多人生的困境。这两句，我们就交流到这里。接着我们看下一句：

【施惠无念。受恩莫忘。】

施恩惠，我们想到了做人有五常，叫作人的常道。我们老祖宗留下来的文化，五千年了，承传、编辑在《四库全书》。《四库全书》量很大。所以**学老祖宗五千年的文化，要掌握纲领：五伦、五常、四维、八德。**五常就是做人的常道，不可以违背，“仁、义、礼、智、信”，要仁义存心。不仁——自私，不义——自利，那就以人身行畜生事了。现在人自私自利到不奉养父母，比不上乌鸦反哺，比不上羔羊跪乳，那不是糟蹋自己的人格？仁义是做人应有的德行，老祖宗说要见义勇为，亲人有困难，朋友有困难，甚至于不认识的人有困难，都应该尽这份道义，我们怎么可能自己有吃的，眼看别人饿死？这个不仁不义了。有些有钱人，旁边的人都饿坏了，不帮助，叫“积财伤道”，伤了道义，伤了做人的本分。所以“见义不为，无勇也”。

义是什么意思？义务，我应该做的。那应该做的，做了以后会不会放在心上？不会，就“无念”了。所以有道义的人，比方说他是个孝子，很有恩义，很有趣的现象，孝子做得非常令人感动，别人一称他孝顺，他诚惶诚恐：“没有，我还做得不好。”为什么？因为他觉得是应该的，他根本没放心上，反而还不断地要求自己做得更好。

义所当为，不放在心上。就好像左手帮助右手，请问我们的左手帮右手，抓痒抓几次，我们记不记得？不记得了吧？请问我们煮红豆汤给孩子吃，煮几次了，记不记得？请问我们借钱给朋友，记不记得？记得。我们假如觉得应该的，就不会放心上，但是假如觉得，“这样我会吃亏”，有利益心，就会记得很清楚。

我们老祖先创字，都在启发我们的智慧。“义”（義）是会意字，从羊，从我，我指自己，羊是善、祥。意思就是人愈行善，他会愈完美。为什么？德行会提升，心量会扩宽，施比受更有福。不只德行会提升，还会吉祥。“积善之家，必有余庆”，不只庇佑子孙，那个善会回到他的身上。所以这个**“义”字很有味道，人生有义，就是道义人生，不断提升自己的德行、福分，不断地尽力去帮助他人，尽道义。人这一生最有意义的就是成就自己的智慧、德行，又成就他人的人生，自利利他，多有意义！**结果我们现在不是，有了钱变守财奴，自己的灵性下降、德行下降，又不帮别人，又利益不了别人，甚至走的时候，人家说，“死得好，苍天有眼！”这样的人生有啥意思？

历史中记载着很多，就一念善心，最后感得很好的福报。魏晋南北朝有个人叫阴铿，有一次跟朋友吃饭，服务人员过来帮他们斟酒，他的存心很仁厚，感受到在外面工作很辛苦，很可能他干了那么久，那个酒他连一杯都没喝过，因为穷困嘛。其实很多人从乡下到都市打工，都省吃俭用，不敢花，因为要给家里的老人、妻儿留。像我父亲去读大学，家里很穷，吃面都是吃汤面，都是汤一堆、面一点点而已，很节省。所以阴铿就很欢喜恭敬地给这个服务的人盛了一杯酒，还拿了一些美食给他吃。旁边的朋友都用异样的眼光看他，“你为什么这样？”他说：“人家干那么久，可能连酒都没有喝过，这在人情上，他一定很难受，我也很难受。”后来发生“侯景之乱”，阴铿被贼寇抓起来，眼看就要丧命，突然有一个人冲过来，帮他解围，把贼寇打退了。他向他感谢，对方说，我就是你曾经盛酒给我喝的那个人。施恩惠给人家，就这么一点恭敬心施的恩惠，最后救了自己一命。

这样的例子在历史中举不胜举。春秋时代晋国有个大臣叫赵盾，他非常忠诚，刚好遇到昏庸之君晋灵公，晋灵公很奢侈，把人民的钱乱花，人民很苦。赵盾就一直劝，劝不听，晋灵公反而怀恨在心，雇杀手鉏（chú）麑要去杀赵盾。结果赵盾每天要上朝以前都穿得恭恭敬敬的，静一静心等着上朝。这个杀手一来，看到他要上朝前如此恭敬对待他的职责，那种德容流露出来，感动这个杀手。他想：这样的人铁定是国家的栋梁，人民不能少了他，我不能杀他。可是我已经接受了君王的命令，又不得不做。最后他自己撞槐树自杀了。

晋灵公不死心，又设了一个酒宴请赵盾来，要谋害他。而赵盾曾经有一次在首阳山下，看到一个人昏过去了，因为饿了好几天，饿昏了，他赶紧把食物给他。后来才了解，这个人出去打拼好几年了，没有什么成就，回来了，就快到家了，饿昏过去。结果给他食物，发现这个人把一半以上的食物都拨到旁边。赵盾问他："你怎么不吃完？"他说："我好久没看到我母亲了，我虽然很饿，我也怕我母亲没得吃，这一半要带回去给我母亲。"赵盾一听很感动，"你赶紧吃，你放心，我再给你母亲准备。"就施给他一饭之恩。

后来晋灵公设酒宴要杀赵盾，就在酒宴的过程，突然有个人站出来说："酒过三巡就好了。"因为他已经发现国君埋伏重兵要杀赵盾，但是这些兵都还没有站好岗位，他赶紧站出来，拉着赵盾就跑。晋灵公马上放他身边的猎犬去咬，结果这个人就扑上去，把犬给打死了，又带着赵盾继续跑。结果那些杀手围过来，都被他给打退了，就救了赵盾一命。赵盾很感激，这个人就说："我就是当初在首阳山下，你赐给我一顿饭的那个人，我一直记着这个恩德要回报。"这个人叫示眯明，后来进宫廷当官，所以才有机会救了赵盾一命。

天道好还。其实帮人就是帮自己，为什么？首先在帮人的时候，自己的德行、智慧都在提升。人的自私自利淡了，智慧就慢慢彰显。自私自利是烦恼，烦恼会障碍智慧。都是为人想，烦恼愈来愈少，智慧、德行都会增长，福报会增长。其实爱人就是爱自己，帮人就是帮自己，自己的智慧、德能、福分，都在这布施、利人、施恩惠当中提升起来。所以为什么老祖宗都教我们“吃亏是福”，不要计较，一计较了智慧、德行、福分都下降。坦白讲，几个人懂得自爱？不随顺五常——仁、义、礼、智、信，就是在糟蹋自己的德行了，哪是自爱？

“施惠无念”，首先这个施是布施。布施分三种：财布施、法布施、无畏布施。财布施得财富，法布施得聪明智慧，无畏布施得健康长寿。这些例子我们之前举得很多。

财布施有内财布施跟外财布施，内财是用自己的体力去布施，或者自己的经验、人生的历练去布施。外财是用我们的钱财、物品去布施。我们想想：今天地球上还有多少人在挨饿？我们还去吃一顿饭花几百，那么多钱，其实我们三个菜、两个菜也吃饱了，省下来的钱可能让很多人活命。

许哲女士不简单，她帮助这么多人，心上都没有，为什么？她觉得所有的人都是她的兄弟姐妹，她一定要帮。她年轻的时候很有能力，薪水都不低。有一次朋友约她去吃饭，到一个很高级的酒店，还喝着白兰地。当她吃完饭出来，在路上看到一个乞丐，饿得都在发抖，给她心灵很大的震动，“他在这里挨饿，我在那里吃这么豪华的餐点，还喝白兰地。”当天晚上，她照着镜子，把华丽的衣服脱下来放在旁边，她想：“是穿着华丽的衣服是我，还是脱下了衣服，能时时想着自己同胞苦痛的是我？”这个反思对人生非常重要。反思清楚了，走出的就是道义人生；反思不清楚，就是虚荣、纵欲的人生。从此以后她不乱花一分钱，她觉得："我乱花了，就是花了兄弟姐妹的钱。"

所以我们有得吃的时候，想着挨饿的人；有得穿的时候，想着挨冻的人；有房子遮风避雨的时候，就想着还在天桥下风吹雨打的人，冬天下雪，他们都只能在桥下过冬。我们对于这些贫困的人能感同身受，要施恩惠就不困难。

那财布施、法布施、无畏布施，其实三也是一，一也是三。比方法布施，人家夫妻吵架，我们用很好的道理告诉他们，他们和睦了，是不是法布施？是啊；是不是财布施？当然了；去当和事佬要花时间，要不要花体力？要啊。再来，有没有无畏布施？有，他们夫妻不吵架了，他们的孩子不流眼泪了，晚上可以睡得着觉了，无畏布施。所以真心去做，很多事都会很圆满。而人布施就会得福，因为"福田心耕"。三种福田：恩田，父母恩、国家恩、师长恩，各行各业都有恩于我们，老祖先说"天地君亲师"，这都是恩德最大的；敬田，尊敬领导、尊敬长辈和老师，尊敬自己所负责的事，尽忠职守，包括尊重一切生命、一切物品，不去伤害，不去糟蹋；悲田，怜悯他人，怜悯众生。我们都懂得要去做三种布施，要存念恩的心、恭敬、慈悲的心去做。还有一种布施叫心施。什么叫心施？没钱，但是看人家很慷慨布施，"随喜功德"。自己没有能力，但是心都存着帮助人、爱护人的心，这也是一种布施。这样的心跟那个布施的人无二无别，功德也很大，也是福田心耕。而且如果又去告诉别人，某某人很慷慨，某某人做这个事太好了，"道人善，即是善"，大家听了都很高兴，都跟着去做，那你这个功德就一直延伸开来。

我们施恩惠，假如不能"无念"，变成帮别人都一直放在心上，见到人还要讨人情，“我对你以前很好”，那对方会怎样？给人压力了，人家就感觉我们不是真诚付出，都是想回报，有条件的。所以要真心去付出，去帮人。甚至我们的心要更柔软，在帮人的时候还顾及他的面子。有些人在帮别人的时候：“哎，给你。”人家说：“算了，不要了。”因为帮助他，还显露出一种傲慢，好像在施舍给人家，人家宁可饿，也不接受。所以要用尊重心去帮助人。

甚至更善巧，比方说，兄弟姐妹情况比较不好，可是又很重自尊，“哥，你缺钱，拿去吧！”他可能不拿。顾及他的自尊，对着他的孩子：“侄儿，你这次考得很好，让你父母很安心，来，叔叔奖给你几千块钱。”我们用善巧的方法顾及兄弟姐妹的自尊，他能不能体会我们的用意？能。这就是时时设身处地体会别人的感受。有时我们做好事，会不顾及这些，不够柔软，甚至还有点强势，强迫别人接受，这样就不好。

今天先跟大家交流到这里。好，谢谢大家！

第二十二讲　付出时毫无所求，获得时知恩报恩

尊敬的诸位长辈、诸位朋友，大家好！我们上次谈到：

【施惠无念。受恩莫忘。】

我们常说，每个家庭都有它传家的人生哲学。老一辈常常劝勉我们，助人为快乐之本。所以常常去帮助别人，内心是非常喜乐。而且帮助别人，种瓜得瓜，种豆得豆，“爱人者，人恒爱之；敬人者，人恒敬之。”“施比受更有福。”常常肯付出，不明理的人觉得好像是吃亏了，事实上吃亏才是福。为什么？不肯付出、不肯吃亏，心量就狭小，他怎么可能会有福气？

有一次一个父亲参加女儿幼儿园的毕业典礼，家长来到现场，幼儿园老师想展现她教学的成果，所以大声对小朋友说：“诸位小朋友，什么东西不能吃？”小朋友异口同声地说：“亏不能吃。”大家想想，小朋友异口同声，代表这个观念老师已经讲多少次？很多次了。小孩从小“亏”不能吃，这么跟人计较，后果会是如何？见微知著，幼儿园老师对孩子思想观念的引导，会不会造成他往后人生的问题？其实我们现在把报纸打开来，那些问题可能在他读幼儿园、在家里，就已经埋下错误的种子了。

之前看到一份报纸，一个名校医学院博士生把他的同学毒死了。为什么？见不得人好，嫉妒他的同学。所以假如从小教竞争，容不下别人比自己好，后果可能是这样。

很多乱象可能都是在家庭、在小的时候思想观念被误导了。当父母要有判断力，不能把孩子送到从小就不学吃亏、学竞争的学校。幼儿园就教竞争，请问读小学时是不是会变成斗争？那读中学的时候呢？会战争，动不动就打架，现在都打出人命来了。

我们还算幸运，小时候社会风气很有人情味，互相帮忙，甚至不认识的人都会体恤他人的难处。看到赶路的人，吃饭时间，我们那个地区邻里乡党很自然的，“哎，到我们家吃顿饭吧。”老一辈的爷爷奶奶，常常烧一壶热开水，放在路边给人家喝，这都是“施惠无念”。这些都是可能一生见一次面，刚好喝一杯水，根本没想要他回报，但是觉得做人应该去帮助别人。

记得有位女士很慷慨，她说小时候堂兄弟姐妹在一起，看到自己的奶奶烧了一壶热开水，放到路边给行人喝。小孩子都很好奇，全部躲在树后面看有没有人喝。结果第一个行人喝了，这群孩子像中了特奖一样，全部跳起来，“啊，有人喝了”，跑回去通知大家。当孩子们欢喜雀跃跑回家时，其实这个布施行善的种子，已种在他的心田里。她为什么那么慷慨？她奶奶能去帮助不认识、路过的人，这样的身教影响了她的后代子孙。**所以后代子孙有没有福报，其实看他的爸爸妈妈、爷爷奶奶的身教。**

当我们布施恩德，假如还想人家回报，这个贪念还没去掉。有贪念就是想自己，心量很小。假如布施时根本没想回报，这个心量是广大的，是视天下人都像自己的家人一样。“以祖宗之心为心，天下无不和之族人。”我们都是炎黄子孙，以我们祖宗的存心来看，我们确实都是一家人。尤其这个时代，国与国之间，种族、宗教之间来往都非常密切，应该不分彼此，不然可能会争夺、对立、冲突。人家问我的师长是哪里人，他都说我是地球人。很有智慧，因为每个人都是他的同乡，都是地球人。这提醒我们这个时代，地球人要互相尊重、敬爱、关怀、帮助，互助合作，不能再对立了。有这样的心量，平等爱护一切人、一切种族宗教，是我们现在每个地球人应该带头做的。

不求回报的心量大，所感得的福报也是无量的。《了凡四训》记录了一件事，有个女子刚好到寺院，她从口袋里拿出了唯一剩下的两文钱，以至诚无求的心，布施到功德箱里。佛寺的住持亲自出来帮她诵经、忏悔，给她回向，祈福。后来这个女子嫁入皇宫成为贵妃，富贵了。之后带了几千两银子来布施，结果住持没出来，只请他的徒弟出来给她诵经、回向。这个贵妃很吃惊："我之前只捐了两文钱，住持您亲自给我回向，现在我捐了几千两，您怎么只叫您的徒弟帮我回向？"这个女子很难得，还会请教住持。结果住持就讲："你以前捐那两文钱是至诚的真心，我没有亲自出来不能回报你的布施。这次你虽然带了几千两，你的心已经不真切了，还带了一点傲慢之气，已经不如前日真心，所以令我的徒弟帮你忏悔就好。"经住持这么点化，这位女士就知道，真正福田在哪里？心地，不是外在的两文钱、几千两啊。

所以《了凡四训》讲，有些人做了一点好事记在心里，见人就讲，都在炫耀就不好了。一炫耀，《了凡四训》叫"阳善享世名"，就报掉了。"阴德天报之"，做好事不张扬，积厚阴德，上天会有厚报。**布施时心里没想着自己布施，也没记着谁接受布施，布施完的东西就忘了，没放心上。"内不见己，外不见人，中不见所施之物"，叫"三轮体空"。做善事心地清净，一尘不染，不落痕迹。三轮体空的布施，"斗粟可以种无涯之福，一文可以消千劫之罪。"用三轮体空的心布施，一文钱都是圆满的功德。**但假如布施还有求回报的念头，布施再多都不圆满，是半善，不是满善。

真心是无求、是快乐的，有求的心会有求不得的苦。到时候觉得我做得蛮多的了，怎么都没好报？最后求不得，不想做好事了。这样的存心发展下去，就对自己不利了。我们还是道义的存心，助人是本分，应该的，不求回报。

帮助人不求回报，但受人恩惠念念不忘，“受恩莫忘”。我们想到《弟子规》的教诲，“恩欲报，怨欲忘，报怨短，报恩长。”小时候我们也常听到，乌鸦会反哺，羔羊会跪乳。连动物都懂得报恩，更何况身为万物之灵的人类，更应该知恩报恩，不然我们人都比不上动物了。况且人在《三字经》中还列为“三才”，天、地、人。代表什么？人应该把天地的无私演出来，才不枉为万物之灵的人类。人没有这种心量，没有知恩报恩的心，就损了自己的人格。“受人滴水之恩，当涌泉相报。”

滴水之恩，确实古人时时会放在心上。在秦末汉初，汉朝有三杰：韩信、张良、萧何。其中韩信是大将军，有一次他非常落魄，几天没吃饭，刚好在河边遇到一位女子，看他面有菜色，可能已饿得快不行了，赶紧拿饭给他吃，他吃完后非常感动，对着那女子讲：“以后我发达了，一定报答您这一饭之恩。”女子马上响应：“你都饿成这样了，做人本来就应该帮助，我又不是要你的回报。”古人都是这样的存心。

后来韩信遇到另一件事，在市场遇到一个年轻人，这个年轻人看到韩信佩了一把剑，要跟韩信较量，说：“你佩了剑，敢把剑抽出来杀我吗？”在那里挑衅，“你假如不敢杀我，就从我的胯下经过。”韩信心想，不要跟这个年轻人一般见识，不然到时伤了人命，可能人生就没有前途了。他真的从年轻人胯下过去了。俗话叫“忍胯下之辱”，说的就是韩信。后来他成为大将军，统领万军，把当初给他一餐饭的那个女子找来，命人给她一千两黄金。这叫“一饭千金”的典故。韩信也把当时那个年轻人找来。那个人一直发抖，“饶我一条命吧。”韩信说，我也很感谢你，让我培养忍耐的功夫，所以就给他一个军队的官职做。“举大事者，不忌小怨”，能成就大事的人心量大，不会为了以前那些芝麻蒜皮的事，跟人家斤斤计较。而且实实在在讲，人要能忍辱才能成就大事、成就德行，那个年轻人确实让他不得不练忍耐，所以他还是感谢他。这是很难得的。韩信这个特质是什么？面对一切人，他觉得善缘帮助他，恶缘也在提升他，都感恩。

我的师长写了一段话，“生活在感恩的世界里”。我们希不希望从今天开始，我们的每一天、每一秒都生活在感恩的世界里？不然难道要生活在抱怨的世界里，还是怨天尤人、记恨的世界里？其实记每个人的过和怨是最傻的人，是不是？所以学圣贤教诲，首先懂得自爱。怎么自爱？先把心上的垃圾全部倒掉。垃圾车准备好了，今天就来个痛快，全部把它倒掉。真倒了，待会儿回家，家里人都会觉得，“哎，你今天看起来不一样，怎么额头发亮？”气色都不一样，是真的不是假的，相由心生。有的人心上放了好几年的事，一下放下了，整个面相变了。所以**别折磨自己，该放下的赶快放下，该提起来的赶快提起来。什么该放下？“怨欲忘”。什么该提起来？“恩欲报”。没有一个人不值得我们感恩，每个人都应该感恩。**

“感激伤害你的人，因为他磨炼了你的心志。”人在逆境中提升最快，人在顺境中反而容易享乐、堕落。所以逆境磨炼人，顺境淘汰人。享受多了都觉得应该的，心性容易堕落。“感谢欺骗你的人，因为他增进了你的见识。”经一事，长一智，所以骗一次就好，不再被骗第二次了，我们的见识、判断力就愈来愈高。“感谢遗弃你的人”，这句很重要，因为很多人成长过程中，有感情的伤害，“感谢遗弃你的人，因为他教导了你应自立”。这些因缘让自己更自立自强、百折不挠。“感谢绊倒你的人，因为他强化了你的能力。”“感谢斥责你的人，因为他助长了你的定慧。”他一件小事骂你三个小时，你如如不动，功夫就练成了，那个人也在成就我们。

放下不容易。怎么才能放下？看破才能放下。看破是什么？明理。他不伤害别人，干吗伤害我？他不欺骗别人，干吗欺骗我？大家有没有想过这个问题？大家的人生都有经验，遇到这么多人，有些人一看就挺舒服的，有些人明明是第一次见面，好像想打他的那种感觉。奇怪了，这一股怒气从哪来？凡事必有因。所以经典告诉我们，“欲知前世因，今生受者是。”因果会相续，小时候读书用功，结果是成绩很好，成绩很好又是因，以后事业做得好是结果。因为好好学习，有了能力又会把事业做得很好，事业很好是因，家庭美满是果，会不会一直相续下去？会！所以**知道因果的人，不能做坏事，因为因果会相续。**

比方说我们今天出门很不高兴，看到一只狗，踢它一下是因，结果那只狗又跑去咬一个人是果，然后那个人觉得很倒霉，气死了，他到办公室又去骂人，又变果，然后所有被骂的人觉得很不高兴，又种了一个恶因，回到家又打他的孩子是果。请问人家孩子被打，跟我们有没有关系？很有可能不好的念头延伸下去，都是不好的果。我们老祖宗讲“天人合一”。“人”是指人心，“天”是指整个家庭、整个大自然。人心不善，天灾很多，家庭失和，所以要调心。活在世间，要为世间做贡献，所以**明理的人不生气，跟人结善缘，不结恶缘。**

刚刚讲到因果相续，为什么他不欺骗别人而欺骗我？因为有前因。大家再想一个道理，“欠债还钱，天经地义。”还有下一句，“无债一身轻”，是不是？所以还债是好事还是坏事？好事。今天被人家骂，债就还掉了。好事还是坏事？好事。好，听懂了，恭喜，您往后的人生没有哪件事是坏事，这是真相。所以**真相是什么？事事是好事，人人是好人。明理的人心就安、就舒坦，不明理的人每天什么事都不高兴、都对立，都觉得老天爷对不起他。谁对不起他？其实都是自己造的因，感的果。**所以不怪别人，债还掉了。假如心量更大，哎呀，就是因为我跟他结恶缘，所以他才跟我过不去，一跟我过不去，他又造了很大的罪业，又要堕落了。好，他的堕落是我造成的。够责任感吧？今天这个男人负心汉，他造罪业要堕落，我不只不跟他计较，还做到感动他，让他来学《朱子治家格言》，来学《弟子规》。那他明理后回头忏悔，就不堕落，就提升上来了。

宋朝的布袋和尚，他有一段教诲很好，他说：“涕唾在面上，随它自干了，我也省力气，他也无烦恼。”修养练到什么程度？人家吐口水，可能之前跟我们有摩擦，吐口水过来，他说随它自己干，不去擦，为什么？因为手提起来要浪费卡路里，所以“我也省力气，他也无烦恼”，因为他吐口水，你去擦就不顺他的意思了。而且一擦，手举起来，他以为你要跟他打架，打起来这样不好。他侮辱你，你都不跟他计较，不放在心上，然后你出差回来，还带小礼物送给他。哇，他心想，我之前这么恶劣对待他，他怎么还对我这么好？人的良心就唤醒了。后来他就想，这世上还有这种人？一调查，原来是学《了凡四训》、学《弟子规》的，他就来学了。这个有功德，这叫给圣贤教诲脸上贴金。假如都不做，跟人家冲突，那就给圣贤教诲抹黑了。真的明理的人，无债一身轻，全都是好事。更有修养的，还对他更好。所以人现在要有一个态度，谁对你最不好，你就对他最好。你身边的人看到了，统统被你感动。这世间现在就缺表率、缺宽宏大量的人。

我们看“恩”字怎么写？心上常常想“因”，原因。我今天怎么还能活着？因为有父母的养育之恩。我今天怎么可以明理？因为成长过程中有老师的教导。我今天生活很稳定、家庭很美满，因为有国家、军队、各行各业的照顾，现在很多国家在战乱当中。所以**每个人受的恩，很重要的有父母恩、师长恩、国家恩，还有大众恩、各行各业的人对我们的恩，“一日之所需，百工斯为备。”**今天一天，我们已经被多少个行业服务过？食、衣、住、行，我们今天吃的三餐，每样菜都要有人种、都要有人做。今天穿的衣服、鞋袜，住要开瓦斯、开电灯，全都有人服务。假如明白这些原因，都存着感恩的心，那每天都会以笑容去面对所有的人。看到路边在服务的清洁工，会跟他说声谢谢；今天坐车要下车时，“Thank you very much”，那个司机可能快乐一天，看到你这么灿烂的笑容。大家要知道，因果会相续，您今天跟这个司机感谢，他很高兴，今天本来脾气比较大，已经快出车祸了，您这么一感谢他，他情绪好了，可能很多人就没有生命的危险了。大家不要小看自己的一念善心，这个种子会延伸开来。

好，我们先从最大的恩德，就是父母的恩德来感念起，所谓知恩才能感恩，进而懂得报恩。之前讲过父母“十恩”，我们再回忆一下。我们看从母亲怀胎，父母就很操我们的心了，这叫“怀胎守护恩”。母亲生产的时候那个疼痛，是世间最痛的，叫“临产受苦恩”。在生产的床上，钢柱是很粗的，母亲在生产时会把钢柱拉弯，可见是很痛的。面对这么大的疼痛，母亲把我们生下来后，“生子忘忧恩”。孩子一出生，这么大的痛苦没放心上，念念想着孩子健康吗，孩子安好吗。所以这一念生子忘忧，这份真心是我们用任何外在的物质都没办法报答的。我们的母亲曾经对我们说“我生你的时候好痛”，有没有？都没有。母亲真的是生子忘忧。

结果孩子一出来母亲更辛苦，孩子三岁以前，一把屎一把尿这样照顾，尿床了还要把干燥的地方让给孩子，母亲睡在潮湿的地方，“回干就湿恩”。所有的辛苦父母吞下去了，所有的幸福、生活的安乐都给孩子，“咽苦吐甘恩”。

再来，“哺乳养育恩”，母亲哺乳，两三年下来几百公斤乳汁，所以女人的骨头比较黑，因为她养育孩子的过程比较透支。“洗濯不净恩”，帮我们洗尿布，洗这些污秽的东西。长大后，“远行忆念恩”，我们远在他乡，父母常常牵挂。“深加体恤恩”，处处为我们着想。像我们读大学回家，妈妈第一句话都是说，“哎呀，你看，瘦了。”然后一进门，就看到我们最喜欢吃的东西、饭菜，母亲都希望我们回来这几天，好好给我们补一补。

还有“究竟怜悯恩”，母活一百岁，常忧八十儿。甚至父母在临终时，还挂念着孩子。我有一个长者，她得了癌症，她的母亲八十多岁，临走的时候，就对着女儿说道：“我希望我走的时候，把你的病一起带走。”女儿听了非常感动。“究竟怜悯”，母亲临终时还念念爱护着自己的女儿。结果很神奇，母亲走后，我这个长者的病慢慢就好了。至诚心可以感通，当然这个女儿念念想着母亲的爱，我看癌症慢慢就好了。这是父母给我们种种的恩德。

其实我们再想一想，我们成长过程中，生病的时候、求学种种，包括父母还得去借钱给我们读书。我们去找工作，还要担心能不能跟同事和睦相处，能不能听领导的话，别给人家添麻烦。我们的父母很厚道，都怕给人家添乱。包括成家了，夫妻合不合，生子以后，父母又要关心孙子、孙女的生活，这些都是父母对我们的恩德。不只关心我们，还关心我们的事业、家庭。静下心来一想，父母的恩德太多了。父母生活当中的一举一动，都是对我们的恩德。

知恩应该要化为行动，要感恩、报恩。怎么报？养父母之身、养父母之心、养父母之志、养父母之慧。“养父母之身”，就是照顾好父母的生活，食、衣、住、行。首先食物，给老人吃东西要注意软、暖、缓，老人的牙齿没有那么好，食物要煮烂一点，不要太硬。

有个朋友每次回家，买坚果给他爸妈吃，后来有一天他妈妈真的受不了了，说：“儿子呀，你买那个东西这么硬，你爸都咬不动，我看你买是因为你喜欢吃吧？”他听了就不好意思。所以“冬则温，夏则清”，这句话要举一反一切。不要学了这句话，尽孝就是注意父母会不会冷、会不会热，其他就不管。是要从体恤父母的冷暖，再延伸到体恤父母生活的食、衣、住、行。而且细心地去体恤，食物要软。再来，不吃冷的，凉的东西对胃肠不好，要热食。当然也不能太烫。这都要为父母的健康着想。再来，要缓，缓慢地吃，慢慢咬好消化。跟老人吃饭，不要吃太快。假如孩子吃完一直看着老人，老人会有压力。你说快一点快一点，到最后就胃下垂。人一紧张，胃就不舒服。我感觉我只要吃饭一快，胃的感受就好像绷紧了，自己马上可以感觉，所以更要去体恤每个人，尤其体恤家里的老人。跟老人吃饭要故意吃慢点，一定要比他慢，这样他就没有压力，要体恤备至。

衣，在我们中国，一年分春、夏、秋、冬，一般在春、秋换季时要多添加衣服。包括买衣服给父母，父母假如比较节俭，要体恤他们，买的衣服比方是三百块，假如妈妈知道了，她每次穿都会很难过，

“三百”。你就告诉她，“妈，五十块买的。”你妈妈说：“还是有点贵，不过很好看。”她就欢喜，然后她穿上说：“你再多给我买一件。”那要赶快去买。以前的孝子，父母说：“这个很好吃，还有没有？”没有也说有，赶紧去弄。为什么？人老了，消化系统比较不好，难得他喜欢吃什么，那孩子高兴。曾子是孝子，《孝经》就是他传的，他做到了这一点。

再来，住。老人住的环境不能滑，尤其浴室不能滑，老人骨头没那么强健，最怕摔，有时一摔就不能走路，所以浴室要有防滑的设备。现在还有鞋厂出的鞋叫孝亲鞋，孝顺父母的鞋子。那鞋子我见过，底部是特别设计的，怎么滑的地，踩上去都不会滑倒，而且鞋垫很厚、很软，老人家穿特别舒服。住的时候还要注意，不要让老人住高的地方，假如住太高要有电梯才好。还有温度、湿度、通风这些都要注意，不然都会影响老人的健康。这些是食、衣、住、行，生活上的体恤。

接着“养父母之心”，会让父母操心的事都不能做。“身有伤，贻亲忧”，所以身体要照顾好。“德有伤，贻亲羞”，德行不好，让父母一生蒙羞，这就大不孝了。包括不能让父母感觉好像被冷落，不能让父母起被冷落的心。再怎么忙，回到家要陪爸妈坐一坐。哪怕只有十分钟，父母都能体会到我们这份可贵的孝心。不能让父母有恐惧的心，父母假如有什么事很害怕，要赶紧做好，让父母不再恐惧。就是时时体恤父母心上还有哪些负担，赶紧让他放下来就对了。

让父母高兴的事要多做，自己的学业、事业、夫妻关系经营好，兄弟姐妹又很团结，父母的心就非常安。有句话讲，**“父母所欲为者，我继述之；父母所重念者，我亲厚之。”**“欲为”就是父母很希望，也是父母的志向，“我继述之”，像沈慕羽老先生，他父亲给他取这个名字，仰慕关羽，他做到了，他对民族文化承传做出了大贡献，他继承了他父亲的志向，这是难能可贵的。像有的父母已经离开家乡了，家乡人曾对他有恩，比方说都去看顾他的祖坟，所以每年都寄钱回去。这就是父母之志。父母想做的事，孩子懂了，看父母老了要离开了，安她的心，告诉她："母亲您放心，您走后，我们每年都还会继续感谢故乡的人。"这都属于"父母所欲为者，我继述之"。"父母所重念者"，父母不只牵挂我们，牵挂我们的兄弟姐妹，甚至还有我们的侄子、侄女、外甥、外甥女。人老了愈来愈慈祥，所以就会念着这些儿孙。假如能体恤父母的心，不只照顾兄弟，还把下一代都照顾好，都把他们引到学老祖宗的教诲。哇，父母一看，这些孙子辈都很懂事，家道可以兴旺起来，父母每次看到你，都会很满意、很欣慰。这就是"父母所重念者，我亲厚之"。

很多我们上一辈的人很可贵，一些侄子、外甥、外甥女要读书，刚好在自家附近，四年就全部住在家里照顾他。这样父母最高兴了，兄弟也会很感念、很感恩，因为孩子出门在外，有自己的兄弟姐妹照顾多好。我们还听一个学长讲，她读书读了五年，住在她老师家。这老师也很可贵，去参加喜宴，除了带她两个儿子以外，还把她带上。所以她跟他们家融在一起，好像她老师的女儿一样。不只父母影响她的人格，老师也影响她的人格，后来她当了大学老师，教书也很认真。这是养心、养志，还有要养智慧。

人年纪大了，一定要烦恼轻，才会真正快乐。烦恼轻，智慧才会长。为什么烦恼会很多？烦恼大部分来自什么？贪求。求不得就苦，假如不贪求，不就不苦了吗？"人生解知足，烦恼一时除。"知足常乐，无求了，该是你的还是你的，有求，不是你的还是得不到。无求，身心就轻安了；有求，还没得到以前就操很多心。所以这些道理要想通，想通了，就看破、放下了，就不折磨自己了，就自在、随缘，人生什么事都水到渠成，不要强求。

孔子提醒，人有三戒："少之时，血气未定，戒之在色。"色的问题，会毁了一个民族的下一代，现在这样的问题很严重，所以父母、老师一定要给孩子正确的引导，"非圣书，屏勿视，蔽聪明，坏心志。"尤其中医彭博士，他谈的纵欲会损害自己的德行跟身体，讲得很精辟。有机会都要让孩子受教育，不然我们的民族真的就衰落下来了。老祖宗留了一句话给我们，"百善孝为先，万恶淫为首。"

"及其壮也，血气方刚，戒之在斗。"成年的男人，容易见不得人好。称赞别的男人，他会觉得"我也没比他差"。这样的心态也不好，会跟人争。应该什么样？欣赏别人、赞叹别人、效法别人，这样就对了。"及其老也，血气既衰，戒之在得。"年纪大了，患得患失，戒之在得。所以要劝老人，身外之物都是过眼烟云，什么也带不走，不要强求，身心轻安是最大的福气。

尤其人老之后，不要跟人家攀比，好好修行，修清净心，这是老了之后享清福。什么都好，什么都欢喜。五福临门，最重要的一福，"考终命"。人临终时没有生病，脑筋清清楚楚，要去哪里自己也知道，很好，大家要不要？要。现在就要下功夫，不要等老了才来放下贪着，现在就不要染污、不要贪着。年轻时就要练功夫，不然身心都在那里计较、算计，最后晚年身体都不好。因为影响身体最大的因素就是情绪。身体不好，躺在床上很久，然后在那里舍不得，我的房子、我的……哎呀，怎么办？在那拖半天，拖到最后，完全没有意识。现在大部分人死的时候已经是弥留状态，糊糊涂涂，以后会怎样？ Very dangerous，非常危险。

我举一个历史人物，那走的真是太自在了。《三字经》说，“窦燕山，有义方，教五子，名俱扬。”这是历史上的名人，范仲淹先生都教育他的孩子要向窦燕山学习。窦燕山本来三十来岁了，命中没有孩子，而且短命，他祖父托梦来提醒他，“你要赶快断恶修善、积功累德，不然断子绝孙，你的命也快没有了。”幸好他还听他祖父的话，醒来以后，毫无保留，尽心尽力去行善，最后命运转过来了。“五子登科”就是讲他，然后活到八十几岁。有一天洗好澡，出来跟亲戚朋友道别，“我要走了，你们各自好自为之。”讲完，坐在椅子上眼睛一闭就走了。无疾而终，脑子清清楚楚。大家羡不羡慕？我的师长，八十七岁，那眼睛多亮！智慧、聪明，一点都不糊涂。那要靠修行的，不是父母能生给我们这样的智慧相、功德相。其实人四十岁以后的相貌跟命运，就要靠自己了。好，这是跟大家谈到父母恩。

接着，师长恩。师长教诲我们，我们才能明辨是非、善恶、邪正、利害。“一分诚敬得一分利益”，很恭敬老师，自己得的利益最大。我记得我念初中时，理化老师讲了一句话，他说：“人不可以有傲气，但不可以没有骨气。”这样的教诲，人在愈小的时候听到，帮助愈大。我们年纪还小，又没有高学历，又没有做哪些事业出来，还不会傲慢。不能傲慢的种子，就种在我们的心田，我们的一生就受老师这句话的影响。但不可以没有骨气，人要有志气、要有骨气。所以老师这段话，就让我们的人生不容易退缩、不容易沮丧，要振奋精神。就像《中庸》讲的，“人一能之，己百之”，人家一次会了，没关系，我一百次，照样可以会。天下无难事，只怕有心人。“人十能之，己千之”，人家十次会，没关系，我一千次，还是会。人真有这个态度，虽然先天上比较愚昧，也会变得有智慧；虽然柔弱，也会变得非常坚强。

老师给了我们慧命，父母给了我们身命，这些恩德都影响我们一辈子，不能忘。而事实上父母跟老师对我们是无所求的付出，我们的回报，其实最重要的就是让他们感到欣慰，“哎呀，没白教这个学生。”报师恩没有别的，依教奉行。真正做到，成为社会的栋梁，成为承传文化的人才，老师是最欣慰的。决不能自暴自弃，决不能阳奉阴违，不能做表面功夫。这样父母、老师知道了，会伤透了心。这是师长恩。

国家恩。我们能为国家做什么贡献？敦伦尽分就是报国家恩。我把我的家和睦团结得很好，家庭就是社会的细胞，父母组织家庭，这一生对社会最大的贡献是什么？把孩子培养成有德之人，那就变成社会的栋梁之材了，这是最大的功德、贡献。当父母的人，最大的罪过是什么？是没有把孩子教得有德行，那孩子无德，可能会伤害不少人。我们假如不好好教育孩子，也会带动不教育孩子的风气，这样也很不好。所以“敦伦尽分”，尽本分，把家庭、把下一代照顾好。

除了家庭的本分，出来外面还有君臣关系，在公司里上下级关系，还有同事、朋友的关系，都要把它处好。我们的家、小区、单位，都可以成为落实伦理道德的榜样，这就是对国家做出的最大贡献。因为**现在整个国家、社会问题在哪？人心。人心缺乏经典的教育，可是要让国民学圣贤教诲，首先要让他相信圣贤教诲有用**。我们做出榜样了，“哎呀，学这个可以家庭幸福，学这个可以事业发达。”学不学？学！我们这个榜样就树立了别人想学的信心，这就做出对国家的贡献了。

最后是大众恩、各行各业的恩德。我们在自己的岗位当中尽心尽力去做，去服务所有的人，也是回报了他们的恩德。当然，我们在接受别人服务的时候，都要怀着一颗恭敬、感恩的心。每个行业付出都得到感恩，我想行行都出状元，行行都能活出人生的价值、得到别人的尊重。这样我们的社会会非常祥和，不会有钱的人讲话就很大声，瞧不起别人，就不会有这些现象了。

好，今天课程就跟大家分享到这里。好，谢谢大家！

第二十三讲　要懂得留余地

尊敬的诸位长辈、诸位朋友，大家好！我们上次学习的经句是“施惠无念，受恩莫忘”。在《格言联璧》中提到，“万物一体谓之仁”，我们把一切人、一切生命都看作是自己一体的，就会尽力去爱护、去帮助，不会去计较，帮助了也不会放心上。就好像左手帮助右手，帮它抓痒、擦药，左手不会记在心上，也不会跟它要酬劳，“抓一次痒要十块”，那这个身体就生病了。**天、地、人三才，天地化育万物是无所求，人并列三才之一，也要以无所求的心来爱护、帮助一切人，一切生命**。帮助都来不及，怎么可以伤害？

“受恩莫忘”，其实知恩报恩是人生的动力，每天活在报恩中，是最幸福的人，每天都很踏实，没有让爱我们的人、栽培我们的人失望。古人提醒我们很宝贵的人生态度，“受人滴水之恩，当涌泉相报。”

“受恩莫忘”，怎么落实？每天写下来，今天谁对我有恩。人有时在忙碌的生活中特别容易健忘，每天写下来，写的时候会很欢喜，假如每天睡前都念今天有哪些恩，保证睡得很香、很甜，还会做美梦。一般每天这样忙下来，心浮气躁的，还有很多不愉快的事放在心中，然后在那里辗转反侧睡不着觉。养成这个习惯，不用吃安眠药。念着今天谁对我有恩，欢欢喜喜，“啊，我真是世间最幸福的人”，就睡着了。可能半夜梦见孔老夫子摸我们的头，“孺子可教也。”

包括放假时，真的静下心来，好好回想几十年来父母对我们的恩德，那是自己心灵的一次洗礼，很多忘记的事，一静下来，“啊，母亲太不容易了，父亲太辛苦了。”《跪羊图》歌词里说，“父身病，是为子劳成疾”，父亲为什么病了？为整个家庭太操劳。“母心忧，是忧儿未成器”，母亲为什么担忧？我们还有很多坏习惯、坏脾气没改，上班出门在外，妈妈常常提心吊胆，会不会又跟人冲突？所以真正要报父母恩的人，怎么可以不痛改坏习惯呢？不然念恩就是挂在嘴皮子上面的了。真的，父母是天、是地。

我母亲，我印象中好像只生过一次病，躺在床上打点滴，当时我都觉得天快塌下来了。所以父母在我们成长过程中，是非常高大、伟大的。母亲生病了，我觉得好像世间变黑暗了，假如是父亲生病，可能会睡不着觉。我父亲这辈子没有躺过病床，要感谢祖宗保佑，父亲还是很注重养生，像现在七十几岁了，很注重饮食、锻炼、睡眠。所以能静下心来，回想成长的点点滴滴，就可以领会父母之恩比天高、比海深。

再来，念我们整个成长过程中，爱护、教诲我们的这些老师。希望大家今年过年，回想曾经爱护您的所有的长辈，可能小时候住一起，现在没住在一起了，但这份恩德，他们曾经抱过我们、提携我们，过年要去拜访这些长辈。他一感动，再把《朱子治家格言》《弟子规》《了凡四训》介绍给他，这叫为人演说，真把知恩报恩演出来，人家有信心，“嗯，老祖宗教诲很好，以前这个人挺无情的，现在这么念恩、念旧。”

再来，去找曾经教我们的老师。念所有人的恩，就从过年去拜年开始落实起。还有从每天睡觉前念恩做起。“日知其所亡，月无忘其所能。”我们学过的，常常要复习。下一句讲到：

【凡事当留余地。】

这些都是处事很重要的分寸、应对进退的涵养。人不知进退，会跟人冲突，会有灾祸。处事要留有余地，要掌握恰到好处。所以《格言别录》告诉我们，“事不可做尽，言不可道尽”，这两句话很有味道。事情不可做得太绝，有句成语叫“穷寇莫追”，敌人已经溃败，不要把他杀绝，最后他会反扑，可能还会有灾祸来，所以事情做得欺人太甚就不好。

我们看，能留有余地的人，不让人难堪，让人有台阶下，这就厚道。厚道的人一定有后福，刻薄的人就折福。什么样的人每天在增福？跟上天的心相应，就有福。天心无私，无私的人有福。上天最忌讳的，“造物所忌，曰刻曰巧”，太刻薄，跟天心相违背，“巧”就是自私自利，用很奸巧的方法来谋私利，甚至还有可能去陷害别人，这样的人会感来灾祸。不要刻薄，要厚道，时时能体恤别人的立场、心情。人家很难受，要安慰他；人家很难受，还挖苦他、羞辱他，就太过分了。

汉朝有个人叫刘宽。这个名字取得好，代表他父亲对他的期许，要宽恕、宽宏大量。他从小就这么期许自己，提起这个态度、德行。刘宽确实没有辜负他父亲对他的期望。

刘宽是官员。有一天他在路上坐着牛车，突然有个农民来了，“这头牛是我的，你怎么可以偷我的牛？你要还给我。”突如其来的质问。刘宽说：“对不起，对不起，你牵去吧，牵去吧。”真的，牛就给人家牵走，他自己走路回去。后来这个农民回到家里发现他的牛跑回来了，他很不好意思，又了解刚刚那个是大官，他就更着急、更惭愧，赶紧牵牛去还给刘宽。

牵过去了，当然跪下来求饶，“大人啊，对不起，我看错了。”这人已经这么狼狈了，怎么办？假如说，“你给我跪好，不要起来！”那就借题发挥了。所以仁慈的人，确实是时时为人想，不会记人家的仇。“你赶快起来啦，牛跟牛当然长得像，所以你认错了很正常。哎呀，感谢你，还劳烦你帮我牵回来。”多厚道，给人家台阶下。大家想想，这个农民当下听完，一定感动得痛哭流涕。这个人回到家，很可能见人就讲，“刘宽大人好人啊，好人啊！”到处宣扬大人的恩德。那刘宽以身作则，厚道的行为做出来，教化一方，一方的百姓都受到感动。

再来一个例子。楚庄王是春秋五霸之一，也是很有成就的一位君王。他忍辱负重，能屈能伸，历史中说，他三年不鸣则已，一鸣惊人，一飞冲天。他沉潜很久才出来发挥。所以**人要懂得厚积薄发，不要常想着少年得志。就像树木一样，根基扎得愈深，长得愈高愈茂盛；小草每天长很快，根很浅，很容易连根拔起。**

楚庄王之所以有成就，因为他处事留余地。他是一国之君，对底下的人都恭敬。之前跟大家讲过这个故事，楚庄王宴请群臣，灯灭了，黑暗中妃子被人非礼，她把人家帽带扯断，然后让庄王点火，把犯错的人揪出来。

有时人做事情，要为对方甚至要为远处想，如果马上把火点起来，请问这个人以后怎么在人群立足？每个人看到他，“连君王的妃子都敢非礼”，那他没有其他的路可以走了，这样会逼死人。所以人要留口德，不要去扬人家的恶，留一个让人家改过自新的机会。“凡一事而关人终身”，这件事攸关他一生的名声、名节，“纵确见实闻”，纵使真的了解他以前的事情，也不要常常挂在口上。“他以前对父母都不孝。”“他以前离婚。”都讲人家这些事情，让人家在人群中抬不起头来，这样不好。看人要看后半段，浪子回头金不换。况且伦理道德、中华文化，这两三代比较忽略，人不学，不知道、不知义，都要能宽恕、包容人家曾经做过的错事。其实不要说别人，我们几十年来哪有不犯错的？曾经犯的错，希不希望别人到处去宣扬？“己所不欲，勿施于人”，要给人留后路。

幸好楚庄王没有受妃子影响，对着群臣讲：“今天不喝个痛快，不把帽带扯下来就不要回去了。”大家一听，都把帽带扯断。都扯断就不知道是谁了，这就是不给人难堪。后来楚国跟晋国打仗，就是那个臣子冲锋陷阵，去解救楚庄王。

故事结束了，结论：给人家留余地，自己会捡回一条命。有没有道理？这笔账要会算。再从另一个角度讲，不给人留余地会没命，可能不只自己没命，把事给做绝了，“出乎尔者，反乎尔者”，最后感得“积不善之家，必有余殃”，那就不好了。

在明朝末年江苏高邮这个地方，有个徐姓的官员为人很苛刻，都不原谅人，下属只要犯错，都非常严格地处罚。在他的单位规定，办公事晚一天打五大板。很粗的板子，五大板。结果有个下属迟了六天，要打三十板。这个下属心里想，三十板打下去我就没命了，求饶，可不可以分几次打？结果徐姓官员不答应，没得商量，没有余地，一次打完。还没打完，这人就活活被打死了。消息传到他们家，他的儿子被吓死，他的太太看一天之内丈夫、孩子都死了，最后太太又上吊，一家三口都死了。

后来这个徐姓官员带着自己唯一的儿子回到家乡。只有这个独子，当然非常疼爱。可没多久儿子生病了，生病时一直惊叫，“不要追我，不要追我”，很害怕，后来就死了。他没多久也死了。所以“事不可做尽”很有道理。

另外也是在古代，有个官员叫奚显度。他负责国家的一些建筑工程，很多人民来服役。他很苛刻，为了谄媚皇帝，要赶快把工程赶出来，让老百姓都没得休息，炎热的夏天不让他们休息，寒冷的冬天也不让他们休息，苦到很多人活不下去，被逼自杀了。结果后来他也被判罪处死了。所以人不能给人留余地，慢慢恶行积累，积到最后灾祸就要降临。“善不积，不足以成名；恶不积，不足以灭身。”恶一直积累，积到最后就大祸临头。

所以对待下属、对待他人都应该要爱护、尊重他们，“**爱敬存心**”。**诸位长辈、朋友，我们学《了凡四训》，这四个字一定要记住。这四个字记住了，《了凡四训》整本都掌握了。所有的善行离不开爱心、恭敬心，对人、对事、对物都要爱敬的心去对待。**

明朝杨万里先生的夫人，七十多岁，北方寒冷，她很早起来煮热粥给仆人吃。她的孩子很不忍心，老太太这么辛劳。她就对孩子讲：“冬天一大清早起来，假如他们空着肚子去工作，特别伤身。让他们肚子里有一些热气、暖气，这样才不伤身。”别人也是父母的孩子，怎么可以苛刻呢？所以这是“君仁”，君是领导人，很仁慈。后来她有四个儿子很有福报，三个都考上进士。《弟子规》说，“待婢仆，身贵端，虽贵端，慈而宽。”**一个人的尊贵表现在哪里？仁慈、宽容。人不因为身份而高贵，是因为他的行为符合道德才高贵。**假如位置很高，行为都不符合道德，会更让人瞧不起，怎么会高贵？他还在任上时可能就很多人骂他，更何况死后，那会在历史中留下骂名。

可能有些家庭都有请仆人、用人。在经典中告诉我们，怎么对待他们呢？

第一，应时时体恤他们的饥渴、寒暑。渴了、饿了、冷了、热了要能体恤，然后再让他们去工作。大太阳之下一直让他晒，晒到最后会中暑，也得衡量他的承受能力。所以以前的领导者爱护底下的人，就像父母爱孩子、哥哥爱弟弟一样，感同身受。

第二，有病要带他去医治好。

第三，不要轻易责打、责罚他，还是要把事情问清楚，然后可以宽恕的宽恕，犯错太大了好好训斥，让他明白道理，下次不要再犯。为什么要问清楚？有时我们看到一个动作，就马上下判断，有可能会误会底下的人，那他内心会非常委屈，委屈到最后会变怨恨。所以"势服人，心不然，理服人，方无言"。

第四，若是他有一些私人的财物，不可以仗势占为已有。

第五，给底下人东西时要平等，不可以偏心。这很有道理。做得很卖力的给他少，只会巴结谄媚的给他很多，那人心怎么平？

这是谈到对底下的人、对仆人。假如人不这样爱敬存心，一有财富、一有地位会造无量无边的罪孽。没有那么高的地位，还不能这样去挖苦人、糟蹋人，所以明理很重要。

现在看到一些小孩面对照顾他的奶妈，有时都打人、踢人，这样的孩子以后人生会很麻烦。虽然家里有钱，还是要懂得尊重长辈，尊重这些对他有恩的人才对。不只对人要留有余地，甚至对生命都应该留有余地。

《群书治要 360》三百一十四句提到，鸟被逼到困境，没办法时它会用嘴巴去啄；野兽被逼到绝境时，它会用爪子去反扑；人被逼到绝境时，他会使出欺诈的方法；马被逼到困境时，它就会逃走。意思是说，纵使这些牛马是为我们服务的，也要善待它们，善待生命。这段都是比喻，重点是后面讲到，从古至今没有逼迫他的臣民、百姓，而自己却没有危险的君王。“水可载舟，亦可覆舟”，不善待百姓的人一定会被推翻；不爱护员工的人，他的事业迟早要倒。古人对一切生命都懂得设身处地，甚至这些生命给予他的恩惠，他念念不忘，很厚道。

我们看佛家的历史。佛法是东汉永平十年传到中国，第一座佛寺“白马寺”，专门拿来弘扬佛陀教育。“寺”是指皇帝亲自下令建造，并直接管理的单位。这都有历史的典故。第一座佛寺叫“白马寺”，因为把佛经驮回来的是一匹白马，它因为长途辛劳，驮回来后就累死了。皇帝能念它的恩，因为运来的这些经书会开启我们的智慧。所以古人所做的这些事情，都给我们后世很好的人生启发跟表率。

所以在农业时代，特别尊重牛，因为牛耕田，我们才有饭吃。“犬守夜”，狗看家，保护我们的安全。对我们人类很有恩德的动物要爱护，决不可以伤害，更不能杀害。以至于古人说“上帝好生，物皆恋命”，所有的生命都非常爱它的身体，不想死亡，小到蚂蚁都是这样。

古代杭州有个女人脾气特别暴躁，看到蚂蚁就拿火全部烧死；看到蚯蚓洞，拿石灰粉把洞塞起来，石灰粉一遇水就会烧起来，一下雨石灰粉流下去又烧起来，就把蚯蚓都烧死了。这么伤害生命，“出乎尔者，反乎尔者。”有一天她走进孩子的房间，孩子还在襁褓中，几个月大而已，远远一看整团都是黑的，她吓死了，过去一看，孩子已经被无数的蚂蚁咬死了。她只有这一个孩子，所以很伤心，最后也暴毙了。

大家要了解，如是因，如是果。“种瓜得瓜，种豆得豆”，世间没有一件事是偶然的，都是因果相续。财布施得财富，乐善好施福报当然大；法布施得聪明智慧，人时时都去给人智慧，当然愈来愈聪明；无畏布施，爱惜生命，不让人恐惧，不让生命受伤害，得健康长寿。

许哲女士在胎中就吃素，她活到一百一十四岁，这都是证明。那位女士伤害这么多生命，怎么可能会长寿？怎么可能孩子没有灾祸？所以要戒杀，不能伤害生命。事情不可做绝，对一切生命也不可做绝。

再来，**"言不可道尽"，讲话要有分寸、要含蓄、点到为止**，不要讲到人家恼羞成怒，没有办法在人群中立足。所以人在人群当中讲话，假如这些人的背景你都知道，讲话要留有余地。比方你了解他们家很贫穷，话题中就要顾及和体恤人家的感受或者忌讳。包括在谈话的时候，现场有人先天残障，这时候不要谈到那边去，人家会非常痛苦，这都要时时体恤、体贴入微。而人情绪激动时，话特别容易讲得太绝，所以"盛喜中勿许人物，盛怒中勿答人书"。很高兴的时候，不要轻易答应给别人什么，太高兴了，"来，干杯，包在我身上！"结果又不是自己的权限，这就很难下台阶，自己给自己搞得里外不是人都有可能。

很生气时，不要写信或写短信给人家。当冷静下来，会觉得讲得太情绪化。人要讲话、要写信、写短信，要调到心平气和，否则会后悔。要能调伏自己的坏脾气。"一念嗔心起，百万障门开。"发完脾气很难收拾，"三年交情，一语寒心"，讲一句苛刻的话，两个人明天就不来往了，那都是克制不了自己的怒气。

那怎么克服？之前谈过六忍，我们复习一下。一，力忍，"不要生气，不要生气，不要生气……"把它忍下来。二，忘忍，"啊，算了。"宰相肚里能撑船。三，反忍，"因事相争，焉知非我之不是？须平心暗想。"气就慢慢消下来了。四，观忍。五，喜忍。六，慈忍。"观"，不是执着在他骂我、他太过分的这个行为，而是能从来龙去脉去看，这个人今天会这样，可恶之人必有可怜之处。他从小母亲就去世了，家里又怎么样，难怪他这些人情事理都不懂，不要跟他计较。人之所以不能忍受，就是因为“他怎么可以这样？他怎么骂我？”就在那一直转转转，**其实宽恕别人也是饶了自己，不然每天睡觉还气到醒过来。坦白讲，饶不了别人，也真正饶不了自己，所以人都是自讨苦吃。**

慈忍，为对方想，他不懂事很可怜，不只不跟他计较，他对你无礼，你还设身处地尽心尽力帮他，以后他知道了痛哭流涕。喜忍就是这个人骂我，他是来考我的功夫怎么样。我不生气，他帮助我提升了。所有人都是来帮助我的，所以欢喜接受每个人的考验，这就是喜忍。**每个人都是我生命中的老师，那还有谁可以生气？“人人是好人，事事是好事”，每件事都是来提升自己的，那太平日子就来了。别跟自己过不去，要把这些道理想清楚。**而且我没做错他还骂我，“人之无过咎而横被恶名者，子孙往往骤发。”所以不只不跟他生气，他骂你，你还谢谢他，“谢谢你送福报给我，不只送给我，还送给我的子孙。”

人的福报，福田心耕。修学传统文化，**首先不要跟人家计较，放宽心量，量大福大。**就像佛门的建筑物，一进山门，看到第一个天王殿正中间就是布袋和尚，这教导我们什么？要学习圣贤教诲，首先肚皮要大，大肚能容，笑口常开，这样才能学，不然入不了门。**“生平等心，呈喜悦相”，对一切人平等恭敬、平等爱护，看到每个人都欢喜，有缘千里来相会，珍惜每个缘分。**假如有人对我很不好，喜忍，他来提升我的。再来慈忍，他身为炎黄子孙不懂做人，还造那么多孽，一直堕落，很可怜，我要帮助他，让他跟我相处中认同中华文化，他就会学了。这不就改变那个人的命运，甚至改变他家庭的命运？

我们在这个时代，要体会到懂得伦理道德这些道理的人不多，所以他人做错是很平常的事，现在去找孝子也不好找，找忠臣也不容易，可是在古代不孝的人，没有办法在人群中立足。所以断了几代，整个社会风气人心不古很厉害。换一个角度讲，不只不要生气，很可悲，想想我们祖先在天之灵，看到留给我们五千年的智慧，我们居然活成这样，身心痛苦不安，家庭冲突不断，冤枉啊。所以我们赶紧好好学，带动整个社会、整个中华民族统统都来深入老祖宗的教诲。体会到这点，体会到这个时代的现实状况，任何人犯错要怜悯，不能指责，不然变成我们不懂事。他没学你还责备他，那不是刻薄？所以“凡事当留余地”。

孔子说，“不教而杀谓之虐”，不教他就处罚他，叫虐待人。那我们面对没有学的人都要宽容，甚至是自己最亲的人。孩子不懂事，做出忤逆的行为，因为他没学好，而且“养不教，父之过；教不严，师之惰”。孩子才十三四岁居然做出这么忤逆的事情来，那是结果，因呢？因还是我们没有教。像我曾经是小学老师，我看报纸，那些不好的行为，我都要忏悔。假如我忘了教我的学生，他真的犯这样的错，我有相当大的责任。

那现在，一来年轻人没学。再来，纵使学也不可能一下子就学得很深。我们自己学习也会反反复复、起起伏伏。可能今天不发脾气了，明天又守不住了。自己都反反复复，更何况是年轻人、小孩？他们的定力可能比我们还弱。所以他人还不是完全明理，有时候还会重蹈覆辙，不要生气，进进退退都是正常的。尤其是我们这时代，不要说年轻人，我感觉我们这两三代人都可能有一种状况，听到一些很重要的道理，“嗯，挺好，真的吗？”得去跌一跤，“哎呀，流血了，真的呢，这样做会流血。”才会回头。现在人后知后觉，大家冷静去观察，往往肯学传统文化的人，人生都已经没有法说地荒唐了，然后碰得一鼻子灰，身体也坏了，家庭也怎样了，最后才体悟：“真的不能这样，传统文化讲得对。”所以看到别人已经明理了还明知故犯，也不要难过，自己先做表率最重要。“过能改，归于无”，不掩饰。

当我们的孩子真的不听话，也不要跟他话讲得太绝，要给他留一条后路，真跌倒了，还会回家擦药。擦药，不要边擦边骂，“你看，讲不听！”他痛得连眼泪都流下来了，下次再不给你擦了。他真跌倒回来，“啊，孩子，饿了吧？妈给你煮面，这段时间很辛苦很累吧？先去睡觉，好好睡一觉，明天再说。”他一静下来，“世上只有妈妈好”，这时再跟他讲就好讲了。现在我们成年人火气也很大，“你敢！你去做做看，我跟你断绝父子关系。”这话一讲，他真的想回头，他这个脸拉不下来。他不回来，在外面继续流连，很可能大难就要临头，因为外面很多污染的情况，一失足成千古恨，所以话不讲绝，留有余地，他会感觉父母的温暖，念念为他想。他一错就知道，当初就是没听我爸妈的话，他很快就能够回头。

所以这句“凡事当留余地”，对家庭、对处事待人接物都是相当重要的涵养。我们能在每个情境当中设身处地，心地柔软去应对，就不至于造成人生重大的悔恨、遗憾。

这节课就跟大家交流到这里。谢谢大家！

第二十四讲　常保谦虚之心，谨防傲慢滋长

尊敬的诸位长辈、诸位朋友，大家好！前几天，10 月 31 号，我到双溪大年跟大众分享了一堂课，叫“幸福在一念之间”，现场有超过两千人参加。看到很可贵的地方，有的家庭差不多七八个人，三代一起来参加课程。三代一起来，这代表代代都重视传统文化的学习、承传。这样的景象，我几年前在庐江的时候，我们那个绿色课堂，也常常看到，三代同堂，拿着小椅子一起参加课程，我想这是天伦之乐，几代人都沐浴在圣贤的教诲中。而且三代同堂还有个很大的好处，因为**教育是合力，得要爸爸妈妈、爷爷奶奶、外公外婆这两代人教育孩子的正确观念相合。怎么正确？依经典，依流传上千年、上百年的家训的标准**，不能“我今天当爷爷、我当奶奶，家里我年纪最大，教育孩子都得听我的”，这样是不妥当的。

当长辈，尤其年龄愈长，自己的德行愈要做表率，自己要时时能够依经典来带动正确的家风。因为毕竟老一辈的人还是真正为孩子好，但为孩子好不能溺爱、不能宠爱，还是要用理智，而两代人一起来听课，容易建立共识。

当然，假如今天媳妇带婆婆来听课，这个媳妇听到重点的时候，不要看婆婆。人都比较敏感，你不要看她一下，甚至于说：“老师在讲你哦。”那这媳妇也够钝的，要给人家留有余地，刚好上句才讲“凡事当留余地”。而现在这个时代有时候是婆婆懂教育，媳妇不懂，也有这

种情况。上一代还有文化承传，下一代都是功利主义，有时候对孩子的教育，这些理念都不是很清楚。不过只要家里人能善巧地把亲人引进圣贤之门，我相信“人之初，性本善”，这些教诲都是利益他、利益下一代，没有人不会接受。

曾经有位女士说，都感觉我家里人很不能配合我，叫他学《弟子规》他都不学，叫他让孩子学《弟子规》他也不让学。我就问她：“你先生会反对教你孩子孝道吗？”她说：“不会。”“你先生会反对教你小孩友爱兄弟姐妹吗？”她说：“当然不会。”“你先生会反对教小孩做事谨慎，说话有信用吗？”“不会。”“你先生会反对教他怎么去爱人、跟人相处吗？”她说：“不会。”“那你先生会反对你孩子学《弟子规》吗？”“会！”

所以告诉大家，没有人会反对学传统文化跟《弟子规》，他是不了解。为什么他不了解？因为我们表现不好。他一看，“都学成这样，我当然不学，我当然不让我的孩子学。”“行有不得，反求诸己”，问题出在我们这边。那些道理每个人的良知都能相应，本善都能相应，不会反对。但一般的人对于圣贤教诲还没有深入，首先，他会先从学的人身上去感受圣贤教育是好是坏，这是人之常情。所以任何时候都要反求这颗心，所有的问题根源是心出了问题。为什么《大学》说，“身修而后家齐”？**身修了，自己做好了，正己就化人了，家就能齐。**

看到同胞们学习传统文化这么积极，非常感动。而幸福在自己的一念之间，在心念上，幸福吉祥是心决定的。有句格言讲，**“以镜自照见形容，以心自照见吉凶”，拿着镜子照自己，把自己的容貌、衣着照得清清楚楚，以自己的心来观照，可以判断自己人生的吉凶祸福，幸不幸福看自己的心就知道了。**怨天尤人的人哪怕再富贵，早晚因为这个心念，把福都给折光了。一个贫穷的人，处处念人的恩，尽力去帮助别人，乐善好施，他总有发达的一天。

真正用心去体会《弟子规》《朱子治家格言》这些经句，自己也能给自己算命。像上一句说，“凡事当留余地”，一个人做事、说话都不留余地，铁定自取其辱。他讲话很过分，最后人家恼羞成怒，当然骂他一顿，“以心自照见吉凶。”跟人家吵架也有征兆的。比方说我们已经有点上火了，又没有把它伏住，遇到人家讲话不是很好听，“啪”就给他弹过去了。所以真正敏锐的人，看到自己有火气了，马上要把它调伏下来，赶紧把《朱子治家格言》拿出来读一遍，《弟子规》读一遍，“言语忍，忿自泯”“凡是人，皆须爱”。这些读一读，把心调伏，“心平气和，千祥云集；意粗性躁”，时时都很浮躁、很粗心，“一事无成。”

其实每句都跟我们的吉凶祸福有关系。我们今天接着下一句讲：

【得意不宜再往。】

得意时要知足，懂得进退，不应贪得无厌。有个成语叫得意忘形，得意忘形另一面叫见好就收，知进退，叫功成身退。从这里我们可以体会，得意为什么会忘形？真正有智慧的人，为什么懂得功成身退？人不知进退，很难不遭受屈辱。**不知进退、得意忘形，还是因为心态出了问题**。比方得意了，会贪功，“这件事没我不行，都是我的功劳。”那这么多人一起帮忙，听到这话人家心里会不平，他就会招来人家的批评、毁谤，“真是自大！这么多人出力出钱，他还拍着胸脯说都是他的功劳。”这就忘形了。所以要懂得谦让，要让功于众。

做好事，是我的本分该做的；做了好事去张扬，那是沽名钓誉，是名利心在作祟，心态偏了才会有这个行为。假如尽自己的道义，做了以后心里痕迹都没有，叫“施惠无念”。自己觉得应该做的，看到这么多人一起帮忙，非常随喜人家的付出，甚至还感恩人家的协助，这是非常好的心态。

所以贪会招来得意忘形。再来，傲慢，觉得自己做得挺好，慢慢会膨胀自己，所以人不把心守好，灾祸就来了。在企业界，好几年前我看到的数据，中小型企业平均寿命二点九年，大型企业平均寿命七到八年。一个大企业所维系的是几百口、几千口人的生活，所以这个领导者要想：这个事业要做稳，不然几百口、上千口人没饭吃。

所以《孝经·诸侯章第三》讲，诸侯是一个国家的国君，他是什么心态？他是“在上不骄”，处在国君的位置不能骄傲，否则很危险。他一骄傲不听劝，做错了决策，祸延千万黎民百姓，最后他可能会没命。“制节谨度”，生活非常有节度，不奢侈；“满而不溢”，非常有钱财，但不会丧失财富。有些君王乱花钱，最后搞得民不聊生，富贵也就没有了。

所以守住富贵不容易，要战战兢兢，要谨慎、有节度，如临深渊、如履薄冰。尤其人一富贵，面临的诱惑更大，如果一个男人没有钱也没有地位，可能面临的诱惑不多，但是假如以后干到经理，收入也不错，可能财色诱惑就会出现。所以祸福相倚。

作为家长，都希望孩子以后有大成就。而大成就有大考验，因为诱惑、境界会更多。首先要让孩子学会控制贪心、去除傲慢，否则祸福相倚。“古来征战几人回？”人这一生中，面对所有的诱惑能全身而退，也是不简单，因为这个时代的诱惑比起一百年前不知大多少倍，所以现在人德行的根基要比古人更稳当才行。祸福相倚，我们好好去体会，一定要在自己身上、在孩子身上，把德行的根基扎稳，不然家家有本难念的经，最后长辈都在做灭火的工作，今天这个出问题，改天那个侄儿又出问题了。

《大学》讲："德者本也，财者末也。"要抓根本，才干、钱财都是枝末。其实有才干、钱财，没有德行，真的，问题会层出不穷。很有才干的人，学历很好但没有德行，常常都傲慢对人，跟人冲突，真的每天不知要搞出多少事来。

刚刚讲到企业的素质，**为什么企业的寿命这么短？主要就是负责人抵挡不住诱惑**。尤其俗话讲，"少年得志大不幸"，很年轻就很有钱，假如没有他人冷静地分析给他听，"这是因为你祖先、家里长辈积了德，所谓'积善之家，必有余庆'，你可不要以为自己有能力哦。"没有这些老成者给他提醒，他很容易就自视甚高，觉得自己什么都可以。比方说事业做得不错，就觉得自己其他事业都做得好，结果跨行到不熟悉的领域，投入更多钱，最后就垮下来。

这个"傲慢"，事业有成、有名了，种种情况都会让人不知不觉膨胀自己。我们冷静想想：自己比起十年前有没有更谦卑？比方我们学传统文化学了这么多年，有没有比以前更节俭、更谦卑、更柔软？还是学了好几年，更看他人的不是，讲话更强势？这样就学偏了。

我自己很幸运，在一个时节因缘到了海口，刚好十年前跟社会大众分享《弟子规》。幸好我前几年在学校服务，所以跟学生家长沟通比较多。去了海口就跟人家谈家庭教育，教育小孩，而且当时海口没人知道《弟子规》是什么。然后我又是去教小孩，教了小孩跟他的家长沟通，才这样慢慢积累一些经验跟大家分享。

中国大陆这么大，怎么刚好去海口？冥冥中都是祖先在保佑、在安排。结果一年后，刚好有机会到沿海地方跟大众做交流，大众蛮能接受。为什么？因为老祖宗的教诲通达人性，"人之初，性本善"，没人不能接受，我们办了那么多课程，没有遇过不接受，没有遇过听完来打我的。我们遇到很多感人的场面，都是教育自己，七十几岁的人来听课："我七十几岁了，现在才刚开始当小学生。"就很感动他那个学习的态度。还有四五十岁的大男人在那里放声大哭，"我错了！"有的四十几岁了，听完课在那里跳着说，"太好了！太好了！"像个孩子一样，人都还是有赤子之心。他为什么有那些不好的行为？染着了，"苟不教，性乃迁"，但是他本善还在，只要通过学习，把习染去掉，慢慢就能返璞归真。

随着跟大众交流，大众的赞叹也很厉害。有句话说"八风吹不动"，我们是没吹就动了。有些人很容易激动，"您真是圣贤人！"这些赞叹都过了，第一次听发抖，诚惶诚恐，给你听个五六次、七八次，会觉得蛮舒服的。所以人都是不知不觉被自己卖掉了，被自己给耽误了，要小心！我很幸运，身边的长辈特别有智慧，不是我们真有德行，真是托这些长辈、师长的护佑。

有一次因为我的祖母去世，很多人到我们家来慰问。一些七十几岁的长者第一次到我们家，见到我父亲就说："你儿子……"开始赞叹。没有两句，我父亲马上把几个长辈的赞叹止住，"我儿子那么年轻，德行还差得远，你们不要赞叹他，要把他的问题告诉他。"我当时站在旁边非常感动，连现在在讲的时候眼睛都有点湿润。我父亲真爱护我，面对称赞诚惶诚恐，而且是护念自己的儿子，这么年轻，哪抵得了这样的赞叹？我记得当时到台南分享，我父亲载我去，把我放下后他赶快开车走了，他很怕麻烦别人，也怕人家赞叹他，赶快开车走了。

所以在这些很关键的因缘，父亲给我当头一个提醒，保持冷静。记得我在香港做完分享，那时比较出名，俗话讲，"人怕出名猪怕壮"，出名走到哪里坐火车都不是很放松。因为人家常常会这样："你是不是那个……" 我说："您认错人了。" 这时走路，一举一动都要中规中矩，不可以给传统文化丢脸。

那时候刚好出了点名，第一次去见卢叔叔。我是还没出名前两年就认识卢叔叔，他非常疼爱我。真的，人跟人都有缘分，跟这位长辈走在一起就好像自己的父亲一样，确实是那个感觉。当时记得跟他走在澳洲公园里，我心想：他真像我父亲。他回头跟我说："你很像我儿子。" 后来我刚好有机缘到大陆去出了名，第一次见卢叔叔是在台北的猫空，我记忆很深刻，他远远看到我，"你很红哦，你是当红炸子鸡。" 印象很深，为什么？那么久没看到这么亲爱的长辈，很期待，远远看了就很欢喜，他就给你当头一棒，让你不会忘记，很警觉。

出了名，自己有几两重要清楚，那叫因缘，可不是自己真有那个程度，那是圣贤祖宗好的教诲。在台上讲完，对照对照自己做到多少，下台以后好好去改、去用功。这些叮咛非常重要，时时鞭策自己，不然在很多财色名利之前，真的很容易得意忘形。

所以古人慈悲，十三经中，《礼记》开篇《曲礼》就讲，**"傲不可长，欲不可纵，志不可满，乐不可极。"** 人在得意中，傲慢会增长。比方赚了一些钱，对父母讲话很大声；读了点书，瞧不起自己的父母了。

记得第一年到大陆，第一个礼拜就到山东曲阜祭孔。因为我们要推展传统文化，去拜孔老夫子，请老人家慈悲护佑。刚好遇到一位非常慈祥的长者，他的脸很像弥勒菩萨，笑口常开。我们跟他一起吃饭，他吃素，旁边的人吃肉，他也没有任何挂碍。他说："人家吃肉满口香，我吃青菜往西方。" 然后他分享到，因为也上了年纪，他说他有很多徒弟，他说："徒弟还没去读学院以前，叫我叫得可亲了，'师父、师父'

这样。结果去读了学院几年，回来连师父都不叫我。”

所以人懂点知识学问，得意之后，“慢”都会起作用，人就这样变心了，不可能有真实的学问。为什么？如果学到真学问，应该更知恩报恩，这个师父曾这么多年栽培自己，真有真实的学问，哪有不叫师父叫得更亲？假如现在的智慧、能力超过师父，那要再帮师父，怎么可以是这个反应？那个态度跟经典根本不相应了。所以人的外在条件增加时，假如不念这都是众人协助和帮忙的恩德，都觉得自己了不起，“傲”就长了。

“欲不可纵”，欲是深渊，要节制。觉得这些享乐很欢喜、很高兴，就愈陷愈深。所以乐不可极，乐极生悲。不好的嗜欲要赶快断掉，一般生活上的欲望要知足常乐，也不可放纵。放纵对自己、对下一代都不好。比方为什么现在文明病那么多？因为吃东西享受美食，大家都很高兴，乐极会生悲。得了文明病，有的拖几年、几十年的都有。病从口入。**“老来疾病，都是壮时招的；衰后罪孽，都是盛时造的。”**老来疾病都是身体好、壮年时落下的；衰后罪业，都是自己掌权气盛时种下的因，掌权了在那里耀武扬威，最后下位了，人家就找机会报复。所以明理了不干傻事。所以欲不可纵，适当的生活需要，要懂得节制，不对的要赶快断除。不好的嗜好、欲望，只是让父母时时提心吊胆，赌博、喝酒，那些都很不好。

再来，“志不可满”，不可志得意满，扬扬得意，要能得意不忘形。**孩子的心理素质，首先要有自知之明，做事度德量力，不打肿脸充胖子。再来，谦卑、知足，让功于众，感别人的恩，**“这都是谁谁谁的恩德，谁的功劳，不是我。”得意、傲慢就不会增长，都是心地上的功夫。

我们古人在家庭里的摆饰，很多都具备教育的意义。比方一般古代的建筑、住家，一进门在厅堂两边摆着瓶子跟镜子，进了家门要“平静”，不要把刚刚的不愉快带进家里。很多当爸妈的不懂这个道理，回到家乱发脾气，最后孩子常常都很害怕，心理都不稳定，这样的孩子身心不会健康。

我们上一代的女子真的有德，我接触过很多同学的母亲，包括我自己的母亲，我没见我母亲发过脾气，也没见我母亲骂过一个人。常常在母亲这样的修养磁场中，自己的心会慢慢平静下来，不会浮躁。假如母亲很急躁、很暴躁，讲话像雷公，这个孩子能平静吗？所以古人都通过这些装饰，提醒每个人。

有些家庭里常见的摆饰叫“如意”，在道教庙里也常有福、禄、寿三星，禄星手上拿的就是如意，它启发我们：“回首如意”。它的形状是回过头来的，那个弯启发我们什么？**懂得适可而止，得意须早回头，得意不宜再往，回首就如意了，这个“回首”是反省，是冷静，是自知之明**，人就不会傲长、欲纵、志满、乐极，就不会犯这些问题。

还有很多的成语，比如“月满则亏”，大自然都在教育我们，不只家里的摆设，大自然也在启示我们：月亮满了比喻不谦卑，富贵一满，一傲慢就开始损；“水满则溢”，水满了就流出来。俗话又说，“富不过三代”，而现在是富不过十年。**为什么现在富贵的时间愈来愈短？因为人的德行根基愈来愈不牢。**

周公是圣人，孔子以周公来做比喻，让人慎防傲慢。这个比喻已经达到极点，因为周公是孔子最佩服的人。孔子说，“如有周公之才之美，使骄且吝，其余不足观也已。”如果一个人有周公的才能、办事能力，可是他骄傲而且吝啬，不愿意分享给别人，这个人已经不可能有什么成就。

大家要了解，人的财富愈跟别人分享，愈去帮助别人，财布施愈得财富，吝啬就不得财富。为什么？**钱财，“有水斯有财”，钱是通货，流动的，跟水一样，钱假如不流了，积财丧道，丧自己的仁道，**因为旁边的人很可怜，还不帮助他，自己的良心已经愈来愈堕落了。所以钱要布施，愈施，富贵的因种得愈多，很多家庭好几代富贵，因为他们家都有乐善好施的家道。而懂很多道理，有很多经验，不去告诉别人，会变得愈来愈没有智慧，愚痴。假如有很多好的道理、经验常常去告诉别人，法布施就得聪明智慧。所以一骄傲，学问、才能就出现瓶颈，可见得“傲”太厉害了。**傲慢的人走到哪决定失人和，甚至他的傲慢去压别人、打击别人，走到哪都是添乱。**因为天时不如地利，地利不如人和。傲慢的人一定把人和搅得乱七八糟。

所以**大家要会用人，良好的个性胜过卓越的才华。一个人性格很好，都是去肯定、欣赏别人，大家跟他相处、配合起来非常融洽；容不下别人、瞧不起别人，有再高的才华都会搞得鸡犬不宁。**但现在的人短视，都看眼前，“他这些能力、经验对我现在的公司最重要。”结果用了三个月，麻烦了，搞得乱七八糟。不能看眼前，要看得远，尤其用干部影响的面都很大。

荀子讲，“百事之成，必在敬之；其败也，必在慢之”，一件事能有所成就，一定是主事者很恭敬地去做这件事、去对待他人。可是同一个人主事，为什么后来败了？因为慢慢恭敬心没办法保持，傲慢起来，败象就露出来了。所以真正懂得看人的人，都可以从人的眼神、态度看到吉凶的征兆。这在历史中有太多这样的例子。我们不用等别人看，我们自己看，每天照照镜子，有没有慈眉善目？有没有大肚能容？这是孔子对当时跟后世人一个很重要的提醒，不可骄傲。

《资治通鉴》中有段话我印象比较深，**“其德愈盛，其心愈下；其业愈广，其意愈谦；其时虽无虞，其自视常若天怒人怨。”**德行愈高，反而心愈卑下；事业愈大，态度愈谦卑；眼前看着都很平安，没什么好担心的，但是自己怎么看？“其自视常若天怒人怨。”

一个处高位的人，是很容易得意忘形的，那怎么来提醒自己？比方说皇帝是天子，是全国之首领，没有人比他高，容不容易傲慢？容易，我说了算。可是古代圣王多有警觉性，“我是天子，谁管我？老天爷管我。”对于老天爷，他也是臣子，是老天的儿子，他要代天来照顾子民，代天行化，只要他偏离了天道，天会怒。所以以前贤明的皇帝看到有天灾，“上天要降罪于我，赶快忏悔，赶快到天坛去反省。”皇帝懂，“天怒人怨”，老百姓是水，“水能载舟，亦能覆舟”，都是这样战兢惕厉，不敢放纵自己的习气。

“得意不宜再往”，实在是我们教育孩子处世非常重要的一个德行。了凡先生看到这点，在《了凡四训》四篇家训中，特地把“谦德之效”作为重要主题列进去。家训第一篇，把命运的道理讲清楚，“立命之学”。第二篇，“改过之法”，一个人要改造命运，首先要改过，不然每天还在犯错，怎么可能改得了命？第三，“积善之方”。第四，“谦德之效”。

德行这么多，《了凡四训》光把一个“谦德”举出来，多重要。谦就不会得意忘形，谦才能保住富贵。《易经》有六十四卦，其他六十三卦都是吉凶相参，只有一卦是六爻皆吉，就是“谦卦”。只要谦虚，遇到任何情况都能逢凶化吉，遇到吉则能守住吉祥富贵。了凡先生事实上在“立命之学”里，就已经用“谦”提醒他的孩子。里面讲，**“即命**

当荣显，常作落寞想；即时当顺利，常作拂逆想；即眼前足食，常作贫窭想；即人相爱敬，常作恐惧想；即家世望重，常作卑下想；即学问颇优，常作浅陋想。”人就在境界中练自己的功夫。

顺境最容易让人堕落，顺境、富贵来了，开始放纵，开始觉得理所当然，就堕落了。“顺境淘汰人，逆境磨炼人。”逆境要用开拓法，心量要放宽，看得远，不要钻牛角尖。处顺境心要用收敛法，不然愈来愈顺，就忘乎所以了。刚刚念的句子都是顺境，“命当荣显”，要富贵了，“常作落寞想”，居安思危，“现在富贵了，假如有个变化，自己还能生活得下去吗？”很多人很有钱，结果生意出了情况，过贫穷的生活，就活不下去了，寻短见的都有。更有远见的父母，自己富贵，但是让孩子生活节俭。

宋朝有位宰相，他们家房子不大。人家说：“你是宰相，怎么家那么小？”他说：“我是宰相，我的孩子不见得是宰相，那现在生活水平这么高，以后孩子的富贵比我低，养成这个习惯，我不是害他们吗？”这个父亲有智慧。“藏富教子”，有钱不给孩子知道。常常看古人怎么教孩子，怎么处世待人，人的心量都会放宽，眼界都会远，所以常读历史，会有阅历、有见识。

“即时当顺利，常作拂逆想”，就不会得意忘形。现在虽然顺利，自己的心态要摆好，对人不可轻慢，不可随便，避免无意中冒犯人、得罪人，有这种战兢惕厉、谨慎。

“即眼前足食，常作贫窭想”，就想着：也不是随时都能有这么好的生活享受，还是节俭一点好。家财万贯也是日食三餐，我们每天所吃所用很有限，把省下来的拿去帮助疾苦之人，那德行就愈来愈高。而且“俭以养廉”，假如物质生活愈来愈高，非常危险，花到最后贪心愈来愈大，会不会去贪公家的钱或贪不义之财？非常有可能，所以俭以养廉。

“即人相爱敬，常作恐惧想”，人家对我们很爱护、很恭敬，我们诚惶诚恐。一来那是祖宗、父母的德荫，要感恩，不能视为理所当然。人家爱敬我们，我们要记人家这份情义，就会生恐惧。甚至现在一般情况，自己有很多缺点或杂念、邪念，自己清楚，别人不一定清楚。但是别人跟我们缘分不错，很爱护、尊重、赞叹我们，我们的内心诚惶诚恐，“我没有那么高的德行，他这么爱护、尊重我，可不能对不起人家的栽培。”更要战战兢兢，别给人家出娄子，回报别人的爱敬，“作恐惧想”。不然很多时候人家爱敬我们，我们反而没守住自己的德行，犯了大的过失，将是自己跟对方终身的遗憾。

“即家世望重，常作卑下想”，自己家里很有地位，但是不能耀武扬威，要谦卑。“即学问颇优，常作浅陋想”，不然会增长贡高我慢。真的要作浅陋想，为什么？人外有人，天外有天。我们一跟孔子、孟子，跟七十二贤人比，差太远了，哪有什么好傲慢的？

不只要这样谦退、自省，接着了凡先生期许他的孩子，“远思扬祖宗之德，近思盖父母之愆”，不是去得意、放纵自己的欲望，要时时扛起自己的责任。有责任感的人行事有分寸、谨慎，不敢给家庭或团体添乱、抹黑。**“远思扬祖宗之德，近思盖父母之愆；上思报国之恩，下思造家之福；外思济人之急，内思闲己之邪。”这些都是对孩子一生重要的提醒**。内克念作圣，不可放纵邪念、杂念，对外时时救济别人的危难，上要报国家之恩，下要造家庭之福，时时都记得这些恩德。

记恩很重要，恩要记，怨要忘，这又是一个很重要的家道。了凡先生一直提醒孩子，要记得这些恩德，《弟子规》讲，“恩欲报，怨欲忘。”其实人的幸福往往就在一念之间，现在觉得不幸福的人，这句话只要入心，他就幸福了。“恩欲报”，现在心里全都是想父母、国家、师长、种种人的恩德，自己很高兴，“我怎么是这么有福气的人？他们这么疼爱我，不可以让他们失望。”“亲所好，力为具”“立身行道，扬名于后世，以显父母”，就有动力，知恩、感恩、报恩，怨马上就忘了，就没有苦了。现在人倒过来了，恩都忘，怨，芝麻蒜皮都记，常常翻旧账，忘恩念怨。

记得我们有个同仁的小孩，刚好我们在跟他谈话，他年纪还很小，我说：“你们会不会心情不好？”他说：“会呀，都会为了芝麻小不如意事而生气。”我感觉他这个词语用得很好，“芝麻小不如意事”，人都为这么一点事不欢喜，心量愈来愈小，容不得人。心量一放宽，哪有什么好计较的？而实在讲，人都不自爱，给自己找麻烦。原谅别人就是放了自己，给自己机会。不原谅别人，每天做梦还在那里咬牙切齿，不是跟自己过不去吗？原谅别人是善待自己，而且给自己提升修养的机会，还给自己福报。原谅别人，放宽了才有福报。不原谅别人，是癌症的高危险群体，每天心情都不好，细胞很容易病变。

尤其人更不冷静在哪？常常念怨，让自己很痛苦还不止，又把上一代的恩怨拼命讲给下一代听，不是要害死孩子吗？比方自己的女婿不争气，孩子给外婆带，“你那个爸爸真……”批评得很难听，造成孩子非常仇视自己的父亲。这个外婆有没有智慧？一个人恨父亲，这一生铁定是不幸福的。没有父亲哪有他？父亲再怎么错还有对的部分，要肯定他；错的部分要让孩子包容。所以上一代的恩怨千万千万不要再往下一代传，要有智慧、要冷静。掌握情绪，才能掌握自己跟下一代的未来。

人欠你，天会还你。这个女婿再不好，丈夫再不好，还是尊重他、礼敬他，孩子的德行会非常高，因为他会佩服他母亲的修养。“我母亲这么忍辱负重，我要赶快有成就，让我母亲早一天享清福。”我遇过这样的同学，他的父亲对不起他的母亲，可是他母亲不怨，含辛茹苦把他养育长大。**人的一生不可能都是一盘好棋，可能本身这盘棋就不好下，但每一步都下得有情有义，那是下棋的智慧、修养，这样的人生会否极泰来。**

接着我们看下一句，这一句真的是“以心自照见吉凶”：

【人有喜庆。不可生嫉妒心。人有祸患。不可生喜幸心。】

一个人遇灾祸，我们还在那里幸灾乐祸，甚至还落井下石，铁定遭祸。这些句子都攸关个人跟家庭的吉凶祸福。人有喜庆，哪些是喜庆？比如个人容貌端正、有品德、有学问、有功名、有不错的学历。人家儿子硕士毕业了，放个鞭炮庆祝，如果心想：“有什么了不起？硕士也有很多失业的！”不给人家祝福，还诅咒人家，这就不好。人家家里很和乐，如果看了吃醋、嫉妒，这都不好。人家有一技之长，都要祝福，要随喜，“见人善，即思齐。”

怎么调伏嫉妒？当我们的嫉妒心起来了，吃醋了，这时候善观己心，这个心态不对，怎么把它改过来？你最嫉妒的那个人，明天去找他，去告诉他最欣赏他什么，把他的优点讲出来。我跟你保证，你的鸡皮疙瘩会掉一地，你会很不自然，讲得非常勉强。一个人要改正一个习气，不是一次两次能改过来的，都有一个过程。但是愈难过愈要讲，“始而勉强，终则泰然”，这是《了凡四训》的句子。一开始都不会很放松、很自然，两次、三次，真的，那个嫉妒心就转成能够去欣赏别人。要勉力去做，“道人善，即是善；人知之，愈思勉。”

跟大家分享一个故事，就知道嫉妒心多厉害。宋朝有一个大夫叫蒋瑗，他有十个儿子，一个驼背，一个脚是跛子，一个是四肢萎缩，一个双足残废，一个疯疯癫癫，一个痴痴呆呆，一个聋子，一个瞎子，一个哑巴，一个死在狱中。够惨吧？九个儿子都有毛病，一个还死了。公明子皋看到这个情况，很仁慈，问他说："大夫，您当那么高的官，平常是怎么处世待人，怎么有这样的报应跟奇祸？"蒋瑗说："没有，我平常也没做什么恶事，只是喜欢嫉妒别人。看到胜过我的人，就嫉妒他、怨恨他；奉承我，我就很高兴。听到别人的善行，我就怀疑，铁定是假的，铁定是做表面；听到别人的过恶，我就说一定是这样。看到别人有所得，就好像自己失去了一样；看到别人有所失，就好高兴。"所以人念头错了都在折福，颠倒。"我就只是这样而已，又没有行什么恶事。"全部在哪？意念。所以，一念不正就造恶。公明子皋就叹道："大夫，您有这种心态，马上会遭灭门之灾，竟然说无所谓，一点警觉性都没有，您的恶报不只这样而已。"

蒋瑗一听吓得半死。接着子皋非常有智慧，也很仁慈、善于引导人，看对方吓成这样，就鼓励他说："天虽然高远，却是明察秋毫，做任何一件善事，上天都看得到。所以如果能痛改前非，就一定会转祸为福，现在改正还不算晚。"结果蒋瑗从此以后提高警觉，尽改前非，完全把旧的习气改掉，不到几年工夫，九个儿子的病一个个都好了。这在历史中都有记载。今天就跟大家交流到这里。谢谢大家！

第二十五讲　羡慕嫉妒恨，下地狱；羡慕学习效法，上天堂

尊敬的诸位长辈、诸位朋友，大家好！我们中华民族五千年圣贤老祖宗的教诲，核心就是一个“爱”字，教我们如何爱自己，爱父母、爱家人，延伸开来，“凡是人，皆须爱。”孟子又讲到，“亲亲而仁民”“亲亲”是亲爱自己的父母、家人，延伸到爱一切的人。因为每个人都是父母所生，我们既然知道我们被人家伤害，父母最难过，“己所不欲，勿施于人”，那我们就不应该去伤害人家，因为他的父母也会很难过。所以从“亲亲”而懂得仁爱一切的人，“亲亲而仁民，仁民而爱物”，不只要爱人，所有生命也有伦理，也有父母、后代。

以前有记载说，有个屠夫要杀一头母牛，可能小牛跟母牛也是母子连心，小牛就把屠刀衔到一个地方藏起来，结果主人又把它找出来。小牛看主人铁定要杀它的母亲，最后把屠刀藏进自己的口里。小牛为了救它的母亲，连自己的生命都不顾及，后来屠夫非常感动，就不杀这头母牛了。所以孟子讲“仁民而爱物”，爱护所有的生命，因为它们也会痛，它们也有父母、亲人，所以教育孩子从小要长养他的仁慈之心，这是天性。

有个四岁的女孩，邻居送她家一条大鱼，活的，因为放的盆子太小，鱼尾巴翘出来，她的爷爷马上拿刀把尾巴切掉，血就流出来。四岁的女孩当场就哭了，“它会痛啊，它会痛啊！”有没有人教她鱼会

痛？不一定有，但她马上感同身受。所以老祖先通达人性，让我们本有的天性终身保持，父子有亲的孝心终身保持，再把它延伸到爱一切人、爱一切生命。

爱心的原点就是孝道，假如不教孝道，就不叫教育。孔子说，“夫孝，德之本也”，孝道是德行、爱心的大根大本，“教之所由生也”，教育就要从这里开始。我们知道老祖宗教“爱”，教爱人，还有什么？爱自己。我们假如连自己都不爱，都在糟蹋自己，我们真能爱别人吗？我们用什么人生态度去爱？我们自己就一大堆坏习惯，喝酒喝到肝都受损，那怎么爱孩子？所以**“欲爱人者先自爱，欲救人者先自救”，我们现在要爱孩子，要成就孩子，要救孩子，首先从哪里下手？从爱自己，从改掉坏习性开始。**坏习性不改掉，每天都给孩子不好的影响。

有个四岁的女孩，有一天他父亲带她去朋友家里，结果门一开，这个四岁的孩子走在前面，跳上人家的沙发，就开始脱袜子，动作非常纯熟，袜子就放在人家沙发上面。她的父亲都看傻眼了，因为这个动作太熟了，父亲每天回家都是这么干的，结果自己女儿跑到人家家里也这么干。

教育的“教”字，跟大家交流过很多次，老祖宗创字把人生的智慧都含摄在其中。“教”字的篆体，左边是上行下效，身教；右边是一个手拿着树枝，耳提面命，不厌其烦的耐性。这是教。我们看发怒的“怒”字怎么写？上面一个奴，下面一个心，人只要发脾气了，就变成坏习性的奴隶，被它牵着鼻子走，自己都做不了主，那不就是奴隶吗？老祖宗这些造字都提醒我们做人，提醒我们要自爱，然后才能去爱人。

“上有好者，下必甚焉”，父母、长辈喜好什么，下一代更厉害，因为他会青出于蓝。范公行善，最后他四个孩子都效法。但假如是坏习惯，那可能传下去就愈来愈严重。所以为什么富不过三代？只要不传勤俭下去，下一代就更奢侈，那就毁掉了。

我们复习一下上节课讲的格言，“以镜自照见形容”，看到自己的脸庞，有没有黑黑的，还是头发掉下来了，要整理自己的仪容。请问大家出门以前有没有整理仪容？不然去参加宴会，刚好最重要的纽扣没扣，那不是看笑话？所以**要庄重，要谨慎。自己常常这么谨慎，磁场跟气质一定不一样，人家觉得我们中规中矩，看到我们就尊重**；衣服常常这里没扣，那里露一下，还有皱皱的，很邋遢，人家看到我们，我们还没走过去，就开始笑话我们。自己不庄重，当然感得别人的轻慢，自重而后人重，自敬而后人敬，自弃而后人弃，自己放弃自己了，人家怎么帮得上忙？

所以生命是掌握在自己手上的，“以镜自照见形容，以心自照见吉凶”，一切福田不离方寸，一切吉凶不离这颗心。当人很清楚：我的念头是吉是凶？是祸是福？他就会自爱了。他连坏的念头都不敢有，他再把这个人生态度教给他的孩子，孩子从小就扎根，连坏的念头都不起，铁定有成就。

《朱子治家格言》每一句也是教我们自爱，我们把这个教诲传下去变家道，就是爱后代的子子孙孙，所以每句都是很好的家规。我们上次讲到：

【人有喜庆。不可生嫉妒心。】

请问大家，看到别人的好，起了嫉妒心，自己心术、良心都愈来愈差，怎么是自爱？有句格言讲到，“有一念而触鬼神之怒，有一言而伤天地之和，有一行而酿子孙之灾”，都要慎之又慎，“皆宜慎之。”这段话提醒我们，为什么人有喜庆不可生嫉妒心。我们想一想，如果遇到很好的事情，自己富贵了，考上好功名，喜获麟子，这是人生非常快乐的事情，然后别人批评、嫉妒，我们好不好受？不好受。所以看到这个情况，一般都会觉得太可恶了，人家好事我们为什么嫉妒，甚至还破坏，那不是引来人怒吗？

“天怒人怨”，人会怒，上天也会斥责这样的事情，这根本跟善心相违背。见到好事要成人之美，“道人善，即是善，人知之，愈思勉”，听到你讲的人都效法他，更多人做好事，不是很好？**关公讲，“愿天常生好人，愿人常做好事，愿口常说好话。”这才是跟天心、人心相应，**口常说好话，带动社会良好的风气。大家要了解，起个念头、讲一句话，有没有影响？很有影响！首先自己堕落还是提升？人有喜庆，祝福他、赞叹他，你的德行上升；嫉妒、毁谤，德行下降，自己招来祸患。待会儿我们举历史上嫉妒、陷害的例子，非常凄惨，天怒人怨。不要小看一个念头、一句话，那个磁场都很强。

“一言伤天地之和”。我们效法天地“太和之气”，应该时时为大局着想，为整个家庭着想，不要去吃醋，不要去讲酸溜溜的话，甚至不要人家做了好事之后还否定人家，甚至还批评、毁谤，这很不好。“他哪是真正做好事？可能都用见不得人的手段做的。”这么一说，人家本来是欢喜要效法，慢慢都生起怀疑，那不只坏了自己的心，还坏了别人的心。所以大家冷静看看，我们现在看到人家做好事，第一个念头是什么？假如是怀疑，那我们也受别人不好的影响。人要冷静，好的要学，不好的不要学。请问大家，看连续剧都学到好的还是不好的？

好像有句台词，叫“羡慕嫉妒恨”，羡慕，化学变化变嫉妒，嫉妒再变成恨别人了。看到别人长寿，不高兴；看到别人夫妻和乐，不高兴。所以人为什么心念都不对？因为他不明道理，不明理很可怜，每天都用错误的思想观念折自己的福，错误引导自己的小孩跟身边的人。

我曾经看一个妈妈载着一个四年级的小孩，那小孩坐在母亲后面，骑着摩托车，那个母亲的脸好像人家欠她很多钱。我当时站在学校门口接孩子，看到她那个脸也有点吓一跳，不过我不被她影响。人家不跟我们笑，我们跟人家笑；人家不跟我们和，我们一定跟她和；人家不跟我们好，我们跟她好。慢慢地就转过来了。我对这个妈妈连续笑了好几天，不只笑而已，她车子一停下来，把篮子前面的书包拿起来，帮她儿子背上去，还摸摸她儿子的头，几天她就高兴了，下一次她看到我就会先对我笑了。

我先看到这个妈妈，后来过来了看到她儿子，同一个公司生产的，真的完全一样，一张苦瓜脸。**错误的思想也会无形当中影响小孩，所以念头、一言一行都要谨慎，谨慎为保家之本，能不能保住好的家风，自己要下大功夫。**

人明理了，今天他有喜庆，有好的品德、好的学问、好的道德、好的家庭、好的能力，这是结果，原因是什么？他自己修来的，有什么好嫉妒的？人家有这么好的果报，是启发我们的人生要向他学习。所以“羡慕学习效法”，自己也当圣贤，是不是？“见人善，即思齐”，这句话我们真放心上。请问大家，我们今天碰到几个人？有没有三十个人？三十个人的优点都学到，不得了，我们今天成长多少？所以心态对跟不对，天壤之别。所以写书或者打广告念这句话，还要再补一句，“羡慕嫉妒恨，下地狱。”大家都把这一句当口头禅，最后变成正常的心态就完了，下一代就毁掉了。所以要“羡慕学习效法”，自己也做圣贤，“圣与贤，可驯致”，所以用《弟子规》重要，就“上天堂”。

所以一念之间差太多了，明理重要。人家下苦功来的，天下哪有白吃的午餐？“积善之家，必有余庆”，总有原因。所以**人一明理，心平气和，常常都“宁为成功找方法”，人家种的善因是什么，我赶紧来努力就对了，“命由我作，福自己求。”**

人有喜庆，是他修来的，不可以嫉妒。假如嫉妒了呢？上一次跟大家分享蒋瑗的例子，他自己不觉得嫉妒的心念有什么大不了，结果十个儿子，一个死在狱中，另外九个统统都是很严重的病。后来他亲近善人（所以《弟子规》的“亲仁”很重要），他就痛改前非，最后九个不正常的儿子都正常了。从这个故事我们就知道，改过永远不嫌晚，但是不能拖。明天再改，可能今天灾祸就来，明天就没有机会了，要勇于改过。

刚刚讲的，“有一行而酿子孙之灾”不能做，嫉妒别人，酿子孙之灾。韩非子非常有道德学问，他的师兄叫李斯，秦国的宰相，李斯嫉妒他的师弟韩非子，设计把他害死。嫉妒心继续发展下去很恐怖，会去伤害别人。大家有没有听过以前皇帝后宫的女人互相嫉妒，最后一有机会，那个嫉妒心起作用很恐怖，把人家的手砍断，眼睛挖出来。有句俗话讲“最毒妇人心”，这句话经典上没讲，世间人这么讲，意思就是说，女人假如母爱发挥出来，可以教出很多圣贤，所以周朝的三太为天下培养人才。女人假如往大慈大悲去发展，不得了，但是不往这里发展，慢慢地心量小，嫉妒，最后会很狠毒。

我们想起《了凡四训》告诉我们，**一个人要提升自己的道德学问，要从自己最难的习性去克服，孔子说“先难”，哪个最先？嫉妒心。人心量不大，会嫉妒别人。量大福才会大，所以要把嫉妒放下。**对治的方法，自己最嫉妒的人，明天去赞叹他，说他的好，虽然会讲得全身起鸡皮疙瘩，因为以前都不习惯赞叹别人，很难过，都快要脑充血了，可是两次、三次就突破了这个习气，就不被它控制，“始而勉强，终则泰然。”

我们从历史可以增长人生的见识，就不会小鼻子小眼睛，都随顺自己的坏习性，因为历史也像一面镜子。李斯嫉妒陷害他的师弟韩非子，除了坏了自己的心性以外，还牵扯到一个很严重的问题，一个贤才可以利益千万百姓，把他害死了，不是把千万百姓的福祉都给毁掉了吗？**老祖宗告诉我们，“进贤受上赏，蔽贤蒙显戮”，这都是一念之间，吉凶祸福差好多。推荐贤德的人给国家、给团体，受最大的赏赐，因为这样的人一定造福人民、造福团体。**

春秋时代鲍叔牙推荐管仲，管仲成为良相，“九合诸侯，一匡天下”，不只齐国受益，整个华夏民族团结起来，不然可能我们现在就不是汉人的承传了，孔子说我们可能“披发左衽”，就变成蛮夷，被他们灭族，所以管仲功劳很大。还有一个人功劳比他大，鲍叔牙，因为是他推荐管仲，鲍叔牙的后代十几世都做名大夫，积善之家，必有余庆。《了凡四训》告诉我们，“试看忠孝之家，子孙未有不绵远而昌盛者”，为什么尽忠的家庭后代这么旺？因为他念念想着国家，他造福人民，造福的人民那么多，这个福德很大。所以大家念念为团体，举贤才，福荫后代。

“蔽贤蒙显戮”，李斯害了一个贤德的人，韩非子，最后自己跟儿子被腰斩，绝后。尽忠的人，子孙未有不绵远昌盛的；害贤才、害团体的人，可能感得的是断子绝孙。所以不能嫉妒，嫉妒再延伸出去造的孽不得了，这些教诲给我们高度的警觉性。**还有一句话再开解一下，“有一言而伤天地之和”**，为什么？见不得人好，人家做的好事还毁谤、批评。大家想一想，人家喜庆、人家做好事，我们一批评，自己坏了心地。再来，做好事的人被我们打击，这都造孽。第三，我们批评，让听到的人都看不到做好事的人的优点，还对他有成见，不只我们没有随喜，让大家效法，还让大家对他有成见，那团体的人和不就被我们这个嘴巴给整个破掉了？这不忠、不义！最后动摇人心，“行善都是这个结果，别做了，何苦呢？”人心都被我们给障碍了。所以不要小看一句话，它会带动一个团体是好的风气还是不好的风气，所以整个社会和谐、团体和谐从谁做起？从我们自己做起，所以不能起嫉妒心。

刚刚我们讲到批评的杀伤力非常大。现在传统文化在整个中国大陆快速推展、发扬，为什么？国家领导人带头。记得前不久我去讲课，应该有五百人左右，所有的人胸前都别了一个“光盘行动”，我们看了很欢喜。光盘行动就是每个盘子都吃得干干净净，不浪费、不奢侈，这是我们国家领导人提倡的，不只影响中国人民，还影响全球的华人起而效法。所以一个英明有德的领导人，他是整个国家的福气，而中国将带领全世界，这已是必然的趋势，所以中国领导人有德行，也是全世界的福报。所以由国家带头，现在各地都非常积极。“恺悌君子，民之父母”，有这样的君子做领导人，真的是老百姓的福报。

各地也有很多人在讲学，在弘扬中华文化。中国沿海地区城市人口都超过五百万，假如有一个很好的老师在这样的地方弘扬中华文化，那受益的人不少，可能几万、几十万都不止。**四五十年前，李炳南老师在台湾的台中教化三十八年，学生五十万以上。**假如对一个地方的百姓非常推崇的弘道的人，我们吃醋、嫉妒、批评，一批评，这个地方的人对他都没信心，不听他讲课了，那就断了成千上万大众的法缘。人有两种命，一种是身命，一种是慧命。所以一句批评，虽然只一句话，可是却断了一方的法缘、因缘，这造的罪业就太大。

所以佛家强调“四重戒”，其中第一条是什么？“不谤国主”，我们不可以毁谤国家的领导人跟团体的领导人。我们一毁谤，整个国家、团体对领导人失去信心，国家、团体就非常危险。所以批评造的罪业跟影响的人有关，这都要很谨慎。

比方不能随便批评人家的父母，孩子对父母那种信任，对他的人格健康多大的关系？如果让他怀疑、不信任他的父母，这也是造重罪。不要因为自己的爱憎、好恶，甚至自己的一点小利，去坏了人家父子、兄弟的情感，这最折福，我们闽南话说的“夭寿”，太不好了，破坏人家的天伦。不要破人家的婚姻，“宁坏十座桥，不破一桩婚”，这是比喻破人家婚姻的严重性。当然，还要爱护公物，哪怕是公家的一块不值钱的东西都不可以毁坏，为什么？公家的东西，只有一块钱，我们把它毁坏了，比方我们在马来西亚毁坏了一个公物，我们欠两千多万人。所以明理的人不干傻事，因为那是纳税人的钱，就欠全国人民。更惨的是在中国，做牛做马都不好还了。人不明理，不知要冤枉造多少罪业。

我们明理了，不嫉妒、不批评、不毁谤，转过来修大功德。不嫉妒，转成什么？肯定、祝福、赞叹、效法、学习，大家都跟着你学，大家对这个善人的信心更强。所有人对他有信心，是你成就的，都是你的这份随喜赞叹成就的。

在佛门禅宗，唐朝六祖惠能大师那句名言：“本来无一物，何处惹尘埃！”我们清清白白而来，干吗染这么多坏习性，然后回不了老家，不能返璞归真了。

六祖大师在猎人队中躲了十五年，所以这些开悟的圣者知道任何

事都有时节因缘，要等它成熟，不要操之过急，要让它水到渠成。后来时机成熟了，他出来，刚好一群出家人在论道，突然一阵风吹来，佛寺里挂的旗幡就动了。第一个人说：“幡动了。”第二个人说：“不是幡动，是风动了。”两人辩论不休。最后六祖说：“不是风动，也不是幡动，是仁者心动。”你看他对人很尊重，他说是两位仁者的心动了。**这个故事假如听得懂，人这一生不再找借口，不再把责任推给别人。**

“不是我不会做事，我运气太差了。”“不是我不会做事，都是那个人害我的。”“不是我不会射箭，因为这支箭是某某公司出的，质量很烂。”“不是我生不出孩子，是因为风水不好。”不是风动，不是幡动，所有的都怪到别人身上去，连太阳也有错，连雷公也有错。所以不是他们的错，是谁的？自己的心动了。

“都是他让我生气的。”这学不了圣贤教育。圣贤教育是什么？“内学”，不要把责任推给外面，“行有不得，反求诸己。”所以六祖大师讲，“不是风动，也不是幡动，是仁者的心动了。”当时这群出家人的师父叫印宗法师，他是高人，他一听到，马上把六祖大师请到里面去，“听说禅宗的衣钵已经传出来了，请问你是不是得衣钵的人？”这么一问，六祖大师就把衣钵拿出来。

惠能大师躲在猎人队十五年，他还没有剃度圆顶，所以印宗法师当他的剃度师。六祖大师拜他为师，拜完，印宗法师帮他剃度。帮六祖大师圆顶以后，印宗法师再拜六祖为师。师父拜徒弟为师，为什么？六祖已经开智慧了，智慧是最好的老师，印宗法师纵使是师父的身份，他这么一拜下去，他所有的徒弟统统对惠能大师百分之一百地信任。百分之一百地信任，可能惠能大师一讲话，他的学生就开悟了，很珍惜，听了马上去做，得大利益。请问大家，印宗法师这一拜，功德有多大？他让所有人的法缘结上了一个开悟的圣者。

所以“道人善，即是善”，积的阴德非常厚。尤其我们这个时代，好事不出门，坏事……打开报纸，看下来有点头昏，那不能怪他们，为什么？**所有搞传媒的人在大学里要学一堂课，传媒最重要的精神，四个字：隐恶扬善**。把坏事都报道出来，本来不会的人都学会了，然后读者每天看这些恐怖的事，大家都害怕。现在得忧郁症的人愈来愈多，跟报纸有没有关系？请传播媒体深思啊。**各行各业都有最重要的任务、责任，传播媒体就是要带动社会良善风俗**。这点我们不得不佩服我们现在中国大陆的领导人，从 2007 年开始，每两年举办一次道德模范评选，参与评选的人每届超过一亿人，评选出来的上百位道德模范，有孝道的，有见义勇为的，有乐善好施的。其中一位许月华女士，双脚十二岁就截断了，后来居然照顾了一百三十八个孤儿。看这个模范节目没有人不流眼泪的。

还有一个小女孩八岁父亲不在了，母亲又残废，还有个老奶奶。八岁的孩子负责赚钱，到了十二岁，毕业成绩全校第一名，四科都满分。看了都流眼泪，都觉得比不上这个孩子。她帮母亲做生意，煮那个好吃的她连一个都没有吃过，一个赚三毛钱，她都舍不得吃。拿了那张全校第一名的成绩单给她妈妈，当天晚上做生意的时候，她妈妈说：“你今天一定要把这个吃下去，奖赏你的。”她才勉为其难，吃她人生第一个自己卖了这么多年的东西。这么体谅母亲。

看到这样的孩子，我觉得我们民族很有希望，她感天动地。结果政府举办“众里寻你——寻找最美孝心少年”，把中国这么多至孝孩子评选出来，大家推荐，参与的人都几千万，哪一个参与的人不流泪、不感动？我们的孩子假如从小都看这些，他生惭愧心啊！人家那个年龄都已经扛起全家，我比他们大好几岁，还在这里耍赖，还在这里乱花父母钱。人都有良心，他们的德行就唤醒了孩子的良知。

我感受到孔子一句话都可以扭转乾坤。中国领导人做的就是孔子的教诲，孔子说，“举善而教不能，则劝。”把所有善的榜样，尤其孩子，我们大人看了都感觉想挖一个洞躲起来，看到这些孩子很惭愧，“举善”。对于“不能”的人尽力照顾、教导，像很多国家的德政，对于残障、失业的人，教给他能力让他可以谋生，或者真的没有行为能力的，启用整个社会福利来照顾他们，这就是下一句，“人有祸患，不可以生喜幸心”，还要怜悯他，还要帮助他。大家看这两句展开来，修身齐家治国平天下都在里面。

中国带头，我们希望全世界都这么做。光是举这个孝心少年，就可以教化所有的人，一定的，为什么？每个人都有孝心，“人之初，性本善”，他遇这个缘，铁定被唤醒。大家上网去看“寻找最美孝心少年”，要先自己看，不要给孩子看而自己不看，要先感动自己，讲这些好孩子的榜样，讲到自己流眼泪。自己流眼泪，孩子会很震撼，他会主动去看，不要强迫。家里的人学习圣贤教诲都是自自然然，为什么？我们自己真干，他们一看，感动、有信心，他就自己主动去学了，“为人演说”。甚至不先让孩子看，自己看完之后效法，孩子觉得，“我爸爸这阵子不一样，怎么对爷爷奶奶这么好？”孩子好奇，你说：“我被这些孩子感动。”孩子就去看了。

当父母时时都见贤思齐，这个态度就变成我们的家道了。一个团体领导人都是“道人善，即是善”，我们的团队就懂得互相欣赏、互相学习，这个风气会给团体大利益。班级也是这样，老师就带动这个，见人有善不嫉妒，要随喜、赞叹、效法。

以前当官的人特别有责任感，他觉得他的第一个重要责任是教化百姓。官员的那个帽子都很有味道，后面高，前面低，那叫“进贤帽”，要推荐比自己更有德行的人，要赞叹比自己更有德行的人，让国家来重用他。戴着这个帽子，每天找人才。不要谈远的，清朝的林则徐随时都带一本人才簿，走到哪记录下来，帮国家举荐人才。

欧阳修先生身上都带着没写上名字的门帖，一听到或观察到人家在谈某某人很有德行，都称赞别人的善，就把这人的名字写下来，把门帖送到他家，就去拜访他。了解这个人确实是这样，就大肆赞叹这个时时都能讲人家好、宣扬人家好的人。这代表欧阳修在带动“道人善”“见人善，即思齐”的风气。宋朝的社会风气真的非常好，因为这些大儒、大官带头。

北宋宰相杜衍，他“闻人有善”，听到别人的善行，“喜若己出”，就好像自己的一样高兴。刘集贤公，“闻人有善”，他听到别人的善行，“称道不已”，就一直赞叹，做得太好了。还有一位我们都熟悉的，韩琦宰相，他是“闻一小善”，听到别人的小善，他就感叹，就说我韩琦不如他，“琦所不及。”韩琦道德很好，他看到别人善，马上就赞叹，人家听了感动，会去效法这个人的善。

讲到这里，《了凡四训》有一段话，“吾辈处末世，勿以己之长而盖人，勿以己之善而形人，勿以己之多能而困人。收敛才智，若无若虚”，谦退。“见人过失，且涵容而掩覆之”，不要去“扬人恶，即是恶”，不好。“疾之甚，祸且作”，人家的过失“涵容而掩覆之”。“一则令其可改，一则令其有所顾忌而不敢纵”，人家都知道了，都不批评我，他不敢放肆；“见人有微长可取，小善可录，翻然舍己而从之”，去效法他。为什么？就像三国时代的庞统，他称赞别人的善时会有一点过，人家问他，你为什么会有一点过？他说："现在行善的人少，行恶的人多，我们应该带动风俗，增长人家道德的善念。我称赞他十项，可能只有五项对了，这五项人家可以效法。而被称赞的人，他会觉得我没那么好，人家这么肯定我，我赶紧鞭策自己。"

所以**家丑不可外扬，家人有缺点不说，出去外面要称赞家人的好，**这话传到家里人的耳朵，"我哪有那么好，我那么多不好的习惯，太太都包容，还出去外面讲我的好，我不能让她失望，我要对得起我太太的信任。"他不就被激励了吗？庞统这句话对我们现在这个世间很重要，我们要常常口吐莲花，随喜功德，称赞人家的善行，带动团体、家庭、社会的风气。当然，**称赞要发自内心称赞，要真正看懂人家的优点去称赞。**

接着我们来看下一句：

【人有祸患。不可生喜幸心。】

"祸"，灾祸；"患"，忧患。可能生病了，失业了，可能丧失亲人了，种种天灾，还有人生的不幸，这是"祸患"。我们冷静想想，**为什么人有祸患，我们不可以生喜幸心？因为每个人都有旦夕祸福，有没有人一生到终老没有祸患？不可能。**有人是福多祸少，有人是祸多福少，不可能说一生一帆风顺。我们体会到人都有旦夕祸福，自己也有旦夕祸福。人家有祸患，我们幸灾乐祸、落井下石，就是种一个因，人要深信因果，"种瓜得瓜，种豆得豆"，人家有祸患了，我们幸灾乐祸，请问改天我们遇到祸患会怎样？人家会说："苍天有眼，终于轮到他了。"所以要深信因果，念头也有因果。刚刚强调的，人要自爱，人家有祸患，我们落井下石，这伤自己的仁德之心，太刻薄、太狠心了，没有怜悯、感同身受的心。

有本书叫《格言联璧》，是相当精辟的一本经典，民国的一位圣哲人李叔同先生，出家后法号弘一大师，他特别慈悲，从里面选出最精华的句子编成《格言别录》。《格言别录》里有句话，“造物所忌，曰刻曰巧。”“造物”是指自然现象，指老天爷。最忌讳什么？狠毒、刻薄的人，这是最折福的，跟上天好生之德相违背。跟老天爷对着干，这是“刻”，落井下石都属于这些。“曰巧”“巧”是什么？小聪明。要小聪明干什么？损人利己，因为自私自利。聪明反被聪明误，损人不利己，损人是害自己，把自己的福都折掉了。

孔老夫子说“五不祥”：第一个不吉祥，就是“损人自益，身之不祥”，自身的不吉祥；第二，“弃老取幼”，不关心老人，宠爱孩子，“家之不祥”；第三，“释贤而任不肖，国之不祥”；第四，“老者不教，幼者不学，俗之不祥”；第五，“圣人伏匿，愚者擅权，天下不祥”。是祥还是乱，这些都是关键，于家于国都是这样。

古代有个官员叫李世恒，他出使高丽国。他的副官，就是助手，叫于英。后来出使回来，两人都收了一些礼物。副官于英心想，在海上潮气比较厉害，他就把长官李世恒的东西都放在底下，底下潮气重，自己的东西放上面。他这就是要小聪明，不尊重自己的领导，还让领导的东西放在底下，自己的放上面，贪小便宜。结果在回来的海上发生海难，船很可能会翻，必须要把船上的东西减重，命当然比礼物重要，开始把上面的礼物统统丢到海里去，于英脸都黑了。他本来要小聪明，最后是自己的东西都被丢下去。所以跟老天的存心相违背，必然招祸，**“见人之得如己之得，见人之失如己之失”，要这样存心才对。这么存心了，人有祸患，就生同理心、怜悯心，就生“人饥己饥，人溺己溺”的爱心了。**身为国家领导人，就能“鳏寡孤独废疾者，皆有所养”。

我们吴执行长，他是企业家。我感觉到企业家在现在的社会地位很高，因为他们的民族使命感很强，刚刚跟大家有讲到“寻找最美孝心少年”是国家支持，企业家出钱帮助这些最困难的孩子家庭。国家调动起来，官员调动起来，企业家的力量都调动起来，好事大家一起来做。

我们吴执行长发现全中国有八万五千留守儿童，这些孩子不能很好地得到父母的爱，他看了很心疼，成立了一个基金会，帮助留守儿童，然后又带动一批企业家一起来关心、爱护这些留守儿童，让他们的父母能够请假，还可以领薪水，多回去陪伴孩子成长。所以这是能看到别人人生的不足、苦难，尽心尽力去帮助他们，使“老有所终，壮有所用，幼有所长，鳏寡孤独废疾者，皆有所养”。下次我再跟大家介绍企业家怎么帮助残障人士。

好，这节课就跟大家交流到这里，谢谢大家！

第二十六讲　患难相助，从身边人做起；放下贪心，从名利关入手

尊敬的诸位长辈、诸位朋友，大家好！我们上次分享到的经句是：

【人有祸患。不可生喜幸心。】

人有灾祸、有忧患，我们不只不能幸灾乐祸，要生起同情、怜悯之心。尤其最近世界也发生一些灾祸，像菲律宾这次风灾比较严重，在财力、物力上能支持的部分，我们尽一份心力。现在地球像一个村庄一样（地球村），所有的地球人应该互助互爱。

近代物理学家，尤其是量子力学家，他们研究出来，人念力的力量是非常大的，念力的力量甚至可以改变星球的轨迹。所以这些科学家强调以心控物，就是以心念的力量改变整个环境、物质。其实这个说法跟我们老祖先的教诲是非常相应的。老祖宗在《尚书》中告诉我们，“作善降之百祥，作不善降之百殃。”假如我们人类都生起了怜悯、同情之心，这些灾祸也会消泯于无形。身为地球人，每个人都要有责任感。**念力既然有这么强的力量，那我们每一天都要心存善念，来祝福这个世界。**

古人有很好的榜样，像宋朝的大儒邵康节，他每天早上起来盥洗之后，恭恭敬敬点一炷香，然后念一段话。这段话我们听了非常感动，进而怎么样？可以效法他的做法。他念道：**“每日清晨一炷香，谢天谢地谢君王。但求处处田禾熟，唯愿人人寿命长。国有贤臣安社稷，家**

无逆子恼爹娘。四方宁静干戈息，我若贫时也不妨。”邵康节先生每天清晨一炷香，这样的心量每天都积累非常多的福报。我们学习《朱子治家格言》，身为父母、长者要造福子孙。所谓“积善之家，必有余庆”，**而积德行善要从根本，就是从心地下功夫，福田靠心耕。**

我们一起学过《了凡四训》，卫仲达先生的故事，大家一定有印象。他一生四十来岁所造的罪业，一间房子都快装不下，善的记录只有一卷，可是这一卷的力量却超过了整间房子的恶状。所以他明白了一个道理，他那个善的记录是为天下百姓着想，“君之一念，已在万民。”我们现在学习邵康节，“君之一念”是在天下、在世界。经典学了以后，怎么得利益？只会读是知识，马上变成生活，马上力行，自己就得福报，就得受用。

首先每天念这一段，心情愉快，一整天的心情都非常好，心量扩大。“谢天谢地谢君王”，还有另一个说法，“谢三光”：日、月、星。没有日月，万物怎么生长？而这个“谢君王”，事实上我们要感谢君王、感谢国家。现在还有很多地方发生战争，所以我们很幸运、有福气，有福气就要感恩，不能视为理所当然。

有个读书人，他也是每天清晨三到五点点一炷香，然后开始感恩，“感谢上天又赐我一天清福。”结果他太太听了一段时间，有一天就笑了，“每天吃青菜豆腐，豆腐青菜，还说享什么清福？”这个读书人话接过来说：“首先国家没有战争，很大的福报，不然要流离失所，所以要感国家的恩。再来，没有饿着，也没有冻着，这是第二个福报。床上没有病人，家里没有人入狱，第三个福报。怎么会没有清福？怎么会不感恩？所以谢天谢地，感谢天地滋养我们。”

实在讲，人类假如不谢天谢地，感恩心会一直下降。因为天地化育我们，人只要把父母、把对我们有恩的人、把天地之恩忘掉了，对于所有的恩德会视为理所当然。其实我们在念这段话的时候，要警觉到，为什么现在的孩子不感恩？我们冷静想一想：我们做了多少感恩的行为给孩子感受、效法、学习？

我有两个表妹，她们从小就很乖巧。她们有信仰，所以每天吃饭，一定感谢上天的赐予。孩子从小心灵很洁净，这些态度就已经入心了，所以处世待人不会去要求别人，都是懂得去感恩、去奉献。“少成若天性，习惯成自然。”邵康节这段话听完，看明天有多少人起床点香，这会变成家道。大家不要小看一件事情，能做三年、五年，光是这个态度，必然能感动身边的人。

“但求处处田禾熟”，五谷能丰收，没有饿死的人。地球每天饿死的人不少，尤其是非洲。我们用善念去祝福：“处处田禾熟”“唯愿人人寿命长”。“国有贤臣安社稷”“社稷”是指国家，希望每个国家都能得到贤德的干部、官员，把国家治理好。“家无逆子恼爹娘”，祝福每个家庭都有孝子贤孙，不要忤逆爹娘。爹娘叫起来挺亲切，现在都叫爸妈比较多。**大家注意看，“娘”字，左边一个女，右边一个良，所以要是善良的女人，才能当娘。**这两个字听起来很亲切，为什么？因为我母亲叫我外公、外婆都是叫“阿爹”“阿娘”。所以这两个字听起来特别亲切。“四方宁静干戈息”，不要再有战争，天下都能幸福安定。“我若贫时也何妨”，我纵使穷一点又有什么关系？

我们看到这句经句，人有祸患，生起善念，至诚祝福他们。邵康节先生是好榜样。**我们生起祝福的心，生起“人饥己饥，人溺己溺”感同身受之心，从哪里做起？从对我们自己最好的亲朋好友、同事开始做起。传统文化修身、齐家、治国、平天下，应该从身边最亲的人**

开始落实起。所以亲戚朋友之间，只要对方有苦难，要尽道义，所谓“通财之义”。要难舍能舍，难做能做；要重义，重情义、道义；轻利，轻钱财，不要舍不得。

《了凡四训》里，江西舒翁做了两年的私塾老师，遇到人家有苦难，把两年的束修统统帮人家还赎金，不然人家就要妻离子散。结果两年的薪水都没有了，沿路挨饿。这很难得，难舍能舍。回到家，他说：“赶快给我煮顿饭。”他太太说：“家里米都没了，已经跟邻居借了很多次，都一直等你回来还给人家。”他就把两年的薪水全都帮人还赎金的事告诉了太太。结果更可贵的是，他太太马上说：“哦，知道了。”没有骂他，这位太太难得，觉得先生做这件事情也是善举，很可贵。“没关系，我有方法”，就到山里去挖些菜根，还是给他吃得饱饱的。当天晚上夫妻听到窗外传来声音：“今宵食苦菜，明岁产状元。”他们夫妻还没有孩子，所以赶紧起来向天叩拜、感谢，果然明年怀孕。十七岁时，孩子就考上状元了。

所以难舍能舍，老祖先告诉我们“舍得、舍得”，愈舍就愈得。愈难的事情，功德就愈大。“通财之义”。

“贫贱不轻”，我们纵使富贵了，面对亲戚朋友，我们记得他们曾经的情义，不会轻慢他们，不会有难不帮，所以“遭苦不舍”。这些态度，我们应该从自己来带动起。

古代的贤人不只是孝顺自己的父母，还孝顺爷爷奶奶，包括照顾所有兄弟姐妹的下一代，特别有情义。我们看了他们的行仪，都很受感动。**现在这个时代，我们要坚信“人之初，性本善”，可是人的本性为什么没有彰显？因为他要遇到善缘、遇到榜样，就能把他的善根唤醒**。诸位朋友，谁做榜样？我们要记住孟子讲的，“当今之世，舍我其谁？”要有这样的担当。

唐朝有位名臣叫狄仁杰。狄公年轻时还不是大官，他在并州做法曹参军。他的同事，有一个姓郑的人，母亲已经非常年迈了，又生病，结果他被派任，要到很远而且交通很不便的地方，可能千里之外这么远。狄公知道了，心里就想：母亲那么老了，又生病，儿子调到这么远的地方，这个老母亲光担忧，可能命都活不成。“见人之失，如己之失”，看到人家这个情况，就好像自己一样。他就主动去见长官——长史蔺仁基先生，说：“我们这个同仁郑某，他母亲已经这样了，我替他到那个地方去。”常常读《二十五史》，看到这些留名青史的圣哲人，他们的孝悌忠信、礼义廉耻，长我们的见识，还让我们从中体会到他们存心的可贵。

结果蔺仁基听了他的话以后很感动，而且马上想到自己当下还在跟另一个同事闹别扭、闹对立，整个团体都知道两个官员不合，狄仁杰为了自己的同仁，可以调到千里之外，这样的情义，我居然还在跟同事闹别扭。所以当下生惭愧心，就主动去找李司马，跟他道歉，双方都道歉，就和睦了。

故事讲完了。诸位长辈、朋友，我们在公司里有没有看不顺眼的人？**传统文化从哪里下功夫？扩宽心量，要包容别人，看不顺眼的要看顺眼，这才是修养**，对同仁生起感同身受的心。再延伸开来，“泛爱众”“凡是人，皆须爱”，爱一切人。整个社会其实就是缺爱，爱就能够化解种种的冲突跟纷争。上节课跟大家提到，企业家如何落实《礼运 · 大同》篇，讲到我们吴念博执行长，他们单位在他的带动之下，关心中国留守儿童。这么多孩子缺乏父母的关爱、陪伴，所以他们发起关爱留守儿童的基金会，带动更多的企业，能更好地让员工多一些时间回去陪伴孩子。他们的员工可以一年请两三次假回去陪孩子。因为这些孩子都是我们国家、民族未来的主人翁。这份爱心，也是感同身受这些留守儿童的需要。

我们曾经邀请过郝铁龙董事长来中心分享，我当时听他的课程，确实《礼运·大同》篇每一句都在他的企业里可以落实。“大道之行也，天下为公。”他的企业持续办传统文化的讲座，各行各业都到他们公司培训，甚至当地的党校都在那里培训官员。那他是为大众着想，天下为公。“选贤与能，讲信修睦。”帮忙培养官员，说不定很多官员就在这些课程中，爱心、对国家的忠诚就不断地提升。然后照顾这么多各行各业的人，“故人不独亲其亲，不独子其子，使老有所终，壮有所用，幼有所长。”“老有所终”最重要的，要让为人子女的懂得知恩报恩，这都要通过传统文化的教育。他们公司还评选，员工小孩有孝行的评选为孝子。“幼有所长”，百善孝为先，通过公司来鼓励孩子们从小行孝。

“鳏寡孤独废疾者，皆有所养。”他们公司大约百分之三十都是残障人士。当然，第一要感谢国家的政策，让企业都能爱护这些先天比较可怜、比较弱势的人。再来，企业家自己本身积极去做。而且他说，先天有残障的员工，工作认真度都超过正常的员工。所以“爱人者人恒爱之，敬人者人恒敬之”。这些比较弱势不幸的人，我们生起爱护他们的心，反而感得这些员工更努力工作，所以“出乎尔者，反乎尔者”。**其实当我们想到身边的亲戚朋友，所有有缘的人怎么对待我们，那是结果，原因是我们怎么对待他们。**

人的修养要不断往上提升，不只是亲戚朋友，有缘的人我们都要爱护。我看过几段教诲，读了之后印象深刻。一段是：**“在憎恨与喜悦**

的日子说公道话。”自己产生情绪，憎恨或喜悦，但讲话还是很公平，这是修养。一般可能是，我们假如讨厌那个人就看不到他的优点，甚至对他的不满放在心中，找机会借题发挥。但这句告诉我们，虽然有过节，心还是平，讲话还是公道。人很高兴，激动了，一高兴要赏赐什么东西，有时候就不是很公平。人在憎恨的时候，或者太高兴的时候，都是考验修养到不到位，都还是要不失公正、公平。

“接济与我断交的人，照顾与我绝情的人，原谅对我行不义的人。”老子说，“以德报怨”，因为冤冤相报，没完没了。所以人要理智，不要常常跟人有过节，要广结善缘。面对以前不愉快的，要想办法把它化解掉，大事化小，小事化无。“有容乃大”，能包容别人才是福报。

其实原谅别人，也是给自己一次成长的机会，也是给自己福报。因为原谅他，你的心量就大了；原谅他，你的修养就往上提升。所以爱人就是爱己，自己一定得利益。你恨得牙痒痒的，他没什么好处，自己还会做噩梦，是不是？最讨厌的那个人，有没有到我们的梦中？那不是跟自己过不去吗？所以老祖宗提醒我们：不要自讨苦吃，不要自作自受，不要自掘坟墓，要自求多福。祸福很可能就在我们一念之间，所以“人有祸患，不可生喜幸心”，祸就没有了，进而什么？转祸为福。再生起爱心、同理心、怜悯心、照顾他们的心。

接着我们看下一句：

【善欲人见。不是真善。】

自己所行的善，常常要别人知道，甚至在别人面前炫耀，炫耀可能又带着目的，那不是真善。成语讲，“沽名钓誉”。什么才是真善？《了凡四训》告诉我们，“利人者公，公则为真。”完全是利益人，是公心，这是真的。“利己者私”，还带着目的，不管是好名还是好利，那是自私自利，“私则为假”，就不是真善，变假善了。

其实行善应该是我们做人的本分，人之所以为天地人三才，跟天地并列，代表人是万物之灵，能像天地一样去化育、去爱护万物。所以服务、帮助人，这应该是我们本有的善流露出来的，会觉得行善是应该的，是应尽的道义。行善被人赞叹，反而会有点不好意思。不只不要这个名，还会觉得担当不起。

之前跟大家提过东北大连有个孝子王希海先生。当时我们认识王希海老师是通过《天下父母》的节目。他父亲中风，没有行为能力，他照顾他的父亲，照顾到父亲八十岁，父亲躺了二十多年，皮肤还非常有弹性。他虽然日夜照顾父亲，可是我们看到他身体非常壮，那是忘我了。父亲去世后，王希海老师开始做义工回报好心人，他已经送走了一百多位老人，他到医院结识的老人，他就把他们当父亲一样爱护。所以真的，“爱亲者，不敢恶于人。”那颗孝顺父母的心，把他的本善彰显，看到每一位老人，都是这样的善心、孝心自然流露出来。

王希海老师讲到，在医院里，看到老人一个动作，他就知道老人的心情，真的是至诚感通。有些护士把老人那个被单拉起来，可能怕弄脏，她们只是想减少工作量，但却没有顾及老人的尊严。她们做那个动作时，老人的脚就稍微抽上来一点，王希海老师马上知道老人的心，老人也有自尊啊，你把它拉起来，他又没穿裤子，那是非常难受的。

王老师又讲到，老人的病从哪里来的？很多都是为子女积劳成疾。所以《跪羊图》唱道：“父生病，是为子劳成疾；母心忧，是忧儿未成器。”我们的工作还不稳定，夫妻之间还不和，还有很多坏的习惯都改不了，比如喝酒伤身，父母都还在牵挂当中。

王老师还讲到，老人生病之后，内心又怕给孩子增添负担。你看，病成这样了，念念还是为子女着想。子女来医院陪一下，“回去吧，你家里还有很多事，你赶快回去。”都是为子女想。有些子女照顾几天，有点不耐烦了，在病房外面走廊上抱怨。其实老人都听得到，老人的心都很痛。

我7月到南京去参与一个校长培训班的课程，有一百多位校长、幼儿园园长参加，我也很有福气，刚好那几天就有王希海老师的课，他讲了一堂课，确实我们都感动得流眼泪。其中有一个老师，应该是校长级的，她听了一个多小时的课，当着一百多个人，那可能还有她的同事，马上举手跟王老师讲，她说：“王老师，我对不起我的婆婆，我是穿着人皮的狼，我太不孝了。”她被王希海老师的孝心震撼，良心就出来了。所以人都有良知，遇到至孝之人，就把善给唤醒了。

我记得在《天下父母》节目中，称赞王希海老师孝顺，他都诚惶诚恐，“我做得还不够。”包括2010年的道德模范许月华女士，她十二岁双腿全断了。十七岁她被送到福利院去，半个月后，她主动提出要照顾小孩。福利院的负责人很惊讶，“我们不照顾你就不错了，还要你照顾小孩？”结果她真的办到了，三十七年，照顾了一百三十八个孤儿。她用木板凳走路，那个板凳是几十厘米厚的木板，三十多年来走坏了几十个，她走了多长的路？她那个心柔软，很多孩子先天状态都不是很好，有时会不经意流口水，她说孩子的口水流在她的手上、脸上，她从来不敢去擦。至爱至孝的人，心地非常柔软，就像王希海老师，马上能感觉到老人的心。这位许月华女士马上能感觉到孩子的心，“他先天已经不如人了，他也有自尊，所以他的口水沾到你，你马上擦，可能会伤到他的心。”所以许女士说，不能去擦那个口水。

我曾经带我的学生去看望脑部障碍的小孩，觉得他们确实很可怜。

他们也是因为没有行为能力，口水都流下来。学生看到他们流口水，都不敢过去。所以我们教孩子没有别的，还是要自己主动去做。我就主动去陪这些孩子，去跟他们谈话，去抱他们，确实口水不少，也都流在我的衣服上、身上。我的学生在旁边看了好一阵子，慢慢地他们也走过来了，也就不嫌脏了。

真正发自内心的善心、孝心，不求回报，不带目的，没有夹杂自私自利，所以这是真善。《了凡四训》又讲“根心者真”，做的时候是发自真心；“袭迹者假”，只是做个样子，内心不是真正的善念、爱心。“又无为而为者真”“无为”就是做了以后不放在心上；“有为而为者假”，做完放心上或者带目的，这叫“有为而为”，这就是假，不是真善。这是真假的判断。

“善欲人见”，我们所做的善事到处公布、炫耀，别人都知道了，这叫“阳善”。还有“阴德”“阴德”就是你做的善事没有宣扬，人家不知道，这叫积阴德。《了凡四训》里讲到“阴阳”，讲得很详细，“凡为善而人知之”，甚至而欲人知，这叫阳善。“为善而人不知，则为阴德。”“阴德，天报之”，积阴德，老天会降福报；“阳善，享世名。”**名也是福报。做得一定要让人家知道，那福就已经报掉了，就没阴德了。所以“名者，造物所忌”，忌讳什么？名过其实，德不配位，这都损福。**大家注意看，尤其一些公众人物，名气非常大，可是私底下的行为非常不好，折福就很厉害。所以很多公众人物很短命，可能就是享了盛名，德行跟不上来。甚至更严重的是享了盛名，可是带动社会很不好的风气，把下一代的青少年、孩子全部带坏了，这样的公众人物折寿非常严重。

人世间的真理其实在我们眼前，留心去看，就看得清楚了。而且每个名背后是责任，不是拿来炫耀，不是耀武扬威的。所以当官有官气是不对的，“当官不为民做主，不如回家卖红薯。”为官一任，要造福一方，才对得起“父母官”这个名。被人家叫“经理”，不要高兴太早，经理，那要照顾好底下的人。请问大家，我们的孩子牙牙学语，第一次叫“爸”，高不高兴？不要高兴太早，每个名后面是责任。“养不教，父之过；教不严，师之惰。”所以我们到学校去被人家叫“老师”，都胖不起来。为什么？一叫老师，“师者，所以传道授业解惑也。”我被人家叫老师，我没有做到，名不副实。所以大家知道我为什么这么苗条了吧？有福报的人，哪有像我这么瘦？我这是虚名太大，德行太差。德行要提升也要一段时间。所以我读到这一段特别有感触，人怕出名猪怕肥，“世之享盛名而实不副者，多有奇祸”，都会有很特别的灾祸。我读完这句以后，在马路上走，特别小心。当然，要自立自强，勇猛精进就对了。

下一句也很重要，“人之无过咎而横被恶名者，子孙往往骤发。”你没有过失，人家误会甚至毁谤、侮辱，坏你的名声，背了这个恶名，子孙往往可以骤发。这就告诉我们，**人欠你，天会还你。所以天底下的事情挺公平的，不要心里不平。**被人家骂，子孙可以骤发，这我有观察过。小时候我们附近有一对夫妻不识字，很多人取笑他们，“笨、傻人、傻牛”，这样骂。他们被人家骂，笑一笑，从来不跟人回嘴，结果后来他们的小孩都挺有成就的，跟这句相应，“子孙往往骤发。”

诸位朋友，大家想不想过太平的日子？什么叫太平日子？“日日是好日，时时是好时；人人是好人，事事是好事。”这样的日子想不想过？想。什么时候开始？Right now。这句我们听懂了，我们就过这个日子了。被人家侮辱，就是送福报给我们，因为我们子孙会骤发。那请问，天底下还有哪件事是坏事？**真的没有坏事。转个念，全都是好事，这叫转烦恼为菩提，化危机为转机，化悲愤为力量。天堂跟地狱不在外面，在哪？一念之间。**这么一转，人人是好人，骂我的人都是送福报给我。明天开始，人家一骂你，“谢谢你送福报给我。”那个人骂不下去了。人跟人能骂得起来，是一般见识，叫半斤八两。一个人要骂人，一个人说“谢谢”，就骂不下去了。

这些经文其实都可以给我们人生很大的启示。大家要练习练习，怎么从地狱转到天堂。诸位朋友，你们心里有没有烦恼的事情？有。那你还继续烦恼？怎么这么傻！马上转啊。有没有转不动的？有，要问人，“心有疑，随札记。”人生一寸光阴一寸金，要拿来孝顺父母，积功累德，我们还拿来烦恼？浪费时间。要会转，你会转了，你的孩子一定是乐观的人，他的人生一定没有一件事是坏事。确实是这样的，好坏在自己一念之间。

我们行善，有一个现象要反思。很多人很喜欢捐款，但是兄弟姐妹有需要，不主动帮忙，这是不当的。还有人去做义工，做到婆婆没饭吃，流弊很大。这都是我亲自听人家讲的实例。还有一个更严重，他妈妈抗议：“我孩子出去讲孝道，都不孝顺我！”《了凡四训》还要给他再提醒提醒。“不论现行而论流弊，不论一时而论久远，不论一身而论天下。”他妈妈那个话再传出去，当地的人都不相信传统文化，“那讲课的人居然连妈妈都不孝顺，我们不要听他讲了，这个传统文化不要学。”那他的罪过很大，给传统文化抹黑了。

近处不能感动，最亲的亲人都不能感动，还感动更远的人？本末倒置。为什么本末倒置？都是去做给人家赞叹的，就喜欢人家的赞叹，好虚名，不是真善。有一个企业家常常捐款，结果他的弟弟很困难，跟他借多少钱，他都记得清清楚楚。后来一听课，自我反省："我这根本都是沽名钓誉，连自己的手足都这么计较，还常常捐款给人家看。"他回去之后跟他弟弟讲："那些钱你不用还了。"然后还给弟弟找了一个很不错的房子，安顿了他的家庭。他弟弟痛哭流涕。还有一个人最高兴，他母亲最高兴。这是"善欲人见，不是真善"。

下一句讲到：

【恶恐人知。便是大恶。】

假如我们做了坏事，却掩饰，不让人知道，《弟子规》讲，"过能改，归于无；倘掩饰，增一辜。"而且掩饰，慢慢这个恶会愈来愈大。"勿以善小而不为，勿以恶小而为之。"恶不制止，它会愈来愈壮大。俗话讲的，"小时偷针，大时偷金。"谈到这里，小孩子的教育就非常重要，一有过失，要勇于承认，不可以掩饰。

我们很熟悉的故事，华盛顿砍倒樱桃树，他勇于去跟他父亲承认。所以恶要能改，肯承认、肯改，要有三种心。《了凡四训》讲，要发"耻心"，有羞耻心，觉得做错了，对不起父母。"德有伤，贻亲羞"，羞耻心从这里来的。又有"畏心"，敬畏的心：我做错这些事情了，举头三尺有神明，不能一错再错。有"勇心"，勇于承认、勇于改过。

好，既然要教孩子有勇气，身教胜于言教。请问大家，我们在单位有没有做错事情？有没有跟人家产生言语上的摩擦跟口角？可能有。道歉了没有？"过能改，归于无；倘掩饰，增一辜。"假如这个恶是忤逆父母，就更要有勇气去道歉。我们曾经也听过，就是跟母亲发脾气，也知道错，但拉不下这个脸。所以**人好面子，对自己的障碍非常大**。好面子就"倘掩饰，增一辜"，罪上加罪。刚刚说到的，那个跟母亲发脾气的人，隔天他母亲就去世了，人生无常，他抱憾终身，连跟母亲说对不起的机会都没有了。所以人要当下能去面对自己的过恶，勇于去道歉、去改过。

《弟子规》又告诉我们，“闻誉恐”，人家称赞，诚惶诚恐；“闻过欣”，别人指出我们的问题，很高兴。“闻过欣”是因，“直谅士，渐相亲”是善果。种因得果。**有接受别人劝谏的雅量，会感来很多正直、善良的朋友来帮助你的道业、德行。**所以，恶不只不恐人知，人家给我们指出来，我们还有勇气说：“谢谢你的提醒，我改给你看。”这是什么？知缘惜缘。人家这么正直，为你好，你怎么珍惜人家这份情义？珍惜这个缘，做给他看，改过来，不要让他的心血白费。

请问大家，谁最清楚我们的过恶？当局者迷，旁观者清。**身边的人，就是另一半，看得最清楚。**大家有没有想起来，另一半曾经提醒我们什么？“好像前几天才提醒我，我到现在已经跟他冷战第五天了。”都是身在福中不知福。**最亲的人看我们最清楚，我们肯听就得最大的利益。**而且人的修养，连最亲的人都感动不了，还说学得多好，I can not believe，我也不相信。而且又变成什么？自欺欺人。

假如身边的人都不认同我们，常常出去讲课，讲到最后也心虚，不然就是狂妄自大，都看不到问题了。所以人走在修身的道路上，不要骗自己，这是人生最可悲的事情。所以要先有雅量，听最亲的人给我们的劝告，想一想曾经劝过我们什么，我们改了没有，然后下大功夫，改给他看。真的改过来，全家人会对传统文化刮目相看。很多人都觉得，我都很认真学，我们家的人怎么都这么没善根？他们都不学。搞错了，颠倒了。可能不是他们没善根，是我们没善根。我们做得不好，所以他们很难相信。

什么是善根？“行有不得，反求诸己”，这才叫善根。因为我们先

学，所有家里的人对传统文化的信心建立在哪里？建立在先学的人身上。有没有人听到这里说，“好衰，我怎么先学？”这个念头都不对。先学要先承担，是吧？我告诉大家，我们是同样的命运，什么命运？没有后路可以走了。我们只能往前走，叫破釜沉舟。人有后路可以走，就不可能突破、提升。为什么？明天再说，明天再说，因循苟且都不改。“天下聪明俊秀不少，所以德不加修、业不加广者，只为‘因循’二字，耽搁一生。”

我们学两三年了，哪个最严重的习气我们改掉了？改掉了，才叫真学、真干。假如还没改，“人非圣贤，孰能无过？过而能改，善莫大焉。”真的还没改，我们发露忏悔。今天回去还是要点一炷香，然后找个良辰吉日，在亲戚朋友面前发露忏悔。大家敢不敢？要有勇气啊。第一，大家都知道我要改了，我没有后路可走，然后，后不再造。再来，所有听到的人都来监督我，我就更不会放纵了。这个提供大家参考。

而真的发露忏悔，这是真诚心可以感动家人。真改过来，你就是你们家改过的专家。大家有没有志气？我来做改过的专家。**其实做圣做贤没别的，勇于改过，就能契入圣贤。**所以“勿自暴，勿自弃，圣与贤，可驯致。”今天回去，点一炷香，然后列出三个最严重的习气，最需要改的，向着古圣先贤、历代祖宗发愿，把这个过恶改掉，那就善莫大焉。

今天就跟大家交流到这里。谢谢大家。祝大家平安！

第二十七讲　勇于面对自己；警惕邪念后果

尊敬的诸位长辈、诸位朋友，大家好！我们上节课讲到，“善欲人见，不是真善。”所以**行善要发自真诚心、道义的心，不要求回报去做，最好是三轮体空**。行善心地清净，没有自己在行善，也没有接受我行善的对象，布施的东西都不放在心上，这个心量跟虚空一样，那福慧就修大了。行善希望人家知道，常常去炫耀，那这个善的福报就报掉了。阳善享世名，阴德天报之。

接下来：

【恶恐人知。便是大恶。】

我们要了解，掩饰自己的错误，恶会变得愈来愈大。我们看堤防，可能就因为蚁穴，那个洞慢慢扩展，最后整个堤防都崩溃。大恶，往往从一念偏差，不懂得去改过，慢慢做大，最后回天乏术，就造弥天之罪恶。所以小时偷针，大时就偷金。当父母的人假如懂这个道理，孩子第一次撒谎、第一次做错事情，那是最重要的关键时期。“慎于始”，要非常警觉。

司马光先生，一代完人，平生所做的事，没有不可告人的。这得力于小时候的家教。有一次，他跟他姐姐在剥核桃皮，剥啊剥啊，好像剥不下来，他姐姐稍微离开了一下，刚好家里仆人经过，看他剥得很费劲，就教他拿开水烫，就很好剥了。后来他姐姐回来了，“你怎么剥这么快？这个方法很好，你怎么会？”他说：“我自己会的。”现在想想，我小时候也很容易炫耀自己，不是自己的能力还打肿脸充胖子。结果司马光的话刚好被他父亲听见，就呵斥他，小小年纪怎么可以妄语？所以那次之后，他一辈子没有妄语，做任何事，对得起天地。这是孩子有错误的念头，小恶，马上父母就把他纠正过来。

护念好孩子，回过头还要护念谁？护念好自己。能接受别人的劝，别人就愿意提醒我们。最近有一个同仁就提醒我，因为他发现我吃饭的时候，有时候会跟同桌的人交流。他说吃饭的时候讲话，可能嘴巴里还有饭菜，这样比较不文雅。甚至实在没办法，要跟人对应，最好是把饭吞下去，然后喝一点水，不然刚好吃芝麻油条，嘴一张开，好几个黑点，人家被吓到。这都是为人想，自重而后人重，一举一动都要有威仪。我觉得他这个提醒非常好。他是两三个礼拜以前提醒我的。他提醒我的时候，我说，“谢谢你的提醒，为了回报你这个护念，我从今天开始绝不再犯，犯了接受你的处罚，你提出来，我受处罚。”这也是滴水之恩，要涌泉相报，人家是在护念、提醒我们，这应该超过滴水之恩吧？怎么回报？不要让人家的苦心白费。**请问大家，这一生多少人劝导过我们？我们改了没有？父母的劝导、老师的劝导、爱我们的人的劝导，我们改了多少？不能不改，不改叫无情无义。讲情义的人，能够把人家的真心放在自己心里，变成鞭策自己的力量。**

师长为什么有这么高的成就？他三位老师给他的教诲，他不敢忘啊，一听完一干就是一辈子。章嘉大师教导他布施，他一生不断布施，果报也很殊胜，财布施得财富，圆满的财富。什么是圆满的财富？不需要钱的时候，口袋里一毛钱都没有。为什么？放很多钱很重，走起路来还会晃，而且心里也很有压力，怕人家看到，你看多不舒服。所以财布施圆满的人，不用钱，口袋里一毛钱都没有；需要钱的时候，几千万、几亿，起个念头钱就送来了。

真理可以在每个人的人生显现，才叫真理。真理不是在某些人身上显现，那就不叫真理，那叫偶然。所以**圣贤教诲是有求必应，我们如理如法去修，一定可以感得殊胜因缘**。了凡先生命中无子，后来他的后代非常兴旺，他改造了命运。尤其又留了这本《了凡四训》，利益了几百年的人，不只利益中国人，日本、韩国都非常重视这本书。稻盛和夫在现在的企业界是顶尖的模范，他给全世界的年轻人推荐的第一本书，就是《了凡四训》。

怎么改造命运？“恶”不要怕人家知道，还要发露忏悔，后不再造。古人不掩饰自己的过失，然后惭愧，奋发图强，把它改过来，这样的态度上天会降福给他。有过失不改，还懒惰、懈怠、苟且，上天会降祸的。祸福在一念之间。而且古人不只人前非常谨慎，没有人时也谨防自己有邪念。古人修身的功夫，特别重视慎独，只有自己在的时候，常常就像《大学》里讲的，“十目所视，十手所指”，虽然身边没有人，就好像十只眼睛在看他、十个手指在指着他，他不会放纵自己，他会战战兢兢。古人是怎样？每天睡觉的时候，盖着被子，想想今天有没有做错事？假如今天做了不好的事，连对着棉被都觉得很惭愧，这是古人的心境。

古人防非止恶，到什么程度？做梦了，梦里有不好，他都忏悔。明朝有个读书人叫杨翥，他做梦梦到自己走到一个果园，摘了两颗李子来吃，隔天醒来，面壁思过，几天不吃饭。假如依这个标准，我可能会饿死，学问差太远。杨翥怎么反省自己？我在梦里，没有取得主人的同意，就摘了人家两颗李子，这是平常道义跟利分不清楚，是不义的行为，不可以做。所以我们不只恶不恐人知，连做梦别人不知道、只有自己知道的过恶，都要深深忏悔。因为日有所思，夜有所梦，所以做梦梦得不好，代表平常也是胡思乱想。

古人的态度让我们很佩服。恶不改，尤其高位的人，所造成的危害非常大。从家庭来看，当父母的人不改过，下一代会遭殃、会学坏。一个国家的领导者，恶不改，那整个国家的风气就带坏了。“上有好者，下必甚焉。”

宋朝的曾巩跟王安石交情很好，结果神宗皇帝就问曾巩，你觉得王安石这个人怎么样？曾巩就说，王安石的文章、品德都不输给汉朝的扬雄，但他比较吝啬。皇帝就说了，“王安石不重视富贵，不重视财富，怎么会说他吝啬呢？”结果曾巩就讲，我所谓的吝啬，是王安石很勇于承担，勇于为国家做事，但却吝啬于改过，不愿意针对自己最严重的问题去痛改。其实就是好面子害的。

一个举足轻重的官员好面子不改过，那忠臣的话他就听不进了。忠臣的话一听不进，听谁的？谄媚、巴结他的人。结果最后国家因为他招来很大的祸患。所以宋神宗听完也点点头，表示同意。**王安石有宰相的才能，但就因为没有办法改自己的过失，导致危害整个国家，后世对他就有很多批评**。以他这种宰相之才，都会产生这么不好的影响，就因为不改过，更何况我们没有他的才干，又自以为是，那可能就天天活在过失当中，蹉跎了自己的人生。

接着我们来看下一句经文。我们在谈这些经文的时候，都可以感觉到每句经文在教我们自爱、教我们爱人。不行善、不改过，就不是爱自己了。再来，会祸延子孙。不自爱的人怎么可能会爱子孙？“积善之家，必有余庆；积不善之家，必有余殃。”这些经句都给我们很高度的警觉性。

下一句讲到：

【见色而起淫心。报在妻女。】

见到女色而起邪淫的心，大家要注意看，起淫心而已，没有行为，就光是这个邪念，就折很大的福报。为什么？因为万恶淫为首，邪念一起来，种种不好的思想全部都来。会起哪些，待会儿我们再来看。

所以这句经文，让我们很震动的是，才起邪念就会殃及妻女，那假如还有不好的行为，就更惨了。所以这个“报”是提醒我们恶有恶报，**对自己的一言一行，甚至起心动念，都要有敬畏的心**。为什么古人说万恶淫为首？因为邪念一起，虽然还没有一些恶的缘分促成恶行，但是已有种种的幻想出现了，然后就会开始生起很多巧诈的心，要去达到不好的目的，就开始设计别人。一个邪念一起来，接着这些心起来。比方说要去达到目的，稍遇不顺、阻碍，嗔恨心起来了。这个情欲打开，贪着心起来了，人那种邪念一起来，什么事都做不了，一定要去达到这个目的。然后看到别人的妻子很好，又生羡慕，最后还嫉妒。历朝历代，因为嫉妒别人而下毒手的都有。这个嫉妒心起来，还妄图夺人所爱，杀害心生起来，廉耻尽丧。

所以古人说万恶淫为首，这给我们很慈悲的提醒，而且没有伦理道德的态度，种种恶念、恶业起来，种种善念就没了。所以一动淫心，虽没有实际的行为，积的恶就已经非常大了，更何况还有真正的行为出现。

举一些具体的例子。有一个读书人要去考试，他到了一家客栈，客栈主人前一天做梦，梦到有人告诉他，明天有个读书人来你客栈，他今年可以考上进士，你要好好招待他。所以有当官的命是很大的福报，那都有祖宗、很多人在保佑。结果这个客栈主人隔天遇到这个书生，对他非常殷切热情。书生诚惶诚恐，“你怎么对我这么好？”客栈主人说：“我梦到有人告诉我，你今年会考上。”这个读书人姓李，就很高兴，当天晚上就在想：考上进士以后是当大官，太太长得不够漂亮，应该换个太太。起了这个念头，好色了，见利忘义、见色忘义。结果他隔天去考试，客栈主人又做梦，梦到告诉他的人说，这个读书人还没考上就要换太太，他这一念把福报折掉了，他考不上了。结果真的没考上回来，客栈主人又告诉他梦到的情景，这个读书人不好意思，自己心里想的都被人家知道了，赶快落荒而逃。难得还有羞耻心，不敢住了。起一个淫心，一生的功名毁掉。

江西贵溪这个地方，也有一个读书人，学问非常好，屡次考试都考不中。后来请一个高人来协助他找出问题，这个高人告诉他，你曾经对你的婶婶非礼。以前是大家族，有时候婶婶的年龄跟自己的年龄没差很多。他说没有，我没有这样的行为。后来高人进一步告诉他，你有没有起过这样的念头？他就很惭愧，他说：我婶婶长得很漂亮，那时真的有起这些邪念。这就把他的功名给折掉了。所以起淫心损的福报很大，报在自己的功名、自己的后代。

我们的下一代因为这个色，真的身心受到非常大的摧残，那对他以后的人格都很有影响。现在西风东进，整个男女关系太混乱，所以一定要从小把这些正确的人生观教导孩子。孔子说，“君子有三戒：少之时，血气未定，戒之在色。”现在家中所看的书、电视，都要是正知正见、有正气的，不能是那些邪的。《弟子规》说，“非圣书，屏勿视，蔽聪明，坏心志。”我们以前这些都不懂，受到这些电影、书籍影响，对自己修学都是非常大的障碍。所以现在看到孩子从小开始读经，我们都觉得很欣喜，他们不要走我们的弯路。

而我们看古人造字，“色字头上一把刀”，这个创字很有智慧，刀会出人命的，奸淫跟杀非常相近，甚至于有过之而无不及。因为有奸淫，没有不出现杀的问题。比方女子的丈夫发现了，那他会拿刀来要人的命。我们曾经看到报道，有个丈夫真的非常气愤，最后怎样？不只杀了自己妻子，把妻子的父母都杀掉。就是他那个愤怒没有办法止住，“你怎么教出这样的女儿？”这是对对方家人的愤怒。包括争风吃醋，两个男人争一个女人，最后这两个人互相残杀。这样的例子很多。

大家现在看这句“见色而起淫心”，告诉大家，这个时代更可怕的是什么？不是男人而已。诸位女同胞，你们不要不高兴，我是就事论事。真的，我有一个阶段看了很多报道，好多女子被骗，被男人骗，为什么？这些男人一百八九十厘米，而且都是西方人，长得很帅，这些女孩子可能好莱坞电影看太多，然后就喜好男子的美貌，这些女人都是当经理的，还有当会计师的，都是各个行业表现不凡的人，最后就因为这个色，把自己给搞垮了，被这个男人骗了很多钱。后来东窗事发，警察局查明这件事情，同一个男人骗了好几个女人。有一个女子被通知到警察局去，这个女子去的时候挺个大肚子，她还不知道那个男人是骗子。所以这个经文对我们这个时代的人，都是很大的提醒。

再来，因为奸淫变成杀害对方，最后王法还是要判杀人者死罪。纵使逃过法网，首先他一生良心不安，还有身体一定会坏。大家看好色的人都是短命，他把自己的精气全部耗散掉了，就短命，所以最后也被自己给害死了。这个时代受到杀盗淫妄的污染，男人现在寿终正寝的不多见。现在能听到几个人说“我要走了”，就走了？无疾而终，现在好不好找？不好找。纵欲之后，身体都搞坏掉了。

而且邪淫不只会闹出人命，害了当事人，甚至于什么？杀害、伤害了三四个人。怎么说？第一，破了当事人的名节，害了她一辈子；再来，她的公公婆婆、父母、丈夫、子女痛心疾首，一辈子抬不起头来，不是把人家全家都害了！甚至于因为羞愧自杀的都有。甚至丈夫受不了，杀妻子；父亲受不了，"这个女儿让我全家族没法见人"，把自己女儿杀了的都有；儿子不认母亲了，在亲戚面前抬不起头来，好人家就不可能跟他结为好姻缘。就因为顷刻的欢乐，造了弥天的罪恶，最后感来报在妻女，甚至于犯邪淫的，很多都会得断子绝孙的果报。

万恶淫为首，值得我们警惕，而"人非圣贤，孰能无过，过而能改，善莫大焉"。**我们还没学传统文化以前，很多道理不懂，现在懂了，"从前种种，譬如昨日死；从后种种，譬如今日生。"**而且我们更要发愿，以前做过的错事，不只以后不犯，还要尽心力劝别人不要再犯。这样的忏悔、这样的胸怀，自己的罪业洗刷得非常快。而且也借由自己的人生错误，去成就很多人的人生，不要再犯这样的错误。这就化悲愤为力量、化烦恼为菩提了。所以罪业一忏、一转，就是功德。

好，今天就先跟大家交流到这里。谢谢大家！

第二十八讲　放纵色欲，无比惨痛；降伏邪心，无上清凉

尊敬的诸位长辈、诸位朋友，大家好！我们一起学习《朱子治家格言》，愈学愈体会到，中华民族可以绵延五千年不衰，不是偶然的，全世界的古文明只剩中华民族的文明延续下来。西方人很好奇，曾经在二战前做了一个研究调查，得出结论："可能因为中国人重视家庭教育。"随着我们学习《弟子规》《了凡四训》《朱子治家格言》，让我们很感叹，这么好的教诲假如能深植在我们和下一代的心中，种种家庭、社会的乱象就不存在了。

我的师长说："灾难的根源是人心出了问题，人心要靠教化。东方忽略了圣贤教育，西方忽略了宗教教育，这是动乱的根源所在。"所以不从人心解决问题，不可能改善，"建国君民，教学为先。"

比如《朱子治家格言》一开始，"黎明即起，洒扫庭除，要内外整洁。"教孩子勤奋、有责任心。现在孩子问题在哪？没责任感，懒惰。人只要懒惰，种种邪念都会出来。不感恩，视为理所当然。随着我们深入这些宝贵的家训，更可以体会到中华民族有五千年教育的理念、智慧、经验、方法，还有五千年的效果，代代都有圣贤人。结果我们这几代忽略了，现在要找一个孝子都不容易。所以最大的危机在哪？丧失民族自信心，觉得外国的月亮比较圆。结果现在国外的乱象我们华人世界都有。所以要有智慧、要有理智去判断邪正、是非、真伪，

不能盲从。

我们很欣喜，现在祖国大陆在恢复传统文化，全国人民都感觉到整个社会风气的改善非常快速。所以《孝经》讲的是真实的，“一人有庆”，国家领导人有德行，“兆民赖之”，十几亿人仰望他、效法他。风行草偃，上行下效。这都给我们信心。再拉回我们自己的家庭，父母带头做，孩子也是风行草偃。

《朱子治家格言》又提道：“一粥一饭，当思来处不易；半丝半缕，恒念物力维艰。”现在很多乱象都从奢侈来的，孩子假如从小扎这个根，他就不会被社会左右、污染。我们上节课谈到的，“见色而起淫心者，报在妻女”，**这些经文孩子从小读，父母甚至家族的长者又常常讲故事给他们听，这些善有善报、恶有恶报的道理、故事深植在他们心中，遇到境界、诱惑，正气就容易提起**。假如我们从小都没有这些熏习，甚至还常常受染污，遇到境界怎么会有定力呢？所以人的定力、观照能力一定是从小扎根。从这里我们也感觉到《朱子治家格言》中每一句，其实都是一个人一生成败的关键。

朱柏庐先生为什么写这篇文章？他爱他的后代子孙。我们现在为什么来学这部经典？有没有人说没事消遣消遣？学习的心态影响学习的效果，有些人赶流行，现在人都读经，我也来读读经。**学习，要知道自己的目标，而且还要发愿。学家训，就要有志气，要开千年不衰的家道**。天下无难事，只怕有心人。朱柏庐先生的后代也传这么久了，了凡先生的后代也传那么久，家道还是很好，孔子也是我们的榜样。

学习这些家训，愈学愈体会到师长老人家说的，中华文化用一个字来代表，“孝”。我们今天来学习，是不是在力行孝道？首先我们明白道理，不糟蹋自己，不让父母担心就是孝。再来，我们把孩子、孙子教好，让好的教诲、好的人生智慧利益后代子孙，才对得起祖先。那孩子在力行这些教诲，他也想着父母、祖先，有句俗话说“一人得道，九祖升天”，后代子孙也是在为祖宗着想。

历史中，很多功在国家的读书人，皇帝都追封他的父母、祖父母，甚至还有追封到曾祖父母。可能有人说，人都死了，封这个有什么意思？有没有意义？这告诉天下人，这个栋梁之材怎么来的？就是他的这些祖辈培养出来的，这些恩德都不忘。所以以前的国家领导人封有功之人时，同时也拿知恩报恩教育天下的人。包括这个人有贡献，当初哪个人推荐的，也要封，饮水思源。所以我们理解到孝是核心，理解到父母、祖先爱子孙，再来读这些经句，味道不一样。

我们中华民族的儿女很有福报，不只受自己祖先的教诲，各姓氏祖先的教诲都非常慷慨地供养给所有人。大家读过范仲淹先生的文章吗？不是只有范公的后代可以读。曾文正公的文章大家也读过。他们都没有打上“版权所有”，而现在的社会风气都是“版权所有”。古人不会这么做，一来他有利益人的胸怀；再来，孔子说，“述而不作，信而好古”，这些教诲都是历代尧舜禹汤、文武周公这些圣人传下来的，所以他不只不会占为己有，他还会形成一种使命感，身为炎黄子孙都有责任把它传下去。

我们接着上节课讲的：

【见色而起淫心。报在妻女。】

这个提醒很深刻，只是动个念头，就会酿成子孙的灾祸。这句听明白了，念头都不能起，怎么还可以有言语跟行为呢？而且这句经句很有深义，告诉我们念头的危害是非常大的。念头没控制住，会一直发展，那种爱慕、贪求、控制、占有就开始相续不断。接着，得不到会嗔恨、嫉妒，甚至还会起杀心。现在情杀这么多，根源只因什么？一个邪念没控制住。所以古人强调防微杜渐。一念，祸福在其中；一念，是天地人三才还是畜生，也在其中。所以古人对于克制念头非常强调，“克念作圣”。错误的念头要一刀斩断，不能犹疑，正念要马上现前，邪念才污染不上。

而我们从这里想到古人非常重要的提醒，“万恶淫为首，百善孝为先”，大家都很熟悉。可是现代很多电影，好像都在鼓吹男欢女爱，甚至违背伦常、违背礼义的都有。我们从小没有被教育这些是不对的，都视为是正确的。所以这句“万恶淫为首”，从现代社会看，古人真是真知灼见，因为淫比杀危害更大，淫接近杀。

首先从自身讲，残害自己的身体，这是自杀的行为。大家冷静去看，我们下一代的身体素质怎么样。他们被误导了，太多骄奢淫逸、杀盗淫妄的污染，纵欲，身体就坏了。吕洞宾先生讲：“二八佳人体似酥，腰间仗剑斩愚夫。虽然不见人头落，暗里催人骨髓枯。”十六岁的少女，肌肤像酥一样，但就好像腰间佩了一支剑砍愚昧的男人，虽然没有人头落下，但因为好色，他的骨髓就枯竭了。孔子讲，“少之时，血气未定，戒之在色。”所以一个国家下一代假如不戒淫欲，这个国家铁定要衰败的。

为什么淫比杀厉害？第一个，残害自己的身体。彭医师曾举一个例子，有个人才四十岁，脉象显示纵欲太严重，就劝他一年不可以纵欲，要断房事一年。结果他不听，半年之后身体的病症就出来了，一年后就瘫痪了。中医很厉害，它都看征兆，可以洞察机先。中医至少有五千年治病经验，要听啊！不听老人言，吃亏在眼前，中医也是老人，五千年了。而中医最强调的是治未病，不是治已病，它很高明的地方在这里。

除了残害自己以外，邪淫，假如女子的丈夫知道了，可能会愤怒操刀，这时就出人命了。甚至不只恨对方，可能还恨妻子的父母。所以邪淫可能造成是三代人的痛苦，我们因为这个欲念，最后造成对方及家人三代的痛苦，这个罪业比杀还严重。她的父母没法见人，她的孩子抬不起头，这杀三代人啊。

明朝有个读书人，他去参加科举考试，刚好客栈隔壁有位官员的女儿对他有好感，献殷勤。这个读书人很有正气，因为礼法不容，所以回绝了。结果这个女子不死心，又派婢女半夜找他，这个读书人当然守住正念。而住同一客栈的另一个读书人就起了邪念，冒充他到隔壁跟这个女子私会。结果隔天一早，这个女子的父亲回来了，看到门是开的，就很气愤。古人对违背道德是非常不能容忍的，自己的女儿做出错误的事他也是很气愤，所以一进去看到女儿跟一个男子在一起，马上挥剑就把这对男女杀了。所以同样进京赶考，一个读书人有正气，后来顺利考上功名；另外一个守不住圣人的教诲，被杀死了。所以一念之差，天渊之别，可见败坏道德的严重性。

再来，邪淫还会殃及子孙。之前讲过，豫章两兄弟，双胞胎，声音、相貌让人分辨不出。他们的功名、娶妻、生子几乎都同样时间，所以亲戚朋友都说两人的命是一样的。后来进京赶考，刚好隔壁有个女子对这个哥哥有好感，哥哥婉拒了，但知道弟弟跟他的长相一模一样，就劝告弟弟不可以做违背良知的事，不然前途堪忧。后来弟弟没守住，还是犯了错，冒充自己哥哥骗了这个女子。结果哥哥考试顺利，要继续考进士了。弟弟还骗那个女子，还拿走她很多钱。后来这个女子就一直等，等到最后忧郁而死。死前写了一封信寄出去，哥哥接到了，知道弟弟犯下大错。结果哥哥考上进士，后来飞黄腾达，后代子孙也很兴旺；弟弟没多久，儿子死了，所以这是祸延子孙，然后自己因为丧子之痛太伤心，也哭瞎了，没多久也死了。邪淫会得断子绝孙的果报。

从这件事我们可以明白天地之间这些天理。有句话劝我们，“劝君莫借风流债，借得快来还得快，家中自有代还人，你要赖时他不赖。”所以“出乎尔者，反乎尔者”，贪不义之财，最后还是要出去的，留不住；今天伤害人家的妻女，最后回来的，还是伤了自己的妻女。天道好像一个循环，“善有善报，恶有恶报。”而且钱债比较好还，情债不好还。这是我们谈到邪淫接近杀的一个反思，会殃及子孙。

再来，现在社会最严重的一件事，堕胎的问题。堕胎很多都跟邪淫有关，全世界一年五千万人堕胎，万物之灵现在变成杀害自己的亲骨肉，所以“万恶淫为首”的教诲对这个时代太重要了。而堕胎不只意味着胎中的孩子死亡，妇女本身也有死亡的危险。很多少女去堕胎，后来失血过多，这都是很危险的。而且经典也告诉我们，无畏布施得健康长寿，杀害自己的孩子，这是违背无畏布施了，怎么可能身体会好？所以堕胎有可能发生自身的死亡。

再来，会造成不孕。依据科学统计，堕一次胎，孕育孩子的子宫会严重受损，生育能力下降百分之二十五。所以现在让我们很感叹的现象，是未成年堕胎的排长长的队伍，另一头是结了婚生不出孩子的妇女在求诊。这是很可悲的现象。问题还是出在教育，不懂得自爱，不懂得珍惜名节，放纵欲望了。

不只自身有可能死亡、不孕，而且会留下疾病。依据统计，堕胎的妇女得忧郁症是没堕过胎者的三倍，自杀率是没堕过胎的五倍。还有意外死亡，是没堕过胎的三倍。那有人说这有什么关系？《左传》提醒我们，“多行不义必自毙”，做太多伤天害理的事，当然老天要把人收回去，因为我们不像人。堕胎会感召凶祸。还有统计提到，女子有妇科病，百分之八十都堕过胎，所以罹患疾病的比例比较高。

不只自身受影响，她以后怀孕，孩子很难带，还会伤害到后代，这从科学的角度很容易了解。我们假如到山上去，青山绿水，磁场好不好？很好。突然再到另外一个地方是专门杀狗的，一进去，磁场一不一样？不一样。都是空气，有没有不一样？有。存不存在？存在。子宫本来是孕育的地方，磁场很好，结果堕了胎，整个磁场就变了。我们的身体会不会记忆？会啊。所以孩子难带，可想而知。

但几代人缺教育，“人非圣贤，孰能无过？过而能改，善莫大焉。”所以我们共同学习今天这堂课，我们每个人都有义务把这些观念、道理、事例广泛宣扬，一来弥补我们以前思想观念、行为上的错误，再来，不要让后面的人走我们的弯路。

“万恶淫为首”，首先是邪淫接近杀害。第二会自毁前程，会把自己一生的功名毁掉。上节课我们举的例子，起一个邪念，功名就没有了。可见念头的危害是很大的，所以转念就改命运。林则徐先生讲得非常精辟，“存心不善，风水无益”，心地不善良，家里很好的风水也没用，慢慢这个风水就破了。**人的心念要为天下苍生着想，我们把每天读经、做好事这个功德都回向给一切苍生，这个心念就很可贵。**《了凡四训》中的卫仲达先生给我们很好的启示，“君之一念，已在万民。”他是当官的，可以修这个福分，我们能不能修？可以。我们现在好好学习，好好教育孩子，以后弘扬中华文化，那我们教育孩子的存心都是为把圣贤教育弘扬到天下，那“君之一念”也在世界人民了。

所以不能自毁前程，要从邪念克制起。明朝嘉靖年间，有个读书人叫陆仲锡，他的才华很高，才十七岁，学问就很受推崇，算是奇才，现在的话叫天才儿童。他跟他的老师邱某到了京城，住所对面有个女子很漂亮，师生两人就常偷看。一般人看跟读书人看不一样，读书人是明理的人，明知故犯，罪加一等。他的老师更严重，还要再加一条，误人子弟。这个老师也很糊涂，还跟陆仲锡讲，你到城隍庙去求城隍爷促成你们两个的事。结果当天晚上，他们师生就梦到神明呵斥他们，因为他们的行为亵渎神明。梦中还听到陆仲锡本来应该是甲戌年的状元，福禄很高，但就因为贪女色，意念亵渎神明，造了很大罪业。第二天醒来后，他的老师邱某就得霍乱死了，他自己也终身贫贱。这就是不克制邪念，最后毁了自己的一生，自毁前程。

再来，这个“万恶淫为首”，我们可以体会到第三个重点，它会影响整个社会。邪淫的风气一起，离婚率就愈来愈高。以前没听过离婚的问题，现在大都市四成五成都有，非常严重。人不懂得情义，不懂得节操，不懂得要对得起另一半，放纵欲望，才感得离婚率高。离婚率一高，单亲家庭、未婚生子就多，下一代的道德素质就低，连锁反应。

古代男女的礼制为什么这么严格？都看得很远。现在问题出来了，想要扭转都相当困难。所以《礼记·学记》讲，“发然后禁”，问题已经产生，才要去禁止，“捍格而不胜”，很不容易扭转。所以重视胎教可以出圣人，重视三岁以前的教育可以出贤人，三岁以后很努力教，可以出君子。所以《礼记·学记》讲教育的时间点，“禁于未发之谓豫”，预防。

我们有位同事，她就感觉胎教影响很大，她怀孕时就常跟孩子讲：

孩子，现在是早上；孩子，现在是晚上，该睡觉了。就这么跟他沟通。结果孩子生出以后，生活很规律，该睡觉就睡觉，证明胎教的力量，这是正面的。她自己也反省，她说怀孕期间常生气，所以她这个孩子脾气也大。所以好的也学，不好的也学到了。

古人这些道理确实对我们有很大启示。只要离婚率高，家庭功能就会退丧，孩子没有很好的环境，当然素质就会下降，犯罪率一高，整个社会就不安定。所以我们对整个社会风气都有一份责任，不能只想自己，我们夫妻和乐就给社会带个好头，离婚就影响这个社会风气了。

《了凡四训》讲，“不论现行而论流弊，不论一时而论久远，不论一身而论天下。”所以几千年来，女子的穿着都非常端庄。大家现在在马来西亚，我们看八十几岁的老太太，她们都穿得很端庄，一看就肃然起敬，“自重而后人重，自敬而后人敬。”这些老太太纵使在自己孩子面前，都是这么庄重，不随便。我们现在假如没有这种态度、敏感度，人前人后不一样，那孩子学到什么？没人看到就可以随便，那慎独的功夫怎么培养？我认识一位校长，他非常有“教育爱”，他教了很多学生，常常回来看他，他说《弟子规》还是他的学生介绍给他的。他回想小时候，母亲在他印象中都是非常端庄，不是穿得邋里邋遢的。母亲的行仪，时时刻刻都在影响小孩。所以穿着会影响孩子、影响社会风气。

现在的女子假如懂这些道理，也会重视穿着端庄，不然穿得暴露会让人起邪念。只要让人有不好的念头跟行为，这都是造业。我们很重视自己的威仪，很端庄，看到的人都受我们的影响，这是积功累德。

所以不要小看自己的一言一行，都是可以影响家庭跟社会的。包括人与人的言谈都要正言正语，启发人的信心、智慧，不可以谈邪言邪语，引人邪思，甚至促成人家的恶事，这个罪业就大了。我们假如不被提醒，也很难不随波逐流。甚至轻浮言语的风气，在公家机关甚至教育界都有的话，那罪业就更重了。教育界要作育英才，还有这些邪的思想影响学生，这都是严重的罪孽。公务员是国家的代表，更要注重形象。

影响社会的还有媒体、书籍。好的，功德无量；不好的，大家冷静看，那些拍色情影片的，果报都很惨烈。包括演艺圈，很多带动邪淫风气的都短命。我们仔细观察，真理其实就在我们的眼前。

《水浒传》，施耐庵写的，里面太多暴力色情，结果他的儿子、孙子、曾孙都是哑巴，这个果报摆在眼前。所以《西厢记》，王实甫写的，里面剧情太多男女私会，结果他快死前，就常常绞自己的舌头。果报都很快，因为影响的面太大，影响的时间太久。那他到什么时候才算没造业？等到这本书消失了，他才没造业。所以古人考虑事情是非常深远的。

这样分析起来，这个"万恶淫为首"是真知灼见。更有甚者，因为淫乱，整个国家就毁掉了。商朝纣王宠爱妲己，周朝周幽王宠爱褒姒，整个国家都亡了。孔子当时治理鲁国，做大司寇兼宰相职，整个鲁国一片光明。结果齐国嫉妒，怕鲁国强大，送了很多表演歌舞的艺妓给鲁国国君鲁定公。鲁定公抵挡不了女色，连圣人都留不住，孔子因为这样才周游列国，看能不能找到明白的领导人来推行制礼作乐。所以重女色严重到会毁了一个国家。

而政治界的腐败现象也跟女色有关。所以色会跟贪污、毒品，种种这些不好的连在一起。古人留下来的这些真知灼见，我们都要细细思维，才能体会它的深意。

淫乱的果报很惨烈，不淫乱的果报很殊胜。我们很熟悉的五福临门，其中有三福，不淫乱就能获得。第一长寿；第二健康；第三考终命，就是临终时没病，自在离开这个世间。现在人临终昏迷的占很多，这都跟纵欲有关。

江西信州，有位读书人叫林茂先，当地推荐他考进士。结果隔壁有个女子，半夜到他的住所，他义正词严呵责她，“男女有别，礼法不容，而且举头三尺有神明。”其实人往往是一念之差，只要有人提醒，人性本善，也都能转过来。这个女子借由林茂先这样提醒，也觉得很惭愧，就走了。林茂先来年就考上进士，他的三个孩子也都考上进士。所以不淫乱，自己跟后代就兴旺起来了。假如继续查后来的数据，有可能他的后代子孙不知出了多少进士。好的家道是真能出人才的。

广东有个地方，整个家族出了一百多个进士。他们的建筑物让人看了为之动容，所摆设的书画，每一幅都有教育意义。所以建筑、书画，家庭的任何摆设都不离教育。看到这样的建筑物，再想想师长讲的“中国人有五千年教育的智慧”，是真的，不是假的。

福建有个读书人叫张文启，刚好遇到一些强盗袭击他们的村落，他就跟一位周姓的朋友上山避难。结果山洞里刚好有位女子，长得也很漂亮。那女子一看两个男人进来，就要赶快出去，以前的女子是很守礼的。当下张文启就安这位女子的心，“你现在出去遇到强盗就危险了，我们也是老实人，不要担心。”结果躲到半夜，这位周姓的朋友有点伏不住恶念，张文启几度制止他的朋友，才保住了这个女子。等天亮了，他还非常善巧，带着他的朋友，“我们先下去看看情况。”看得到这个读书人随时很警觉，注意这些细节问题，不要造成意外，把自己的朋友也支开，一起去了解情况。后来找到了一些父老乡亲一起上山，然后询问这个女子的家，就赶紧把她送回去了。没多久，有位黄姓人家来跟他谈婚事，还准备了很好的嫁妆。一了解，这户人家的女儿就是之前躲在洞里的女子。我们看，姻缘天定，他们假如那天做糊涂事了，那最后伤害的是自己。但是他很有德行，最后感来好的婚姻，后来生了两个儿子都考上进士。这是不淫乱殊胜的果报。

我们深刻体会到克制邪念的重要，要守得住正念、正行。那要用什么方法来对治呢？自古以来很多读书人、修学的人，这一关有时还把持不住，所以面对这些诱惑都要下大功夫。首先要建立理智，不能感情用事。《太上感应篇汇编》里非常多的教诲，很能启发我们的理智。书中提到，一时的欲念，其实是很容易消除的。《了凡四训》说："正念现前，邪念自然污染不上。"只要我们想到，伏不住邪念，可能我们百年的名誉、节操，毕生的前程，甚至祖宗积累几百年的阴德，还有后世子孙的福禄都可能断送在这一时的迷惑。人能这么想，邪念就消下去了。

明朝的高宗宪先生譬喻说，"此身如白玉"，人这个身体像白玉一样，"一失脚便碎"，爱护自己的名节，要像拿着白玉，战战兢兢，不然会一失足成千古恨；"此事如鸩毒"，邪淫这件事像毒药一样，"一入口即死"，人生可能就毁掉了。

所以这些理智我们要建立起来。具体的方法呢？首先要了解，邪念也是虚幻的、假的，不是真的。明朝一位读书人王龙溪，他很会引导人，很善巧，很有智慧。有一天，有个人请教他怎么调伏淫念，他就问对方，假如今天有一个名妓在闺房里，然后你进去，把她的帐幕拉开。本来进去时好像很冲动，结果一拉帐幕，里面居然是你妹妹，或是你女儿，你当下淫念还在吗？一片淫心顿息。它怎么是真的呢？所以不只淫念是假的，**人所有的邪念都是假的。只要认识它是假**

的，正念一提起，邪念就污染不了。所以首先知道淫念是假的。若把它当真，它就愈来愈作怪，就好像引狼入室、认贼作父，那是把它当真了。可是好比一个贼要进我们的家，我们桌子一拍，很有正气，他就吓得跌下去，不敢作乱了。所以古人为什么慎独？随时都是保持正念、正气。

第二个方法要强调的是非礼勿视。只要会让自己起邪念的情境，或者是电影、书刊、场所都不要去接触，叫非礼勿视。这也是爱护自己，不要昧了自己的本心、本善，也不要去糟蹋礼法。礼是恭敬自己，也是恭敬他人。其实我们只要随顺邪念，都是在自己糟蹋自己，所以首先我们学习自爱。

第三，《四十二章经》，这是佛家教诲我们怎么对治邪念。经文讲“视老如母”，看到比自己年长一辈的要当母亲一样，就不会有邪念；“视长如姐”，长我们几岁的，像姐姐一样看待；“视少如妹”，小自己几岁的，像妹妹一样看待；“视幼如女”，小我们一辈的，看作自己女儿一样。这样的念头一起来，邪念就不会上来了。这么多方法、教诲，可见圣贤、祖先对我们很慈悲，不厌其烦，耳提面命。

还有一种方法叫“不净观”，这是我们谈的第四个对治的方法。我们华人应该很熟悉达摩祖师，禅宗的初祖，他有一段教诲叫《皮囊歌》。“皮囊”，其实我们这个人身就是臭皮囊，外面粘了一层皮，里面的东西不是很干净。《皮囊歌》提到，“尿屎渠”，人身体每天要排很多毒，其实身体里都是尿跟屎流通的渠道。“脓血聚”，身体里好多脓血、脏东西。“算来有甚风流趣”。做个比喻，其实就好像一个花瓶，里面装的都是污秽的粪便。这个花瓶送我们，好不好？所以人不要贪恋身体，其实身体七孔常出不净之物。

唐朝有位名相叫狄仁杰，他就非常擅用“不净观”，所以有很多境界他都克服掉，后来也有很大的福报。他就讲到，美色当前就观想：“过不了几天，假如这个女子暴病死了，死了以后她的尸体腐烂，会有很多的尸虫，臭味熏天。”动物的尸体味道很臭，可能人的身体更臭。当然假如好好修行，很多人修行很高，全身都有香味。我们曾听过虚云老和尚，不洗澡，人家衣服都是香的。听到这个，我们生惭愧心，要赶快加把劲努力。狄仁杰就这么观想，“女子再怎么漂亮，腐烂后这么臭，很可怕。”这么一想，邪念就没有了。这是作不净观，能这么去观想是有智慧的。

第五个方法是《戒淫法》这本书上写的，“他诱我”，对方引诱我，是让我“杀身破家”，会造成我没命，祸害来了，甚至我的家就毁掉了，“损寿折福”，损我寿命，折我福报。“实害我性命的物事”，对方是来害我的，能看清这点，该把对方当作杀人利刃，就像一把刀要来害我，害我全家，邪念就没有了。“作虎狼看”，虎跟狼要把我吃掉了。“作毒蛇看，作勾魂鬼使看”，像毒蛇、勾魂的鬼使。“作前生怨怼看”，前世结了很大的怨，要来毁我全家的人。“若作如是等观”，能这样去观照，邪念就没了。

第六个，文昌帝君《蕉窗十则》里也有教诲。我们看古人光是要提醒我们“万恶淫为首”，多么苦口婆心，我们要珍惜他们的教诲。“未见不可思”，还没看到女色，不要去想，常常都思维圣贤的风范，多读经教，正念分明。人能遇境界不被转，主要是平常养兵千日，用在一时。平常就妄想、邪念一堆，遇到境界兵败如山倒，所以“未见不可思”。“当见不可乱”，见到女色，要伏得住自己，不能心烦意乱。“既见不可忆”，过后不要去回忆，都是在念头上下功夫。所以平常最好不要胡思乱想，有空就多看、多听经典，保持正念。

第七个方法，有个读书人还建议，邪念上来了，把自己的手放在火上烤，一痛，专注力就在痛上面。再想想，假如这个念头不转过来，真的会比火烤还惨。假如还克制不了邪念，就观想自己即将到坟墓了，坟墓里的人也曾经活得像我这样，人最终都是要走到坟墓的，现在放纵欲望，有什么意义呢？

人只要想到随时会死，一切善恶都会跟着自己，就不会乱来了。所以这个“死”字很好用，什么邪念、恶念克制不了，把“死”字贴在额头，常常提醒自己生命无常，还起邪念干什么？还干这些糊涂事干什么？佛家高僧印光祖师就常常提醒，人常常念着生命无常，正念容易保持。

第八个方法，举头三尺有神明，不能“暗室亏心”。“神目如电”，人假如想到自己所做，“十目所视，十手所指”，有多少天地鬼神、多少人都会看到，不敢胡来，警觉性就会高。

第九，孔子教导我们，“己所不欲，勿施于人”，常常能换位思考。今天我们见色起淫心，这样对待人家的妻女，换个位置，人家也这样对待我们的妻女，我们能接受吗？我记得我的结拜大哥，有一次参加活动，一些少女上台表演穿得很暴露，旁边的人看得很起劲，后来我大哥就跟他讲，“假如这些少女是您女儿，您还觉得好看吗？”当下旁边的人一想，“对哦，别人的女儿跳就觉得很好看，假如是自己女儿呢？”所以转个念头，“己所不欲，勿施于人。”

好，方法很多，这些方法也都非常精辟。**大家也可以多看《太上感应篇汇编》《安士全书》《历史感应统纪》《寿康宝鉴》《欲海回狂》这些书，书中的道理，还有善有善报、恶有恶报的故事，非常详细，**

我们都可以用心地去领受。这都是我们祖先良苦用心搜集的宝书。

“见色而起淫心，报在妻女；匿怨而用暗箭，祸延子孙”，从这些经句就看得到我们中华民族，都是时时为后代着想，是很负责任的。今天先跟大家交流到这里，下次再一起分享“匿怨而用暗箭，祸延子孙”。谢谢大家！

第二十九讲　有人味、有人格的美好人生

尊敬的诸位长辈、诸位朋友，大家好！我们上节课学习的经句是“见色而起淫心者，报在妻女”。今天是下一句：

【匿怨而用暗箭。祸延子孙。】

这两句经文让我们体会到，我们跟祖先、跟后代是一体不可分的。“积善之家，必有余庆”，孔子的后代两千五百多年来这么兴旺，都是得到祖宗的庇荫。《易经》又说：“积不善之家，必有余殃。”**我想没有人愿意祸延子孙，但往往因为不明理，顺着自己的习气才造作伤害自己、伤害子孙的罪孽。**

《朱子治家格言》讲：“子孙虽愚，经书不可不读。”**不懂道理是人生最大的祸患，因为不自爱又不爱人。**像这句经文，“匿怨而用暗箭，祸延子孙。”“匿”是怀在心里、放在心里。把什么放在心里？把怨恨放在心里。这样的人不是每天很痛苦吗？所以人傻，傻在哪？糟蹋自己。明明可以做圣贤，非得抱着怨恨每天在那里痛苦。**人要学经典才会开智慧，别干害人害己的事，要干利人利己、爱人爱己的事。**而用“暗箭”，常常要算计、报复。

在佛门，一进山门是布袋和尚，大肚能容，笑口常开。就是什么都能包容，平等爱护一切人。相由心生，才能有这样的相貌，这么庄严。我们想一想，假如是“匿怨而用暗箭”，人长什么样子？小鼻子、小眼睛，每天都在算计别人，眉头深锁，可能苍蝇不小心都会被他夹

死。其实有时候人要当旁观者，自己在与人相处中有很多烦恼，突然冷静一下，跳出来看看自己现在的模样，“哎呀，何苦来？干吗顺这些习气呢？”所以应该转变心念，转变人生的态度。人要能转得过来，首先要明白道理，理得心就安。

老祖宗留了很多好的教诲：“日日是好日，时时是好时，人人是好人，事事是好事。”我们相信吗？**为什么要先问相信不相信？人的善根要增长，首先信是根本。不相信就不会照做，照做了，体会才愈深，才会愈有感悟**。不相信，该怎么烦恼，该怎么错误思考，依然故我。现在我们相信这句教诲很好，传了几千年应该不会骗人。怎么来过人人是好人的日子？事事是好事，怎么感觉每天都不如意，好像每个人都对不起我，怎么跟这些经句差这么多？

我们之前学过《了凡四训》。《了凡四训》把很多人生的哲理讲得很透彻。用在当前这句，人不应该“匿怨”，不要把怨恨放在心上。应该把怨转成什么？感恩心。有人说，他对我不好，我还感恩他？《了凡四训》说：“人之无过咎而横被恶名者，子孙往往骤发。”他对不起我，我没有错，没有过失还被人家毁谤、侮辱，子孙会骤发。“积善之家，必有余庆。”子孙都骤发了，自己福更大，所以毁谤我们的人是把福气送给我们跟我们的子孙。所以人家毁谤是好事还是坏事？所以明理很重要，明理了就不会痛苦，不明理就在那钻牛角尖，钻到吐血没人可怜，为什么？学了不照做，自讨苦吃。

所以“事事是好事”是真相，转个念，危机就是转机，烦恼就是菩提。所以谁有福气？听圣贤、听老祖宗话的人有福气，当下就得清凉，不会痛苦。不听话呢？俗话又提醒我们：“不听老人言，吃亏在眼前。”

《弟子规》里都有这种“事事是好事”的教诲：“见人善，即思齐”；“见人恶，即内省”，他也在教育我们。所以遇到恶人，我们也在增长德行，他的错我们不能犯。遇到恶人是增长我们的修养，怎么会痛苦？怎么会跟他对立？怎么会气得牙痒痒？所以痛苦都是自找的，不能怪他人。这叫反忍，忍辱可以克制怨恨、嗔恨心。反忍就是反过来反省自己、观照自己。

还有慈忍，假如我们的慈悲力够，看到一个人身为“天地人三才”，还在造作恶业，不只不会生气，还会怜悯他。身为中华儿女，五千年的智慧他没学到，还每天害人害己，那不是很冤枉？所以会怜悯，不会对立。

还有一个是喜忍，人家对不起我们，我们内心还能欢喜。为什么？他送福气给我。再来，他来给我考试，看我修养够不够。所以**我们怀着什么心呢？看一切人都是老师，只有自己是学生。哪有埋怨老师的？老师是来成就我们的，来看我们的修养够不够、过不过得了关。**所以对考我们的人、恶意对我们的人，不会生气、不会匿怨。当所有的人，我们都能体会都是来成就我的，那不就人人是好人？所以学到这句，我们提醒自己，别好日子不过，偏偏要折磨自己。

我们懂得用这样的胸怀来处事待人，下一代是乐观的人，周围的人慢慢接触我们，也会觉得我们这样的日子比较好过，慢慢就身修而后家齐，家齐而后国治。人这一生就从修身正己去化人，就实现很好的价值。**我们看《朱子治家格言》，全篇在谈治家，但每一句的内容都是谈修身、修养，可见根本在修身。**

历史是一面镜子，给我们很大的启示：善有善报，恶有恶报。宋朝有位名相叫王旦，他大公无私，一心为国。有一个官员姓卢，卢某有一天就拿着一百两黄金来贿赂王旦，希望走走关系给他升迁。当然王旦很正直，就告诉他，这些重要的官职不是靠这种方式能做到的，不能以私废公，就拒绝了他。结果卢某回去怀恨在心，每天用咒语诅咒王旦早点死。有句话说“出乎尔者，反乎尔者”，他用咒语去咒人，结果这个不好的能量会怎样？回到自己身上。所以打人就是打自己，骂人就是骂自己。今天去打人，人家记住了，迟早会报仇，所以理智的人绝不会去做害人的事，因为害人会报在自己，最后会报在子孙身上。卢某诅咒王旦没多久，在梦里就有神明呵责他了，说，这么忠贞爱国的人，你还用这种恶意对待他。结果他醒过来没几天就死了。这是匿怨去诅咒人得的果报。

唐朝唐玄宗时代有个宰相叫李林甫，有个成语叫“口蜜腹剑”，嘴巴讲得很好听，对人家好像很恭维，但是内心藏了一把剑，都是暗中算计别人，这个成语就是讲李林甫。老祖宗留下来的成语都有历史典故，这确实是源远流长的文化，历史像一面镜子来提醒我们。因为李林甫是李氏的宗亲，跟皇上是亲戚，又特别会逢迎巴结，所以很快升到宰相的位置。他怕自己的权力受影响，看到有德行、有才干的人，就嫉妒、怀恨，算计他们。后来因为积了太多恶，有个官员就告他二十几条的罪状，这些罪都不小。当然这个官员很正直，因为李林甫已经是祸国殃民了。读书人有时候奋不顾身来举发这些恶人。结果李林甫没有反省，居然还以莫须有的罪名诬告这个官员，把他活活打死了。后来李林甫恶贯满盈，最后七孔流血而死。他死后，因生前跟杨国忠有过节，杨国忠就挑唆安禄山，让安禄山去告李林甫谋反。谋反罪很严重，结果皇帝下旨把他的尸体挖出来，碎尸万段。然后他家族所有的亲人全部都流放到边疆地带，“祸延子孙”。所以口蜜腹剑最后的果报是这样。

老祖先提醒我们待人宽厚，量大福大，不要计较。不只中华传统文化这么教儿女，其他民族的教诲亦如是。俗话说“英雄所见略同”，东西方的圣哲人，他们通达宇宙人生天地的真相，都知道应该怎么做人。之前我们提过的：“在憎恨与喜悦的日子说公道话”，人随时随地不要意气用事。“接济与我断交的人”，他跟我断交，我还是跟他和睦，接济、帮助他，才厚道；“照顾与我绝情的人”，这也提醒我们，他对我绝情，但我们对他还是有一份情意在。大家想想，人与人会绝情，必然是前面先有情意，最后因为误会，或者因为一些事才造成这个结果。所以人假如念过往的恩德，把不愉快都放得下，破镜都可以重圆，都可以化解掉。老祖宗留话说，“冤家宜解不宜结”“冤冤相报何时了”，要想开一点，别跟自己这辈子甚至下辈子过不去。

湖南、广西交界处有个坪阳乡，人口不是很多。这个坪阳乡有一百多人记得他们的前世，我们看到电视台播出来的节目叫《再生人》。一两个记得已经很特殊了，这个乡一百多个人记得。他们记得前世的家、前世的语言、前世的亲戚朋友，很特别。尤其有的还记得前世谁还欠他钱，所以天底下没有占便宜的事，也没有吃亏的事，冤有头，债有主，还是得还。所以明理的人不再跟人结怨，不再占人便宜了。西方有非常多科学家也用科学的方法证明人有来世，那就更要清楚不能跟人结怨，没完没了的。一结怨，讨债都没有讨刚刚好的，愈讨愈凶。我们看现在人脾气又大，一点小事就闹出人命来了。这很危险。

好，假如用这种胸怀处事，一团和气，再大的怨恨也能化解。“照顾与我绝情的人。”“原谅对我行不义的人”，他对我不仁，我能对他不义吗？假如他对我不仁，我对他不义，罪加一等。为什么？因为我们已经读过圣贤书了，他没读过。他没读过，我还跟他计较，那我也没度量了。所以“先人不善”，他的父母、祖父母几代人没学，没学我们还跟他计较，那我们不是白学了？“无有语者，殊无怪也”，没人告诉他，不要怪他。应该通过我们自己好好做，感化他，让他对圣贤的经典有信心，这样就对了。要转，要化，化敌为友，化怨为亲，学圣贤教育就要学出这样的胸怀跟功夫。

人会产生怨恨是有根源的。大家有没有看过从不怨人的人？我们在历史中看到舜王一生不怨人，连父母要伤害他，他都反省自己。所以人会怨人，根源可能是内心本来还怨父母。斩草不除根，春风吹又生，所有处事中不好的习气，很可能都出在我们对父母错误的态度。

《孝经》告诉我们：“爱亲者，不敢恶于人；敬亲者，不敢慢于人。”所以“亲亲”，亲爱自己的父母，推而广之就是爱一切人。“亲亲而仁民，仁民而爱物”，再从爱一切人推广到怜悯一切的生命，这是人从孝道中自自然然延伸开来的仁慈博爱。所以不能仁慈博爱，根源在孝道有亏。假如真的好好落实孝道，很多习气都能改过来。大家不要小看“入则孝”，短短一段经文，我们所有处世病症的解药都在里面。

“亲憎我，孝方贤”，父母误会我们，我们还是至诚的孝心，没有丝毫埋怨，修养就建立起来了。假如我们有烦恼转不过来，把“入则孝”念几遍应该就找到解药了。

我们看下一句：

【家门和顺。虽饔飧不继。亦有余欢。国课早完。即囊橐无余。自得至乐。】

这两句经文最后的两个字：“欢”“乐”。每个人都在追求快乐的人生。不知道大家有没有遇过亲戚朋友说，我每天这么认真地工作，这么努力，就是为了让自己更痛苦。我看没有这样的人。但是冷静想想：从我们自身到我们生命中的有缘人，大家一日复一日，一年复一年，很快啊。记得念小学的时候，觉得一年怎么过这么慢，怎么收压岁钱的时间还没到。现在到了中年，觉得一年过得好快。所以科学家，包括经典里说，时间是假的，有道理。每个人的感受不一样，它不是真实的，但时间却是宝贵的。我们一年过一年，一日过一日，真的愈来愈快乐吗？依照科学家的统计，人是愈活愈笑不出来。所以这两句话重要。**努力有结果，不一定会有好结果。把方向搞错了，把目标搞错了，本身那个目标就是让自己愈来愈痛苦的，再怎么努力还是痛苦。**比方现在人所谓的享乐，就是追求欲望，已经注定愈来愈痛苦了。因为老祖宗说，欲是深渊，他只能愈陷愈深，怎么可能会快乐？每天很努力赚钱，都不够花。现在下一代很会花钱，都留不住，因为太奢侈纵欲了。“由奢入俭难”，要再变节俭就很困难。这两句很重要，决定了我们的目标是不是正确，人生是不是会愈来愈充实、欢乐。

第一句讲“家门和顺”，一家和和气气，长辈慈祥，晚辈懂得顺从、恭敬，整个家是一团和气。虽然“饔飧不继”“饔”是早饭，“飧”是晚饭，不继就是三餐不是很宽裕，吃得不是很好。但“亦有余欢”，虽然物质享受不算很好，但是精神、人和、家庭的气氛，让每个人不管是成长、生活都是很愉悦的。其实这些经句，我们这两三代人，就很有体会。三十年前物质生活比较不好，是吧？请问，三十年前的人笑容比较灿烂还是现在？再来，三十年前父子关系比较和乐还是现在？三十年前兄弟姐妹的情感跟现在比起来不一样。现在的人物质享乐比较好，结果享乐了，兄弟姐妹因财产上法院，冲突不断，哪有余欢？因为人的贪心愈来愈增长了。以前的人物质缺乏，很惜福，对于亲戚朋友的帮助念念不忘，这是感恩心！有时候家里不是很宽裕，买一支棒冰，六七个兄弟姐妹一人咬一口，那味道三十年后还记得，是吧？现在的孩子一吃就连吃三四支，最后，“好了，不要吃了啦，难吃！”还嫌弃。所以内心快不快乐跟物质丰不丰沛、宽不宽裕没有的关系，什么决定的？心决定的。所以这两句提醒我们什么才是人生真正的快乐。人不把这些道理想通，现在功利主义盛行，不随波逐流，不照着错误的思想、价值观去走也不容易，唯有自己真的脑子冷静、清楚，才能不被污染。

孟子告诉我们“君子有三乐”。第一乐就是“父母俱存，兄弟无故”，有父母可以奉养，兄弟姐妹都很长寿，聚在一起，子孙和乐，还可以话话五十年、六十年前小时候的情境，这是天伦之乐，这跟性德相应。**第二乐是“仰不愧于天，俯不怍于人”**，觉得没有对不起上天，也没有对不起人，良心过得去，好吃好睡，这是人生的乐事。现在人不好吃不好睡，还吃安眠药，还要看精神科医师，这就很痛苦了。**第三乐，“得天下英才而教育之”**，去成就他人，以至为团体、为国家民族成就人才，这是第三乐。《朱子治家格言》后面，“读书志在圣贤，非徒科第；为官心存君国，岂计身家”，为官者、上位者，不是只想着自身的快乐，更重要的成就自己、成就他人，为国家举才、培养人才。为团体尽忠，最重要的也是发掘人才、培养人才，人才才能成就事情。

我们知道天伦之乐，那家庭的气氛要怎么经营才能和乐？所谓“家和万事兴”“和气生财”，有财富、有好子孙，人世间所谓“方以类聚，物以群分”，一个和乐的家，它感召因缘，不管是婚姻，不管是事业，它就能感召好的。所以“有德此有人，有人此有土”，感召的原理很重要，是吧？每天吵吵闹闹，会感来很好的事业合作伙伴？会感来好因缘吗？这也很困难。

怎么达到家庭的和顺？中国很多词语就给我们启示，“和平”“和爱”“和敬”“和谦”“谦和”，这些字都放在一起，是有道理的。怎么达到和呢？平等对待就和睦相处，对人不平等，人就埋怨了。怎么和睦呢？中国字很有味道。就好像一个国家，对待不同种族、不同宗教都平等，它就和睦。不平等，纷争就要起来。俗语讲不平则鸣，不公平就有人要埋怨、要抗议。

明朝郑濂，他家族够大了，超过一千人。有个故事叫“郑濂碎梨”，他是大家长，带着一千多人的大家族，却很和乐，个中的学问我们要去体会。现在小家庭三个人、四个人还常常吵，人家一千多人都能和。皇上看到他家族这么大能和谐，也很佩服，赏了他两颗水梨，可能也顺便考考他，“我看你两颗水梨怎么分。”一般心胸不够宽阔的，赶快偷偷摸摸回到家，把自己亲生的孩子叫到房间来，然后守在门口：“你们赶快吃，不要被看到。”但是郑濂回到家非常从容，交代下去，把两个最大的水缸搬出来，里面装满水，两颗水梨一边放一个，把水梨击碎，梨汁就渗到水缸里，然后一千多人每人喝一碗，很公平。我们想一想，跟郑濂关系比较远的亲戚会非常感动，“长者待我们都是一样的。”那自己最亲的孩子呢？更让他学到，处在团体当中，不能去分别，都要一样地关爱、照顾，甚至愈亲的人要愈严格，因为关系密切，少给他，他不会跟你断交、断绝关系。但是同时也教他，当别人有需要的时候，要舍己为人，要有这种宽广的胸怀。所以这是平等对待，郑濂是好榜样。

“和爱”，用爱心，尤其家人、亲戚有困难的时候，不能排斥、舍弃他们，要给他们温暖，这样家族就和乐。“和敬”，恭敬，不能傲慢，不能因为学历、相貌、收入、地位，就瞧不起家人，这很要不得。要恭敬、尊重他们，感恩他们。要谦虚，“和谦”，谦虚就给人一种祥和之气，推崇别人、肯定别人。这是怎么来和顺。

《弟子规》有一句很重要的教诲，跟“家门和顺”有很大、直接的关系：“财物轻，怨何生；言语忍，忿自泯。”忿、怨就化掉了。细细想想，一般家庭产生矛盾冲突好像都跟财物、言语有关。所以这两句能好好落实，离“家门和顺”就不远了。

宋朝有位女士叫崔少娣，她要嫁入苏家，苏家有五兄弟，前面四个都已经娶妻了，娶进的四个媳妇脾气都很大，常吵架，有时还演变到打架。崔少娣要嫁进苏家，她的亲人就很担心，说嫁进去了，会不会凶多吉少。结果崔少娣善解人意，怕家人担心，还安慰他们，说假如是木头、石头，我没有把握能感动它们，但是现在我嫁过去，大家都是人，哪有人不能感动的？当然少娣有这种心，是她坚信“人之初，性本善”。其实连石头都可以感动，是吧？生公说法，顽石都点头。一切物质都是有机的，它都可以接收到人的意念、人的磁场。所以植物、矿物尚且能感动，更何况是人呢？

她带着这样的信心嫁过去了。她拿到什么好东西，从娘家拿回来好吃的、好用的，都分给嫂嫂、分给侄儿。当婆婆分配工作，四个嫂嫂很不愿意的时候，她会说，我是最后进来的，让我多做一点。把工作揽在身上。所以钱财不计较，多付出劳力也不计较，“财物轻”。嫂嫂们之间常常会有一些谗言、互相批评毁谤，来给崔少娣讲，她听，也不反应，笑一笑。当对方在那里批评毁谤，我们没有反应，实在讲，讲一两次，下次人家就不找我们了，磁场不相应。一般是一讲，两个人就愈讲愈火热。人家讲，我们笑一下，没反应，他也讲不下去。为什么讲不下去？人其实都有良心，批评别人，看对方没什么反应，自己也有点心虚了。

而她的仆人跑来跟她讲她的嫂嫂有什么不好，她就处罚她的仆人，然后带着她的仆人去给嫂嫂道歉。我看这个动作，可能现代人做不出来。看起来好像很无情，事实上是在真正成就仆人未来的幸福。仆人十几岁，以后还要嫁人，她假如不改掉传闲言闲语的习惯，她以后的日子会很难过。所以有见识的人教育孩子、教育仆人，那是看得很远的。这是少娣的修养、行持。一般来讲，喜欢占小便宜，不喜欢干活，喜欢讲谗言，喜欢听谗言，这是一般人的习惯。但是少娣都能守住做人的态度，不受这些影响，也做出典范来。

还有一次，她抱着一个小侄儿，还很小。抱在怀里，刚好那天她穿着新的绸缎的衣服，结果小孩撒尿。她嫂嫂看到了，自己的孩子把尿撒在五婶的身上，就很不好意思，赶快要去把小孩接过来。当下这个反应很可贵，她马上说："不要急，不然会吓到孩子。"她把谁放在心上？把小孩。有没有把自己漂亮的衣服放在心上？没有。我们想，当下孩子的母亲感不感动？很感动。假如这样的事常常出现，哪有不能感动的人？因为她们生活在一起。所以差不多一年左右，她四个嫂嫂说："五婶大贤，我等非人。"我们这个五婶是大贤人，我们跟她比起来真的不是人。惭愧心都起来了。

所以读书人针对崔少娣这样的行持说道："三争三让，天下无贪人矣。"人家争，我们让他，这样让了三次，对方就觉得羞愧了。就你是君子，都是我做小人？慢慢地就感化过来了。"三怒三笑，天下无凶人矣。"对方无礼、发脾气，我们不跟他计较，跟他微微一笑，这样几次之后，他也不好意思了。所以从这段话，也提醒我们一句格言：“天下无不可化之人，但恐诚心未至；天下无不可为之事，只怕立志不坚。”所以“行有不得，反求诸己”。

这上半句经句，告诉我们人生真实的乐，不是外在刺激，是内在自自然然涌出来的喜悦——天伦之乐，因为孝悌是我们的天性。

下半句讲“国课早完，即囊橐无余，自得至乐”。“国课”是指纳税，每个国民都有纳税的义务，早点把该缴的税缴了，尽国民的义务，即使“囊橐无余”“囊橐”是指钱袋子，自己口袋里没钱了，没什么闲钱，但毕竟尽了自己应尽的本分，所以良心很安，叫“自得至乐”。所以这一乐就是对得起良心，“仰不愧于天，俯不怍于人”，对得起国家，对得起国人，尽了义务了。这句经教告诉我们，不能偷税漏税，要尽本分、道义。因为税收是整个国家最重要的财政收入，有了税收，才能很好地去造福全国人民，不管是用在国家建设，还是下一代的教育，种种的开销都是从纳税来的。

记得小时候，就看到父亲每当纳税的时候，好像在计算自己应该缴多少税。我的印象很深，每次到了那个日子，就看到父亲很仔细地算。自己内心就感觉父亲很中规中矩、很守规矩来纳税，无形中孩子会对父亲肃然起敬，而且也会学到这个重要的态度。假如当父母的人都偷税漏税，那上行下效。这种现象有哦，偷税漏税，一家人还觉得他很聪明，占了便宜。所以不明理是人生最大的灾祸，会造作很多很难弥补的罪业，尤其偷税漏税，是非常严重的罪过。俗话讲“冤有头，债有主”。今天纳税，这个钱是国家的，偷税了等于偷了国家的钱。那假如生在中国，偷税就麻烦了，谁是债主？十几亿人！所以有句俗话说“一世为官九世牛”，当官偷国家的钱，九世当牛来还。老祖宗留下来的话都很有含义，所以真正明理的人绝不干这种傻事，“小人冤枉做小人。”而且干了以后也很怕被查出来，那不是常常提心吊胆？就没办法“仰不愧于天，俯不怍于人”。所以“君子乐得做君子”，该尽的本分我们尽心尽力去做好。一个人时时都在尽本分，这个人后福无穷。

我的师长曾经讲到，他以前在学校，当时是抗战时期。他们的校长、老师都非常清廉，对国家的物品都非常爱惜。当时也很贫穷，后半辈子，子孙都发达起来了，“君子乐得做君子”。所以这是自得至乐，人对得起良心，每天心情都很愉悦。所以快乐不是外面刺激，决定都是从内心出来。

《论语》讲，“学而时习之，不亦说乎”，学习是快乐的。但是现在的人怎么觉得，“学而时习之，不亦苦乎！”这铁定学错了。下一句经句告诉我们怎么读书才会快乐：

【读书志在圣贤。非徒科第。为官心存君国。岂计身家。】

今天我们在谈怎样才能走向快乐的人生，首先，目标很重要。前面讲目标是享乐就不会快乐；目标跟自己本善、性德相应，不是达到目标的时候快乐，是整个过程都是快乐的、都是心安的、都是生活在天伦当中。包括我们十年前、二十年前能孝敬自己的爷爷奶奶，纵使他们已经离开世间了，我们现在想到了还是很欣慰，自己报了恩。假如是外在刺激，那种快乐是很短暂的，那不是真正的乐。

我们从这句来思考，目标错了确实得不到快乐。现在人读书志在什么？学历、赚钱、功名、收入。真正的乐不是向外求，向外叫攀比。一攀比，自己有学历，别人比自己高，还能欢喜吗？而且现在人为什么要拿高学历？薪水比较多。赚了钱还不满足，还想要很高的权势地位，就一直攀比，这样的目标会快乐？这些外在的东西现在人好像愈来愈多了，但看起来不快乐。俗话又提醒我们，“人比人，气死人。”现在人不只拿自己去跟人家比，连自己的另一半、自己的孩子全都要跟人家比。光是想都觉得呼吸困难，还去做，真的是自己找罪受，目标错了。因为只要是向外求，这样的目标只会感来什么？“求不得”的痛苦。

所以读书不是志在学历，志在什么？**志在智慧、志在明理。这样读书，愈明理愈有智慧，身心愈来愈自在，这是真乐。**不是志在赚钱，是志在什么？志在可以回报父母、回报国家，还可以去帮助苦难的人。同样是赚钱，目标不一样，苦乐就有很大的差别。为了孝亲、为了利益国家人民，赚钱的过程是喜悦的。假如只是谋自己的欲望，贪求是没有止境的。所以目标决定了整个过程是痛苦还是欢喜。

包括追求功名，要当大官或要怎样。假如是这样，跟人家一比，看到人家升官会气得牙痒痒的。但我们不是志在虚名、这些虚浮的富贵，而是志在造福人民，“为官一任，造福一方。”所以今天跟大家谈，到底读书的目的在哪。我们要想清楚，这样我们的孩子才会清楚。

我的师长曾经到欧洲去，看到一些著名的汉学院，这些外国人学汉学都学到可以当教授，领一份不错的薪水，可是他们把中国的圣贤书当作古文化来研究。**老人家很感叹，我们老祖宗儒释道的经教是可以修身、齐家、治国、平天下的，把它当学术，已经把它的价值大打折扣，这是有过失的。**当教授是教师啊，要“传道授业解惑”，要把齐家、治国的大学问给学生，不然享那份福报却没有尽义务，这要付出代价的。哪有人只享福，不尽责任的。有个故事，当老师假如不能好好地教书育人、好好地当灵魂的工程师，只是领薪水，没有把做人教给学生，是要堕十九层地狱的。所以人要清楚，享受福报的过程，同时有责任在身上。

“读书志在圣贤”，谁是圣贤？各行各业，每个身份、每个职责都能尽心尽力做好，就是圣贤。当妈妈是不是圣贤？周朝的三太，是母仪天下的典范，“太太”就是从这个典故来的。所以当贤德的妈妈，就是圣贤人，有圣贤母亲才有圣贤子孙。在商业界，徽商、晋商都把圣贤经教用在所从事的行业。在教育界，有师道；在政界，有君道；在医学界，有医道，张仲景、孙思邈，这些都是医学界的圣贤人。我们应该在每个岗位力行经教，做很好的表率、做圣贤，这就对社会、国家做出贡献。

效法圣贤，从哪效法？效法他们的存心。何谓爱敬圣贤？《了凡四训》说：“爱敬众人，即是爱敬圣贤。”因为圣贤人的心，就希望人民都能过上好日子，我们就从这里学起。“人不独亲其亲，不独子其子，使老有所终，壮有所用，幼有所长。”真的让各行各业、男女老少，尤其老人跟小孩，都能幸福。

其实要达到这样的目标，最重要的是什么？圣贤教育要弘扬，让每个人都有正确的思想观念、都知道五伦八德，那每个家不就过上好日子了，每个孩子成长就健康，老人家都得到子孙的奉养。所以《礼记·学记》说：**“建国君民，教学为先。”这个时代，圣贤教育比较衰微，假如真正要从根本上来利益苍生，最好的就是办教育。**

师长老人家一生讲学，影响的面非常广。包括在古代，东汉的郑玄，有非常多的机会出来当官，但他志在圣贤、志在利益众生，他不是要科第，不是要功名，不是要薪水，他是有志气的。几次要找他出来当官，他都推掉，他用心学习，有机会用心教导学生。当时受他教诲的弟子可谓成千上万。他是东汉大儒，是非常有成就的经学大师，很多《十三经》的注疏，来自于郑玄。

东汉离我们一千多年，当时郑玄坚持讲学、教学，留下来的著作还利益到一千多年以后的人。假如那时候，他把精神只用在当官，能不能影响后世这么远？就不行了。所以诸位家长，孩子以后走什么样的人生道路，要好好考虑考虑。郑玄是个很好的例子，师长老人家也是很好的榜样。我们认知了教育的重要，我们自己好好学，带着孩子往这条路走，我相信往后会出很多当代的大汉学家，就从大家发心开始。

郑玄当时跟他的老师马融学习。马融有个习惯，边讲课，在幕后还得要几个歌姬唱歌，他边听歌边讲课。几乎所有的学生，听听课就看看女孩子唱歌。只有郑玄，从来没有看过一眼，因为他志在圣贤。他专心致志，不受丝毫影响。所以立志重要，“读书志在圣贤，非徒科第。”我们跟下一代立定了志向，每一步路都往圣贤的方向走，没有一刻浪费时间。

下一句讲：“为官心存君国，岂计身家。”“为官”，在古代当官，是代表国家去造福一方的人民，受的是皇上、君王之恩。用在现代，广义来讲，是公务员。我们想一想，公务员领的是公家的薪水、是纳税人的钱。所以“尔俸尔禄”，我们领的俸禄，“民脂民膏”，都是纳税人的血汗钱，我们要对得起。“为官心存君国”，要念君王之恩，要念国家人民之恩，不能只顾自己身家的富裕、快乐。所以这句其实就是教导我们要忠君爱国、要知恩报恩。

范公就是很好的例子，“先天下之忧而忧，后天下之乐而乐。”“居庙堂之高则忧其民”，在朝廷为民谋福利，“处江湖之远则忧其君”，君恩时刻没有忘记。范公是真正做到“受享知惭愧”，接受国家的俸禄、享受俸禄，时时知道生惭愧心。范公每天睡觉以前会想，我今天的付出，对不对得起国家的俸禄？假如对得起，他睡得很安心；假如想一想，今天还不够努力，他整夜就睡不着，赶快早上很早起来，多去为国家付出才安心。“受享知惭愧。”现代人假如没有这些榜样，没有引导、教育，还在浑水摸鱼，还在占国家的便宜。工作少做一点，薪水多谋取一点，这就造罪业了。

为官者真正忠君爱国，具体怎么做？在《群书治要360》中有四个重要的纲领。**第一，“立节”。**就是我们自己成为官员、公务员的好榜样，这就做出贡献。杨震四知，天知、神知、你知、我知，他的清廉给当时的政界跟后世的人都是最好的榜样。

第二个纲领，“尽忠”。我们想到诸葛孔明，鞠躬尽瘁，死而后已。还有宋朝的司马光，也是都已经病得很重了，他还不休息，心里就想着国家还有四害没有去除。其中一个是西夏还没有投降，另外三项是当时一些需要调整的制度。他虽然病得很重，还很挂心国家大事。朋友看到他愈吃愈少，就提醒他：“你现在吃得少，又做得多，很可能像诸葛孔明最后积劳成疾，就短命了。”结果司马光讲：“生死，命也。”他置之度外，没想自己。后来病入膏肓，已经有点不清醒，在梦中讲出来的话全部都是国家的事。这种尽忠，让我们很感佩。

第三是“劝谏”。国家领导人也好，或是单位的领导，他影响的面都很大，我们身为干部，都应该懂得很好地去劝谏。这也要有智慧，也要有善巧，也要有柔软，不能态度太冲。

魏征劝唐太宗，非常善巧。唐太宗太太去世了，放不下，还建了一个很高的建筑物，每天爬上去看他太太葬的地方。这样影响到了他治理国家。有一天还把魏征带上去，然后唐太宗就讲，他在看昭陵。魏征就说：“看昭陵啊，我还以为您是看献陵呢。”昭陵是他太太葬的地方，献陵是父母葬的地方。唐太宗也是聪明人，这么一听，我都只想自己太太，不想父母，不是很丢脸嘛。下来就把这个台子拆掉了。魏征也没有骂人，很善巧地把唐太宗的孝心提起来。提起皇帝的孝心，不让他在情感中沉迷，这利益的是全国人民。要有智慧去劝谏。

第四个是“举贤”，为国家举荐贤才，这很重要。鲍叔牙推荐管仲，他后世子孙十几世为名大夫。清朝的曾文正公，还有林则徐先生，他们随时都记录所遇到的人才，有机会就举荐，这样就能利益很多人民。听到这里，我们以后也准备个簿子，记录遇到的人才，要多推荐。故事不能白听嘛。

最后：

【守分安命。顺时听天。为人若此。庶乎近焉。】

“守分安命”，每天日子都很充实、快乐，守本分，敦伦尽分。我们有什么本分？每个角色都有本分：父慈，“慈”是本分；子孝，“孝”是本分；兄友弟恭；君仁臣忠，领导爱护下属、爱护人民是本分，臣忠，“忠”也是本分。夫义妇德、长惠幼顺、朋友有信，都是我们的本分。守了本分，良心很安，所以“安命”，安于自己的命运、自己的人生遭遇，不怨天尤人。

尤其《了凡四训》都教给我们改造命运的方法。人之所以命运不好，根源在心。所谓“以镜自照见形容”，照照镜子，看得到自己的容颜，“以心自照见吉凶”，吉凶祸福是自己的心感召，不能怪人。所以真正了解命运，遇到任何事不只不怨天、不尤人，全都自我反省，全部成为提升自己的增上缘。这个“安命”好，守分安命，“但行好事，莫问前程。”

“顺时听天”，顺时势，个人有自己的命运、运气，国家、团体也

有。像现在我们中国，国家领导人大力弘扬传统文化，这个征兆就是整个中华民族盛世要来，我们要顺势而为。所以孟子说，虽然有农具，也要等到春天才好耕种；虽然有智慧，也要等到好的领导、好的国君出现，可以顺这个势，多为国家做些事情。所以现在有很好的时机，我们要把握住，但是要有实力，不然好的时机出来，我们跑进去添乱也不行。时机还没到，不要急，不要攀求，否则会自讨苦吃。

林则徐先生说，“时运不济，妄求无益”，现在还不到发挥的时候，赶快好好积累自己的德行跟能力。不然到时候真正机会来了，德行能力又不足，最后还去造业，不是去积功累德，那就很冤枉了。所以真正有能力，上天自有安排，“顺时听天”。不要觉得怀才不遇，怀才不遇而生起怨恨也是错的。“穷则独善其身，达则兼济天下”，君子是“无入而不自得”，什么境界都是欢喜的，都是心很安的，不会抱怨。好的机缘就让它水到渠成、瓜熟蒂落就对了。

所以，“顺时”，掌握时机、时势；“听天”，听从天意，循天理，上天有好生之德，每天尽力去付出就对了。孔子五十知天命，我们知不知天命呢？这一生来干吗的？大家都在这里一起学习《朱子治家格言》，大家是知天命的。首先知哪个命呢？把下一代教好，就是我们的责任。这要认命，该尽的本分。再来，要把中华文化承传、弘扬到全世界，这就是我们的天命。尤其马来西亚的华人，英文、马来文很好，是很有责任的。

“为人若此，庶乎近焉”，一个人做人能做到整部《朱子治家格言》这些教诲，“庶”，庶是差不多，“庶乎近焉”，就是差不多接近圣哲人的境界了。这句话也是期许我们好好一句一句去落实，“勿自暴，勿自弃，圣与贤，可驯致。”“舜何人也？予何人也？有为者亦若是。”**最重**

要的是恒心，最重要的是决心。能力不是关键，因为只要有决心跟恒心，人本有的圆满的潜力，就会慢慢出来。《中庸》告诉我们："人一能之，己百之；人十能之，己千之。果能此道矣，虽愚必明，虽弱必强。"人家一次会，没关系，我一百次；人家十次会，没关系，我做一千次。有这样的决心跟恒心，愚昧都会变得有智慧，软弱都会变得很有承担。

好，我们以最后这句"人一能之，己百之；人十能之，己千之"互相共勉，共同来承传自己的家道，共同来承传我们中华民族五千年的文化、智慧。

《朱子治家格言》的课程就跟大家交流到这里。也祝大家新的一年身心安康、合家平安，守分安命、顺时听天。我们志在圣贤，才不枉此生身为炎黄子孙。

谢谢大家的聆听，有什么不妥当的，还请大家多多批评指正。谢谢！

图书在版编目（CIP）数据

《朱子治家格言》讲记 / 蔡礼旭讲述 .— 北京：世界知识出版社，2015.11（2025.10 重印）

ISBN 978-7-5012-5054-7

Ⅰ. ①朱… Ⅱ. ①蔡… Ⅲ. ①家庭道德—中国—清前期②《朱子治家格言》—研究 Ⅳ. ① B823.1

中国版本图书馆 CIP 数据核字（2015）第 249029 号

《朱子治家格言》讲记

Zhuzi Zhijia Geyan Jiangji

作　　者　蔡礼旭　　封面绘图 范　薇
责任编辑　薛　乾　　特邀编辑 杨　娟
责任出版　李　斌
装帧设计　周周设计局
内文制作　宁春江
出版发行　世界知识出版社
地　　址　北京市东城区干面胡同 51 号（100010）
网　　址　www.ishizhi.cn
联系电话　010-65265919
经　　销　新华书店
印　　刷　廊坊市海涛印刷有限公司
开本印张　710×1000 毫米　1/16　30.5 印张
字　　数　348 千字
版次印次　2016 年 1 月第一版　2025 年 10 月第十八次印刷
标准书号　ISBN 978-7-5012-5054-7
定　　价　35.00 元